Hermann Henn
Gholam Reza Sinambari
Manfred Fallen

# Ingenieurakustik

Hermann Henn
Gholam Reza Sinambari
Manfred Fallen

# Ingenieurakustik

Mit 240 Abbildungen

Friedr. Vieweg & Sohn Wiesbaden / Braunschweig

Dr.-Ing. Hermann Henn war Professor für Mechanik und Akustik an der Fachhochschule des Landes Rheinland-Pfalz, Abteilung Kaiserslautern. Er starb am 24. Februar 1982.

Dr.-Ing. Gholam Reza Sinambari ist als Referent im Krupp Forschungsinstitut Essen tägig und für das Arbeitsgebiet Lärmminderung, Geräusch- und Schwingungsanlayse an Maschinen und Anlagen zuständig.

Dr.-Ing. Manfred Fallen ist Akademischer Oberrat am Lehrstuhl für Strömungslehre im Fachbereich Maschinenwesen der Universität Kaiserslautern.

1984



Umschlaggestaltung: Udo Dettmann, Panker
Satz: Vieweg, Braunschweig
Druck und buchbinderische Verarbeitung: Wilhelm + Adam, Heusenstamm
Printed in Germany

ISBN 3-528-08570-3

# Vorwort

In allen Bereichen der Technik gehen die Anstrengungen verstärkt dahin, die Belastung der Umwelt zu verringern. Der 'technische' Lärm ist in hohem Maße an den Schallemissionen und den damit verbundenen Belästigungen beteiligt. Es ist deshalb Aufgabe des Ingenieurs und Konstrukteurs, seine Produkte auch in schalltechnischer Hinsicht zu optimieren. Das bedeutet aber nicht, die Maschinen in ein schalldichtes Gehäuse zu stecken, sondern die Ursachen des Lärms an der Entstehungsstelle durch gezielte, konstruktive Maßnahmen zu bekämpfen. Dabei möge dieses Buch, das in erster Linie von Ingenieuren für Ingenieure geschrieben wurde, eine wertvolle Hilfe sein. Es wendet sich aber auch an Studenten der Technischen Akustik und alle diejenigen, die mit Lärm und Lärmminderung im weitesten Sinne zu tun haben.

Entsprechend dem Zweck des Buches nehmen die Grundlagen einen breiten Raum ein. Ausführlich werden die Mechanismen der Schallentstehung, -weiterleitung und -abstrahlung behandelt. Ein eigenes Kapitel ist den technischen Geräuschen gewidmet. Zur Technischen Akustik gehören auch die Physiologie des Hörens und die Auswirkung von Geräuschen auf den Menschen. Diese Thematik wird in zwei weiteren Kapiteln abgehandelt.

Kapitel über die Schallausbreitung in offenen und geschlossenen Räumen, über Schallleistung und Rohrleitungsgeräusche schließen sich an. Es würde den Umfang des Buches sprengen, das gesamte Stoffgebiet vollständig abzuhandeln, weshalb eine Beschränkung erforderlich ist. Das Buch erhebt deshalb auch keinen Anspruch auf Vollständigkeit.

Herrn Professor Dr.-Ing. Hermann Henn war es leider nicht mehr vergönnt, das Erscheinen dieses Buches mitzuerleben. Ohne seine langjährige, intensive Vorarbeit wäre die Herausgabe des Buches unmöglich gewesen. Möge das Gedenken an ihn durch dieses Buch erhalten bleiben.

Herrn Professor Dr.-Ing. Johannes Weidemann, Fachhochschule Düsseldorf, gebührt Dank für die sorgfältige Durchsicht des Manuskriptes und für wertvolle Anregungen. Frau Rosemarie Riedmüller hat in dankenswerter Weise die Schreibarbeiten übernommen. Dank sei Herrn cand. ing. Frieder Müller für die Durchführung der Zeichenarbeiten. Erfreulich angenehm und unkompliziert war die Zusammenarbeit mit dem Vieweg-Verlag, wofür an dieser Stelle ebenfalls gedankt wird.

*Gh. R. Sinambari* *M. Fallen*

Essen und Kaiserslautern, im Juni 1984

# Inhaltsverzeichnis

# 1 Theoretische Grundlagen des Schallfeldes

## 1.1 Einleitung

In einem unendlich ausgedehnten gasförmigem Medium, z.B. Luft, mit dem Druck $p_0$, der Dichte $\rho_0$ und der Temperatur $T_0$ im Ruhezustand pflanzt sich eine örtlich begrenzte, zeitlich veränderliche Störung des Gleichgewichtes in freien Wellen fort. Da Gase nur sehr kleine Schubkräfte übertragen können und auch keine freien Oberflächen besitzen, erfolgt diese Fortpflanzung nur in Form von Längswellen. Dabei schwingen örtlich die Gasteilchen in der Fortpflanzungsrichtung hin und her, wobei gegenüber dem Ruhedruck $p_0$ kleine Druckschwankungen auftreten. Diese Druckschwankungen werden vom menschlichen Ohr empfangen und als Schall wahrgenommen. In Anlehnung an das menschliche Hörvermögen wird in der Technik der akustische Frequenzbereich von 16 Hz bis 20 kHz festgelegt.

Schall kann sich aber auch in Flüssigkeiten und festen Körpern fortpflanzen. In diesen Fällen spricht man dann von Flüssigkeits- bzw. Körperschall. Die Schallausbreitung in Flüssigkeiten erfolgt in ähnlicher Weise wie bei Gasen in Längswellen. Bei festen Körpern können erheblich größere Schubspannungen übertragen werden, wodurch andere Wellenformen auftreten.

## 1.2 Schallfeldgrößen und Schallfelder

Kommt es in einem Raum zu einem Schallereignis, so führen die Gasteilchen Schwingungen aus, die zu dem sog. Schalldruck oder auch Schallwechseldruck p führen. Die Geschwindigkeit, mit der die Teilchen hin und her schwingen, wird Schallschnelle v genannt. Beide Größen sind Schallfeldgrößen des sog. Schallfeldes, in dem sich die Störung ausbreitet.

Der Wechseldruck ist eine skalare Größe. Im Gegensatz dazu hat die Schnelle als kinematische Feldgröße Vektorcharakter. Beide Größen sind von der Zeit und vom Ort abhängig. Das Schallfeld ist ausreichend beschrieben, wenn man an jeder Stelle des Mediums zu jedem Zeitpunkt den Wechseldruck und die Schnelle für die drei Raumrichtungen kennt. Ein räumliches Wellenfeld liegt vor, wenn die Ausbreitung in allen Richtungen, ein ebenes Wellenfeld, wenn sie nur in einer Richtung erfolgt, und die Feldgrößen in Ebenen senkrecht dazu konstant sind.

### 1.2.1 Lineares Wellenfeld

Ein lineares Wellenfeld baut sich in einem unendlich langen Rohr nach einer Störung auf, wenn der Durchmesser d klein gegen die Wellenlänge der sich im Rohr fortpflanzenden Störungen ist. Die Schwingung sei als klein angenommen, so daß auch die Feldgrößen p und v, wobei letztere nur in Richtung der Rohrachse wirkt, kleine Größen darstellen. Sie sind von der Zeit t und der Ortskoordinate x auf der Rohrachse abhängig.

Ein Wellenvorgang liegt nur dann vor, wenn eine zeitliche Änderung einer Feldgröße mit der räumlichen Änderung einer anderen Feldgröße gekoppelt ist. Im folgenden soll nun ein

Zusammenhang zwischen der zeitlichen und örtlichen Abhängigkeit der Feldgrößen hergeleitet werden. Hierbei ist zu berücksichtigen, daß mit der Druckänderung auch eine Dichteänderung verbunden ist. Für die Berechnung stehen folgende Grundgleichungen zur Verfügung: die Newtonsche Bewegungsgleichung, die den Wechseldruck mit der Schnelle verknüpft, die Kontinuitäts- oder Massenerhaltungsgleichung, die den Zusammenhang zwischen der Schnelle und der Dichteänderung herstellt, und die Gleichungen für isentrope Zustandsänderungen idealer Gase, die die Abhängigkeit zwischen einer Dichte- und einer Druckänderung liefern.

Die Newtonsche Gleichung lautet für ein Volumenelement mit der Breite dx in der Eulerschen Form (Bild 1.1)

$$\rho \frac{dv}{dt} = -\frac{\partial p}{\partial x}. \tag{1.1}$$

Hierin ist die Totalbeschleunigung

$$\frac{dv}{dt} = \frac{\partial v}{\partial t} + v \frac{\partial v}{\partial x}. \tag{1.2}$$

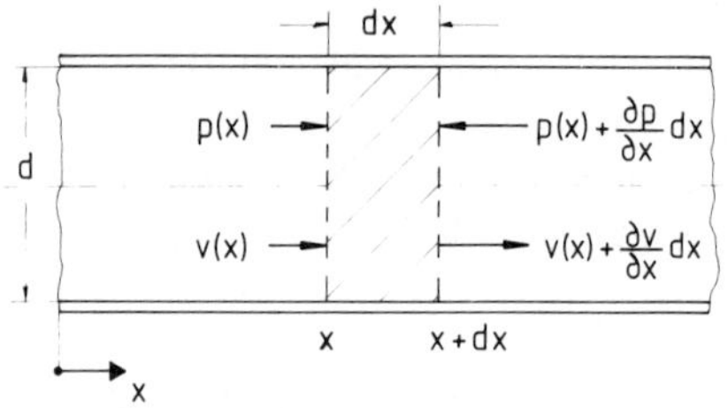


**Bild 1.1** Zustandsänderungen an einem Volumenelement im Rohr

Der konvektive Anteil $v \cdot \frac{\partial v}{\partial x}$, der bei stationären Rohrströmungen maßgebend ist, kann hier wegen der kleinen Größe von v vernachlässigt werden, so daß die Totalbeschleunigung sich nur aus dem instationären Anteil $\frac{\partial v}{\partial t}$ zusammensetzt.

Da nur kleine Dichteänderungen angenommen werden, kann für die Dichte die des Ruhezustandes angesetzt werden. Damit erhält man dann für die Newtonsche Gleichung

$$\rho_0 \frac{\partial v}{\partial t} = -\frac{\partial p}{\partial x}. \tag{1.3}$$

Sie ist eine erste Bestimmungsgleichung für die Feldgrößen p und v.

Zur Erfüllung der Kontinuitätsgleichung am Element dx mit dem Volumen $\Delta V$ muß dessen Masse $dm = \rho \cdot \Delta V$ konstant gehalten werden. Durch logarithmisches Differenzieren folgt zunächst

$$\frac{\partial \rho}{\rho} = -\frac{\partial(\Delta V)}{\Delta V} = -\delta. \tag{1.4}$$

Hierin wird die relative Volumenänderung auch als Volumendilatation $\delta$ bezeichnet. Die Berechnung von $\delta$ läßt sich mit Hilfe von Bild 1.2 durchführen. Es zeigt die Verschiebungen des Elementes dx bei gleichzeitiger Volumenänderung. Danach ist

$$\delta = \frac{\overline{dx} - dx}{dx}.$$

Mit

$$\overline{dx} = dx + \left(v + \frac{\partial v}{\partial x} dx\right) dt - v\,dt$$

wird

$$\delta = \frac{\partial v}{\partial x} dt$$

und somit

$$\frac{\partial \rho}{\rho} = -\frac{\partial v}{\partial x} dt$$

bzw.

$$\frac{\partial \rho}{\rho_0} = -\frac{\partial v}{\partial x} dt. \tag{1.5}$$

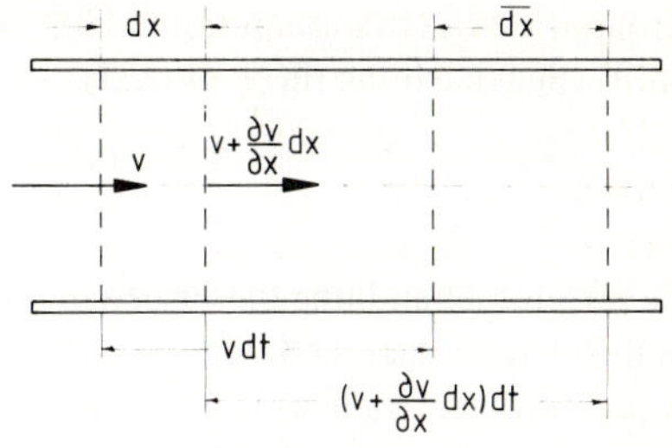


**Bild 1.2** Volumendilatation

Setzt man für die isentrope Verdichtung idealer Gase die Gleichung $p_{ges} \cdot \rho^{-\kappa}$ = konst. an, so erhält man durch logarithmisches Differenzieren

$$\frac{\partial \rho}{\rho} = \frac{1}{\kappa} \frac{\partial p}{p_{ges}}. \tag{1.6}$$

Hierin ist $p_{ges}$ die Summe aus dem Ruhedruck $p_0$ und dem Wechseldruck p. Wegen des kleinen Betrages von p kann $p_{ges} = p_0$ gesetzt werden. Mit $\rho \approx \rho_0$ erhält man

$$\frac{\partial \rho}{\rho_0} = \frac{1}{\kappa} \frac{\partial p}{p_0}$$

$$\frac{\partial p}{\partial \rho} = \kappa \frac{p_0}{\rho_0} \equiv c_0^2. \tag{1.7}$$

Die rechte Seite von Gl. (1.7) wird durch $c_0^2$ zusammengefaßt, eine Größe, deren physikalische Bedeutung später noch erläutert wird. Formal ist diese Größe $c_0^2$ dem Verhältnis Druckänderung/Dichteänderung gleich und hat die Dimension einer Geschwindigkeit im Quadrat. Unter der Voraussetzung, daß die Strömungsgeschwindigkeiten erheblich kleiner als die Schallgeschwindigkeit sind, kann der Ruhezustand durch den örtlichen Zustand ersetzt werden, d.h. der Index 0 entfällt.

Mit Gl. (1.7) folgt aus Gl. (1.5)

$$\rho \frac{\partial v}{\partial x} = -\frac{1}{c^2} \frac{\partial p}{\partial t}. \tag{1.8}$$

Sie stellt die zweite Bestimmungsgleichung für p und v dar. Die Gln. (1.3) und (1.8) sind zwei gekoppelte partielle Differentialgleichungen zur Berechnung von v = v(x, t) und p = p(x, t). Durch Differentiation von Gl. (1.3) nach x und Gl. (1.8) nach t erhält man die Wellengleichung für p = p(x, t)

$$\frac{\partial^2 p}{\partial x^2} = \frac{1}{c^2} \frac{\partial^2 p}{\partial t^2}. \tag{1.9}$$

Entsprechend erhält man durch Differenzieren von Gl. (1.3) nach t und Gl. (1.8) nach x die Wellengleichung für v = v(x, t)

$$\frac{\partial^2 v}{\partial x^2} = \frac{1}{c^2}\frac{\partial^2 v}{\partial t^2}. \tag{1.10}$$

Zur Weiterbehandlung dieser beiden Differentialgleichungen gleichen Typs wird zweckmäßigerweise das Geschwindigkeitspotential $\phi = \phi(x, t)$ als übergeordnete Funktion eingeführt, deren Gradient ganz allgemein der Schnellevektor $\vec{v}$ des Feldes ist. Im vorliegenden Falle des linearen Feldes ist

$$v = \frac{\partial\phi}{\partial x}. \tag{1.11}$$

Der Zusammenhang zwischen p und $\phi$ ist durch die Gl. (1.3) gegeben.

$$\begin{aligned} \frac{\partial p}{\partial x} &= -\rho\frac{\partial^2\phi}{\partial x\,\partial t} \\ p &= -\rho\frac{\partial\phi}{\partial t}. \end{aligned} \tag{1.12}$$

Mit den Gln. (1.11) und (1.12) folgt aus Gl. (1.8)

$$\frac{\partial^2 \phi}{\partial x^2} = \frac{1}{c^2}\frac{\partial^2 \phi}{\partial t^2}. \tag{1.13}$$

Die Gl. (1.13) stellt die Wellengleichung des linearen Wellenfeldes für das Geschwindigkeitspotential $\phi$ dar.

### 1.2.2 Ebenes Wellenfeld

Entfällt die Rohrwand, so erfolgt die Schallausbreitung im Freien. Man gelangt zur allgemeinen räumlichen Schallausbreitung, wenn man das Geschwindigkeitspotential $\phi = \phi(x, y, z, t)$ mit dem Laplace-Operator $\Delta = \frac{\partial^2}{\partial x^2} + \frac{\partial^2}{\partial y^2} + \frac{\partial^2}{\partial z^2}$ anstelle $\frac{\partial^2}{\partial x^2}$ nach Gl. (1.13) verbindet.

Wegen des Vektorcharakters der Schnelle $\vec{v}$ ergeben sich anstelle der Gln. (1.3) und (1.8) die folgenden Gleichungen

$$\rho\,\frac{\partial\vec{v}}{\partial t} = -\operatorname{grad} p \tag{1.14}$$

$$\rho\,\operatorname{div}\vec{v} = -\frac{1}{c^2}\frac{\partial p}{\partial t}. \tag{1.15}$$

Aus den Gln. (1.14) und (1.15) erhält man die räumliche Wellengleichung für das Geschwindigkeitspotential

$$\Delta\phi = \frac{1}{c^2}\frac{\partial^2\phi}{\partial t^2}. \tag{1.16}$$

Für den Wechseldruck p = p(x, y, z, t) lautet die Wellengleichung entsprechend

$$\Delta p = \frac{1}{c^2}\frac{\partial^2 p}{\partial t^2}. \tag{1.17}$$

Die ungehinderte Schallausbreitung im freien Raum kann für den Sonderfall der ebenen, nach einer Störung in einer bestimmten Richtung x verlaufenden Welle unmittelbar auf die einachsige Ausbreitung im Rohr zurückgeführt werden. Die Wellengleichungen für $\phi$, p, v bleiben die gleichen, die Schallwellen sind jetzt ebene, in der x-Richtung fortschreitende Längswellen. Die Feldgrößen p und v bleiben invariant gegen die Raumkoordinaten y und z.

Im Folgenden wird eine Lösung für die in der Akustik sehr wichtige lineare und ebene Ausbreitung des Schalles gesucht. Dabei wird von den partiellen Differentialgleichungen des Geschwindigkeitspotentials (1.13) ausgegangen. Da für den in x-Richtung unendlich ausgedehnten Raum keine Randbedingungen zu erfüllen sind, wird hier der allgemeine Ansatz für eine freie fortschreitende und ebene Welle mit einer beliebigen Kreisfrequenz $\omega$ eingeführt [1].

$$\phi = \hat{\phi} \cos\left(\omega t \mp \frac{\omega}{c} x\right). \tag{1.18}$$

mit c nach Gl. (1.7). Das Minuszeichen in Gl. (1.18) bedeutet Fortschreiten der Welle in positiver, das Pluszeichen Fortschreiten in negativer x-Richtung.

Durch Einsetzen der Gl. (1.18) in Gl. (1.13) kann leicht nachgewiesen werden, daß dieser Ansatz zulässig ist. Mit Hilfe der Gln. (1.11) und (1.12) läßt sich der Lösungsansatz für $\phi$ auch auf die Schnelle v und auf den Wechseldruck p übertragen.

$$v = \hat{v} \cdot \sin\left(\omega t \mp \frac{\omega}{c} x\right), \tag{1.19}$$

$$p = \hat{p} \cdot \sin\left(\omega t \mp \frac{\omega}{c} x\right). \tag{1.20}$$

Hierin sind $\hat{p} = \hat{\phi} \cdot \rho \cdot \omega$ die Amplitude des Wechseldrucks und $\hat{v} = \hat{\phi} \cdot \frac{\omega}{c}$ die Amplitude der Schnelle. Man erkennt hieraus, daß sich eine Störung des Schallfeldes auch in den Feldgrößen p und v in fortschreitenden ebenen Wellen ausbreiten kann. Beide Wellen sind genau in Phase.

Zur weiteren Einsicht in das Wellenfeld gelangt man, wenn man in den Gln. (1.19) und (1.20) nacheinander x und t konstant hält.

<u>x = konst.</u>

Es wird eine am Ort x des Schallfeldes stattfindende Schwingung beschrieben. Sie besitzt die Amplitude $\hat{p}$ bzw. $\hat{v}$, die Kreisfrequenz $\omega$, den Phasenwinkel $\varphi = \frac{\omega x}{c}$ bzw. die Zeit der Phasenverschiebung $t_\varphi = \frac{\varphi}{\omega} = \frac{x}{c}$ für den Ort x. Daraus gewinnt man sofort die Phasengeschwindigkeit oder die Ausbreitungsgeschwindigkeit der Störung. Sie ist gleich $\frac{x}{t_\varphi}$. Setzt man hierin $t_\varphi$ ein, so erhält man die Größe c. Diese stellt also physikalisch die Schallgeschwindigkeit des Mediums dar. Andererseits wurde das Quadrat von c als Abkürzung für den Ausdruck $\frac{\kappa \cdot p}{\rho}$ nach Gl. (1.7) eingeführt. Damit ist also die Schallgeschwindigkeit eines gasförmigen Mediums

$$c = \sqrt{\kappa \frac{p}{\rho}}. \tag{1.21}$$

t = konst.

Das Momentanbild der Ausbreitungswelle für p und v ist eine geometrische Sinuskurve über x mit der Periodenlänge $\lambda = \frac{2\pi}{\omega/c}$. Ersetzt man hierin noch $\omega$ durch $2\pi f$, so wird die wichtige Wellenbeziehung

$$c = \lambda \cdot f \tag{1.22}$$

gewonnen. Sie verknüpft Schallgeschwindigkeit, Wellenlänge und Frequenz in der Weise, daß im Schallfeld das Produkt Wellenlänge mal Frequenz gleich der Schallgeschwindigkeit ist und somit stets konstant bleibt.

Im Folgenden werden die bisher gewonnenen Ergebnisse für die fortschreitenden Wellen komplex angeschrieben.

$$\tilde{\phi} = -\hat{\phi} \cdot e^{j(\omega t \mp kx)}, \tag{1.23}$$

$$\tilde{v} = \frac{\partial \tilde{\phi}}{\partial x} = \pm jk\hat{\phi} \cdot e^{j(\omega t \mp kx)} = \mp jk\tilde{\phi}, \tag{1.24}$$

$$\tilde{p} = -\rho \frac{\partial \tilde{\phi}}{\partial t} = \pm j\rho\omega\hat{\phi} \cdot e^{j(\omega t \mp kx)} = \mp j\rho\omega\tilde{\phi}. \tag{1.25}$$

Zusätzlich läßt sich eine geometrische Phasenverschiebung berücksichtigen. So kann beispielsweise für die Schnelle einer um $\pm \lambda_x$ phasenverschobenen Welle folgende Gleichung angegeben werden

$$\tilde{v} = \hat{v} \cdot e^{\mp jkx} \cdot e^{\mp jk\lambda_x} \cdot e^{j\omega t}. \tag{1.26}$$

In den Gln. (1.23) bis (1.26) ist k die sog. Wellenzahl:

$$k = \frac{\omega}{c} = \frac{2\pi}{\lambda}. \tag{1.27}$$

Das Minuszeichen in den Gln. (1.23) bis (1.26) bedeutet wieder Fortschreiten der Welle in positiver, das Pluszeichen Fortschreiten in negativer x-Richtung.

Zu einer weiteren möglichen Lösung gelangt man im ebenen Wellenfeld für den Fall der gedämpften Ausbreitung. Setzt man exponentielle Dämpfung voraus und führt den Dämpfungskoeffizienten $\alpha_L$ ein, so erhält man

$$\tilde{v} = \hat{v} \cdot e^{j(\omega t \mp kx)} \cdot e^{-\alpha_L \cdot x}, \tag{1.28}$$

$$\tilde{p} = \hat{p} \cdot e^{j(\omega t \mp kx)} \cdot e^{-\alpha_L \cdot x}. \tag{1.29}$$

Überlagert man eine in positiver und eine in negativer Richtung fortschreitende ebene Welle gleicher Wellenlängen und annähernd gleicher Amplituden, so erhält man als Überlagerungsergebnis eine stehende Welle.

Im Falle der Phasengleichheit ergibt sich mit Hilfe der Gl. (1.24) folgende Beziehung für die Schnelle der überlagerten Welle

$$\begin{aligned}\Sigma\tilde{v} &= 2\hat{v} \cdot \frac{e^{+jkx} + e^{-jkx}}{2} \cdot e^{j\omega t} \\ &= 2\hat{v} \cdot \cosh(jkx) \cdot e^{j\omega t} \\ &= 2\hat{v} \cdot \cos(kx) \cdot e^{j\omega t}.\end{aligned} \tag{1.30}$$

Das Ergebnis der Überlagerung (Bild 1.3) ist also eine stehende Welle mit Knoten und Bäuchen, wobei die Knoten- bzw. Bauchabstände gerade $\frac{\lambda}{2}$ betragen. Die Amplitude der stehenden Welle ist doppelt so groß wie die der einfachen fortschreitenden Welle.

Im Falle der Überlagerung mit einer Phasenverschiebung von $\frac{\lambda}{2}$ erhält man ebenfalls eine stehende Welle mit adäquaten Eigenschaften

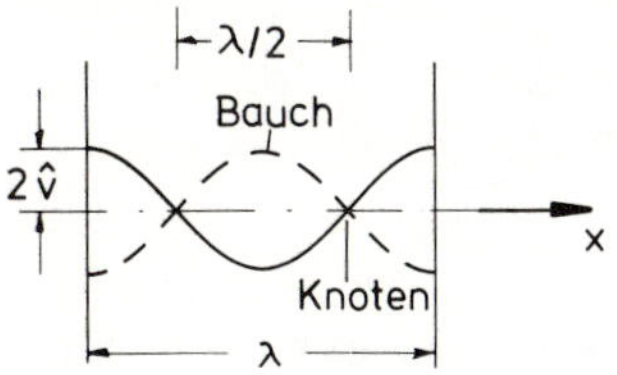


**Bild 1.3** Überlagerung zweier Wellen bei Phasengleichheit

$$\begin{aligned}\Sigma\tilde{v} &= 2\hat{v}\cdot\frac{e^{-jkx}+e^{+jk(x+\lambda/2)}}{2}\cdot e^{j\omega t}\\ &= -2\hat{v}\cdot\frac{e^{+jkx}-e^{-jkx}}{2}\cdot e^{j\omega t}\\ &= -2\hat{v}\cdot\sinh(jkx)\cdot e^{j\omega t}\\ &= (-j)\cdot 2\cdot\hat{v}\cdot\sin(kx)\cdot e^{j\omega t}.\end{aligned} \tag{1.31}$$

Die überlagerte Welle ist in Bild 1.4 dargestellt.

Für die stehende Welle einer allgemeinen Größe s = s(x, t) (Bild 1.5) lassen sich folgende Beziehungen mit $k = \frac{2\pi}{\lambda}$ und $\lambda = 2\cdot l$ angeben:

$$s = \hat{s}\cdot\sin\left(\frac{\pi}{l}x\right)\cdot\sin(\omega t), \tag{1.32}$$

$$\tilde{s} = \frac{\hat{s}}{2}\left(e^{-j\frac{\pi}{l}x} - e^{+j\frac{\pi}{l}x}\right)\cdot e^{j\omega t}. \tag{1.33}$$

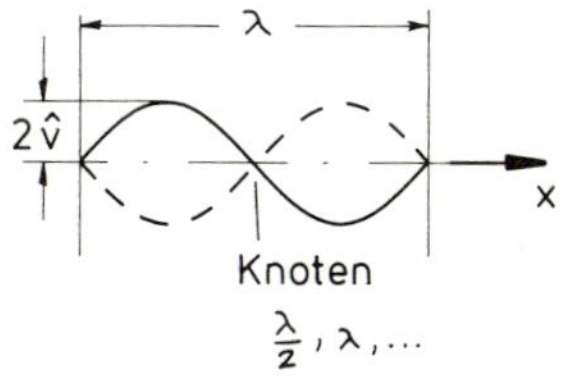


**Bild 1.4** Überlagerung zweier Wellen mit der Phasenverschiebung λ/2

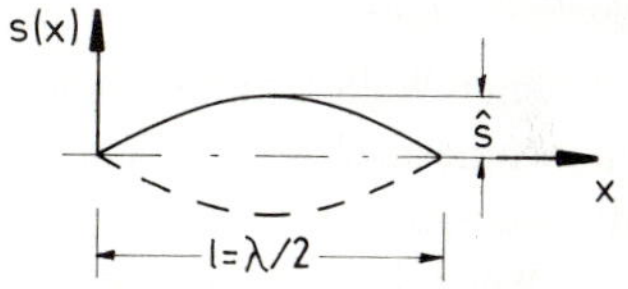


**Bild 1.5** Stehende Welle

Solche Überlagerungen positiv und negativ fortschreitender Wellen der Phasenlage 0 und $\frac{\lambda}{2}$ können infolge Reflektionen beim Auftreffen auf die Grenze zweier Medien mit unterschiedlicher Schallgeschwindigkeit zustande kommen.

Erfolgt die Reflexion an einer vollkommen nachgiebigen (schallweichen) Grenze, z.B. an der Grenze zwischen Wasser und Luft, so entsteht bei der Überlagerung für die Schnelle eine stehende Welle mit dem Phasensprung 0. An der Grenze wird die Schnellamplitude verdoppelt, der Wechseldruck dagegen beträgt 0. Das bedeutet, daß an der Übergangsstelle ein Schnellebauch und ein Druckknoten vorliegen. An der Stelle $\frac{\lambda}{4}$ von der Grenze entfernt stellen sich ein Schnelleknoten und ein Druckbauch ein (Bild 1.6).

Erfolgt dagegen die Reflektion an einer vollkommen unnachgiebigen (schallharten) Wand, so entsteht für die Schnelle eine stehende Welle mit dem Phasensprung $\frac{\lambda}{2}$, wobei sich die

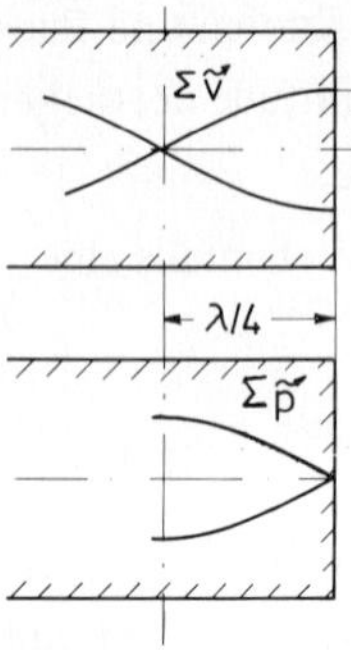


Bild 1.6 Reflexion einer Welle an einer schallweichen Begrenzung

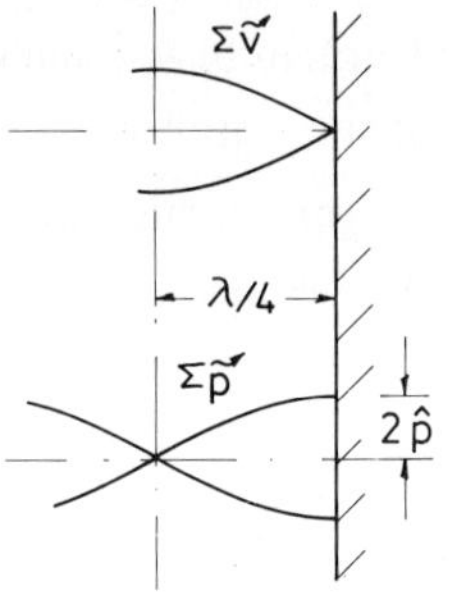


Bild 1.7 Reflexion einer Welle an einer schallharten Wand

Verhältnisse gegenüber denen in Bild 1.6 umkehren. An der Wand liegen ein Schnelleknoten und ein Druckbauch, im Abstand $\frac{\lambda}{4}$ von der Wand ein Schnellebauch und ein Druckknoten vor (Bild 1.7).

Für die Reflexion an wirklichen Wänden gelten im Gegensatz zu den theoretischen Ergebnissen bei der Überlagerung folgende Einschränkungen: Beim Auftreffen der Wellen auf tatsächliche Wände dissipiert ein Teil der Energie, wodurch die Amplituden der reflektierten Wellen geringere Werte annehmen. Dadurch bedingt sind die Amplituden der Wellenbäuche auch nicht mehr doppelt so groß, und in den Wellenknoten gehen die Amplituden nicht ganz auf Null zurück. Die Lage der Knoten und Bäuche ist nicht genau im $\frac{\lambda}{4}$-Punkt vor der Wand bzw. direkt an der Wand zu finden.

### 1.2.3 Kugelwellenfeld

Neben den ebenen Wellen sind vor allem noch die Kugelwellen von Interesse. Sie entstehen durch radialsymmetrisches Oszillieren der Oberfläche einer Kugel in einem sonst ungestörten, unendlich ausgedehnten Medium. Die Ausdehnung der Kugel wird als klein gegen die abgestrahlten Wellenlängen vorausgesetzt.

Zur Lösung des Problems der Ausbreitung der Störung wird die karthesische Wellengleichung (1.16) des allgemeinen räumlichen Wellenfeldes in Kugelkoordinaten r, $\varphi$ und $\vartheta$ transformiert. Für den kugelsymmetrischen Fall reduziert sich der Laplace-Operator auf

$$\Delta = \frac{\partial^2}{\partial r^2} + \frac{2}{r}\frac{\partial}{\partial r}.$$

Damit erhält man die Wellengleichung für das Geschwindigkeitspotential in folgender Form [1]

$$\frac{\partial^2 (r \cdot \phi)}{\partial r^2} = \frac{1}{c^2}\frac{\partial^2 (r \cdot \phi)}{\partial t^2}. \qquad (1.34)$$

Eine dem ebenen Wellenfeld entsprechende periodische Lösung in komplexer Schreibweise lautet

$$\tilde{\phi} = -\frac{\hat{\phi}'}{r} \cdot e^{-jkr} \cdot e^{j\omega t}. \qquad (1.35)$$

Sie erfüllt, wie man durch Einsetzen nachweisen kann, die zugehörige Differentialgleichung (1.34). Aus dem Geschwindigkeitspotential $\tilde{\phi}$ gewinnt man die Feldgrößen $\tilde{p} = \tilde{p}(r, t)$ und $\tilde{v} = \tilde{v}(r, t)$ [15]

$$\tilde{p} = -\rho \frac{\partial \tilde{\phi}}{\partial t} = j\hat{\phi}' \frac{\omega \rho}{r} \cdot e^{-jkr} \cdot e^{j\omega t}, \tag{1.36}$$

$$\tilde{v} = \frac{\partial \tilde{\phi}}{\partial r} = \frac{\hat{\phi}'}{r^2}(1 + jkr) \cdot e^{-jkr} \cdot e^{j\omega t}. \tag{1.37}$$

Die Gleichungen beschreiben ein in radialer Richtung sich ausbreitendes divergentes Kugelwellenfeld. Druck und Schnelle haben jeweils auf Kugelflächen um das Zentrum konstante Amplituden und gleiche Phasenlagen. Jedoch sind Druck und Schnelle zueinander grundsätzlich nicht mehr in Phase. Die Ausbreitungsgeschwindigkeit ist wieder die Wellengeschwindigkeit c.

Laut Gl. (1.36) ist der Wechseldruck eine rein imaginäre Größe. Die Schnelle v besitzt für kleine Werte $\frac{r}{\lambda}$, bei denen also der Abstand klein gegen die Wellenlänge ist, einen überwiegend reellen Teil, d.h., die Schnelle liegt in der Phase hinter dem Druck. Für extrem kleine Werte $\frac{r}{\lambda}$ ergibt sich eine Phasenverschiebung von 90°.

Für größer werdende Werte von $\frac{r}{\lambda}$, bei denen also der Abstand größer wird gegenüber der Wellenlänge, nimmt der imaginäre Anteil der Schnelle nach Gl. (1.37) zu. Ist $\frac{r}{\lambda}$ sehr viel größer als 1, ist auch die Schnelle rein imaginär. Für diesen Fall gelten folgende Gleichungen

$$\begin{aligned}\tilde{p} &= j\hat{\phi}' \frac{\omega}{r} \rho \cdot e^{-jkr} \cdot e^{j\omega t} \\ &= j \cdot \hat{p}(r) \cdot e^{-jkr} \cdot e^{j\omega t},\end{aligned} \tag{1.38}$$

$$\begin{aligned}\tilde{v} &\approx j\hat{\phi}' \frac{\omega}{r} \frac{1}{c} \cdot e^{-jkr} \cdot e^{j\omega t} \\ &= j \cdot \hat{v}(r) \cdot e^{-jkr} \cdot e^{j\omega t}.\end{aligned} \tag{1.39}$$

Hiermit sind Druck und Schnelle in Phase. Damit liegt ein quasiebenes Wellenfeld vor. Die Amplituden der beiden Größen sind proportional $\frac{1}{r}$.

Der Übergang vom Phasenwinkel 90° bei r = 0 zu annähernd gleicher Phasenlage vollzieht sich auf verhältnismäßig kurzem Abstand r. So ist für r = 3λ der Phasenwinkel nur noch 3° und für r = λ gleich 9°.

## 1.3 Geschwindigkeit der Schallausbreitung

Bei den bisher behandelten Schallfeldern wurde die Fortpflanzungsgeschwindigkeit bzw. Phasengeschwindigkeit einer Störung eingeführt. Diese Geschwindigkeit besitzt für gasförmige, flüssige und feste Medien eine außerordentliche Bedeutung. Sie ist für das jeweilige Medium charakteristisch und wesentlich von dessen elastischen Eigenschaften abhängig.

### 1.3.1 Ausbreitung in Gasen

In Gasen breitet sich der Schall nur in reinen Längswellen, den sog. Dilatationswellen, aus. Für die zugehörige Schallgeschwindigkeit wurde bereits die Gl. (1.7) $c = \sqrt{\kappa \frac{p}{\rho}}$ gefunden.

Mit Hilfe der thermischen Zustandsgleichung für ideale Gase $\frac{p}{\rho} = R \cdot T$ gewinnt man daraus

$$c_{Gas} = \sqrt{\kappa R_{Gas}} \cdot \sqrt{T}. \tag{1.40}$$

Die Schallgeschwindigkeit in einem bestimmten Gas hängt also nur noch von der absoluten Temperatur T ab, sofern die Störung klein ist und isentrop verläuft.

In der Tab. 1.1 sind die Schallgeschwindigkeiten bei 0 °C für einige Gase zusammengestellt [2].

**Tabelle 1.1** Schallgeschwindigkeit in einigen Gasen

| Gas | Schallgeschwindigkeit bei 0 °C c | Gas | Schallgeschwindigkeit bei 0 °C c |
|---|---|---|---|
| | m/s | | m/s |
| Ammoniak | 415 | Luft | 332 |
| Äthylen | 322 | Methan | 427 |
| Azetylen | 330 | Propylen | 252 |
| Chlor | 209 | Sauerstoff | 312 |
| Erdgas Niederlande | 399 | Schwefeldioxid | 210 |
| Erdgas Sowjet-Union | 405 | Stickoxid | 324 |
| Gichtgas | 337 | Stickstoff | 335 |
| Helium | 964 | Wasserstoff | 1258 |
| Kohlendioxid | 260 | Wasserdampf bei 100 °C | 478 |
| Kohlenoxid | 336 | | |

### 1.3.2 Ausbreitung in Flüssigkeiten

Flüssigkeiten haben mit Gasen gemeinsam, daß sie nur sehr kleine Schubkräfte im Vergleich zu festen Körpern übertragen können. Damit treten in Flüssigkeiten bei Störungen nur reine Längs- oder Dilatationswellen auf. Die charakteristischen Feldgrößen des Flüssigkeitsschalls (Hydroschall) sind wieder Wechseldruck p und Schnelle v.

Für die Ermittlung der Schallgeschwindigkeit in Flüssigkeiten kann von der Gl. (1.7) $c^2 = \frac{\partial p}{\partial \rho}$ ausgegangen werden. Die Größe $\frac{\partial p}{\partial \rho}$ kommt in einer kompressiblen Flüssigkeit dadurch zustande, daß sich durch eine kleine Druckänderung $\partial p$ das Ausgangsvolumen $V_0$ der Flüssigkeit um $\partial V$ und damit ihre Dichte um $\partial \rho$ ändern. Die Volumenänderung und die relative Volumenänderung sind durch die folgenden Gleichungen gegeben

$$\partial V = -\beta_{Fl} \cdot V_0 \cdot \partial p, \tag{1.41}$$

$$\frac{\partial V}{V_0} = -\beta_{Fl} \cdot \partial p. \tag{1.42}$$

Hierin ist $\beta_{Fl}$ die Kompressibilitätszahl der Flüssigkeit. Sie beträgt z.B. für Wasser $\beta_W = 4{,}8 \cdot 10^{-10} \frac{m^2}{N}$.

Die Bedingung für die Massenerhaltung eines geschlossenen Volumens $\rho \cdot V = \text{konst.}$ führt nach logarithmischem Differenzieren zu

$$\frac{\partial V}{V_0} = -\frac{\partial \rho}{\rho_0}. \tag{1.43}$$

Mit Gl. (1.42) ergibt sich

$$\frac{\partial \rho}{\rho_0} = \beta_{Fl} \cdot \partial p \tag{1.44}$$

oder

$$\frac{\partial p}{\partial \rho} = \frac{1}{\beta_{Fl}\rho_0}. \tag{1.45}$$

Damit erhält man für die Schallgeschwindigkeit einer Flüssigkeit

$$c_{Fl} = \sqrt{\frac{1}{\beta_{Fl} \cdot \rho_0}}. \tag{1.46}$$

Führt man hierin anstelle der Kompressibilitätszahl den reziproken Wert, den sog. Kompressionsmodul

$$K_{Fl} = \frac{1}{\beta_{Fl}} \tag{1.47}$$

ein, so gewinnt man für die Schallgeschwindigkeit die allgemeine Beziehung

$$c_{Fl} = \sqrt{\frac{K_{Fl}}{\rho_0}}. \tag{1.48}$$

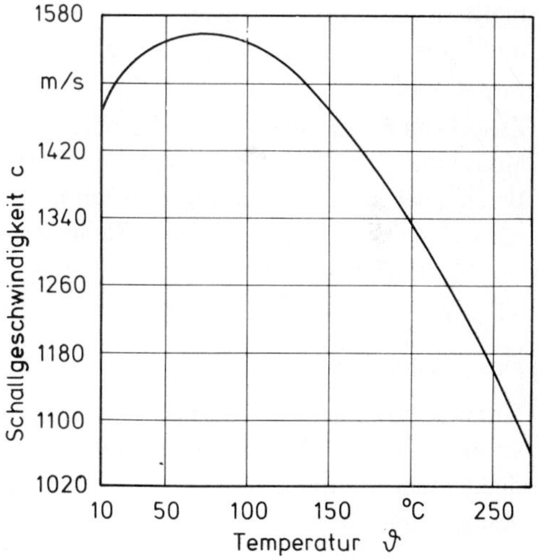


**Bild 1.8**
Temperaturabhängigkeit der Schallgeschwindigkeit in Wasser

Für Wasser mit $K_W = 0{,}208 \cdot 10^{10}$ N/m² und $\rho_W = 1000$ kg/m³ ergibt sich für die Schallgeschwindigkeit $c_W \approx 1440$ m/s. Die Temperaturabhängigkeit der Schallgeschwindigkeit von Wasser ist in Bild 1.8 dargestellt [2].

In der Tabelle 1.2 sind die Schallgeschwindigkeiten von verschiedenen Flüssigkeiten bei einem Druck von 1 bar dargestellt [2].

Rückwirkend läßt sich die Beziehung (1.48) für die Schallgeschwindigkeit von Flüssigkeiten auch auf Gase übertragen, wenn man den entsprechenden Kompressionsmodul $K = \kappa \cdot p_0$ für Gase einführt. Für Luft hat K den Wert $1{,}41 \cdot 10^5$ N/m² bei einem Druck $p_0 = 1$ bar und ist damit wesentlich kleiner als der entsprechende Wert von Wasser.

**Tabelle 1.2** Schallgeschwindigkeit in einigen Flüssigkeiten

| Flüssigkeit | Bezugs-temperatur | Schall-geschwindigkeit c | Dichte $\rho$ |
|---|---|---|---|
| | °C | m/s | $10^3$ kg/m$^3$ |
| Erdöl | 20 | 1300 ... 1520 | 1,04 ... 0,7 |
| Hydrauliköl, luftfrei | 20 | 1280 | 0,9 |
| Hydrauliköl mit Lufteinschluß | 20 | 1050 | 0,9 |
| Quecksilber | 20 | 1451 | 13,55 |
| Meerwasser (3,2 % Salz) | 10 | 1481 | 1,02 |
| Wasser (destilliert) | 10 | 1449 | 0,99 |

### 1.3.3 Ausbreitung in festen Körpern (Körperschall)

Störungen pflanzen sich auch in festen Körpern mit endlicher Geschwindigkeit fort. Feste Körper setzen jedoch nicht nur elastischen Längsverformungen einen Widerstand entgegen, sondern auch Schub-, Biege- und Torsionsverformungen. Demzufolge können bei der Ausbreitung von Störungen neben Längswellen auch Schub-, Biege- und Torsionswellen auftreten. Daraus folgt, daß die Schallausbreitung in festen Körpern wesentlich schwieriger zu erfassen ist als in Gasen und Flüssigkeiten.

Zwar kann im einfachsten Fall der oben eingeführte Kompressionsmodul K durch den E-Modul und den Gleitmodul G des Werkstoffs ersetzt werden. Damit läßt sich aber nur ein Bereich der Schallausbreitung in festen Körpern abdecken. Hinzu kommt, daß formal neben der Feldgröße der Schnelle an die Stelle des skalaren Wechseldruckes Spannungszustände treten, die Tensorcharakter haben. Im Folgenden werden die wesentlichen Schallgeschwindigkeiten phänomenologisch behandelt [3, 4].

*Dehnwellen*

Unter Dehnwellen versteht man quasi-longitudinale Wellen ähnlich den Längswellen, wie sie in Gasen und Flüssigkeiten auftreten. Ersetzt man in Gl. (1.48) für die Schallgeschwindigkeit den Kompressionsmodul K durch den Elastizitätsmodul E, so erhält man die Schallgeschwindigkeit

$$c_{De} = \sqrt{\frac{E}{\rho}}. \tag{1.49}$$

Sie ist die Fortpflanzungsgeschwindigkeit bzw. Dehnwellengeschwindigkeit der longitudinalen Dehnwellen. Sie hat für Stahl mit einem E-Modul $E = 21 \cdot 10^{10}$ N/m$^2$ und $\rho = 7850$ kg/m$^3$ den Wert $c_{De} = 5172$ m/s. Das Auftreten von Dehnwellen setzt voraus, daß die Körperabmessungen in den beiden Querrichtungen klein gegenüber der betrachteten Wellenlänge sind. Es handelt sich dann also um stabartige Strukturen, die längs angeregt werden. Bei diesen können sich auch gleichzeitig Querkontraktionen ohne Zwang einstellen, und somit auch sekundär Transversalwellen mit angeregt werden (Bild 1.9). Die quasilongitudinalen Wellen können auch noch an plattenförmigen Strukturen mit sekundären Transversalwellen an der Plattenoberfläche auftreten. Allerdings wird durch die Dehnungsbehinderung in der Plattenebene der Kompressionsmodul vergrößert.

$$K_{Pl} = \frac{1}{1-\mu^2} \cdot E. \qquad (1.50)$$

Hierbei ist $\mu$ die Querkontraktionszahl.

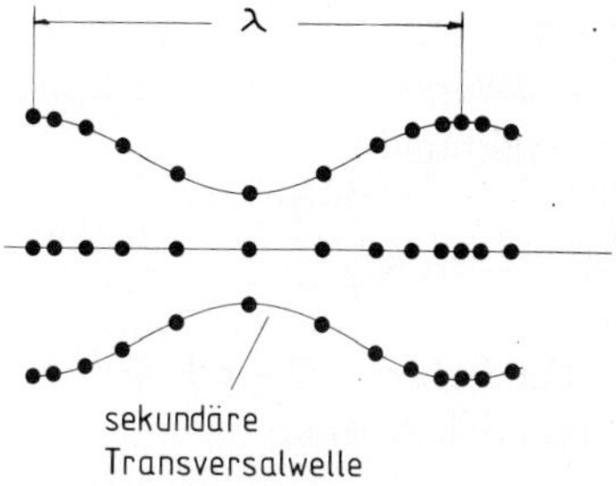


**Bild 1.9** Dehnwellen

Die Dehnwellengeschwindigkeit plattenförmiger Strukturen ergibt sich dann mit Gl. (1.50)

$$c_{De_{Pl}} = \frac{1}{\sqrt{1-\mu^2}} \cdot \sqrt{\frac{E}{\rho}}. \qquad (1.51)$$

Für plattenförmige Strukturen aus Stahl errechnet sich mit $\mu = 0{,}3$ die Dehnwellengeschwindigkeit $c_{De_{Pl}} = 5422$ m/s.

*Dichtewellen*

Ist die räumliche Ausdehnung der Struktur in allen drei Richtungen wesentlich größer als die zu betrachtende Wellenlänge $\lambda$, so werden bei Längserregung reine Längs- oder Dilatationswellen, auch Dichtewellen genannt, hervorgerufen. Ihrer Erscheinung nach sind sie vergleichbar mit den Längswellen in Gasen und Flüssigkeiten. Der in der Regel größere Kompressionsmodul errechnet sich wie folgt

$$K_{Di} = \frac{1-\mu}{(1+\mu)(1-2\mu)} \cdot E. \qquad (1.52)$$

Damit ist die Fortpflanzungsgeschwindigkeit der reinen longitudinalen Dichtewellen kugeliger Strukturen, auch Dichtewellen-Geschwindigkeit genannt,

$$c_{Di} = \sqrt{\frac{1-\mu}{(1+\mu)(1-2\mu)}} \cdot \sqrt{\frac{E}{\rho}}. \qquad (1.53)$$

Für Stahl beträgt die Dichtewellengeschwindigkeit $c_{Di} = 5970$ m/s und ist damit gegenüber der Fortpflanzungsgeschwindigkeit in stabartigen Strukturen um ca. 16 % größer. Die Schwingungsform der Dichtewellen ist in Bild 1.10 dargestellt.

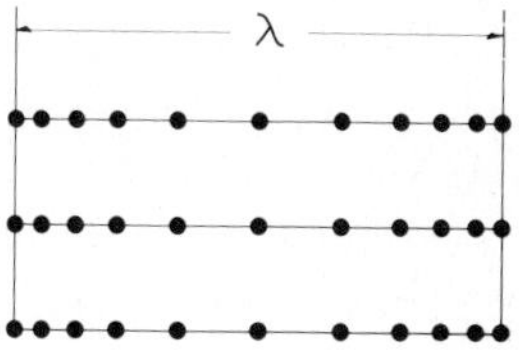


**Bild 1.10** Dichtewellen

*Schubwellen*

In kubischen Strukturen können bei entsprechender Querkrafterregung auch reine transversale Schubwellen auftreten. Ihre Fortpflanzungsgeschwindigkeit wird durch den Kompressionsmodul $K_Q$ bestimmt, der dem Gleitmodul

$$G = \frac{E}{2(1+\mu)}$$

des Werkstoffs gleichzusetzen ist. Es ist dann die Schubwellengeschwindigkeit kubischer Strukturen

$$c_Q = \sqrt{\frac{G}{\rho}}. \tag{1.54}$$

Für Stahl mit $G = 8{,}1 \cdot 10^{10}\ \mathrm{N/m^2}$ beträgt $c_Q = 3210\ \mathrm{m/s}$. Bild 1.11 zeigt die Wellenform der Schubwelle.

*Torsionswellen*

Als Sonderfall der Schubwellen können in stabartigen Körpern auch Torsionswellen auftreten, bei denen die Wellen zirkular gerichtet sind. Die zugehörige Torsionswellengeschwindigkeit ist durch folgende Gleichung gegeben:

$$c_T = \sqrt{\frac{G \cdot I_d}{\Theta'}}. \tag{1.55}$$

Hierin ist $G \cdot I_d$ die Drillsteifigkeit und $\Theta'$ das Massenträgheitsmoment um die Längsachse bezogen auf die Länge des Körpers. Im Sonderfall des kreisförmigen Stabquerschnitts ist $c_T = c_Q$ nach Gl. (1.54). Die Wellenform der Torsionswellen ist in Bild 1.12 dargestellt.

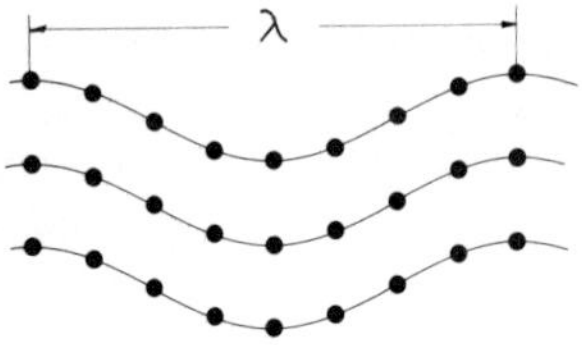


**Bild 1.11** Schubwellen

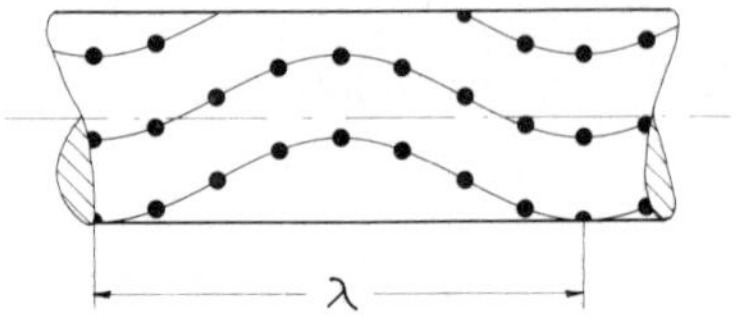


**Bild 1.12** Torsionswellen

*Biegewellen*

Von den bisher genannten Wellenformen sind die Biegewellen die kompliziertesten, jedoch für die Ausbreitung und Abstrahlung von Körperschall die wichtigsten. Es sind Wellen mit transversalen Auslenkungen der Struktur bei gleichzeitigem Schrägstellen der Körperquerschnitte gegeneinander (Bild 1.13).

**Bild 1.13** Biegewellen

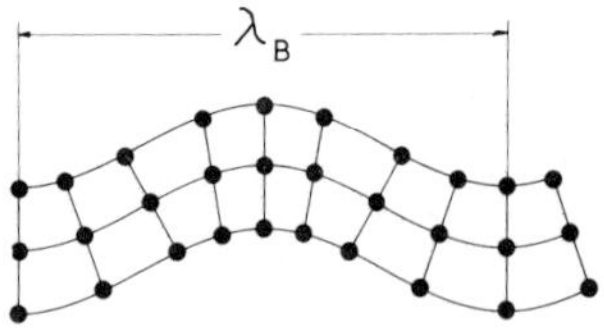

Für stabartige Körper beträgt die Ausbreitungsgeschwindigkeit der Biegewellen [3]

$$c_B = \sqrt{2\pi f} \cdot \sqrt[4]{\frac{B}{m'}}, \tag{1.56}$$

$$c_B = \sqrt{2\pi} \cdot \sqrt{c_{De}} \cdot \sqrt{i} \cdot \sqrt{f}. \tag{1.57}$$

Hierin ist $m'$ die Masse des Stabes pro Länge, $B = E \cdot I_b$ die Biegesteifigkeit des Stabes, i der Trägheitsradius des Biegequerschnitts und $c_{De} = \sqrt{\frac{E}{\rho}}$ die Dehnwellengeschwindigkeit. $c_B$ ist die Phasengeschwindigkeit bzw. Ausbreitungsgeschwindigkeit einer fortschreitenden freien Biegewelle.

Für Platten gilt analog

$$c_B = \sqrt{2\pi f} \cdot \sqrt[4]{\frac{B'}{m''}}, \tag{1.58}$$

$$c_B = 1{,}35 \cdot \sqrt{c_{De_{Pl}} \cdot h} \cdot \sqrt{f}. \tag{1.59}$$

Hierin ist $m'' = \rho h$ die Masse der Platte pro Fläche,

$$B' = \frac{E \cdot h^3}{12(1 - \mu^2)} \tag{1.59a}$$

die Biegesteifigkeit der Platte pro Breite, h die Plattendicke und $c_{De_{Pl}}$ die Dehnwellengeschwindigkeit der Platte nach Gl. (1.51).

Die Wellenlänge der Biegewelle läßt sich wie folgt berechnen

$$\lambda_B = \frac{c_B}{f} = 1{,}35 \cdot \sqrt{\frac{c_{De_{Pl}} \cdot h}{f}}. \tag{1.60}$$

Man erkennt, daß in den Gln. (1.56) bis (1.59) im Gegensatz zu den bisherigen Ausbreitungsgeschwindigkeiten der Wellen und auch zu den Schallgeschwindigkeiten in Gasen und Flüssigkeiten die Biegewellengeschwindigkeit von der Frequenz f abhängt und mit steigender Frequenz größer wird. Man nennt dieses Phänomen die Frequenzdispersion des Körperschalls. Ihr kommt praktische Bedeutung bei der Schallausbreitung, -abstrahlung und -dämmung zu.

Bei der Schallausbreitung in festen Körpern sind grundsätzlich alle bisher aufgeführten Wellenarten möglich. Für die Schallabstrahlung in das umgebende Medium ist jedoch eine Bewegung senkrecht zur Oberfläche erforderlich. Die dazu gehörende transversale Bewegung tritt bereits bei den Dehnwellen auf, jedoch noch wesentlich ausgeprägter bei den Biegewellen. Daher sind letztere von besonderer Bedeutung. Außerdem ist zu berücksichtigen, daß Längswellen auch in Biegewellen übergehen können, wenn sie an Ecken von Körpern umgelenkt werden.

*Transversalwellen biegeweicher Körper*

Vorgespannte, schlaffe und biegeweiche Körper, wie z.B. Seile, Saiten und Riemen, können mit Transversalwellen schwingen (Bild 1.14). Setzt man in Gl. (1.49) für die Dehnwellengeschwindigkeit $c_{De}$ anstelle des E-Moduls die Vorspannung $\sigma = F_V/A$ ein, so erhält man als

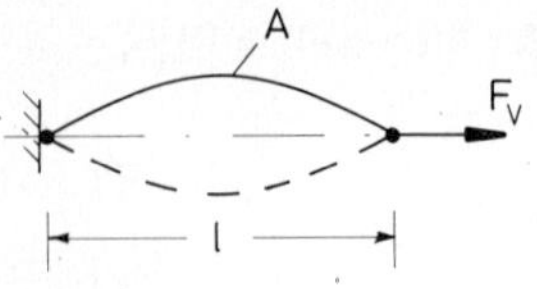


Bild 1.14
Transversalwelle eines biegeweichen Körpers

Transversalwellengeschwindigkeit

$$c_s = \sqrt{\frac{\sigma}{\rho}}. \tag{1.61}$$

Die Herleitung einiger Körperschallgeschwindigkeiten erfolgt im Anhang A1.

## 1.4 Impedanz

Die Impedanz ist allgemein in einer elastischen Struktur das Verhältnis einer anfachenden Ursache (Kraft, Druck, Moment) zu einer Geschwindigkeit (Schnelle), die sich am System einstellt. Dabei unterscheidet man zwischen einer akustischen und einer mechanischen Impedanz.

### 1.4.1 Akustische Impedanz

In der Akustik werden die beiden Feldgrößen Druck und Schnelle mit Hilfe der Impedanz miteinander verknüpft. Allgemein ist die Feldimpedanz $\tilde{Z}_s$ als das Verhältnis Druck zu Schnelle definiert.

$$\tilde{Z}_s = \frac{\tilde{p}}{\tilde{v}}. \tag{1.62}$$

Die Impedanz ist im allgemeinen eine komplexe Größe. Die Gl. (1.62) kann physikalisch wie folgt gedeutet werden: In der Schreibweise $\tilde{v} = \tilde{p}/\tilde{Z}_s$ erkennt man, in welcher Form durch eine Druckerregung die Schallschnelle nach Größe und Phasenlage indiziert wird. Reelles $\tilde{Z}_s$ bedeutet, daß die Schnelle mit dem Wechseldruck in Phase ist, ein großer Betrag von $\tilde{Z}_s$ bedeutet, daß das Medium dem Aufbau eines Schallfeldes durch eine Druckerregung großen Widerstand entgegen setzt.

In der Schreibweise $\tilde{p} = \tilde{v}\,\tilde{Z}_s$ erkennt man, in welcher Weise durch eine Geschwindigkeitserregung der Wechseldruck nach Größe und Phase indiziert wird. Reelles $\tilde{Z}_s$ bedeutet wiederum, daß der Wechseldruck mit der Schnelle in Phase ist, ein großer Betrag von $\tilde{Z}$ bedeutet jetzt, daß das Medium den Aufbau eines Schallfeldes durch eine Geschwindigkeitserregung wesentlich fördert.

*Schallkennimpedanz Z in einem ebenen Wellenfeld*

Im ebenen, unendlich ausgedehnten Wellenfeld sind die Schallfeldgrößen p und v wie folgt definiert (siehe hierzu Gln. (1.24) und (1.25)):

$$\tilde{p} = j\hat{\phi} \cdot \rho\omega \cdot e^{-jkx} \cdot e^{j\omega t} = j\hat{p} \cdot e^{-jkx} \cdot e^{j\omega t}$$
$$\tilde{v} = j\hat{\phi} \cdot k \cdot e^{-jkx} \cdot e^{j\omega t} = j\hat{v} \cdot e^{-jkx} \cdot e^{j\omega t}$$

Setzt man diese beiden Größen in die Gl. (1.62) ein, so ergibt sich für die Feldimpedanz:

$$\tilde{Z}_s = \frac{\hat{p}}{\hat{v}} = \frac{\rho \cdot \omega}{k}. \tag{1.63}$$

Die akustische Feldimpedanz ist in einem ebenen Wellenfeld reell, sie wird auch als Schallkennimpedanz, Wellenwiderstand oder auch Schallkennwiderstand Z bezeichnet:

$$Z = \rho c. \tag{1.64}$$

Hierin ist $\rho$ die Dichte, c die Schallgeschwindigkeit des Mediums. Die Größe von Z wird in $Ns/m^3$ oder auch in Rayl entsprechend $g/s\,cm^2$ angegeben, wobei ein Rayl = $10\,Ns/m^3$ ist. Für Luft beträgt $Z \approx 420\,Ns/m^3$ bei Zimmertemperatur. Als Bezugsgröße ist sie einheitlich mit $Z_0 = 400\,Ns/m^3$ eingeführt. Die akustische Impedanz des Wassers ist wesentlich größer als die von Luft, sie beträgt $Z_{Wasser} = 1{,}45 \cdot 10^6\,Ns/m^3$.

Ein formaler Vorteil liegt bei der Verwendung der Schallkennimpedanz Z auch darin, daß man in einem Schallfeld mittels $Z_0$ die Amplitude der Schnelle sehr einfach durch die Amplitude des Wechseldruckes und umgekehrt den Wechseldruck durch die Schnelle ersetzen kann.

*Schallkennimpedanz in einem Kugelwellenfeld*

Im Kugelwellenfeld eines gasförmigen Mediums wurden für den Schallwechseldruck $\tilde{p}$ und die Schallschnelle $\tilde{v}$ folgende Beziehungen gefunden (siehe hierzu Gln. (1.36) und (1.37)):

$$\tilde{p} = j\hat{\phi}' \frac{\omega\rho}{r} \cdot e^{-jkr} \cdot e^{j\omega t}$$

$$\tilde{v} = \hat{\phi}' \frac{1}{r^2} (1 + jkr) \cdot e^{-jkr} \cdot e^{j\omega t}.$$

Beide Feldgrößen $\tilde{p}$ und $\tilde{v}$ sind hier nicht in Phase, so daß die Feldimpedanz $Z_s$ des Kugelwellenfeldes nicht mehr reell ist. Es ist:

$$\tilde{Z}_s = \frac{\tilde{p}}{\tilde{v}} = (\rho c) \frac{jkr}{1 + jkr}, \tag{1.65}$$

$$\tilde{Z}_s = Z \frac{j2\pi r/\lambda}{1 + j2\pi \frac{r}{\lambda}}. \tag{1.66}$$

Für große Werte von $r/\lambda$ (r ist groß gegen die Wellenlänge $\lambda$), also für ein quasiebenes Wellenfeld, geht die Feldimpedanz $Z_s$ in den reellen Grenzwert der Kennimpedanz $Z = \rho \cdot c$ des ebenen Wellenfeld über. Für kleine Werte von $r/\lambda$ (r klein gegen die Wellenlänge $\lambda$) geht die Feldimpedanz in den rein imaginären Grenzwert über:

$$\tilde{Z}_s = j \cdot Z\, 2\pi \frac{r}{\lambda}. \tag{1.67}$$

Diese Gleichung besagt einmal, daß der Phasenwinkel zwischen Druck und Schnelle 90° beträgt, zum anderen, daß der Betrag der Feldimpedanz gegenüber Z um den Faktor $2\pi \cdot r/\lambda$ reduziert ist. Auf die praktische Bedeutung dieser Feststellung wird noch eingegangen (siehe Abschnitt 2.2.1).

### 1.4.2 Mechanische Impedanz

Die mechanische Impedanz ist der Widerstand, den eine elastische Struktur den wirkenden Kräften entgegensetzt. Sind $\tilde{F}$ die erregende Kraft (periodische Erregung) und $\tilde{v}$ die Systemschnelle an der gleichen Stelle und sind sie beide gleichgerichtet, dann stellt die Kraft, bezogen auf die Schnelle, die sogenannte *Eingangsimpedanz* dar (Bild 1.15)

$$\tilde{Z}_e = \frac{\tilde{F}}{\tilde{v}}. \tag{1.68}$$

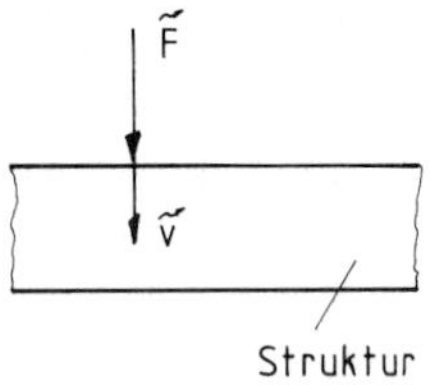


**Bild 1.15**
Punktförmige Kraftanregung einer Struktur

Hierbei ist eine punktförmige Krafterregung vorausgesetzt, d.h., daß die Abmessungen der Angriffsfläche von $\tilde{F}$ als klein gegen die erzeugten Wellenlängen des Körperschalls angenommen werden.
Die mechanische Eingangsimpedanz $\tilde{Z}_e$ ist in der Regel komplex und hat die Dimension Ns/m, bzw. kg/s, auch g/s. Physikalisch besagt $\tilde{Z}_e$, in welcher Stärke bei einer Krafterregung in der Struktur Körperschall erzeugt wird. Eine große Eingangsimpedanz führt demnach bei einer Krafterregung nur zu geringem Körperschall in der Struktur. Im folgenden werden für einige Sonderfälle die mechanischen Eingangsimpedanzen angegeben.

*Anregung einer unelastischen Struktur der Masse* m (*Bild 1.16*)

Aus $\tilde{F} = \hat{F}\, e^{j\omega t}$ folgt die Beschleunigung

$$\tilde{a} = \frac{\hat{F}\, e^{j\omega t}}{m}$$

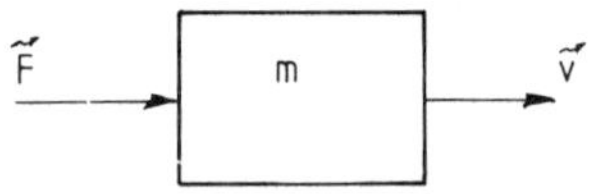


**Bild 1.16** Anregung einer Masse

und hieraus die Geschwindigkeit

$$\tilde{v} = \frac{\hat{F}\, e^{j\omega t}}{m\, j\omega}.$$

Damit wird die Eingangsimpedanz

$$\tilde{Z}_e = jm\omega. \tag{1.69}$$

Sie ist eine rein imaginäre Größe, d.h., die Schnelle ist um 90° gegenüber der anregenden Kraft verschoben. Der Betrag der Impedanz ist proportional der Masse m und proportional der anfachenden Kreisfrequenz $\omega$.

*Anregung einer elastischen, masselos gedachten Struktur* (Bild 1.17)

Sind $\tilde{F} = \hat{F}\, e^{j\omega t}$ eine periodische Kraftanregung und $c_F$ die Federkonstante der Struktur, so folgen aus der Kraft $\tilde{F}$ zunächst die Verschiebung

$$\tilde{x} = \frac{\tilde{F}}{c_F}$$

und hieraus die Geschwindigkeit

$$\tilde{v} = j\frac{\omega}{c_F} \cdot \hat{F} \cdot e^{j\omega t}.$$

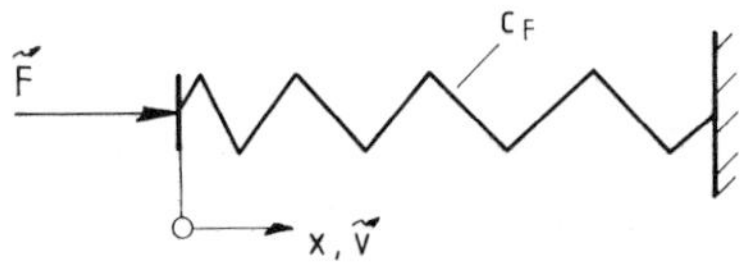


**Bild 1.17** Anregung einer elastischen Struktur

Damit wird

$$\tilde{Z}_e = \frac{c_F}{j\omega}. \tag{1.70}$$

Die mechanische Eingangsimpedanz ist hier wiederum eine rein imaginäre Größe. Ihr Betrag ist proportional der Federkonstanten $c_F$ und umgekehrt proportional der anfachenden Kreisfrequenz $\omega$.

*Längsanregung einer elastischen Stabstruktur* (Bild 1.18)

Durch Längsanregung eines Stabes werden, wie im ebenen Wellenfeld, lineare Längswellen erzeugt. In Analogie zu dessen Kennimpedanz $Z = p/v = \rho \cdot c$ (siehe Gl. (1.64)) kann die Eingangsimpedanz nach Gl. (1.68) entsprechend ermittelt werden. Hierbei wird für die Dichte des ebenen Wellenfeldes die Dichte $\rho$ und für die Schallgeschwindigkeit c die Dehnwellengeschwindigkeit $c_{De} = \sqrt{E/\rho}$ der Struktur eingesetzt. Der Wechseldruck p kann durch den Koeffizienten F/A ersetzt werden. Somit folgt

$$Z_e = \rho\sqrt{\frac{E}{\rho}} \cdot A = \sqrt{E\rho}\, A. \tag{1.71}$$

Die Eingangsimpedanz des Stabes bei Längsanregung ist somit eine reelle Größe, deren Betrag unabhängig von der anfachenden Kreisfrequenz ist.

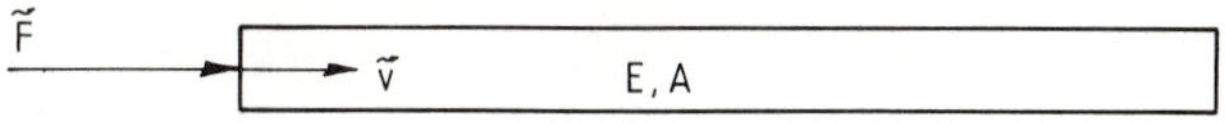


**Bild 1.18** Anregung eines elastischen Stabes

*Biegeanregung einer elastischen, stabförmigen Struktur*

Die Eingangsimpedanz läßt sich verhältnismäßig leicht errechnen, wenn der Stab als unendlich ausgedehnt angenommen wird. Es treten hierbei zwei Fälle auf:

a) einseitige Einspannung mit punktförmiger Anfachung am freien Ende (Bild 1.19),
b) beidseitige Einspannung mit punktförmiger Anfachung in der Stabmitte (Bild 1.20).

Die Ermittlung der mechanischen Impedanz führt in beiden Fällen zu der Lösung der partiellen Differentialgleichung des Biegestabes [3]:

$$EI_b \frac{\partial^4 \tilde{\xi}}{\partial x^4} = -m' \frac{\partial^2 \tilde{\xi}}{\partial t^2} \tag{1.72}$$

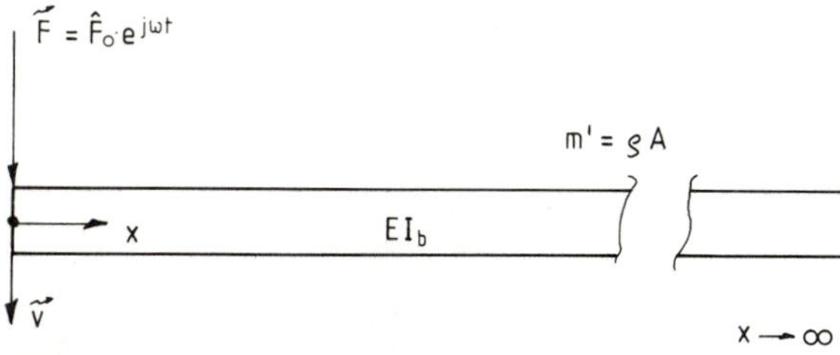


**Bild 1.19** Anregung eines einseitig eingespannten Stabes

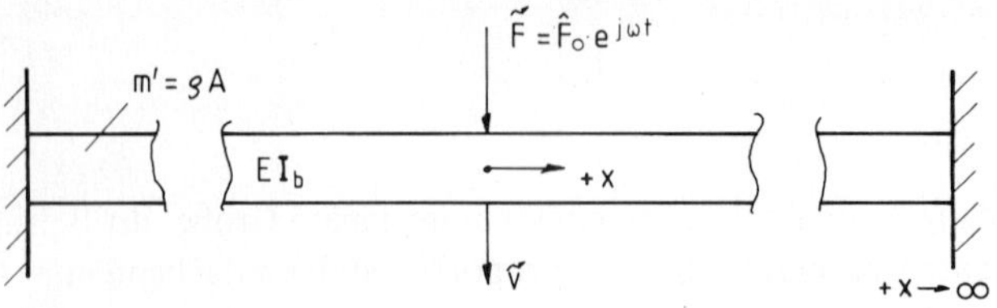


**Bild 1.20** Anregung eines Stabes bei beidseitiger Einspannung

Statt der Verschiebung $\tilde{\xi}(x, t)$ ist jedoch für $Z_e$ die Schnelle $\tilde{v} = \partial\tilde{\xi}/\partial t$ in Querrichtung maßgebend. Mit Hilfe des Bernoullischen Lösungsansatzes für die Verschiebung $\tilde{\xi}(x, t)$ und die Schnelle $\tilde{v}(x, t)$

$$\tilde{\xi}(x, t) = \tilde{\xi}(x) \cdot e^{j\omega t}, \tag{1.73}$$

$$\tilde{v}(x, t) = j \cdot \tilde{\xi}(x) \cdot \omega \cdot e^{j\omega t}, \tag{1.74}$$

folgt aus der Gl. (1.72) die homogene Differentialgleichung für die Schnelle $\tilde{v}(x)$ in komplexer Schreibweise:

$$\frac{\partial^4 \tilde{v}(x)}{\partial x^4} - k^4 \tilde{v}(x) = 0. \tag{1.75}$$

Hierin sind:

$$\tilde{v}(x) = \tilde{\xi}(x) \cdot j\omega, \tag{1.76}$$

$$k^4 = \frac{m'}{EI_b}\,\omega^2 = \left(\frac{\omega}{c_B}\right)^4. \tag{1.77}$$

Der allgemeine Lösungsansatz der Differentialgleichung (1.75) für die Schnelle unter der Berücksichtigung, daß an der Einspannung ($x \to \infty$) die Verschiebung $\xi$ und die Schnelle v gleich Null sind, lautet:

$$\tilde{v}(x) = \tilde{v}_1 \cdot e^{-jkx} + \tilde{v}_2 \cdot e^{-kx}. \tag{1.78}$$

Hierbei werden die Konstanten $\tilde{v}_1, \tilde{v}_2$ aus den Randbedingungen ermittelt. Für den Fall a) lauten die Randbedingungen an der Stelle $x = 0$:

1. $\tilde{M}_b(0) = 0; \quad EI_b \dfrac{\partial^2 \tilde{\xi}(0)}{\partial t^2} = 0.$

   Mit Gl. (1.76) ergibt sich dann:

$$\frac{\partial^2 \tilde{v}(0)}{\partial x^2} = 0. \tag{1.79}$$

2. $\tilde{Q}(0) = \tilde{F}; \quad EI_b \dfrac{\partial^3 \tilde{\xi}(0)}{\partial x^3} = \tilde{F}.$

   Mit Gl. (1.76) folgt:

$$EI_b \frac{\partial^3 \tilde{v}(0)}{\partial x^3} \frac{1}{j\omega} = \tilde{F}. \tag{1.80}$$

Aus den beiden Randbedingungen folgt mit Gl. (1.78):

1. $-\tilde{v}_1 + \tilde{v}_2 = 0,$

2. $j\tilde{v}_1 - \tilde{v}_2 = j\dfrac{\tilde{F}\omega}{EI_b k^3}.$

Hieraus wird:

$$\tilde{v}_1 = \tilde{v}_2 = \tilde{F}\frac{\omega}{EI_b k^3(1+j)}, \tag{1.81}$$

$$\tilde{v}(x) = \tilde{F}\frac{\omega}{EI_b k^3(1+j)}(e^{-jkx} + e^{-kx}). \tag{1.82}$$

Für die Schnelle an der Anregungsstelle (x = 0) ergibt sich dann:

$$\tilde{v}(0) = \frac{2\tilde{F}\omega}{EI_b k^3(1+j)}. \tag{1.83}$$

Hieraus läßt sich dann die mechanische Eingangsimpedanz wie folgt berechnen:

$$\tilde{Z}_e = \frac{EI_b k^3(1+j)}{2\omega} = \frac{1+j}{2} m' c_B. \tag{1.84}$$

$c_B$ ist die Phasengeschwindigkeit der Biegewelle des Stabes entsprechend der Gl. (1.56).
Für den Fall b) denkt man sich den Stab bei $\tilde{F}$ aufgeschnitten und betrachtet nur die rechte Hälfte von $x = 0$ bis $x \to \infty$. Für diese Stabhälfte sind die Randbedingungen an der Stelle $x = 0$ wie folgt definiert

1. $\tilde{Q}(0) = \dfrac{\tilde{F}}{2};\quad EI_b \dfrac{\partial^3 \tilde{v}(0)}{\partial x^3}\dfrac{1}{j\omega} = \dfrac{\tilde{F}}{2};$ (1.85)

2. Balkenneigung $\varphi(0) = 0;\quad \dfrac{\partial\tilde{\xi}(0)}{\partial x} = 0.$

Mit der Gl. (1.76) folgt:

$$\frac{\partial\tilde{v}(0)}{\partial x}\frac{1}{j\omega} = 0. \tag{1.86}$$

Mit Hilfe der beiden Randbedingungen und des Lösungsansatzes (1.78) ergibt sich:

$$\left.\begin{aligned} \tilde{v}_1 &= \tilde{F}\frac{\omega}{4\,EI_b k^3} \\ \tilde{v}_2 &= -\tilde{F}\frac{j\omega}{4\,EI_b k^3}, \end{aligned}\right\} \tag{1.87}$$

$$\tilde{v}(x) = \tilde{F}\frac{\omega}{4\,EI_b k^3}(e^{-jkx} - je^{-kx}). \tag{1.88}$$

Für die Schnelle an der Anregungsstelle (x = 0) folgt:

$$\tilde{v}(0) = \tilde{F}\frac{\omega}{4\,EI_b k^3}(1-j). \tag{1.89}$$

Die mechanische Eingangsimpedanz bei beidseitiger Einspannung des Stabes ergibt sich dann:

$$\widetilde{Z}_e = \frac{2\,EI_b k^3 (1 + j)}{\omega} = (1 + j)\,2\,m' c_B. \tag{1.90}$$

Man erkennt, daß die Eingangsimpedanz des Falles b) viermal größer ist als die des Falles a). In beiden Fällen ist die Impedanz komplex. Die Phasenverschiebung zwischen Erregung der Kraft und der Schnelle beträgt hier $\frac{\pi}{4}$. In beiden Fällen ist die Impedanz proportional der Phasengeschwindigkeit der Biegewelle $c_B$ des Stabes und somit proportional der Wurzel aus der anfachenden Kreisfrequenz $\omega$ (siehe hierzu Gl. (1.57)). Für einen rechteckigen Stabquerschnitt mit der Höhe h ist:

$$\widetilde{Z}_e = 2{,}67\,\rho A \sqrt{c_{De}\,h \cdot f}\,(1 + j). \tag{1.91}$$

Hierbei sind A der Stabquerschnitt und $c_{De}$ die Phasengeschwindigkeit der Dehnwelle des Stabes (siehe Gl. (1.49)).

*Biegeanregung einer elastischen Plattenstruktur*

Für die akustische Untersuchung der Körperschallausbreitung ist die Eingangsimpedanz plattenartiger Strukturen von besonderer Bedeutung. Der Rechengang ist grundsätzlich der gleiche wie bei den Stabstrukturen, jedoch ist der mathematische Aufwand wegen der zweidimensionalen Plattenstruktur und der damit verbundenen schwierigen Elastomechanik erheblich größer. Es werden daher nur die Ergebnisse für unendlich ausgedehnte dünne Platten angegeben. Darüberhinaus wird hier auf die entsprechende Literatur [1, 3] hingewiesen. Es werden zwei Fälle betrachtet

a) punktförmige Krafterregung in der Plattenmitte (Bild 1.21)
b) punktförmige Krafterregung am Rande der Platte (Bild 1.22)

Hierbei sind: $m'' = \rho \cdot h$ Masse der Platte, bezogen auf die Fläche, und $B'$ die Biegesteife der Platte, bezogen auf die Breite (siehe Gl. (1.59a)). Die mechanischen Eingangsimpedanzen lauten dann:

a) $$Z_e = 8\sqrt{B' \cdot \rho \cdot h} \approx 2{,}3\,c_{De_{Pl}} \cdot \rho \cdot h^2, \tag{1.92}$$

b) $$Z_e = 2{,}3\sqrt{B' \cdot \rho \cdot h} \approx c_{De_{Pl}} \cdot \rho \cdot h^2. \tag{1.93}$$

$c_{De_{Pl}}$ ist die Dehnwellengeschwindigkeit der Platte (siehe Gl. (1.51)).

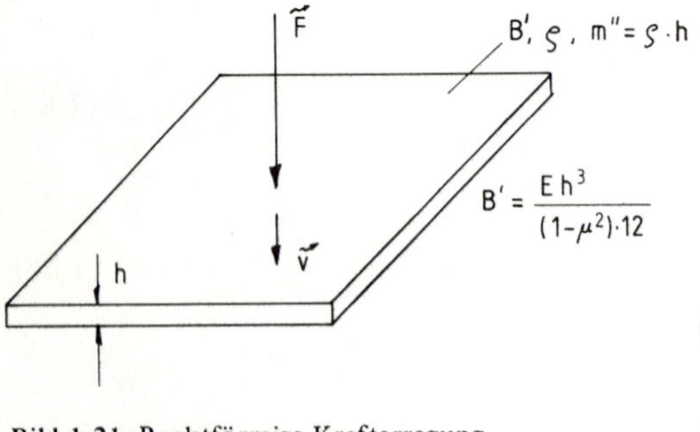


**Bild 1.21** Punktförmige Krafterregung in Plattenmitte

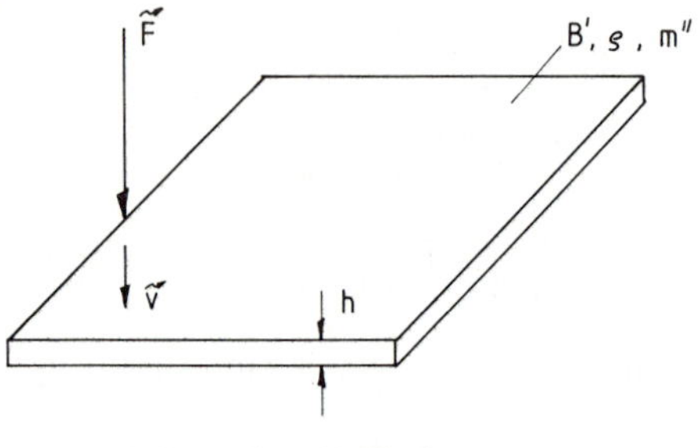


**Bild 1.22** Punktförmige Krafterregung am Plattenrand

Die beiden Eingangsimpedanzen sind reell und verhältnismäßig einfach aufgebaut. Sie sind hier nicht mehr von der anfachenden Kreisfrequenz $\omega$, sondern nur noch vom Werkstoff und der Plattendicke h abhängig. So ist z.B. für Stahl und Anfachung in der Plattenmitte $Z_e \approx 0{,}97 \cdot 10^7 \cdot h^2$ in g/s, wobei h in cm einzusetzen ist. In Bild 1.23 ist $Z_e$ als Funktion von h für Stahl und Leichtmetall (Aluminium) aufgetragen.

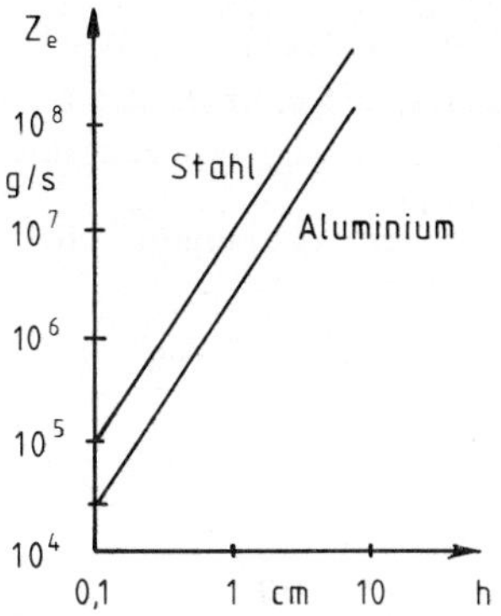


**Bild 1.23**
Eingangsimpedanz $Z_e$ in Abhängigkeit der Plattendicke h für Stahl und Leichtmetall

Es muß noch erwähnt werden, daß die hier angegebenen Impedanzen nur für unendlich ausgedehnte Platten gültig sind. Bei der endlichen Platte ist die Eingangsimpedanz komplex und frequenzabhängig. Darüberhinaus sind die Impedanzverläufe nicht mehr kontinuierlich, d.h., es treten infolge von Resonanzzuständen (Übereinstimmung der anfachenden Frequenz mit den Eigenfrequenzen der Platte) Einbrüche im Impedanzverlauf auf. Dennoch sind die mittleren Impedanzen aus vereinfachten Randbedingungen (unendliche Ausdehnung) für die Abschätzung der übertragenen mechanischen Leistung und der mittleren Schnelle von wesentlicher Bedeutung.

Um im Umgang mit Impedanzen etwas mehr Übung zu erlangen, werden folgende zwei typische Anwendungsbeispiele gerechnet:

a) Kraftanregung einer Struktur bei starrer Ankopplung (Bild 1.24),
b) Kraftanregung einer Struktur bei elastischer Ankopplung (Bild 1.25).

In beiden Fällen wird die Struktur durch eine periodische Kraft

$$\tilde{F} = \hat{F} \cdot e^{j\omega t} \tag{1.94}$$

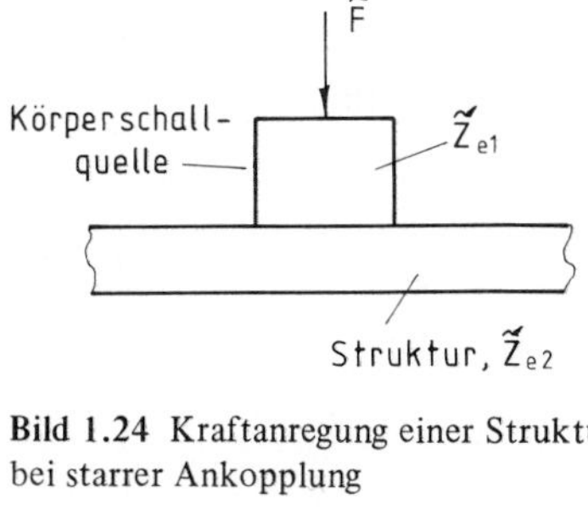


**Bild 1.24** Kraftanregung einer Struktur bei starrer Ankopplung

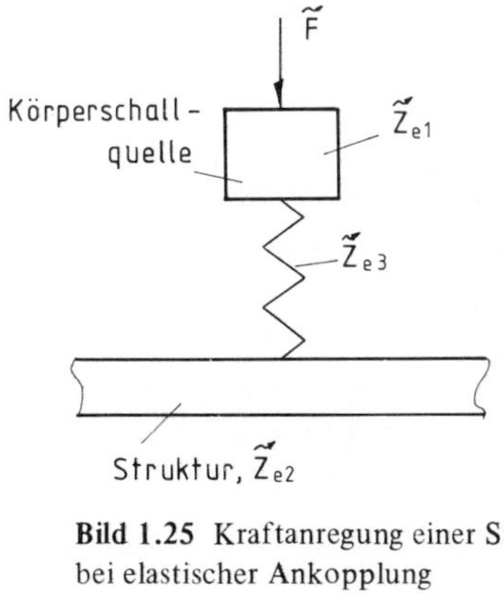


**Bild 1.25** Kraftanregung einer Struktur bei elastischer Ankopplung

örtlich angeregt. Die Impedanz der Körperschallquelle ist $Ze_1$ (z.B. Massenimpedanz, siehe Gl. (1.69)). Die Struktur hat die Impedanz $Ze_2$ (z.B. einer Platte, siehe Gln. (1.92) und (1.93)). Das elastische Kopplungsglied besitzt die Impedanz $Ze_3$ (z.B. einer Feder, siehe Gl. (1.70)). Gesucht werden in beiden Fällen die Kraft und die Schnelle an der Stelle der Krafteinleitung in der Struktur.

Diese beiden Größen beschreiben die *Körperschalleinleitung* in die Struktur. Hierbei ist vor allem die Kenntnis über die Amplituden dieser Größen $\hat{F}$, die im allgemeinen auch komplex sein können, sowie über ihre Beträge $|\hat{F}|$ von Interesse.

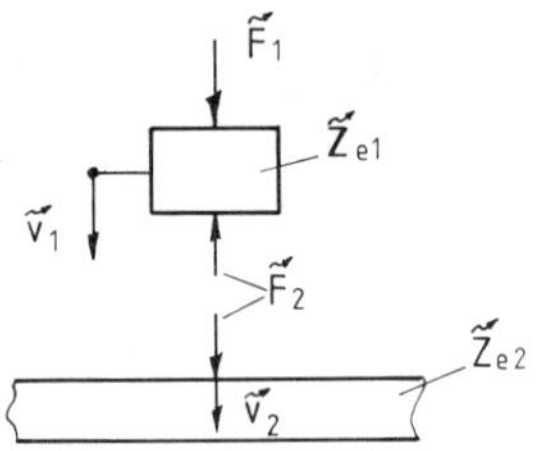


Für den Fall a) ergibt sich:

1. $\dfrac{\tilde{F}_1 - \tilde{F}_2}{\tilde{v}_1} = \tilde{Z}_{e_1}$,

2. $\dfrac{\tilde{F}_2}{\tilde{v}_2} = \tilde{Z}_{e_2}$.

Unter der Voraussetzung $\tilde{v}_1 = \tilde{v}_2$ (starre Ankopplung) folgt dann für die Kraft $\tilde{F}_2$ und die Schnelle $\tilde{v}_2$:

$$\tilde{F}_2 = \tilde{F}_1 \frac{1}{1 + \dfrac{\tilde{Z}_{e_1}}{\tilde{Z}_{e_2}}}, \tag{1.95}$$

$$\tilde{v}_2 = \frac{\tilde{F}_1}{\tilde{Z}_{e_2}} \cdot \frac{1}{1 + \dfrac{\tilde{Z}_{e_1}}{\tilde{Z}_{e_2}}}. \tag{1.96}$$

Stellt man diese beiden Größen als Zeiger dar und berücksichtigt dabei, daß die Amplituden auch komplex sind (phasenverschoben), so folgt:

$$\tilde{F}_2 = |\hat{F}_2| \cdot e^{j(\omega t + \varphi_F)}, \tag{1.97}$$

$$\tilde{v}_2 = |\hat{v}_2| \cdot e^{j(\omega t + \varphi_v)}. \tag{1.97a}$$

Hierin sind:

| | |
|---|---|
| $\lvert\hat{F}\rvert$, $\lvert\hat{v}_2\rvert$ | die Beträge von Kraft und Schnelle, |
| $\lvert\hat{F}\rvert e^{j\varphi_F}$, $\lvert\hat{v}_2\rvert e^{j\varphi_v}$ | die komplexen Amplituden von Kraft und Schnelle. |

Mit der Kraft $\tilde{F}_1$ nach Gl. (1.94) sowie $\tilde{Z}_{e_1} = jm\omega$ (Massenimpedanz) und $Z_{e_2} = 8\sqrt{B' \cdot \rho \cdot h}$ (Platte) ergibt sich dann:

$$|\hat{F}_2| = \hat{F}_1 \sqrt{\frac{1}{1 + \dfrac{m^2\omega^2}{64\,B'\rho h}}}, \tag{1.98}$$

$$\varphi_F = \arctan\left(-\frac{m\omega}{8\sqrt{B'\rho h}}\right), \tag{1.99}$$

$$|\hat{v}_2| = \frac{|\hat{F}_2|}{8\sqrt{B'\rho h}}, \qquad (1.100)$$

$$\varphi_v = \varphi_F. \qquad (1.101)$$

Für den Fall b) ergibt sich dann analog

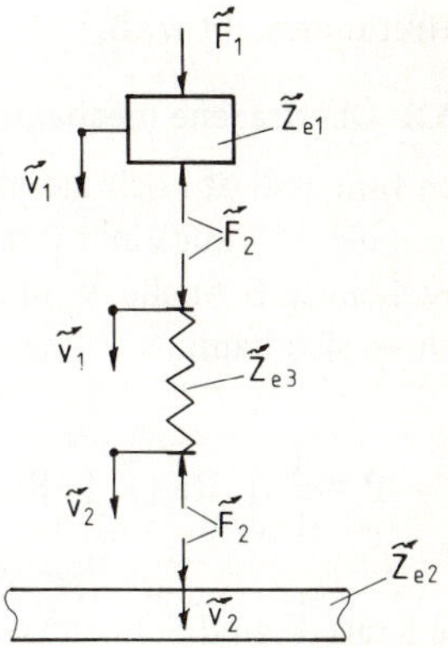


1. $\frac{\tilde{F}_1 - \tilde{F}_2}{\tilde{v}_1} = \tilde{Z}_{e_1}$,

2. $\frac{\tilde{F}_2}{\tilde{v}_1 - \tilde{v}_2} = \tilde{Z}_{e_3}$,

   $(\tilde{v}_1 - \tilde{v}_2)$ Relativgeschwindigkeit zwischen Federanfang und -ende,

3. $\frac{\tilde{F}_2}{\tilde{v}_2} = \tilde{Z}_{e_2}$.

Aus den hier angegebenen Beziehungen folgt dann für die Kraft $\tilde{F}_2$ und die Schnelle $\tilde{v}_2$:

$$\tilde{F}_2 = \tilde{F}_1 \frac{1}{1 + \frac{\tilde{Z}_{e_1}}{\tilde{Z}_{e_2}} + \frac{\tilde{Z}_{e_1}}{\tilde{Z}_{e_3}}}, \qquad (1.102)$$

$$\tilde{v}_2 = \frac{\tilde{F}_1}{\tilde{Z}_{e_2}} \cdot \frac{1}{1 + \frac{\tilde{Z}_{e_1}}{\tilde{Z}_{e_2}} + \frac{\tilde{Z}_{e_1}}{\tilde{Z}_{e_3}}}. \qquad (1.103)$$

Mit den Gln. (1.94), (1.97) und (1.97a) folgt mit $\tilde{Z}_{e_1} = j m \omega$ (Masse), $Z_{e_2} = 8\sqrt{B'\rho h}$ (Platte) und $\tilde{Z}_{e_3} = \frac{c_F}{j\omega}$ (Feder):

$$|\hat{F}_2| = \hat{F}_1 \frac{1}{\sqrt{\left(1 - \frac{\omega m}{\frac{c_F}{\omega}}\right)^2 + \left(\frac{\omega m}{8\sqrt{B'\rho h}}\right)^2}}, \qquad (1.104)$$

$$\varphi_F = -\arctan\left[\frac{1}{\frac{8\sqrt{B'\rho h}}{\omega m} - \frac{8\sqrt{B'\rho h}}{\frac{c_F}{\omega}}}\right], \qquad (1.105)$$

$$|\hat{v}_2| = \frac{|\hat{F}_2|}{8\sqrt{B'\rho h}}, \qquad (1.106)$$

$$\varphi_v = \varphi_F. \qquad (1.107)$$

Aus den Gln. (1.102) und (1.103) erkennt man, daß beim Einbau einer weichen Feder mit $Z_{e_1} \gg Z_{e_3}$ die Kraft $|\hat{F}_2|$ und die Schnelle $|\hat{v}_2|$ entsprechend kleiner werden. Durch diese Maßnahme wird der Körperschallerreger von der Struktur an der Erregerstelle elastisch entkoppelt, wodurch eine wesentliche Herabsetzung der Körperschalleinleitung in die Struktur erreicht wird.

### 1.4.3 Übertragene mechanische Leistung

Von Interesse ist noch die mittlere mechanische Leistung P, die während einer Periode T durch die Wirkung einer punktförmig angreifenden, periodischen Kraft $\breve{F}$ und einer entsprechenden Schnelle $\breve{v}$ in die Struktur eingeleitet wird. Die mechanische Leistung errechnet sich dann:

$$P = \frac{1}{T} \int_0^T \mathrm{Re}\,\{\breve{F}\} \cdot \mathrm{Re}\,\{\breve{v}\}\,dt. \tag{1.108}$$

Die Kraft $\breve{F}$ und Schnelle $\breve{v}$ sind entsprechend den Gln. (1.97) und (1.97a) definiert. Aus Gl. (1.108) folgt:

$$P = \frac{1}{T} \int_0^T |\hat{F}| \cdot |\hat{v}| \cos(\omega t + \varphi_F) \cos(\omega t + \varphi_v)\,dt, \tag{1.109}$$

$$P = \frac{1}{2} |\hat{F}|\,|\hat{v}| \cos(\varphi_F - \varphi_v). \tag{1.110}$$

Man erhält das gleiche Ergebnis, wenn die Leistung nach folgender Formel berechnet wird [3].

$$P = \frac{1}{2} \mathrm{Re}\,\{\breve{F} \cdot \breve{v}^*\}. \tag{1.111}$$

Hierbei ist $\breve{v}^*$ der konjungiert komplexe Vektor von $\breve{v}$, d.h.,

$$\breve{v}^* = |\hat{v}| \cdot e^{-j(\omega t + \varphi_v)}. \tag{1.112}$$

Führt man die Impedanz in die Gl. (1.111) ein, so ergibt sich:

$$\breve{v}^* = \frac{\breve{F}^*}{\breve{Z}^*}.$$

$\breve{Z}^*$ konjugiert komplexe Impedanz zu $\breve{Z}$.

$$P = \frac{1}{2} \mathrm{Re} \left\{ \frac{\breve{F}\,\breve{F}^*}{\breve{Z}^*} \right\}.$$

Mit

$$\breve{F} \cdot \breve{F}^* = |\hat{F}|^2 \quad \text{und} \quad \mathrm{Re} \left\{ \frac{1}{\breve{Z}^*} \right\} = \mathrm{Re} \left\{ \frac{1}{\breve{Z}} \right\}$$

folgt dann die für die Akustik wichtige Beziehung:

$$P = \frac{1}{2} |\hat{F}|^2 \cdot \mathrm{Re} \left\{ \frac{1}{\breve{Z}} \right\}. \tag{1.113}$$

Hierbei sind:

$|\hat{F}|$ Scheitelwert des Betrags der Kraftanregung,

$\mathrm{Re}\left\{\frac{1}{\tilde{Z}}\right\}$ Realteil der Admittanz bzw. Realteil des reziproken Wertes des Eingangswiderstandes der Struktur, für die die eingeleitete mechanische Leistung berechnet werden soll.

Wird eine Platte durch eine periodische Kraft, die in der Mitte der Platte angreift, zu Schwingungen angeregt, so folgt mit den Gln. (1.113) und (1.92) für die in die Platte eingeleitete mechanische Leistung:

$$P = \frac{1}{2} \frac{|\hat{F}|^2}{8\sqrt{B'\rho h}}. \tag{1.114}$$

## 1.5 Energetische Größen des Schallfeldes

Im Schallfeld wird mit den fortschreitenden Wellen laufend mechanische Energie von der Erregerquelle abtransportiert. Der Transport erfolgt in Richtung der Schallschnelle, die Transportgeschwindigkeit ist gleich der Schallgeschwindigkeit. Sinnvoll ist sicherlich die Frage nach der pro Fläche und Zeit transportierten, mittleren Energie. Diese ist gleichbedeutend mit der auf die Fläche bezogenen mittleren Leistung, der sogenannten Intensität I mit der Einheit W/m$^2$.

Entsprechend dem Leistungsvermögen $P = p \cdot \dot{V} = p \cdot v \cdot A$ eines strömenden Mediums mit dem Druck p, der Geschwindigkeit v und dem Querschnitt A ist die augenblickliche Leistung I(t) pro Fläche in einem Punkt des Wellenfeldes gleich $p(t) \cdot v(t)$ in W/m$^2$. Hieraus gewinnt man durch Mittelwertbildung (Integration über die Periode T) die mittlere Intensität:

$$\vec{I} = \frac{1}{T}\int_0^T p\vec{v}\, dt. \tag{1.115}$$

Die Intensität ist eine Funktion des Ortes im Wellenfeld und weist in die Richtung der zugehörigen Schnelle. Durch Integration der Intensität über eine bestimmte Fläche (Durchtrittsfläche A) läßt sich dann die Schalleistung P berechnen, die durch die Fläche A tritt.

$$P = \int_A I \cos\varphi \, dA. \tag{1.116}$$

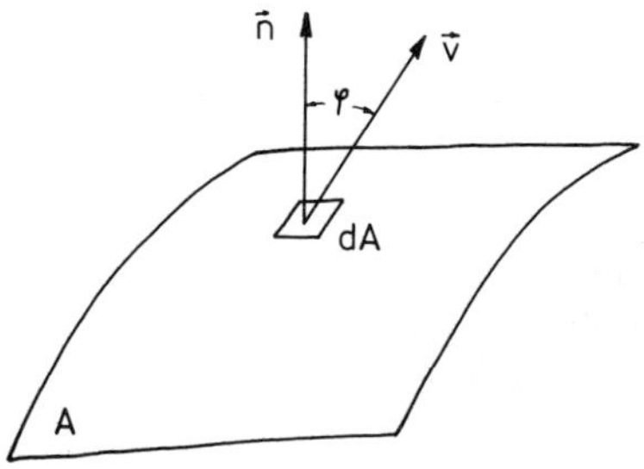


**Bild 1.26**

Geometrische Verhältnisse im Schallfeld zur Ermittlung der Schalleistung

Hierbei ist $\varphi$ der Winkel zwischen der Schnelle $\vec{v}$ und der Flächennormale $\vec{n}$ des Flächenelementes dA (Bild 1.26). Legt man eine geschlossene Fläche A um die Geräuschquelle des

Schallfeldes, so erhält man mit dieser Methode, unter der Annahme freier Schallausbreitung und Vernachlässigung der Dämpfungsverluste, die von der Geräuschquelle abgestrahlte Schalleistung $P_Q$:

$$P_Q = \oint_A I \cos\varphi \, dA. \tag{1.117}$$

Eine andere energetische Größe des Schallfeldes ist die Energiedichte w. Sie ist im allgemeinen ebenfalls eine Funktion des Ortes und läßt sich wie folgt berechnen:

$$w = \frac{dW}{dV} = \frac{dP\,dt}{dA\,ds} = \frac{I}{\frac{ds}{dt}}. \tag{1.118}$$

Hierbei ist ds die Energietransportstrecke nach Ablauf der Zeit dt, d.h., $\frac{ds}{dt} = c$ ist die Schallgeschwindigkeit. Somit ist

$$w = \frac{I}{c}. \tag{1.119}$$

Offensichtlich hat die Intensität für energetische Aussagen des Schallfeldes eine zentrale Bedeutung. Im folgenden soll daher die Gl. (1.115) für das ebene Wellenfeld und das Kugelwellenfeld unter der Berücksichtigung der Feldgrößen p und v weiter umgeformt werden.

### 1.5.1 Ebenes Wellenfeld

Setzt man in die Gl. (1.115) für p und v die Ausdrücke entsprechend den Gln. (1.19) und (1.20) der ebenen Welle ein, so erhält man mit $T = 2\pi/\omega$

$$I = \frac{\hat{p}\hat{v}}{2}. \tag{1.120}$$

Die Amplituden des Wechseldruckes $\hat{p}$ und der Schnelle $\hat{v}$ lassen sich durch die in der Akustik wichtigen Effektivwerte ersetzen. Der Effektivwert einer periodischen Größe der Periodendauer T, z.B. p(t) ist wie folgt definiert:

$$\tilde{p} = \sqrt{\frac{1}{T}\int_0^T p^2(t)\,dt}. \tag{1.121}$$

Für einen harmonischen Zeitverlauf folgt:

$$\tilde{p} = \sqrt{\frac{1}{T}\int_0^T \hat{p}^2 \sin^2(\omega t)\,dt} = \frac{\hat{p}}{\sqrt{2}} \tag{1.122}$$

und für die Schnelle ergibt sich analog:

$$\tilde{v} = \frac{\hat{v}}{\sqrt{2}}. \tag{1.123}$$

Somit folgt aus der Gl. (1.120):

$$I = \tilde{p} \cdot \tilde{v}. \tag{1.124}$$

Schließlich läßt sich mit Hilfe der Schallkennimpedanz Z (siehe Gl. (1.62)) des ebenen Schallfeldes der Effektivwert des Schalldruckes durch den Effektivwert der Schnelle und umgekehrt ersetzen:

$$I = \tilde{v}^2 \cdot Z, \tag{1.125}$$

$$I = \frac{\tilde{p}^2}{Z}. \tag{1.126}$$

Wie aus den Gleichungen ersichtlich, ist die Intensität im ebenen Wellenfeld unabhängig vom Ort. Die Schalleistung, die im Falle ebener, fortschreitender Wellen durch eine Fläche A tritt, hat die Größe:

$$P_A = \int_A \frac{\tilde{p}^2}{Z} \cos\varphi \, dA. \tag{1.127}$$

Hierbei ist $\varphi$ der Winkel zwischen der Flächennormalen und der Schallausbreitungsrichtung (Bild 1.26).

### 1.5.2 Kugelwellenfeld

Im Gegensatz zum ebenen Wellenfeld ist die Intensität des Kugelwellenfeldes eine Funktion vom Ort:

$$I(r) = \frac{1}{T} \int_0^T p(r, t)\, v(r, t)\, dt. \tag{1.128}$$

Für großes r bzw. großes $r/\lambda$ sind Wechseldruck und Schnelle entsprechend den Gln. (1.38) und (1.39) definiert. Mit Hilfe dieser Gleichungen ergibt sich dann wegen der gleichen Phasenlage von p und v, ähnlich wie bei dem ebenen Wellenfeld:

$$I(r) = \frac{1}{2}\, \hat{p}(r)\, \hat{v}(r) = \frac{\hat{\phi}'^2}{2} \frac{\omega^2}{r^2} \frac{\rho}{c}. \tag{1.129}$$

Mit

$$\hat{p}(r) = \frac{\hat{\phi}'}{r} \rho \omega$$

(siehe Gl. (1.38)) folgt hieraus

$$I(r) = \frac{\tilde{p}(r)^2}{Z}. \tag{1.130}$$

Für großes r bzw. $r/\lambda$ nimmt die Intensität des Kugelwellenfeldes mit $1/r^2$ ab, ist aber am Radius r selbst konstant.

Die Schalleistung, die im Falle fortschreitender Kugelwellen bei großem r (quasiebenes Wellenfeld) durch eine Fläche A tritt, hat die Größe:

$$P_A = \int_A \frac{\tilde{p}(r)^2}{Z} \cos\varphi \, dA. \tag{1.131}$$

Strahlt eine Schallquelle ein Kugelwellenfeld ab, und legt man um die Quelle in großem Abstand eine geschlossene Fläche, so erhält man bei freier Schallausbreitung (keine Reflexion) und Vernachlässigung der Dämpfung für die abgestrahlte Schalleistung

$$P_Q = \oint_A \frac{\tilde{p}(r)^2}{Z} \cos\varphi \, dA. \tag{1.132}$$

Ist r konstant, erfolgt also die Integration über eine Kugeloberfläche mit dem Radius r, ergibt sich

$$P_Q = \frac{\tilde{p}(r)^2}{Z} 4\pi r^2 = I(r)\, 4\pi r^2. \tag{1.133}$$

Für kleines r bzw. kleines $r/\lambda$ nähert sich der Phasenwinkel zwischen p und v dem Wert 90°, d.h. auch, daß bei der Integration zur Ermittlung der Intensität die Größe I(r) sehr klein wird. Eine genaue Klärung dieses Sachverhaltes erfolgt später im Zusammenhang mit dem Problem des Kugelstrahlers 0. Ordnung (siehe Abschnitt 2.2.1).

## 1.6 Zeitliche und spektrale Darstellung von Schallfeldgrößen

Luftschall entsteht mittelbar als Folge von Schwingungsbewegungen fester und flüssiger Medien, durch die die angrenzende Luft zum Mitschwingen angeregt wird. Luftschall kann aber auch unmittelbar durch beschleunigte Bewegungen bestimmter Bereiche der Luft selbst hervorgerufen werden. Die Beschleunigungen können periodisch sein, im einfachsten Fall harmonisch, sie können aber auch stochastisch, pulsartig oder auch intermittierend sein. Die durch die Beschleunigungen in der Luft hervorgerufenen Druckschwankungen pflanzen sich, wie gezeigt, wellenförmig fort, im Sonderfall in ebenen Wellen oder in Kugelwellen. Wesentliche physikalische Größen des sich aufbauenden Luftschallfeldes sind der Schallwechseldruck p und die Schallschnelle v mit den Effektivwerten $\tilde{p}$ und $\tilde{v}$, der Frequenz f, der Wellenlänge $\lambda$ und der Ausbreitungsgeschwindigkeit c, ferner die Feldimpedanz Z bzw. die Schallkennimpedanz, die Intensität I und die Energiedichte w. Dieses durch seine physikalischen Kenngrößen beschriebene Luftschallfeld läßt sich weiter differenzieren. Die Differenzierung ist möglich, wenn man dazu den zeitlichen Verlauf p(t) des Schallwechseldruckes durch das zugehörige Frequenzspektrum der Amplituden darstellt.

Der zeitliche Verlauf p(t) läßt sich in der Regel unter Verwendung von Kondensatormikrophonen meßtechnisch ermitteln. Es sind elektrische Wandler, die das p(t)-Signal in analoge, elektrische Spannungen umwandeln. Letztere werden allerdings nach einer ersten Verstärkung je nach Bedarf noch weiter umgeformt.

Bei der Darstellung des Amplituden-Frequenzspektrums ist der sehr große akustische Frequenzbereich von 16 ... 16000 Hz zu beachten. In der Regel teilt man diesen Bereich logarithmisch auf. Man erreicht so eine Verdichtung des Frequenzbereiches mit einer gleichmäßigen Auflösung zugunsten einer größeren Übersichtlichkeit. Diese Darstellungsweise wird in Anlehnung an das menschliche Hörvermögen gewählt. Das Ergebnis einer ersten, etwas groberen Einteilung ist die sog. Oktavleiter (Bild 1.27a).

Die logarithmische Einheit ist der Oktavschritt, der eine Frequenzverdoppelung darstellt. Damit ergeben sich für den ganzen Hörbereich 10 Oktavschritte auf der Oktavleiter. Die

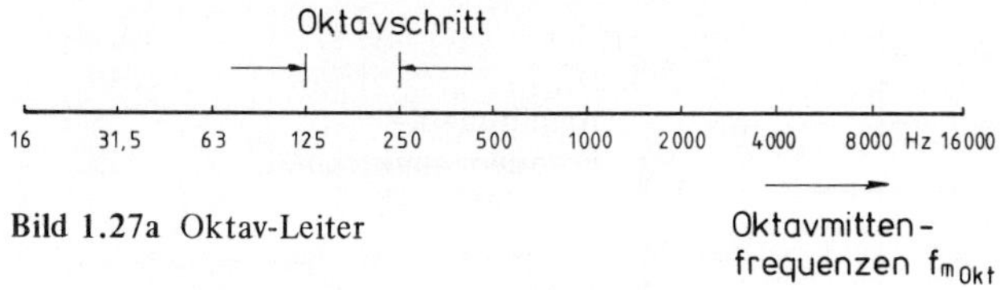


Bild 1.27a Oktav-Leiter

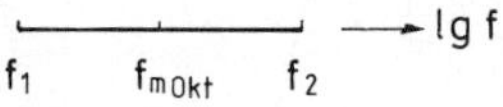


Bild 1.27b Frequenzleiter mit den Eckfrequenzen und der Mittenfrequenz

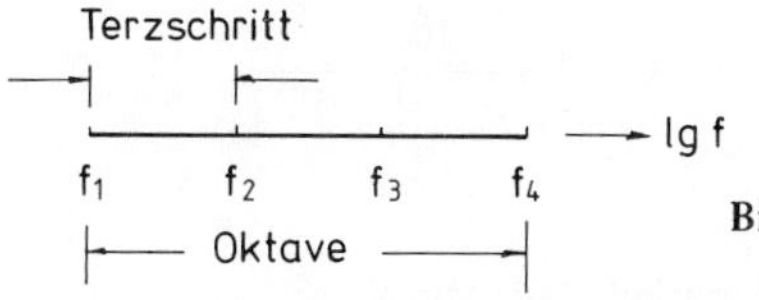


Bild 1.27c Terzschritte in einer Oktave

Eckfrequenzen $f_1$ und $f_2 = 2f_1$ bestimmen die jeweiligen Oktave. Sie läßt sich auch durch ihre Mittenfrequenz $f_{m_{Okt}}$, die den Oktavschritt geometrisch in zwei gleiche Teile teilt, kennzeichnen (Bild 1.27b). Es ist also:

$$\frac{f_{m_{Okt}}}{f_1} = \frac{f_2}{f_{m_{Okt}}}.$$ Hieraus folgt:

$$f_{m_{Okt}} = \sqrt{f_1 f_2} = \sqrt{2}\, f_1 = \frac{1}{\sqrt{2}}\, f_2. \qquad (1.134)$$

Eine feinere Unterteilung führt auf der logarithmischen Frequenzleiter zum Terzschritt (Bild 1.27c). Letzterer unterteilt die Oktave logarithmisch in 3 gleiche Teile:

$$\frac{f_2}{f_1} = \frac{f_3}{f_2} = \frac{f_4}{f_3}$$

$$f_2 = \sqrt[3]{2}\, f_1,$$

und für die Terzmittenfrequenz folgt

$$f_{m_{Tz}} = \sqrt[6]{2}\, f_1. \qquad (1.135)$$

### 1.6.1 Periodischer Zeitverlauf

Im einfachsten Fall ist der Verlauf des Schalldruckes über der Zeit harmonisch (Bild 1.28). Diesem Verlauf entspricht die reine Sinusfunktion oder der physikalische Ton. Der Ton ist charakterisiert durch die Amplitude $\hat{p}$ und die Frequenz $f_0 = 1/T_0$. Die Amplitude bestimmt die Lautstärke und die Frequenz die Tonhöhe.

Der beliebige periodische Zeitverlauf (Bild 1.29) [4]) gehört dagegen akustisch zu den einfachen oder musikalischen Klängen (so genannt, weil diese Schallart vor allem von Musikinstrumenten erzeugt wird.

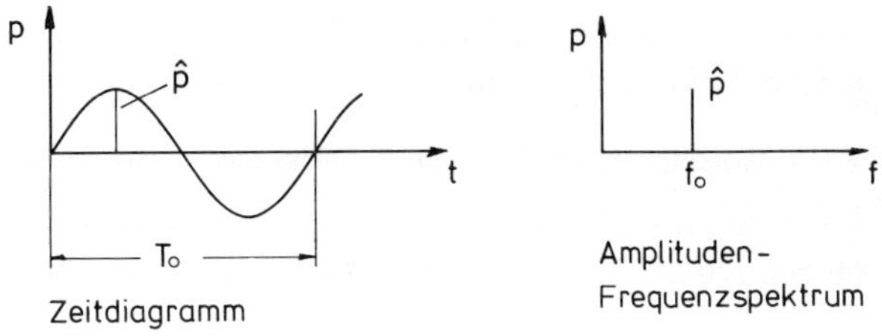


Bild 1.28
Darstellung des Schalldruckes in Abhängigkeit von der Zeit und der Frequenz bei harmonischem Zeitverlauf

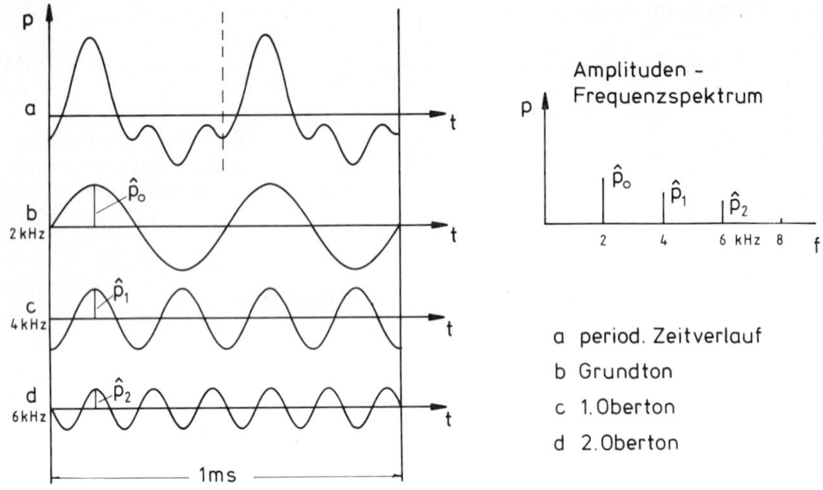


**Bild 1.29** Zeitverlauf und Frequenzspektrum einer periodischen Funktion

Man kann aus dem vorliegenden periodischen Zeitdiagramm durch Fourier-Analyse harmonische Teilschwingungen gewinnen. Sie bestehen aus der Grundschwingung $f_0$ und den Oberschwingungen $f_1, f_2$ ... mit den Amplituden $\hat{p}_0, \hat{p}_1, \hat{p}_2$ .... Die tiefste Frequenz $f_0$ bestimmt die Klanghöhe, das Zusammenwirken von $\hat{p}_0, \hat{p}_1, \hat{p}_2$ die Klangstärke. Der hierfür maßgebende Effektivwert, entsprechend der Gl. (1.121), hat die Größe

$$\tilde{p} = \frac{1}{\sqrt{2}} \sqrt{\hat{p}_0^2 + \hat{p}_1^2 + \hat{p}_2^2 + \ldots} \quad (1.136)$$

Die Darstellung des Ergebnisses dieser Fourier-Analyse im sog. Amplituden-Frequenzspektrum führt zu einem diskreten Spektrum bzw. Linienspektrum, das im Falle eines Einzeltones aus nur einer Linie besteht.

Stehen die Teilfrequenzen, wie bei den musikalischen Klängen, in einem ganzzahligen Verhältnis zueinander, so spricht man auch von harmonischen Klängen, im anderen Falle (z.B. Biegeschwingungen) sind es nichtharmonische Klänge. Die Gesamtheit der Oberschwingungen (Obertöne), d.h. ihre Anzahl, ihre Amplitude, ihre Frequenzlage mit evtl. resonanzartig betonten Frequenzbereichen – Formanten genannt – bestimmen die Klangfarbe und gegebenenfalls die akustische Eigenart des zugehörigen Musikinstrumentes. Das Zusammenwirken von musikalischen Klängen beliebiger Grundfrequenzen nennt man ein Klanggemisch, im Sonderfall einen Akkord oder ein Intervall. Konsonanz besteht, wenn die Grundfrequenzen im ganzzahligen Verhältnis kleiner Zahlen stehen, Prime 1 : 1, Oktave 2 : 1, Quinte 3 : 2, Quarte 4 : 3, Terz 5 : 4 usw. Das Zusammenwirken von Tönen beliebiger Frequenzen nennt man ein Tongemisch.

### 1.6.2 Regelloser, stochastischer Zeitverlauf, allgemeines Rauschen

Registriert man über der Zeit beispielsweise das Geräusch eines aus einer Öffnung austretenden Luftstrahls, so kann man zwar einen ungefähr stationären Vorgang feststellen (mit einem nahezu konstanten, quadratischen Mittelwert), aber nicht mehr einen periodischen Verlauf der Meßgröße. Es handelt sich hier um einen regellosen, stochastischen Verlauf.

So läßt beispielsweise das Zeitdiagramm des Wechseldruckes p(t) (Bild 1.30) keine Perioden erkennen. Es resultiert aus dem Zusammenwirken sehr vieler, unendlich nahe beieinander liegender Teilfrequenzen mit regelloser, statistisch verteilter Phasenlage. Man nennt ein solches akustisches Ereignis *allgemeines Rauschen*. Das zugehörige Frequenzspektrum ist, im Gegensatz zum diskontinuierlichen Linienspektrum periodischer Schallvorgänge, ein *kontinuierliches* Spektrum. Die Schallenergie ist über der Frequenz f breitbandig verteilt. Das bedeutet, es können keine Amplituden wie beim diskreten Spektrum angegeben werden, sondern es muß eine auf die Frequenz bezogene Amplitudendichte p'(f) bzw. Intensitätsdichte I'(f) (auch spektrale Leistungsdichte w(f)) aufgetragen werden.

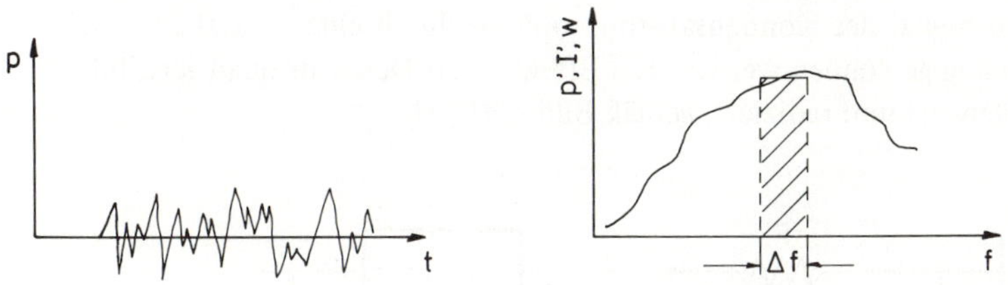


a) Zeitdiagramm b) Spektraldiagramm

**Bild 1.30** Regelloser, stochastischer Vorgang im Zeit- und Frequenzdiagramm

Bei der Darstellung solcher stochastisch stationären Zeitverläufe p(t) können verschiedene Wege beschritten werden:

*a) Einwert-Meßverfahren*

Man stellt für die Beobachtungszeit T den linearen zeitlichen Mittelwert $\bar{M}$ und die zugehörige Streuung oder Standardabweichung $\sigma$ fest. Beide Größen kennzeichnen bei annähernder Gaußscher Verteilung der Abweichungen den stochastischen Vorgang sehr gut. Dabei ist allgemein definiert

$$\bar{M} = \frac{1}{T}\int_0^T p(t)\,dt, \tag{1.137}$$

$$\sigma = \pm\sqrt{\frac{1}{T}\int_0^T (p(t) - \bar{M})^2\,dt}. \tag{1.138}$$

Darüberhinaus gehören zu dem gleichen zeitlichen Verlauf der Effektivwert nach Gl. (1.121)

$$\tilde{p} = \sqrt{\frac{1}{T}\int_0^T p(t)^2\,dt}$$

und der quadratische Mittelwert

$$\overline{M^2} = \frac{1}{T} \int_0^T p(t)^2 \, dt. \tag{1.139}$$

Man erkennt daraus, daß die Standardabweichung $\sigma$ mit dem Effektivwert übereinstimmen kann, wenn der zugehörige Mittelwert $\overline{M}$ zu Null wird. Diese Voraussetzung ist aber beim Luftschall gegeben, da ja nur der Schallwechseldruck, der dem statischen Luftdruck überlagert ist, gemessen wird.

Man kann daher auch ein stochastisches Schallereignis durch den Effektivwert $\tilde{p}$ des Schallwechseldruckes kennzeichnen. Der Effektivwert $\tilde{p}$ der stochastischen Zeitfunktion sowie der Effektivwert $\tilde{p}$ einer periodischen Zeitfunktion können aus dem eingangs genannten elektrischen Signal des Kondensatormikrophons durch eine zusätzliche, elektrische Schaltung analog gewonnen werden. Ein Effektivwert-Detektor quadriert, bildet einen zeitlichen Mittelwert und radiziert, gemäß Bild 1.31 [5].

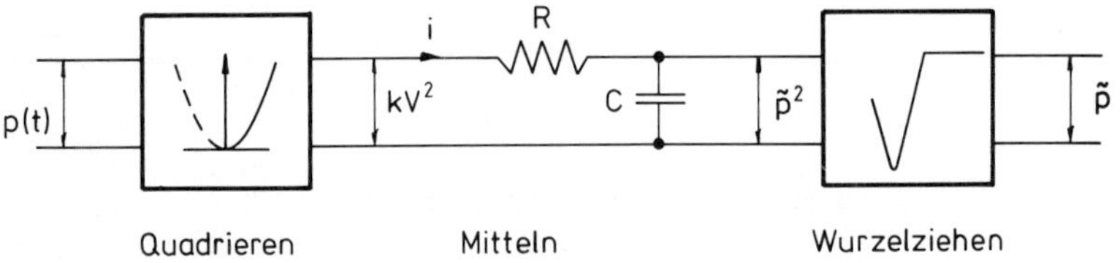


**Bild 1.31** Schematische Darstellung eines Effektivwert-Detektors
$\tau$ = 125 ms für dynamische Gesamteigenschaft 'F'
$\tau$ = 1000 ms für dynamische Gesamteigenschaft 'S'
$\tau$ = 35 ms für dynamische Gesamteigenschaft 'I'

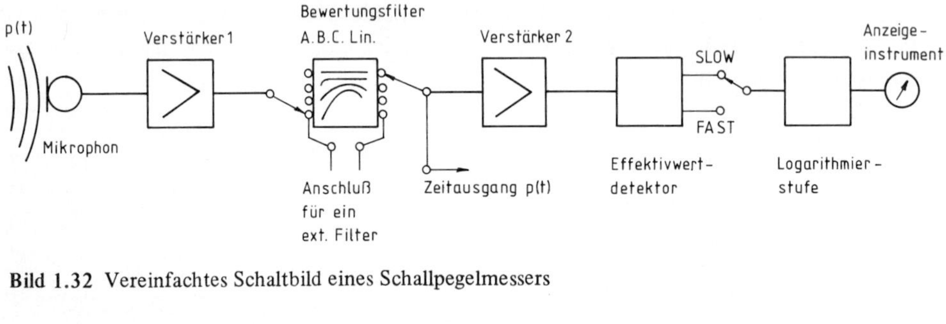


**Bild 1.32** Vereinfachtes Schaltbild eines Schallpegelmessers

Schließlich läßt sich der Effektivwert $\tilde{p}$ elektrisch noch weiter verarbeiten, z.B. logarithmieren. An einem Zeigerinstrument oder Schreibgerät kann dies dann zur Anzeige gebracht werden. Die Anzeige ist das Ergebnis eines Einwertmeßverfahrens, dessen vereinfachtes Blockschaltbild (Schallpegelmesser) in Bild 1.32 dargestellt ist.

Die Mittelwertbildung erfordert natürlich einen gewissen Zeitausschnitt aus der Zeitfunktion (Integrationszeit T). Innerhalb dieser Zeit ist keine weitere zeitliche Auflösung für

$\widetilde{p}$ (t) möglich. Der quadratische Mittelwert wird mit einer Zeitkonstanten $\tau$ der R-C-Schaltung gebildet, die für eine Stellung ‚fast' (schnell) 125 ms und für eine Stellung ‚slow' (langsam) 1000 ms beträgt. Die Stellung ‚fast' erlaubt, nicht zu stark schwankenden Zeitabläufen zu folgen. Die Stellung ‚slow' besitzt eine trägere Empfindlichkeit und liefert bei schnelleren Zeitänderungen, die man in der Stellung ‚fast' nicht mehr korrekt ablesen kann, wenigstens einen brauchbaren Mittelwert (besonders geeignet zur Ermittlung von Schalleistungen).

*b) Mehrwert-Meßverfahren (spektrales Analysierverfahren)*

Das spektrale Analysierverfahren (Mehrwert-Meßverfahren) besitzt sicherlich eine größere Aussagekraft, und gerade im Bereich der Akustik ist die spektrale Betrachtungsweise im Hinblick auf die Physiologie des Hörvorganges besonders nützlich.

Aber auch bei der Bekämpfung des Lärmes, beispielsweise einer zu lauten Maschine, kann das Spektrum Auskünfte darüber geben, welche Frequenzbereiche besonders herausragen und welche Störquellen an der Maschine dafür verantwortlich zu machen sind. Zur Durchführung der Analyse muß das Geräusch über einen längeren Zeitraum stationär sein. Im anderen Falle ist eine Registrierung mit einem Analog-Magnetbandgerät zweckmäßig. Es läßt sich dann eine Bandschleife anfertigen, die man für die erforderliche Zeit abspielen kann. Für die praktische und schnelle Handhabung sind Analysierverfahren entwickelt worden, bei denen der zu untersuchende breitbandige Vorgang einer größeren Anzahl fest eingebauter Filter gleichzeitig zugeführt wird. Es werden ganze Frequenzbereiche ausgelöscht und nur die schmalen anwählbaren Frequenzbereiche $\Delta f$ der einzelnen Filter durchgelassen. Diese Bereiche können eine absolute oder eine relative Breite besitzen. Für praktische Messungen sind vor allem die Analysiergeräte mit konstanter relativer Bandbreite von Vorteil. Dabei versteht man unter der relativen Bandbreite eines Filters die Größe

$$b = \frac{f_2 - f_1}{f_m} \, 100\,\%. \tag{1.140}$$

Hierbei sind $f_1$ und $f_2$ die beiden Eckfrequenzen des Filters und $f_m = \sqrt{f_1 \cdot f_2}$ seine Mittenfrequenz.

Oktavbänder besitzen gemäß Definition eine konstante relative Bandbreite

$$b_{Okt} = \frac{2 f_1 - f_1}{\sqrt{2}\, f_1} \, 100\,\% = 70{,}7\,\%.$$

Die in Bild (1.27a) aufgetragene Oktavleiter entspricht dieser Oktavfilterung, die angeschriebenen Frequenzen sind dann die Mittenfrequenzen $f_{m_{Okt}}$ der Oktavbänder. Terzbänder besitzen gemäß Definition eine konstante relative Bandbreite $b_{Tz} = 23{,}2\,\%$ der Terz-Mittenfrequenz (siehe Gl. (1.135)). Weiterhin sind noch für schmalbandige Analysen konstante relative Bandbreiten von $b_s = 6 \ldots 3\,\%$ üblich. Die zugehörigen Terz- bzw. Schmalbandleitern sind durch die entsprechenden Mittenfrequenzen $f_{m_{Tz}}$ bzw. $f_{m_s}$ gekennzeichnet. Bei der Darstellung wird nun anstelle des Gesamtschalldrucks das Schalldruckspektrum in Oktav-, Terz- oder Schmalbändern dargestellt. Dabei wird anstelle der Amplitudendichte $p'$ bzw. der Intensitätsdichte $I'$ der aus der jeweiligen Bandbreite resultierende Effektivwert ermittelt und über der dazugehörigen Mittenfrequenz ($f_{m_{Okt}}$, $f_{m_{Tz}}$, $f_{m_S}$) aufgetragen. Ebenso läßt sich auch die Schalleistung als Schalleistungsspektrum, speziell als Oktav- und Terz-Spektrum, darstellen.

Zwischen dem Gesamtwert und dem Frequenzspektrum besteht noch ein einfacher Zusammenhang. Da bei der Frequenzanalyse immer nur die jeweiligen Filterbandbreiten durchgelassen werden, muß die Summe aller Intensitätsanteile gleich der Gesamtintensität sein, d.h.:

$$I_{ges} = \sum_{i=1}^{n} I_i \sim \sum_{i=1}^{n} p_i^2 . \tag{1.141}$$

$I_i$, $p_i$ Intensität bzw. Schalldruck der i-ten Filter.

In Bild 1.33 ist der Frequenzgang der in der Technik verwendeten Oktav- bzw. Terz-Filter dargestellt [6].

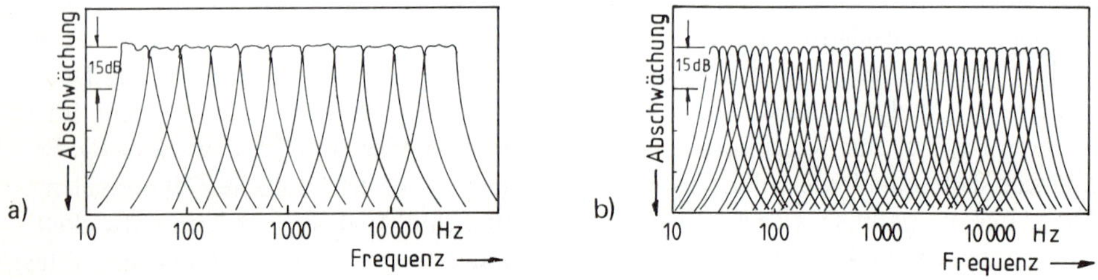


**Bild 1.33** Frequenzgang a) Oktavfilter b) Terzfilter

Liegt in einem bestimmten Frequenzbereich Rauschen konstanter Leistungsdichte vor, so unterscheiden sich die zugehörigen Spektren gerade um das Verhältnis ihrer Bandbreiten. Für Oktav- und Terzspektren entspricht dies einem konstanten Verhältnis von 70,7 : 23,2.

Mit Hilfe von Oktav-, Terz- und Schmalbandfiltern lassen sich auch periodische Funktionen, beispielsweise Einzeltöne, analysieren. Die Amplitude einer der Teilschwingungen $f_i$ erscheint in allen drei Spektren mit dem gleichen Wert (Bild 1.34).

In diesem Zusammenhang erscheint es zweckmäßig, von einem zu analysierenden Geräusch gleichzeitig eine Oktav- und eine Terzanalyse durchzuführen. Es lassen sich dann besonders deutlich die tonalen Anteile von den breitbandigen Frequenzbereichen unterscheiden.

Ein wichtiger Sonderfall des allgemeinen Rauschens stellt das sogenannte *weiße Rauschen* dar. Bei diesem ist über der linearen Frequenzleiter im ganzen Frequenzbereich die Intensitätsdichte $I'$ konstant, d.h., die Intensität selbst wächst linear mit der Frequenz f (Bild 1.35). Entsprechende Geräte sind die Rauschgeneratoren, mit denen solche Spektren elektronisch erzeugt werden.

Das weiße Rauschen dient vor allem als definiertes und reproduzierbares Standardgeräusch bei akustischen Untersuchungen. Es werden dabei aus dem weißen Rauschen meistens Oktav- bzw. Terzbänder herausgefiltert und abgestrahlt. Bei konstanter Intensitätsdichte $I'$ nimmt dann der Pegel bei der Oktavfilterung um 3 dB je Oktave (entspricht $10 \cdot \lg 2$), bei der Terzfilterung um 1 dB je Terz ($1/3 \; 10 \cdot \lg 2$) zu. Will man also mittels eines Rauschgenerators bei fest eingestellter Intensitätsdichte Terzbänder mit gleichen Pegeln abstrahlen, muß eine Pegeldämpfung von 3 dB/Oktave zugeschaltet werden. Ein derartig abnehmendes Spektrum nennt man auch *Rosa-Rauschen*.

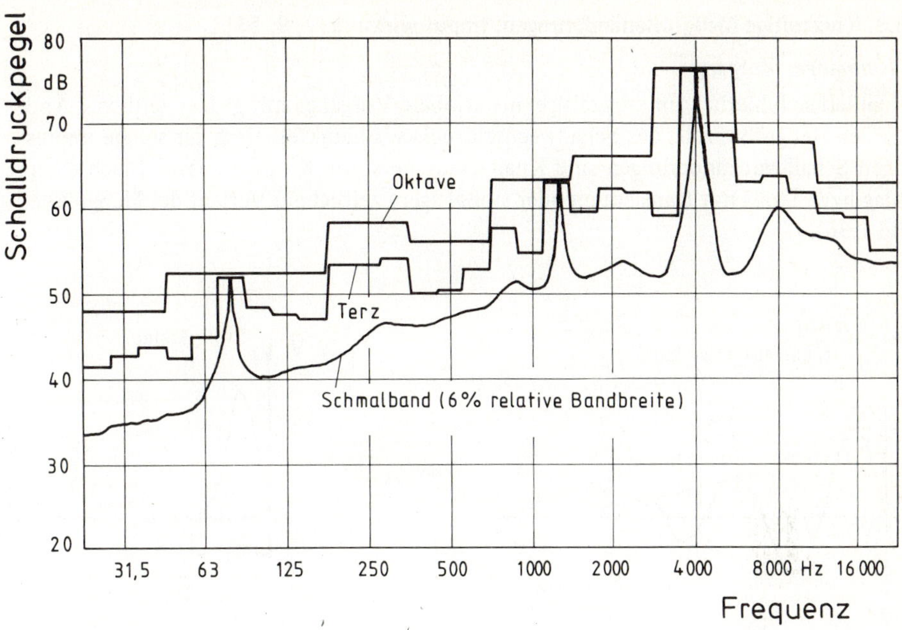


**Bild 1.34a** Verschiedene Frequenzanalysen eines Geräusches mit schmalbandigen Komponenten

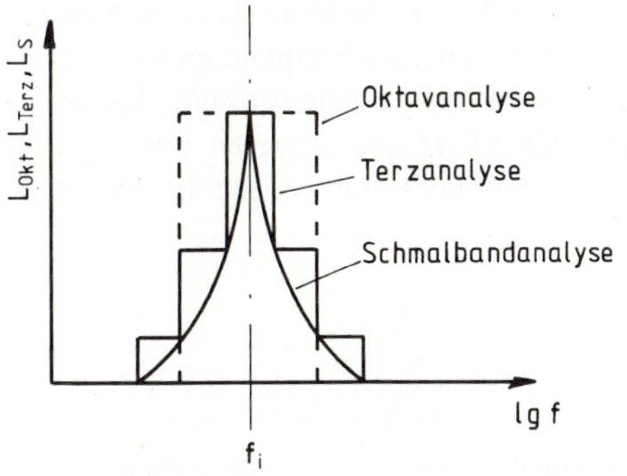


**Bild 1.34b**
Schematische Darstellung verschiedener Frequenzanalysen eines tonhaltigen Geräusches bei der Frequenz $f_i$

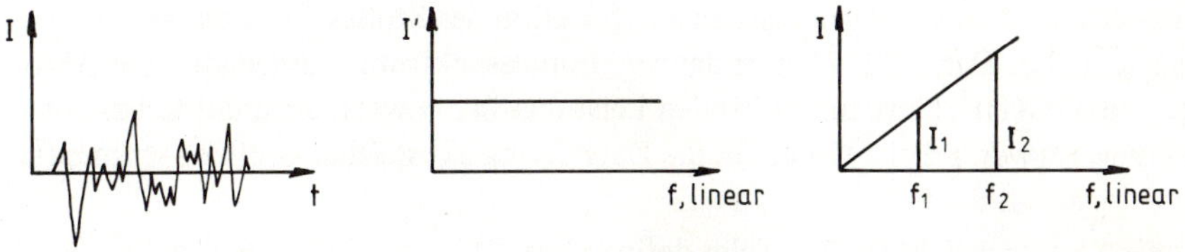


**Bild 1.35** Weißes Rauschen im Zeit- und Frequenzdiagramm

### 1.6.3 Kurzzeitige Meßgrößenänderungen, Impulswirkung [7, 8, 13]

*a) Einmaliger Vorgang*

Es handelt sich hierbei um kurzzeitige, instationäre Vorgänge mit großer zeitlicher Änderung der Meßgröße, z.B. des Schallwechseldruckes. Charakteristisch für solche impulsartigen Schalldruckänderungen sind Knallgeräusche sowie Klopfgeräusche (nach einem Schlag bzw. Stoß) mit transientem oder stoßartigem zeitlichem Verlauf der Meßgrößen (Bild 1.36).

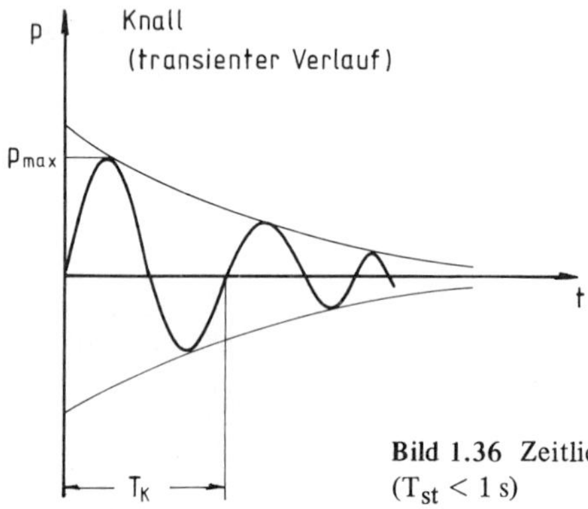


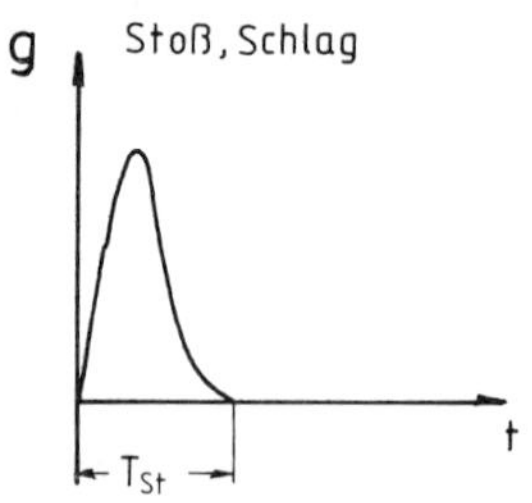


**Bild 1.36** Zeitlicher Verlauf eines Knalls und eines Stoßvorganges ($T_{st} < 1$ s)

Durch die Untersuchung dieser Vorgänge mit Hilfe der Fourier-Analyse läßt sich zeigen, daß zu impulsartigen Zeitverläufen ebenfalls ein kontinuierliches Frequenzspektrum gehört, wodurch auch auf theoretischem Wege der Nachweis der Existenz solcher Spektren erlaubt ist. Hierzu wird die Fouriersche Reihenentwicklung der diskreten Frequenzen und Amplituden durch den Grenzübergang für T von $-\infty$ bis $+\infty$ in das sog. Fourier-Integral G(f), eine Funktion von f, übergeführt. Es ist:

$$G(f) = \int_{-\infty}^{+\infty} g(t) \cdot e^{-j 2\pi f t} \, dt. \tag{1.142}$$

Hierbei sind g(t) die Zeitfunktion des Impulsvorganges und f die betrachtete Frequenz. Die Funktion G(f) ist das Fourier-Spektrum oder die Spektralfunktion des Stoßes, eine stetige komplexe Funktion über der Frequenz f. Der Betrag der Spektralfunktion $|G(f)|$ gibt die Amplitudendichte der gemessenen Zeitfunktion des Stoßes über dem ganzen Frequenzbereich an. Die Darstellung liefert das sog. Impulsspektrum. Das Quadrat des Absolutbetrages, also $|G(f)|^2$ führt zur spektralen Leistungsdichte w(t), die unmittelbar mit dem Effektivwert (wesentliche Größe für die Darstellung akustischer Größen) verknüpft ist.

Die spektrale Leistungsdichte ist wie folgt definiert [6, 8]:

$$w(f) = \lim_{T \to \infty} \frac{1}{2} \frac{|G(f)|^2}{T}. \tag{1.143a}$$

T gibt den Zeitbereich $0 \leqq t \leqq T$ der Zeitfunktion an. Der Effektivwert $\tilde{g}$ der Zeitfunktion g(t) läßt sich dann wie folgt berechnen (s. Gl. (1.120)):

$$\tilde{g}^2 = \lim_{T\to\infty} \frac{1}{T} \int_0^T g(t)^2\, dt = \lim_{T\to\infty} \frac{1}{2T} \int_0^\infty |G(f)|^2 \cdot df = \int_0^\infty w(f)\, df. \qquad (1.143b)$$

Bei der praktischen Schmalbandanalyse besitzen die Filter eine endliche Bandbreite $\Delta f$. Das Quadrat des Effektivwertes $\Delta\tilde{g}^2$ bei der Filtermittenfrequenz $f_m$ ist dann wie folgt definiert:

$$\Delta\tilde{g}^2 = \Delta f \cdot \overline{w(f)}. \qquad (1.144)$$

Die in der Gl. (1.144) angegebene Leistungsdichte $\overline{w(f)}$ stellt einen Mittelwert über das Frequenzband $\Delta f$ dar.

Für Stoß- und Schlagvorgänge ist die Zeitfunktion nur von 0 bis $T_{St}$ definiert (Bild 1.37).

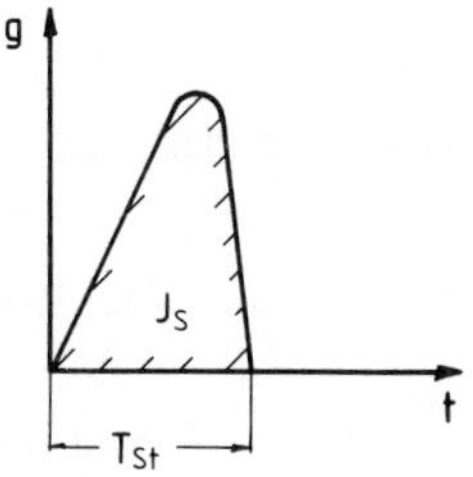


**Bild 1.37** Darstellung eines Stoßvorganges

$$|G(f)| = \left| \int_0^{T_{St}} g(t) \cdot e^{-j2\pi ft}\, dt \right|. \qquad (1.145)$$

Man führt noch als Stoß- oder Impulsstärke das Flächenintegral

$$J_S = \int_0^{T_{St}} g(t)\, dt. \qquad (1.146)$$

ein.

Zur weiteren Erörterung nicht periodischer Vorgänge mit Impulscharakter werden einige Beispiele der Stoßerregung behandelt.

Rechteckimpuls (Bild 1.38)

$$|G(f)| = \left| \int_{-\frac{T}{2}}^{+\frac{T}{2}} A\, e^{-j2\pi ft}\, dt \right| \qquad (1.147)$$

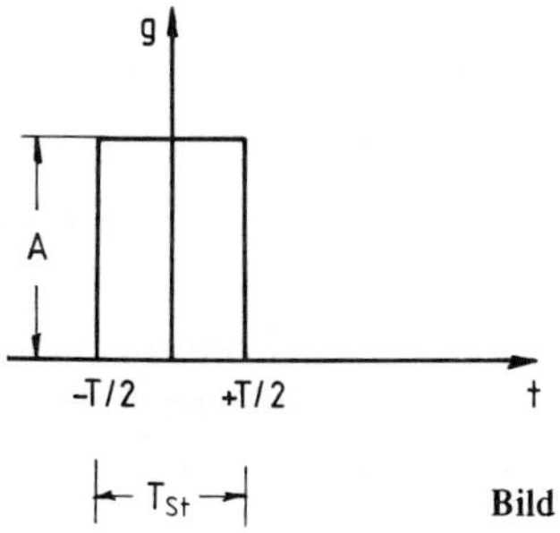


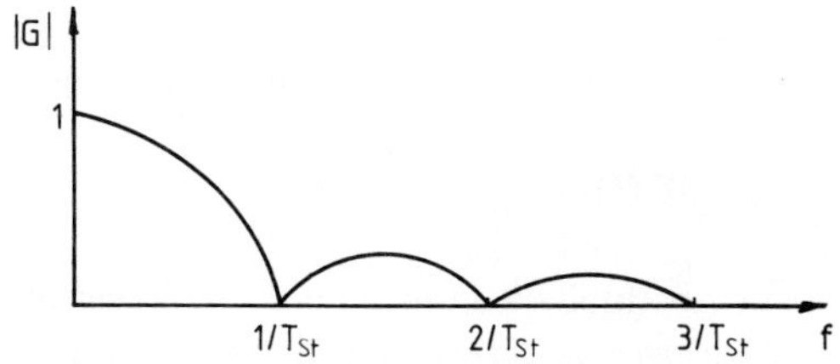


**Bild 1.38** Rechteckimpuls im Zeit- und Frequenzdiagramm

Mit $J_S = A \cdot T_{St}$ wird nach einigem Umformen

$$|G(f)| = J_S \left| \frac{\sin(\pi f T_{St})}{\pi f T_{St}} \right| \tag{1.148}$$

Nadelimpuls (Diracstoß) (Bild 1.39)

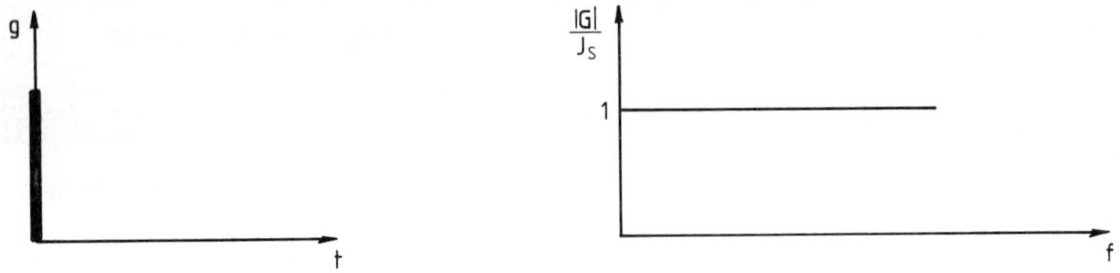


**Bild 1.39** Nadelimpuls

Der Nadelimpuls geht aus dem Rechteckimpuls hervor, wenn bei dem Grenzübergang, $T_{St} \to 0$ und $A \to \infty$, $J_S = A \cdot T_{St}$ endlich bleibt. In diesem Fall wird:

$$|G(f)| = J_S = \text{konst.} \tag{1.149}$$

Dies bedeutet, daß im ganzen Frequenzbereich $J_S$ unabhängig von f ist.

Halbcosinus-Impuls (Bild 1.40)

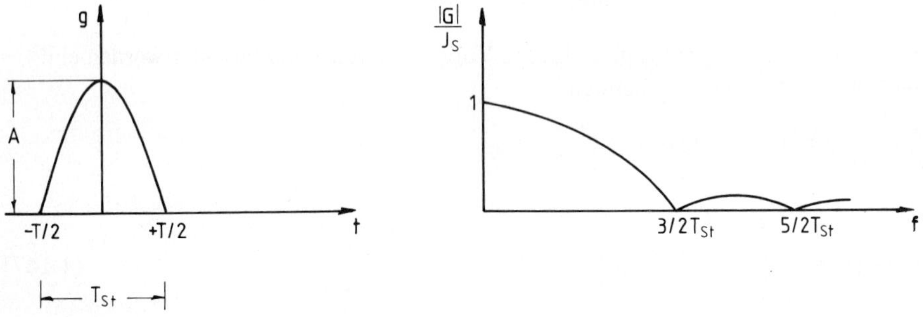


**Bild 1.40** Halbcosinus-Impuls

Mit $J_S = \frac{2}{\pi} A T_{St}$ wird wiederum nach einigem Umformen

$$|G(f)| = J_S \left| \frac{\cos(\pi f T_{St})}{1 - 4 f^2 T_{St}^2} \right| . \tag{1.150}$$

Als Abschluß dieser instationären Vorgänge wird noch das Fourier-Spektrum eines Knall-Vorganges aufgezeigt. Da die mathematische Behandlung hierfür sehr umfangreich ist, wird lediglich der qualitative Verlauf von $|G(f)|$ angegeben (Bild 1.41).

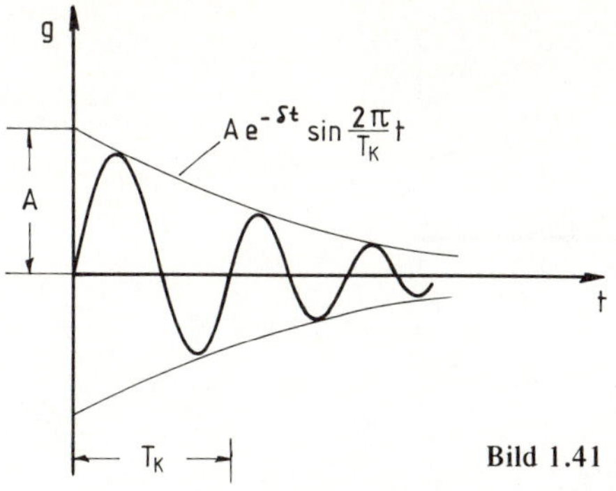


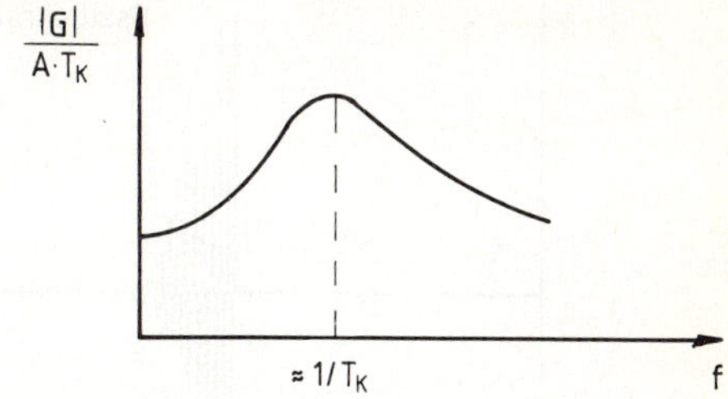


**Bild 1.41** Zeitlicher und spektraler Verlauf eines Knallvorganges

Zusammenfassend läßt sich feststellen, daß die durch das Fourier-Integral gewonnenen allgemeinen Ergebnisse natürlich auch auf impulsartig verlaufende Schallvorgänge übertragen werden können, wenn man an die Stelle der Impulsgröße A den Wechseldruck $p_{max}$ eines Knalls, oder auch die Maximalkraft $F_{max}$ eines Kraftstoßes setzt. Entsprechend hierzu wird die spektrale Verteilung solcher impulsartigen Vorgänge durch die Funktion G(f) wiedergegeben, die dann gleich der Druckdichte $|p'(f)|$ oder gleich der Kraftdichte $|F'(f)|$ im kontinuierlichen Frequenzspektrum ist. Der Anteil, der auf eine Bandbreite $\Delta f$ fällt, kann nach den Gln. (1.143) bis (1.144) berechnet werden.

Die Überprüfung der in den Beispielen dargestellten Spektren $|G(f)|$ veranschaulicht ein für die Akustik wichtiges Ergebnis. Je kürzer bei einem Schlag oder Stoß die Einwirkungszeit $T_{St}$ ist, um so breitbandiger ist die spektrale Verteilung der Anregung. Bei Dreiecksimpulsen und ähnlichen werden die Frequenzen bis herauf zu $f = 2/T_{St}$ angeregt, bei dem Nadelimpuls werden gar alle Frequenzen gleichmäßig angeregt. Bei knallartigen Impulsen wird besonders der Frequenzbereich um $f = 1/T_K$ stärker angeregt.

Setzt man gleiche Impulsstärke $J_S$ voraus, dann wird auch die Amplitude der Anregung (im allgemeinen Kraft) um so stärker sein, je kürzer die Einwirkungszeit $T_S$ ist.

Die meßtechnische Behandlung solcher Schallimpulse läßt sich, wie bereits erwähnt, in zweierlei Weise durchführen. Das *Einwert-Meßverfahren*, das einen charakteristischen Effektivwert für den Impulsablauf liefern soll, muß mit entsprechend kürzeren Integrationszeiten arbeiten. Die genormte Zeitkonstante $\tau$ des R-C-Gliedes beträgt für impulsartige Vorgänge 35 ms (siehe Bild 1.31).

Dagegen läßt sich die spektrale Darstellung eines Schallimpulses als *Mehrwertmeßverfahren*, wie früher gezeigt, durch Terz- und Schmalbandanalysen bewerkstelligen. Man kann hierbei wegen der Kürze des Ereignisses den Impuls auf einem Magnetband aufnehmen, zu einer Endlosschleife zusammenkleben und dann für eine gewünschte Analyse beliebig oft wiedergeben.

Eine weitere Möglichkeit für die Analyse kurzzeitiger Impulsvorgänge liegt im Einsatz von modernen FFT-Analysatoren (Fast Fourier Transformation), bei denen man die Analysierzeit auf die Impulsdauer abstimmen kann.

In Bild 1.42 sind der gemessene Zeitverlauf und die zugehörige Terzanalyse eines akustischen Knalls dargestellt. Man erkennt hieraus eine gute Übereinstimmung mit den entsprechenden theoretischen Verläufen.

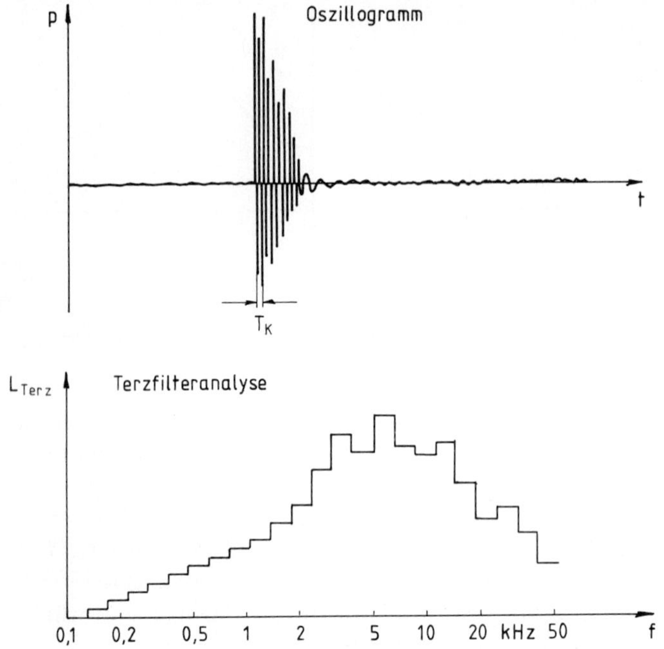


**Bild 1.42** Gemessener, zeitlicher Verlauf des Schalldrucks eines Knalls mit entsprechender Terzanalyse

*b) Intermittierende Vorgänge mit periodischer Folge*

Falls die impulsartigen Schwankungen, wie unter a) beschrieben, sich in kürzeren Zeitintervallen $T_i < 1$ s wiederholen, handelt es sich um intermittierende Vorgänge. Druckschwankungen der Luft führen zu intermittierenden Schallvorgängen. Die zugehörigen Frequenzspektren sind grundsätzlich Linienspektren, der Abstand der einzelnen Amplituden hat die konstante Größe $f = 1/T_i$ (Bild 1.43).

Das Spektrum $|G(f)|$ des Einzelimpulses bestimmt die Hüllkurve des Linienspektrums, jedoch haben die Teilamplituden $G_n(f)$ die Größe [1, 6]

$$|G_n(f)| = \frac{2}{T_i} \left| \int_0^{T_i} g(t) \cdot e^{-j\,2\pi f_i t}\, dt \right| = 2\frac{|G(f)|}{T_i}. \qquad (1.151)$$

Man erkennt auch hier, daß mit kleinerer Stoßdauer $T_{St}$ des Einzelstoßes sich der Frequenzbereich nach rechts zu höheren Frequenzen ausweitet (Bild 1.43).

*Beispiel:*

Ein mechanisches Hammerwerk der Schlagfrequenz $f_i = 1/T_i$, der Masse m und der Fallhöhe h des Einzelhammers schlägt auf eine harte Oberfläche. Gesucht wird u.a. der Effektivwert des Schlagkraft-

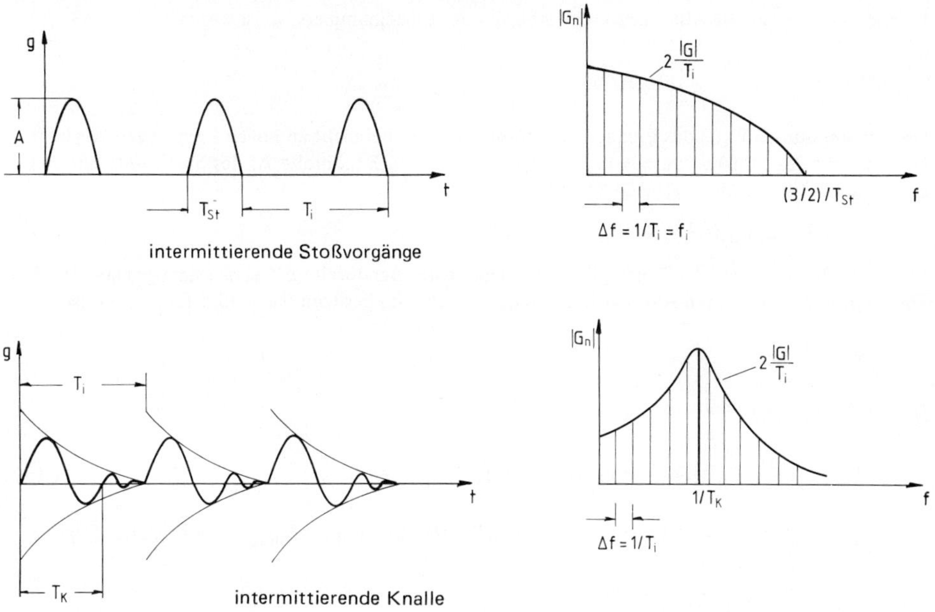


**Bild 1.43** Zeitlicher und spektraler Verlauf intermittierender Vorgänge

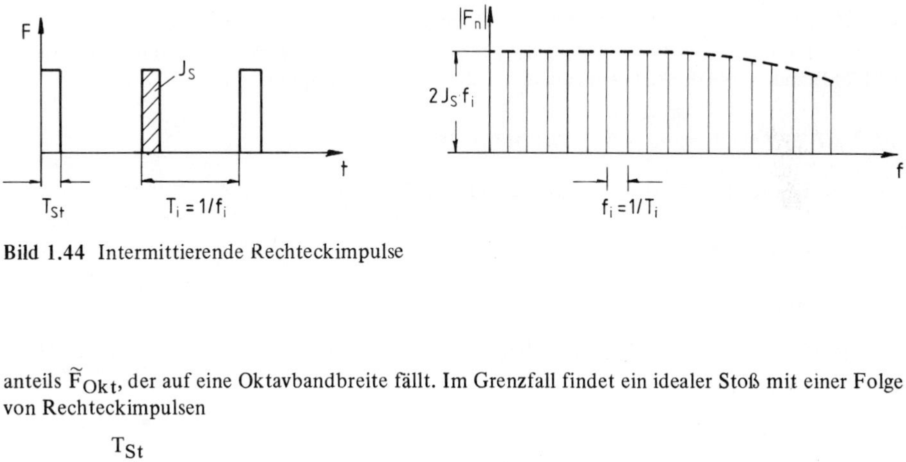


**Bild 1.44** Intermittierende Rechteckimpulse

anteils $\widetilde{F}_{Okt}$, der auf eine Oktavbandbreite fällt. Im Grenzfall findet ein idealer Stoß mit einer Folge von Rechteckimpulsen

$$J_S = \int_0^{T_{St}} F(t)\,dt$$

sehr kurzer Stoßzeit $T_{St}$ statt (Bild 1.44).

Die Funktion $|G(f)| = |F'(f)|$ des Rechteckimpulses der einzelnen Stöße geht, nach Gl. (1.148), für nicht zu hohe Frequenzen f über in $|F'(f)| \approx J_S$, (siehe Gl. (1.149)). Mit Gl. (1.151) folgt dann:

$$F_n(f) = \frac{2J_S}{T_i}.$$

Ist noch $v_H = \sqrt{2gh}$ die Aufschlaggeschwindigkeit des Einzelhammers, so ist wegen $J_S = m \cdot v_H$:

$$F_n(f) = 2\frac{m v_H}{T_i} = 2 \cdot m \cdot v_H \cdot f_i.$$

Die Teilamplituden $F_n(f)$ des Frequenzspektrums sind also bei nicht zu hohen Frequenzen konstant. Das Quadrat des Stoßkraftanteils $|F_{\Delta f}|^2$ einer bestimmten Bandbreite $\Delta f$ des Spektrums läßt sich dann wie folgt berechnen (siehe Gl. (1.141)):

$$|F_{\Delta f}|^2 = \Sigma |F_n(f)|^2 = N \cdot |F_n(f)|^2.$$

Hierbei ist N die Anzahl der Teilamplituden innerhalb der Bandbreite $\Delta f$. Berücksichtigt man, daß die Teilamplituden konstanten Abstand $f_i$ im Frequenzspektrum besitzen (siehe Bild 1.44), dann ist:

$$N = \frac{\Delta f}{f_i}.$$

Hiermit ergibt sich:

$$|F_{\Delta f}|^2 = \frac{\Delta f}{f_i} |F_n(f)|^2 = 4 \cdot (m \cdot v_H)^2 \cdot \Delta f \cdot f_i. \tag{1.152}$$

Die Amplitude des Stoßkraftanteils für Oktavbandbreite mit $\Delta f_{Okt} = f_{m_{Okt}}/2$ läßt sich wie folgt berechnen:

$$|F_{\Delta f}|_{Okt} = 2 \cdot (m \cdot v_H) \cdot \sqrt{\frac{f_{m_{Okt}} \cdot f_i}{2}}.$$

Schließlich ergibt sich für den Effektivwert des Stoßkraftanteils $\tilde{F}_{Okt}$ (siehe Gl. (1.122)) [14]:

$$\tilde{F}_{Okt} = \sqrt[4]{2} \cdot m \cdot v_H \cdot \sqrt{f_{m_{Okt}} \cdot f_i} = 1{,}19 \cdot m \cdot v_H \cdot \sqrt{f_{m_{Okt}} \cdot f_i}.$$

Insgesamt handelt es sich um eine breitbandige Wirkung.

Ein anderer Lösungsweg ist die Ermittlung des Effektivwertes über die spektrale Leistungsdichte (siehe Gln. (1.143) und (1.144)). Setzt man voraus, daß der Betrag der Amplitudendichte

$$|G(f)| = |F'(f)| = \frac{2m \cdot v_H \cdot f_i}{f_i} = 2m \cdot v_H = \text{konst}$$

ist, so ergibt sich für den Mittelwert der Leistungsdichte (siehe Gl. (1.143a)):

$$\overline{w(f)} = \frac{1}{2\,T_i} \cdot 4\,m^2 v_H^2 = 2\,m^2 v_H^2 \cdot f_i.$$

Mit Gl. (1.144) folgt dann:

$$\tilde{F}^2_{Okt} = \overline{w(f)} \cdot \Delta f = \sqrt{2} \cdot m^2 \cdot v_H^2 \cdot f_i \cdot f_{m_{Okt}} \tag{1.153}$$

bzw.

$$\tilde{F}_{Okt} = 1{,}19 \cdot m \cdot v_H \cdot \sqrt{f_i f_{m_{Okt}}}.$$

### 1.6.4 Allgemeine Geräusche, Lärm

Die große Gruppe der allgemeinen Geräusche, wie sie vor allem in unserer technischen Umwelt auftreten, hat primär Rauschcharakter und ist demzufolge durch ein breitbandiges Spektrum gekennzeichnet. Das Frequenzverhalten läßt sich daher in die Gruppe der bisher behandelten Spektren einordnen. Gleichzeitig können auch schmalbandige tonale Geräuschanteile mit resonanzartigen Überhöhungen abgestrahlt werden (Bild 1.45). In dem zugehörigen Terzspektrum ragen dann aus dem sonst gleichmäßigen Verlauf schmale

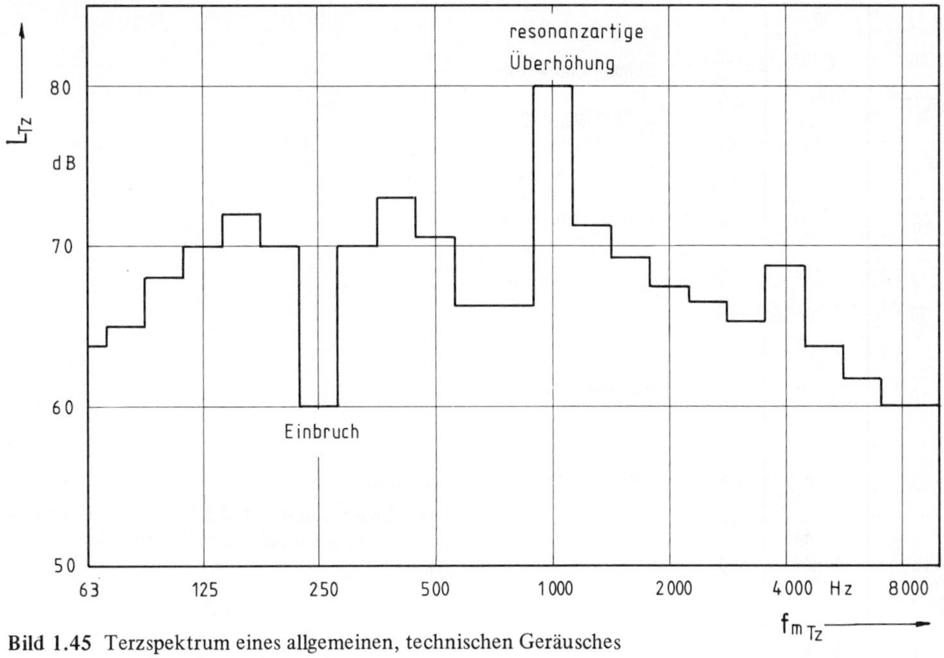


**Bild 1.45** Terzspektrum eines allgemeinen, technischen Geräusches

Terzbänder merklich heraus und übertreffen die beiden Nachbarterzen um mindestens 5 dB. Meist sind solche schmalbandigen Anteile störend, vor allem wenn sie in höheren Frequenzbereichen liegen. Umgekehrt können durch Abschwächung im Spektrum auch Einbrüche entstehen. Die durch die Frequenzanalyse bekannte Frequenzlage erlaubt insbesondere Rückschlüsse auf die Ursache der Entstehung.

Geräusche der hier beschriebenen Art sind im allgemeinen unerwünscht. Man spricht bei ihnen von Lärm, wenn die Geräuschstärke störend wird.

## 1.7 Schallpegelgrößen

Der Bereich der in der praktischen Akustik auftretenden Intensitäten in $W/m^2$ ist mit ca. 12 Zehnerpotenzen außerordentlich groß. Entsprechend groß ist auch der Bereich der Schallwechseldrücke (Bild 1.46). Diese Tatsache stellt einen der Gründe dar, die Intensität und den Druck zu logarithmieren. Das Ergebnis dieser Logarithmierung ist der *Schallpegel* L.

Allgemein ist der Pegel L als der 10-fache Logarithmus des Verhältnisses zweier Leistungsgrößen definiert (z.B. Leistung, Intensität) oder der 20-fache Logarithmus des Verhältnisses zweier Feldgrößen (Kraft, Spannung, Druck, Schnelle), die der Leistung proportional sind. Der Nenner des Verhältnisses stellt die sog. Bezugsgröße dar, die noch zu definieren ist. Entsprechend seiner Definition ist der Pegel dimensionslos und wird in Dezibel, dB, angegeben.

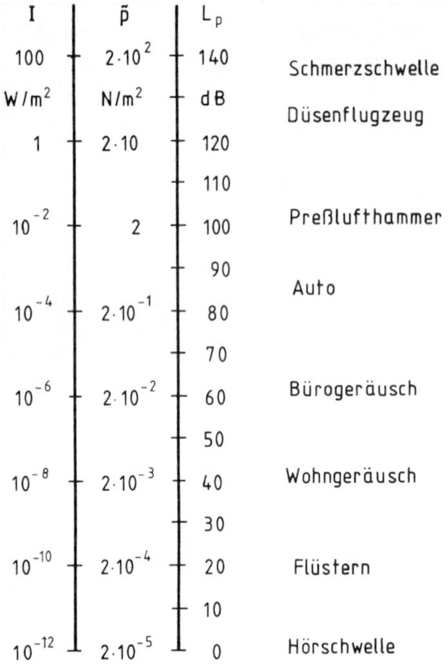


**Bild 1.46**
Bereiche der Intensität, des Wechseldrucks $\tilde{p}$ und des Schalldruckpegels $L_p$ in der praktischen Akustik

In der Akustik sind u.a. der Schalldruckpegel $L_p$, der Schallschnellepegel $L_v$, der Schallintensitätspegel $L_I$, der Schalleistungspegel $L_W$ und schließlich der Körperschall-Beschleunigungspegel $L_a$ eingeführt. Im einzelnen ist

$$L_p = 10 \lg \frac{\tilde{p}^2}{p_0^2} = 20 \lg \frac{\tilde{p}}{p_0} \text{ dB}. \tag{1.154}$$

Hierin ist $\tilde{p}$ der Effektivwert des Schalldruckes und $p_0$ der Bezugsschalldruck. Letzterer hat die definierte Größe $20\,\mu\text{Pa} = 2 \cdot 10^{-5}\ \text{N/m}^2$ und stellt den effektiven Schalldruck der menschlichen Hörschwelle bei 1000 Hz dar. Weiter ist

$$L_v = 10 \lg \frac{\tilde{v}^2}{v_0^2} = 20 \lg \frac{\tilde{v}}{v_0} \text{ dB}. \tag{1.155}$$

Hierin ist $\tilde{v}$ der Effektivwert der Schallschnelle und $v_0$ die Bezugsschnelle. Letztere hat die definierte Größe $50\ \text{nm/s} = 5 \cdot 10^{-8}\ \text{m/s}$. Weiter ist

$$L_I = 10 \lg \frac{\tilde{I}}{I_0} \text{ dB}. \tag{1.156}$$

Hierin ist I die Schallintensität und $I_0$ die Bezugsintensität mit der definierten Größe $1\ \text{p W/m}^2 = 10^{-12}\ \text{W/m}^2$.

Handelt es sich um ein ebenes Feld fortschreitender Schallwellen oder um das Fernfeld von Kugelschallwellen, so gelten die Gln. (1.125) und (1.126). Damit erhält man für die Bezugsimpedanz $Z_0 = p_0/v_0 = 400\ \text{Ns/m}^2$. Bei Verwendung der oben eingeführten Bezugsgrößen $I_0$, $p_0$, $v_0$ und $Z_0$ sind in ebenen und quasiebenen Schallfeldern die drei Pegelgrößen $L_I$, $L_p$, $L_v$ einander gleich.

Im Falle, daß die Impedanz des ebenen Schallfeldes, $Z = \rho \cdot c$, nicht gleich der Bezugsimpedanz $Z_0$ ist müssen die Pegelgrößen mit Hilfe eines Korrekturgliedes $K_0$ korrigiert werden [9], d.h.:

$$K_0 = -10 \lg \frac{Z}{Z_0} \text{ dB}, \tag{1.157}$$

$$L_I = L_p + K_0 \quad \text{dB}, \tag{1.158}$$

$$L_I = L_v - K_0 \quad \text{dB}, \tag{1.159}$$

$$L_p = L_v - 2K_0 \quad \text{dB}. \tag{1.160}$$

Für Luft läßt sich $K_0$ wie folgt berechnen:

$$\begin{aligned} K_0 &= -10 \lg \frac{\rho c}{400} \text{ dB} \\ &= -10 \lg \left[ \frac{423}{400} \left( \frac{273}{273 + t} \right)^{0,5} \frac{p_a}{1000} \right] \text{ dB}. \end{aligned} \tag{1.161}$$

Hierin sind $\rho \cdot c$ die Kennimpedanz der umgebenden Luft in $Ns/m^3$, t, $p_a$ Temperatur und Druck der Umgebung in °C und mbar.

Der Beschleunigungspegel ist definiert als

$$L_a = 10 \lg \frac{\tilde{a}^2}{a_0^2} = 20 \lg \frac{\tilde{a}}{a_0} \text{ dB}. \tag{1.162}$$

Hierin ist $\tilde{a}$ der Effektivwert der Körperschallbeschleunigung und $a_0$ die Bezugsbeschleunigung. Sie ist frei wählbar und wird von Fall zu Fall definiert. Zweckmäßig wird $a_0 = 10^{-4}$ g ($g = 9{,}81 \text{ m/s}^2$) gewählt. So entsprechen z.B. 80 dB 1 g effektiv, 100 dB entspricht 10 g effektiv.

Bei Körperschallproblemen wird in der Regel direkt der Beschleunigungspegel gemessen. Für die Feststellung des dadurch angeregten Luftschalls benötigt man aber den Schnellepegel $L_v$. Er läßt sich aus dem gemessenen Beschleunigungspegel $L_a$ wie folgt berechnen:

$$\begin{aligned} L_v &=. L_a + 20 \lg \frac{a_0}{v_0 \omega} \text{ dB} \\ &= L_a + 20 \lg \frac{a_0}{v_0} - 20 \lg f - 16 \text{ dB}. \end{aligned} \tag{1.163}$$

Schließlich ist der Schalleistungspegel definiert als

$$L_W = 10 \lg \frac{P}{P_0} \text{ dB}. \tag{1.164}$$

Hierin ist $P_0$ die Bezugsschalleistung mit der definierten Größe $P_0 = 1 \text{ pW} = 10^{-12}$ W. Die Schalleistung bzw. der Schalleistungspegel charakterisieren besonders gut die Schallquelle und ihre Schallemission. Beide Größen sind invariant gegenüber den akustischen Eigenschaften der Umgebung der Schallquelle und gegenüber der Art der Ausbreitung der Schallenergie. Zwischen dem Schalleistungspegel $L_W$ und dem Schalldruckpegel $L_p$ besteht ein enger Zusammenhang, auf den noch besonders eingegangen wird (siehe Abschnitt 8).

### 1.7.1 Zusammenhang zwischen einer Schallintensitäts- bzw. Schalldruckänderung und einer Pegeländerung

Gegeben seien z.B. die Intensität I und z.B. der Wechseldruck p. Die zugehörigen Pegelgrößen sind:

$$L_I = 10 \lg \frac{\widetilde{I}}{I_0} \text{ dB},$$

$$L_p = 20 \lg \frac{\widetilde{p}}{p_0} = 10 \lg \left(\frac{\widetilde{p}}{p_0}\right)^2 \text{ dB}.$$

Umgekehrt sei eine allgemeine Pegelgröße L gegeben. Die zugehörigen Größen lassen sich wie folgt berechnen:

$$\widetilde{I} = I_0 \cdot 10^{\frac{L_I}{10}},$$

$$\widetilde{p}^2 = p_0^2\, 10^{\frac{L_p}{10}},$$

$$\widetilde{p} = p_0\, 10^{\frac{L_p}{20}}.$$

Multipliziert man die Leistungsgröße $\widetilde{I}$ bzw. die Feldgröße $\widetilde{p}$ mit dem Faktor $n^{\pm 1}$, so läßt sich die zugehörige Pegeländerung $\Delta L$ (additiv) wie folgt berechnen:

*Leistungsgrößen:*

Ausgang: $$L_I = 10 \lg \frac{\widetilde{I}}{I_0} \text{ dB}$$

$$L_I + \Delta L = 10 \lg \frac{n^{\pm 1}\widetilde{I}}{I_0} \text{ dB}$$

$$\Delta L = \pm\, 10 \lg n \text{ dB}$$

*Feldgrößen:*

Ausgang: $$L_p = 20 \lg \frac{\widetilde{p}}{p_0} \text{ dB}$$

$$L_p + \Delta L = 20 \lg \frac{n^{\pm 1} \cdot \widetilde{p}}{p_0} \text{ dB}$$

$$\Delta L = \pm\, 20 \lg n \text{ dB}$$

| n | ΔL (Leistungsgrößen) | ΔL (Feldgrößen) |
|---|---|---|
| 2 Verdopplung<br>$\frac{1}{2}$ Halbierung | ± 3 dB | ± 6 dB |
| 3 Verdreifachung<br>$\frac{1}{3}$ Drittelung | ± 4,75 dB | ± 9,5 dB |
| 10, 1/10 | ± 10 dB | ± 20 dB |
| 100, 1/100 | ± 20 dB | ± 40 dB |
| 1000, 1/1000 | ± 30 dB | ± 60 dB |

*Beispiele:*

a) Die Schalleistung P einer Geräuschquelle wird auf das Hundertfache verstärkt. Um wieviel erhöht sich ihr Leistungspegel $L_W$?

$$\Delta L_W = +\, 10 \lg 100 \text{ dB} = +\, 20 \text{ dB}.$$

b) Die Verstärkung einer Spannung ist $10^5$-fach. Wieviel dB beträgt die Verstärkung?

$$\Delta L_V = +\, 20 \lg 10^5 = +\, 100 \text{ dB}.$$

Addiert man zu einem Pegel L den Wert $\pm \Delta L$, so wird die Leistungsgröße I, bzw. die Feldgröße p um den Faktor n vervielfacht. Der Faktor n läßt sich wie folgt berechnen:

*Leistungsgrößen:*

Ausgang: $$L_I = 10 \lg \frac{\tilde{I}}{I_0} \text{ dB}$$

$$L_I \pm \Delta L = 10 \lg \frac{n \cdot \tilde{I}}{I_0} \text{ dB}$$

$$n = 10^{\pm \frac{\Delta L}{10}} \text{ dB}$$

| $\Delta L$ | n |
|---|---|
| ± 1 dB | 1,259<br>0,795 |
| ± 2 dB | 1,585<br>0,630 |
| ± 3 dB | 2,000<br>0,500 |
| ± 10 dB | 10<br>1/10 |
| ± 20 dB | 100<br>1/100 |
| ± 30 dB | 1000<br>1/1000 |

*Feldgrößen:*

Ausgang: $$L_I = 20 \lg \frac{\tilde{p}}{p_0} \text{ dB}$$

$$L_p \pm \Delta L = 20 \lg \frac{n \cdot \tilde{p}}{p_0} \text{ dB}$$

$$n = 10^{\pm \frac{\Delta L}{20}} \text{ dB}$$

| $\Delta L$ | n |
|---|---|
| ± 2 dB | 1,259<br>0,795 |
| ± 4 dB | 1,585<br>0,630 |
| ± 6 dB | 2,000<br>0,500 |
| ± 20 dB | 10<br>1/10 |
| ± 40 dB | 100<br>1/100 |
| ± 60 dB | 1000<br>1/1000 |

*Beispiele:*

a) Die Dämpfung einer quadratischen Größe beträgt 40 dB, wievielfach ist diese Größe kleiner geworden?

$$n = 10^{-\frac{40}{10}} = \frac{1}{10000}.$$

b) Eine Spannungsverstärkung beträgt 60 dB, wievielfach ist die Spannung größer geworden?

$$n = 10^{\frac{60}{20}} = 1000.$$

### 1.7.2 Pegeladdition, Summenpegel

Die Aufgabe ist hier die Addition mehrerer Pegelgrößen $L_i$, z.B. die Addition mehrerer Schalldruckpegelkomponenten $L_{p_i}$, in einem bestimmten Punkt eines zusammengesetzten Schallfeldes. Bei der Bildung des Summenpegels $L_\Sigma$ dürfen jedoch die Einzelpegel $L_i$ nicht einfach algebraisch addiert werden, vielmehr sind die zugehörigen Leistungsgrößen aufzusummieren zu $\Sigma \tilde{p}_i^2$, $\Sigma I_i$, $\Sigma \tilde{v}_i^2$, $\Sigma \tilde{a}_i^2$. Es ist dann:

$$L_\Sigma = 10 \lg \frac{\Sigma \tilde{p}_i^2}{p_0^2} = 10 \lg \frac{\Sigma \tilde{I}_i}{I_0} = 10 \lg \Sigma\, 10^{\frac{L_i}{10}} \text{ dB} \tag{1.165}$$

*Beispiele:*

a) Addition zweier Pegel $L_1$, $L_2$ in dB.

Es ist

$$L_\Sigma = L_{1+2} = 10 \lg \left(10^{\frac{L_1}{10}} + 10^{\frac{L_2}{10}}\right) \text{ dB}$$

$$= 10 \lg \left[10^{\frac{L_1}{10}} \left(1 + \frac{1}{10^{\frac{L_1 - L_2}{10}}}\right)\right] \text{ dB.} \tag{1.166}$$

Es läßt sich also schreiben:

$$L_{1+2} = L_1 + \Delta L_K, \tag{1.167}$$

$$\Delta L_K = 10 \lg \left(1 + \frac{1}{10^{\frac{L_1 - L_2}{10}}}\right) \text{ dB.} \tag{1.168}$$

Hierbei ist $\Delta L_K$ der Korrekturpegel, der die Erhöhung von $L_1$ in dB angibt. Für $L_1 > L_2$ ist $\Delta L_K$ in Bild 1.47 graphisch und numerisch dargestellt und kann zur vereinfachten Durchführung einer Pegeladdition verwendet werden.

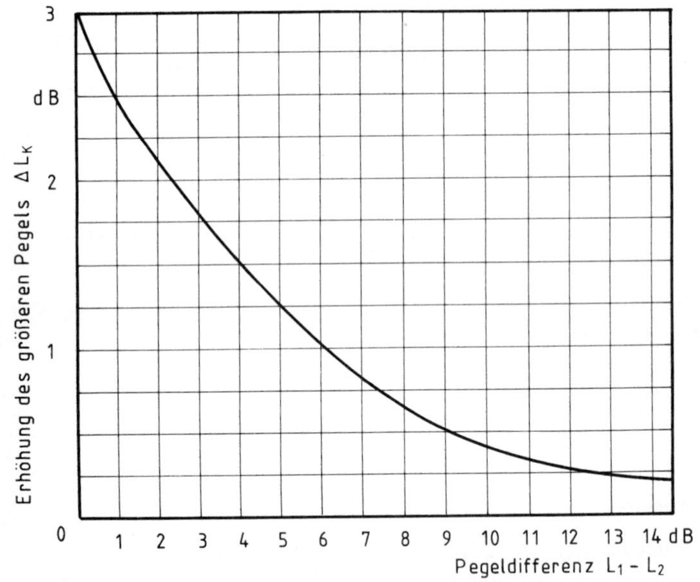


| $L_1 - L_2$ | 0 | 0,5 | 1 | 1,5 | 2 | 2,5 | 3 | 3,5 | 4 | 4,5 | 5 | 5,5 | 6 | 6,5 | 7 | 7,5 | 8 | 9 | 10 | 12 | 14 | 15 | [dB] |
|---|---|---|---|---|---|---|---|---|---|---|---|---|---|---|---|---|---|---|---|---|---|---|---|
| $\Delta L_K$ | 3 | 2,8 | 2,5 | 2,3 | 2,1 | 1,9 | 1,8 | 1,6 | 1,5 | 1,3 | 1,2 | 1,1 | 1,0 | 0,9 | 0,8 | 0,7 | 0,6 | 0,5 | 0,4 | 0,25 | 0,2 | 0,1 | [dB] |

**Bild 1.47** Korrekturpegel $\Delta L_K$ in Abhängigkeit von der Pegeldifferenz $L_1 - L_2 (L_1 > L_2)$

Folgerung:

Bei der Pegeladdition zweier Einzelpegel ist die maximale Erhöhung 3 dB. Sie wird erreicht, wenn beide Pegel gleich groß sind. Bei steigender Differenz der zu addierenden Pegel wird die Erhöhung des größeren der beiden Pegel immer geringer, bei einem Unterschied von 10 dB beträgt die Zunahme nur noch 0,4 dB und kann dann meist vernachlässigt werden.

b) Bei Addition n gleicher Pegel L läßt sich die allgemeine Pegelsumme (Gl. (1.165)) vereinfachen in

$$L_\Sigma = 10 \lg \left(n\, 10^{\frac{L}{10}}\right) = L + 10 \lg n \ \text{dB}. \tag{1.169}$$

Der Korrekturpegel ist hier $\Delta L_K = 10 \lg n$, d.h. für $n = 2$ ist $\Delta L_K = 3$ dB und für $n = 10$ ist $\Delta L_K = 10$ dB.

c) Addition mehrerer, von einander verschiedener Pegel $L_i$.

Für die Ermittlung der Summenpegel $L_\Sigma$ sind zwei Verfahren praktikabel.

α) Umfaßt die Addition nur eine geringe Anzahl von Einzelpegeln $L_i$, so führt man gemäß dem Schema a) aufeinanderfolgende Additionen von Pegelpaaren durch, bis die Endsumme erreicht ist. Beispiel:

$$\underbrace{70{,}5 \quad \underbrace{71{,}5 \quad 72{,}5}_{75\ \text{dB}}}_{76{,}3\ \text{dB}} \quad \underbrace{75{,}5 \quad 77\ \text{dB}}_{79{,}3\ \text{dB}}$$

$$L_\Sigma = 81{,}1\ \text{dB}.$$

β) Pegeladdition einer größeren Anzahl von Pegeln $L_i$.

Hier empfiehlt sich, die numerische Rechnung, wie folgt dargestellt, anzuwenden, wenn kein geeigneter Taschenrechner zur Verfügung steht. Man bezieht die Pegel $L_i$ nicht auf Null Dezibel, sondern auf einen höheren Pegel $L_0$, beispielsweise auf den kleinsten der zu addierenden Pegel. Es ist dann:

$$L_i = L_0 + \Delta L_i. \tag{1.170}$$

Für den Summenpegel folgt nach Gl. (1.165)

$$\begin{aligned} L_\Sigma &= 10 \lg \Sigma\, 10^{\frac{L_0 + \Delta L_i}{10}} \\ &= L_0 + 10 \lg \Sigma\, 10^{\Delta L_i/10} \end{aligned} \tag{1.171}$$

oder

$$L_\Sigma = L_0 + \Delta L_K, \tag{1.172}$$

$$\Delta L_K = 10 \lg \Sigma\, g_i, \tag{1.173}$$

$$g_i = 10^{\frac{\Delta L_i}{10}} \tag{1.174}$$

Zur numerischen Handhabung dieses Ergebnisses sind in Tab. 1.3 [5, 9] die $g_i$-Zahlen für die gängigen Werte von $\Delta L_i$ zwischen 0 und 30 dB zusammengestellt.

Ist nach dieser Tabelle die Summe $g_i$ ermittelt, so gewinnt man aus der gleichen Tafel durch Ablesen von rechts nach links auch den zugehörigen $\Delta L_K$-Wert.

**Tabelle 1.3** $g_i$-Werte für verschiedene Pegeldifferenzen

| $\Delta L_i$ dB | $g_i$ | $\Delta L_i$ dB | $g_i$ | $\Delta L_i$ dB | $g_i$ | $\Delta L_i$ dB | $g_i$ | $\Delta L_i$ dB | $g_i$ |
|---|---|---|---|---|---|---|---|---|---|
| −20,0 | 0,0100 | −10,0 | 0,100 | 0,0 | 1,00 | 10,0 | 10,0 | 20,0 | 100 |
| −19,5 | 0,0112 | − 9,5 | 0,112 | 0,5 | 1,12 | 10,5 | 11,2 | 20,5 | 112 |
| −19,0 | 0,0125 | − 9,0 | 0,125 | 1,0 | 1,25 | 11,0 | 12,5 | 21,0 | 125 |
| −18,5 | 0,0140 | − 8,5 | 0,140 | 1,5 | 1,40 | 11,5 | 14,0 | 21,5 | 140 |
| −18,0 | 0,0160 | − 8,0 | 0,160 | 2,0 | 1,60 | 12,0 | 16,0 | 22,0 | 160 |
| −17,5 | 0,0180 | − 7,5 | 0,180 | 2,5 | 1,80 | 12,5 | 18,0 | 22,5 | 180 |
| −17,0 | 0,0200 | − 7,0 | 0,200 | 3,0 | 2,00 | 13,0 | 20,0 | 23,0 | 200 |
| −16,5 | 0,0224 | − 6,5 | 0,224 | 3,5 | 2,24 | 13,5 | 22,4 | 23,5 | 224 |
| −16,0 | 0,0250 | − 6,0 | 0,250 | 4,0 | 2,50 | 14,0 | 25,0 | 24,0 | 250 |
| −15,5 | 0,0280 | − 5,5 | 0,280 | 4,5 | 2,80 | 14,5 | 28,0 | 24,5 | 280 |
| −15,0 | 0,0315 | − 5,0 | 0,315 | 5,0 | 3,15 | 15,0 | 31,5 | 25,0 | 315 |
| −14,5 | 0,0355 | − 4,5 | 0,355 | 5,5 | 3,55 | 15,5 | 35,5 | 25,5 | 355 |
| −14,0 | 0,0400 | − 4,0 | 0,400 | 6,0 | 4,00 | 16,0 | 40,0 | 26,0 | 400 |
| −13,5 | 0,0450 | − 3,5 | 0,450 | 6,5 | 4,50 | 16,5 | 45,0 | 26,5 | 450 |
| −13,0 | 0,0500 | − 3,0 | 0,500 | 7,0 | 5,00 | 17,0 | 50,0 | 27,0 | 500 |
| −12,5 | 0,0560 | − 2,5 | 0,560 | 7,5 | 5,60 | 17,5 | 56,0 | 27,5 | 560 |
| −12,0 | 0,0630 | − 2,0 | 0,630 | 8,0 | 6,30 | 18,0 | 63,0 | 28,0 | 630 |
| −11,5 | 0,0710 | − 1,5 | 0,710 | 8,5 | 7,10 | 18,5 | 71,0 | 28,5 | 710 |
| −11,0 | 0,0800 | − 1,0 | 0,800 | 9,0 | 8,00 | 19,0 | 80,0 | 29,0 | 800 |
| −10,5 | 0,0900 | − 0,5 | 0,900 | 9,5 | 9,00 | 19,5 | 90,0 | 29,5 | 900 |
| −10,0 | 0,1000 | − 0,0 | 1,000 | 10,0 | 10,00 | 20,0 | 100,0 | 30,0 | 1000 |

Die Tabelle kann nach beiden Seiten nach dem angegebenen Schema erweitert werden.

Gesucht ist beispielsweise der Summenpegel einer Oktavanalyse:

68   70,5   72,5   77   75,5   71,5   68,5 dB

$L_\Sigma = 68 + \Delta L_K$ dB

$\Sigma g_i = 1{,}0 + 1{,}8 + 2{,}8 + 8{,}0 + 5{,}6 + 2{,}24 + 1{,}12$

$= 22{,}56$

$\Delta L_K = 13{,}50$ dB

$L_\Sigma = 68 + 13{,}5$ dB

$= 81{,}5$ dB

### 1.7.3 Störpegel

Das Problem des Störpegels tritt in Erscheinung, wenn ein Pegel $L_M$ durch Messung festgestellt werden soll, und dabei ein gleichzeitig und ständig wirkender Stör- oder Fremdpegel $L_F$, der nicht zu eliminieren ist, mit eingeht. Man mißt zunächst den aus den Pegeln $L_M$ und $L_F$ sich einstellenden Gesamtpegel $L_G$ als Summenpegel $L_{M+F}$ anstelle des Pegels $L_M$ allein. Die Größe von $L_M$ in dB läßt sich aber aus den getrennt ermittelten Pegeln $L_G$ und $L_F$ (letzterer ohne $L_M$) durch Differenzbildung bestimmen. Die Pegeldifferenzbildung wird analog zur Pegeladdition (siehe Abschnitt 1.7.2a) durchgeführt. Danach ist [15]

$$L_M = L_{G-F} = L_G - \Delta L_K, \tag{1.175}$$

$$\Delta L_K = -10 \lg \left(1 - \frac{1}{10^{\frac{L_G - L_F}{10}}}\right) \text{ dB}. \tag{1.176}$$

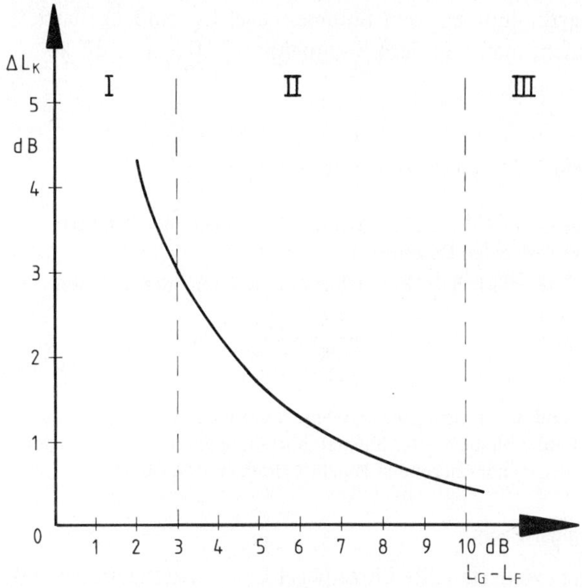


| $L_G - L_F$ dB | $\Delta L_K$ dB |
|---|---|
| 2 | 4,30 |
| 3 | 3,03 |
| 4 | 2,32 |
| 6 | 1,26 |
| 8 | 0,75 |
| 10 | 0,46 |

**Bild 1.48** Korrekturpegel $\Delta L_K$ in Abhängigkeit vom Störpegelabstand
I Störpegel zu hoch, keine sinnvolle Messung möglich
II Einfluß des Störpegels kann mit Hilfe des Korrekturpegels $\Delta L_K$ berücksichtigt werden
III Einfluß des Störpegels kann vernachlässigt werden.

In Bild 1.48 ist die Gleichung (1.176) für praktische Zahlenrechnungen graphisch dargestellt. Man erkennt hieraus, daß für $L_G - L_F \geqslant 10$ dB der Einfluß des Fremdpegels vernachlässigbar wird, d.h., $L_G$ ist praktisch gleich $L_M$. Dagegen übertrifft für $L_G - L_F < 3$ dB der Fremdpegel $L_F$ bereits den zu messenden Pegel $L_M$, so daß die hier praktizierte Berechnung von $L_M$ aus einer Messung des Summenpegels nur sehr ungenau möglich ist.

### 1.7.4 Mittelwertbildung von verschiedenen, zeitlich konstanten Pegeln

Es mögen n gleichwertige Zahlengrößen $L_i$ eines Pegels vorliegen, z.B. n Schalldruckpegelwerte $L_{p_i}$ einer Rundummessung an einer Geräuschquelle. Die Zahlenwerte $L_i$ sind im allgemeinen nicht gleich. Resultieren die Unterschiede aus den üblichen stationären Streuungen, so ist es erlaubt, sie zu einem Mittelwert zusammenzufassen. Die korrekte Mittelwertbildung erfolgt entsprechend der Pegeladdition (siehe Abschnitt 1.7.2) durch Mittelung der Leistungsgrößen, d.h., es wird die sog. energetische oder leistungsmäßige Pegelmittelung durchgeführt. Es ist also:

$$\bar{L} = 10 \lg \frac{\frac{1}{n} \Sigma I_i}{I_0} = 10 \lg \frac{\frac{1}{n} \Sigma \tilde{p}_i^2}{p_0^2} \text{ dB} \tag{1.177}$$

$$= 10 \lg \Sigma 10^{\frac{L_i}{10}} - 10 \lg n = L_\Sigma - 10 \lg n \quad \text{dB.}$$

Damit ist die energetische Mittelwertbildung auf den Summenpegel $L_\Sigma$ zurückgeführt. Den Mittelwert $\bar{L}$ gewinnt man, indem man von dem Summenpegel 10 lg n in dB abzieht.

*Beispiel*

Für die sieben Pegelwerte des Beispiels von S. 52 wird der zugehörige Mittelwert zu $\bar{L} = 81{,}5 - 10 \lg 7 = 73{,}04$ dB errechnet.

Für zwei Pegelwerte ist, wie man aus der Gl. (1.177) leicht erkennt, der energetische Mittelwert höchstens um 3 dB kleiner als der größere der beiden Einzelpegel.

Das einfachste Verfahren zur Mittelung wäre natürlich die Feststellung des linearen oder arithmetischen Mittelwertes $L_m$ der n Pegel $L_i$. Es ist:

$$L_m = \frac{1}{n} \Sigma L_i. \tag{1.178}$$

Dieses Verfahren ist grundsätzlich falsch und daher nur näherungsweise anwendbar. Im vorigen Beispiel ist $L_m = 71{,}9$ dB < 73,04 dB. Der Fehler bleibt bei der linearen Mittelung unter 1 dB, wenn der Unterschied zwischen den am weitesten auseinander liegenden Pegeln $L_i$ kleiner als 5 dB ist.

### 1.7.5 Mittelwertbildung zeitabhängiger Pegel

Bei der bisherigen Mittelwertbildung existierten alle Einzelpegel $L_i$ gleichzeitig und änderten nicht ihre Größe während der Bestimmungszeit bzw. Meßzeit. Es gibt aber auch Fälle, bei denen ein Pegel seine Größe während der Meßzeit ändert, sei es regelmäßig, sei es unregelmäßig oder gar impulsartig. Auch in einem solchen Falle kann es nützlich sein, einen Mittelwert des Schallereignisses zu kennen. Es handelt sich dann um einen zeitlichen, über die Meßzeit T konstant angenommenen Mittelwert, der die gleiche Wirkung hervorrufen soll wie der zeitlich schwankende Pegel. Dieser Mittelwert wird dann als energieäquivalenter Pegel $L_{äq}$ bezeichnet. $L_{äq}$ ist wie folgt definiert [8]:

$$L_{äq} = 10 \lg \left[ \frac{1}{T} \int_0^T 10^{\frac{L(t)}{10}} \, dt \right] \text{ dB}. \tag{1.179}$$

*Beispiele:*

a) Während des Meßvorganges T wirken in einzelnen Zeitabschnitten $T_i$ verschieden große, abschnittsweise konstante Pegel $L_i$, insgesamt n Pegel $L_i$ (Bild 1.49). Zur Feststellung des Mittelungspegels $L_{äq}$ gleicher Wirkung müssen nunmehr die Zeiten $T_i$ mit berücksichtigt werden. Hält man dabei an der Energieäquivalenz fest, d.h., setzt man die quadratischen Größen des äquivalenten Pegels gleich dem Mittelwert für die gesamte Meßzeit T, so wird [5, 15]

$$L_{äq} = 10 \lg \left[ \frac{1}{T} \Sigma \left( 10^{\frac{L_i}{10}} \Delta T_i \right) \right] \text{ dB}, \tag{1.180}$$

$$L_{äq} = 10 \lg \left[ \frac{1}{T} \frac{1}{I_0} \Sigma I_i \, \Delta T_i \right] = 10 \lg \left[ \frac{1}{T} \frac{1}{p_0^2} \Sigma \tilde{p}_i^2 \, \Delta T_i \right] \text{ dB}. \tag{1.181}$$

Zur praktischen Handhabung dieses Ergebnisses bieten sich verschiedene Möglichkeiten an.

α) Ist die Gesamtzeit T nur in wenige Zeitabschnitte $\Delta T_i$ unterteilt, so schreibt man $L_{äq}$ zweckmäßigerweise noch weiter um in:

$$L_{äq} = L_{\Sigma T_i} - 10 \lg |T| \text{ dB}. \tag{1.182}$$

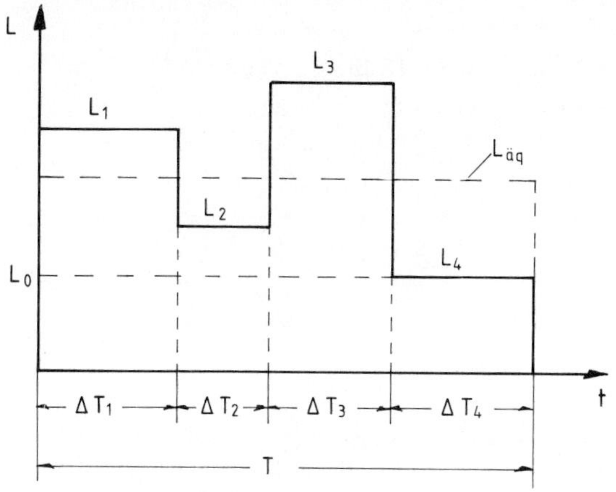


**Bild 1.49**
Mittelwertbildung bei zeitlicher Änderung der Pegel

Hierin ist $L_{\Sigma T_i}$ der Summenpegel der Teilpegel $L_{T_i} = L_i + 10 \lg|\Delta T_i|$, die vorab durch einfache Addition der Meßpegel $L_i$ und der zugehörigen Zeitpegel $10 \lg|\Delta T_i|$ zu ermitteln sind. Die Zahlenwerte $|\Delta T_i|$ und $|T|$ sind in denselben Zeiteinheiten auszudrücken.
Hierzu das Beispiel in Zahlen:

$L_1 = 90$ dB, $L_2 = 80$ dB, $L_3 = 93$ dB, $L_4 = 78$ dB

$\Delta T_1 = 3$ h, $\Delta T_2 = 1$ h, $\Delta T_3 = 2$ h, $\Delta T_4 = 2$ h, $T = 8$ h

$L_{T_1} = (90 + 4{,}8)$ dB $= 94{,}8$ dB; $L_{T_2} = (80 + 0)$ dB $= 80$ dB

$L_{T_3} = (93 + 3)$ dB $= 96$ dB; $L_{T_4} = (78 + 3)$ dB $= 81$ dB

$L_{\Sigma T_i}$ aus: $\underbrace{\underbrace{80\text{ dB}\quad 81\text{ dB}}_{83{,}5\text{ dB}}\quad \underbrace{94{,}8\text{ dB}\quad 96\text{ dB}}_{98{,}5\text{ dB}}}_{L_{\Sigma T_i} = 98{,}6\text{ dB}}$

$L_{äq} = (98{,}6 - 9)$ dB $= 89{,}6$ dB

Die Einzelpegel $L_i$ können auch selbst schon Mittlungspegel $\bar{L}$ sein, die vorweg für bestimmte, herausgestellte Zeitabschnitte $\Delta T_i$ berechnet wurden.

β) Ist jedoch die Gesamtzeit T in eine große Anzahl von Teilabschnitten $\Delta T_i$ unterteilt, so läßt sich die numerische Rechnung für $L_{äq}$ schematisieren, ähnlich wie bei der Pegeladdition. Führt man wiederum den niedrigsten Pegel als Bezugspegel $L_0$ ein, so läßt sich mit $L_i = L_0 + \Delta L_i$ der Pegel $L_{äq}$, wie folgt, angeben [10, 11]:

$$L_{äq} = L_0 + 10 \lg \left[\frac{1}{T} \Sigma\, 10^{\frac{\Delta L_i}{10}} \Delta T_i\right] \text{ dB}, \quad (1.183)$$

$$L_{äq} = L_0 + \Delta L_K \text{ dB}, \quad (1.184)$$

$$\Delta L_K = 10 \lg \bar{g} \text{ dB}, \quad (1.185)$$

$$\bar{g} = \frac{1}{T} \Sigma (g_i\, \Delta T_i). \quad (1.186)$$

mit $g_i$ nach Gl. (1.174).

Aus der bereits angeführten Tab. 1.3 (siehe S. 52) lassen sich die $g_i$-Werte ablesen und daraus ihr zeitlicher Mittelwert $\bar{g}$ berechnen. Der gleichen Tabelle kann dann auch $\Delta L_K$ entnommen werden.

Das Beispiel von oben als Testbeispiel:

$$L_0 = 78\ \text{dB};\quad \Delta L_1 = 12\ \text{dB},\quad \Delta L_2 = 2\ \text{dB},\quad \Delta L_3 = 15\ \text{dB},\quad \Delta L_4 = 0\ \text{dB}$$

$$\Delta T_1 = 1\ \text{h},\quad \Delta T_2 = 1\ \text{h},\quad \Delta T_3 = 2\ \text{h},\quad \Delta T_4 = 2\ \text{h}$$

$$g_1 \Delta T_1 = 16 \cdot 3 = 48;\qquad g_2 \Delta T_2 = 1{,}6 \cdot 1 = 1{,}6$$

$$g_3 \cdot \Delta T_3 = 31{,}5 \cdot 2 = 63;\qquad g_4 \Delta T_4 = 1 \cdot 2 = 2$$

$$\bar{g} = \frac{114{,}6}{8} = 14{,}32;\qquad \Delta L_K = 11{,}6\ \text{dB}$$

$$L_{äq} = (78 + 11{,}6)\ \text{dB}$$

$$L_{äq} = 89{,}6\ \text{dB}$$

b) Während einer kurzen Zeit steigt der Pegel rasch auf einen Maximalwert an und fällt ähnlich schnell wieder auf den Ausgangswert zurück. Findet dieser Vorgang während der Meßzeit nur einige Male oder gar nur einmal statt, so wird man die Funktionskurve des Pegels L(t) durch eine flächengleiche Treppenkurve ersetzen (Bild 1.50) und im übrigen gemäß dem Beispiel a) weiter verfahren.

Schwankt jedoch während einer längeren Meßzeit der Pegel sehr oft, so wird zur Ermittlung von $L_{äq}$ ein Klassiergerät eingesetzt. Die Darstellung der Treppenkurve wird dann entweder durch Maximalwertzählung oder durch eine Stichprobenzählung erreicht.

Bei dem meist angewendeten Verfahren der Maximalwertzählung, auch ‚Taktmaximalwert-Speicherverfahren' genannt, werden die Meßzeiten in Takte von 1 ... 5 s Dauer unterteilt (Bild 1.51), und bei jedem Takt der Maximalpegel festgestellt, der einer bestimmten Pegelklasse zugeordnet wird, und die Häufigkeit aufaddiert. Bleibt man bei der energetischen Mittlung, so können die bisherigen Ergebnisse, insbesondere die Beziehung (1.183), übernommen werden. In Gl. (1.183) ist lediglich für $L_0$ die untere Grenze der untersten Pegelklasse (Zählklasse) zu setzen, für $\Delta L_i$ der Abstand der jeweiligen Pegelklassenmitte von $L_0$, für $\Delta T_i$ die Häufigkeiten $N_i$ der Zählungen in den einzelnen Pegelklassen und

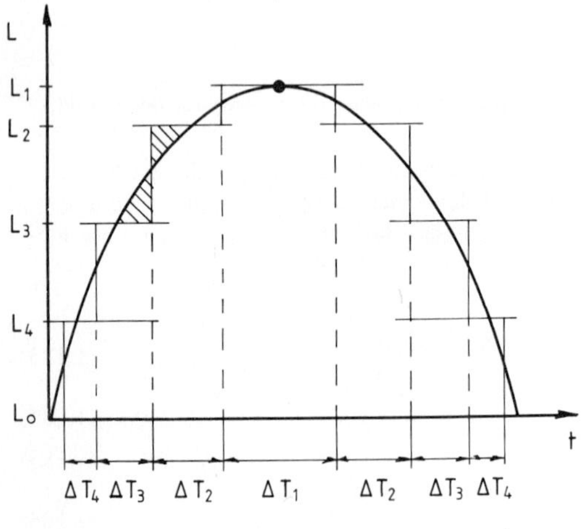


**Bild 1.50** Zeitliche Unterteilung einer Pegelfunktion

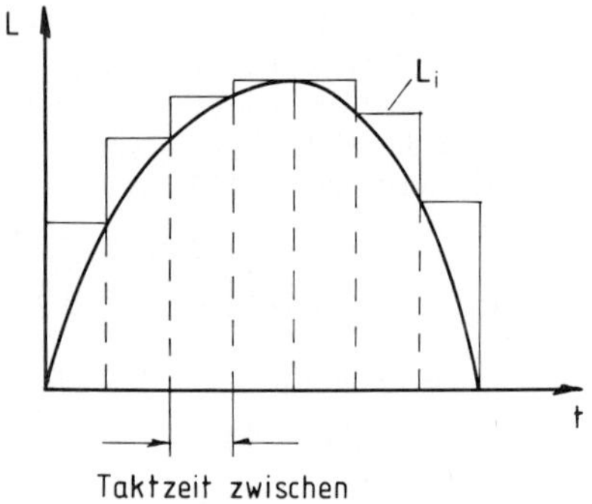


**Bild 1.51** Mittelwertbildung durch Maximalwertzählung

schließlich für T die Gesamtheit N alle Zählungen. Damit kann der energieäquivalente Pegel $L_{T_{äq}}$ des Taktmaximalwertverfahrens wie folgt berechnet werden:

$$L_{T_{äq}} = L_0 + 10 \lg \left[\frac{1}{N} \Sigma\, 10^{\frac{\Delta L_i}{10}} N_i\right] \text{ dB}, \tag{1.187}$$

$$L_{T_{äq}} = L_0 + \Delta L_K, \tag{1.188}$$

$$\Delta L_K = 10 \lg \bar{g}, \tag{1.189}$$

$$\bar{g} = \frac{1}{N} \Sigma\, (g_i N_i). \tag{1.190}$$

mit $g_i$ wiederum nach Gl. (1.174).

Die weitere numerische Berechnung wird durch Tab. 1.4 erleichtert. Sie enthält 12 Pegelklassen mit Breiten von 2,5 und 5 dB und die zugehörigen $g_i$-Werte für die Mittenwerte dieser Klasse, bezogen auf die untere Grenze der Klasse 5 (entspricht $L_0$).

**Tabelle 1.4** g-Werte für die Klassenmitten bei Klassenbreiten von 2,5 und 5,0 dB (A)

| Klassenbreite 2,5 dB | | Klasse | Klassenbreite 5,0 dB | |
|---|---|---|---|---|
| $\Delta L_i$ | $g_i$ | Nr. | $\Delta L_i$ | $g_i$ |
| – 10 ... – 7,5 | 0,13 | 1 | – 20 ... – 15 | 0,018 |
| – 7,5 ... – 5,0 | 0,24 | 2 | – 15 ... – 10 | 0,056 |
| – 5,0 ... – 2,5 | 0,42 | 3 | – 10 ... – 5 | 0,180 |
| – 2,5 ... – 0,0 | 0,75 | 4 | – 5 ... 0 | 0,560 |
| 0,0 ... 2,5 | 1,3 | 5 | 0 ... 5 | 1,8 |
| 2,5 ... 5,0 | 2,4 | 6 | 5 ... 10 | 5,6 |
| 5,0 ... 7,5 | 4,2 | 7 | 10 ... 15 | 18 |
| 7,5 ... 10,0 | 7,5 | 8 | 15 ... 20 | 56 |
| 10,0 ... 12,5 | 13,0 | 9 | 20 ... 25 | 180 |
| 12,5 ... 15,0 | 24,0 | 10 | 25 ... 30 | 560 |
| 15,0 ... 17,5 | 42,0 | 11 | 30 ... 35 | 1800 |
| 17,5 ... 20,0 | 75,0 | 12 | 35 ... 40 | 5600 |

c) Als Anwendungsbeispiel soll der Mittlungspegel $L_{äq}$ der in Bild 1.52 dargestellten, über der Zeit schwankenden Pegel ermittelt werden. In diesem Bild sind die unterste Pegelklasse 5 mit $L_0$ = 85 dB und die Klassen 6 bis 10 eingetragen. Die Klassenbreite beträgt 2,5 dB, die Taktzeit 1 s.

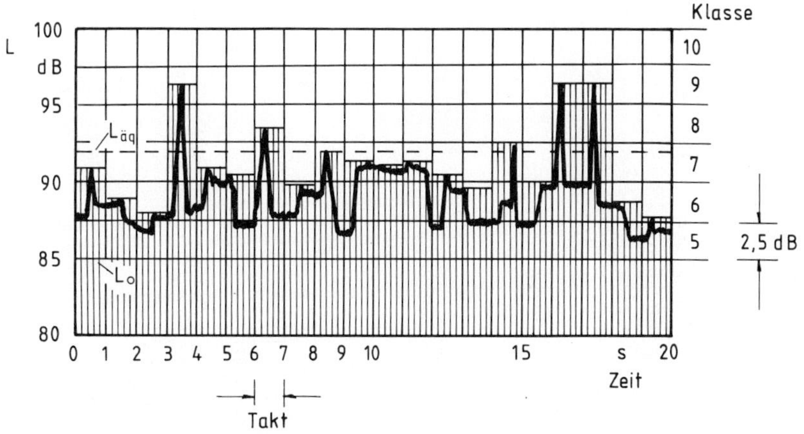


Bild 1.52 Zeitlicher Verlauf eines schwankenden Pegels (Beispiel)

**Tabelle 1.5** Zusammenstellung der Ergebnisse für das Beispiel im Bild 1.52

| Pegelklassen Nr. | $g_i$ | $N_i$ | $g_iN_i$ |
|---|---|---|---|
| 9 | 13 | 3 | 39,0 |
| 8 | 7,5 | 1 | 7,5 |
| 7 | 4,2 | 9 | 37,8 |
| 6 | 2,4 | 7 | 16,8 |
| 5 | 1,3 | 0 | 0 |
| | | N = 20 | 101,1 = $\Sigma (g_iN_i)$ |

$$\bar{g} = \frac{101,1}{20} \cong 5,06$$

$\Delta L_K = 7$ (Aus Tab. 1.3)

Also ist

$$L_{T_{äq}} = 85 + 7 = \underline{\underline{92 \text{ dB}}}$$

Es wird noch darauf hingewiesen, daß geeignete Meßgeräte, Mittelungs- und Pegelstatistikgeräte vorhanden sind, mit deren Hilfe man relativ einfach energieäquivalente Mittelwerte, entsprechend den hier beschriebenen Verfahren, bestimmen kann.

Zum Abschluß der zeitlichen Mittelwertbildung sei noch auf eine Erweiterungsmöglichkeit dieses Begriffes hingewiesen, die sich in dem sog. Halbierungsparameter q ausdrückt. Danach ruft ein Pegel L, der T Sekunden lang wirkt, die gleiche Wirkung hervor, wie der Pegel L + q, der nur $\frac{T}{2}$ Sekunden lang wirkt. Im Falle der Energieäquivalenz beträgt der Halbierungsparameter gerade gleich 3 dB (siehe Gl. (1.180)). Hat also beispielsweise ein Pegel von 60 dB eine Einwirkdauer von 12 s, so kann er bei unveränderter akustischer Wirkung bei 6 s Dauer 63 dB und bis 3 s Dauer 66 dB betragen. Mit q erhält man den allgemeineren zeitlichen Mittelwert [5, 8, 12]:

$$L_{äq_q} = 10 \frac{q}{3} \lg \left[ \frac{1}{T} \Sigma \, 10^{\frac{L_i}{10} \frac{3}{q}} \Delta T_i \right] \text{ dB} \tag{1.191}$$

Für $q > 3$ wird $L_{äq_q} < L_{äq}$,
für $q < 3$ wird $L_{äq_q} > L_{äq}$,
für $q = 3$ ist $L_{äq_q} = L_{äq}$.

# 2 Entstehung und Abstrahlung von Schall

Wie bereits festgestellt, entsteht Schall als Folge von beschleunigten, oszillatorischen Bewegungsabläufen in Verbindung mit Luft, sofern die hierbei angeregten Frequenzen im Hörbereich liegen.

Diese oszillierenden Bewegungen können in gasförmigen, in flüssigen oder festen Medien, speziell in Luft, in Wasser oder in technischen Werkstoffen stattfinden. Der dabei erzeugte Schall, der sog. Primärschall, wird im ersten Fall als Luftschall, im zweiten Fall als Flüssigkeitsschall und im dritten Fall als Körperschall bezeichnet. Häufig wird für Luft- bzw. Flüssigkeitsschall als Primärschall auch der Begriff Strömungs- bzw. Fluidschall verwendet.

Vom Ohr kann das Schallereignis immer nur als Luftschall wahrgenommen werden. Primärflüssigkeits- bzw. -körperschall kann nur gehört werden, wenn er in seiner letzten Phase der Ausbreitung in Luftschall umgesetzt wurde. In diesem Zusammenhang ist es nützlich, die Schallwege vom Ort der Entstehung bis hin zum menschlichen Ohr zu verfolgen (Bild 2.1). Diese Schallausbreitung erfolgt von der Schallquelle aus im wesentlichen auf drei Wegen:

1. Direktschall. Er dringt unmittelbar von der Schallquelle zum menschlichen Ohr und ist stets Luftschall. Meist wird hiervon der Nahbereich der Schallquelle berührt.
2. Reflektierter Schall. Er ist ebenfalls Luftschall, der zunächst an Decken und Wänden, oft mehrere Male, reflektiert wird. Dieser Schall kann tiefer in die Räume hinein wirken.
3. Sekundärschall. Er wird als Luftschall von den angrenzenden Strukturen der Schallquelle, die durch einen gewissen Anteil der zur Schallerzeugung bereitgestellten Energie zu Körperschallschwingungen angeregt wurden, abgestrahlt. Diese Art von Schall kann vor allem in benachbarten Räumen eine größere Rolle spielen.

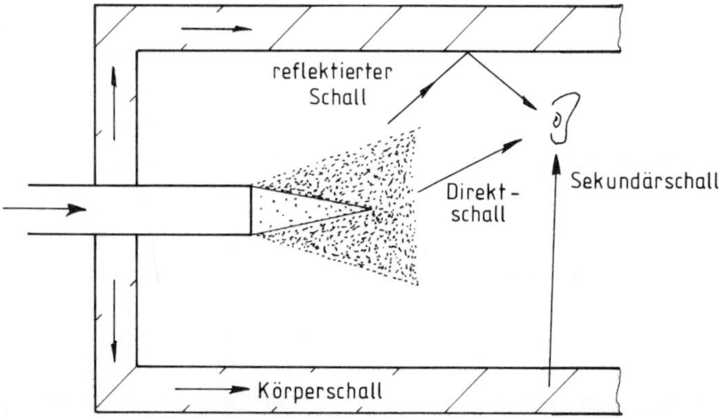


**Bild 2.1**
Schallausbreitung in einem Raum

## 2.1 Schallentstehung bei einfachen Schallsendern

Im folgenden soll am Beispiel leicht durchschaubarer Schallsender, die einfache mechanische Schwingungen ausführen, die Schallentstehung besprochen werden. Die Schallsender stellen einfache Kontinua dar, die zu Eigenschwingungen (stehenden Wellen) angeregt werden können und dann in der umgebenden Luft Schallwellen gleicher Frequenzen erzeugen. Oft sind solche Sender zusammen mit geeigneten Resonanzböden wesentlicher Bestandteil von Musikinstrumenten. Bekannte Beispiele hierfür sind schwingende Saiten, Stäbe, Zungen, Membranen, Platten, Luftsäulen und Sirenen. Eine wichtige Rolle spielen bei allen Schwingungen die Eigenfrequenzen $f_n$, für die im folgenden eine Zusammenstellung gegeben wird.

### 2.1.1 Linienhafte Kontinua (vgl. Tabelle A1)

*2.1.1.1 Schwingende Saiten*

Stehende Transversalwelle schlaffer Körper (Bild 2.2). Hierbei ist:

$$f_n = \frac{n+1}{2l}\sqrt{\frac{\sigma}{\rho}} = \frac{n+1}{2l}\sqrt{\frac{F_V}{A}\frac{1}{\rho}}. \tag{2.1}$$

$F_V$ Vorspannkraft;
$n = 0, 1, 2, 3, \ldots;$
$n = 0$ Grundwelle;
$n = 1, 2, 3, \ldots$ Oberwellen
(1. Harmonische, höhere Harmonische).

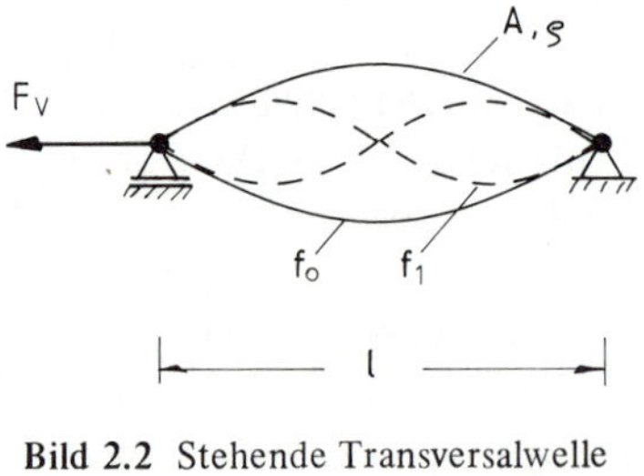


**Bild 2.2** Stehende Transversalwelle

*2.1.1.2 Schwingende Stäbe, Zungen*

α) stehende Dehnwellen (Bild 2.3)

Für die Dehneigenfrequenz $f_{n_D}$ folgt:

Fälle a und c

$$f_{n_D} = \frac{n+1}{2l}\sqrt{\frac{E}{\rho}}. \tag{2.2}$$

Fall b

$$f_{n_D} = \frac{2n+1}{4l}\sqrt{\frac{E}{\rho}} \tag{2.3}$$

$n = 0, 1, 2, 3, \ldots;$
$n = 0$ Grundwelle;
$n = 1, 2, 3, \ldots$ Oberwellen, Harmonische.

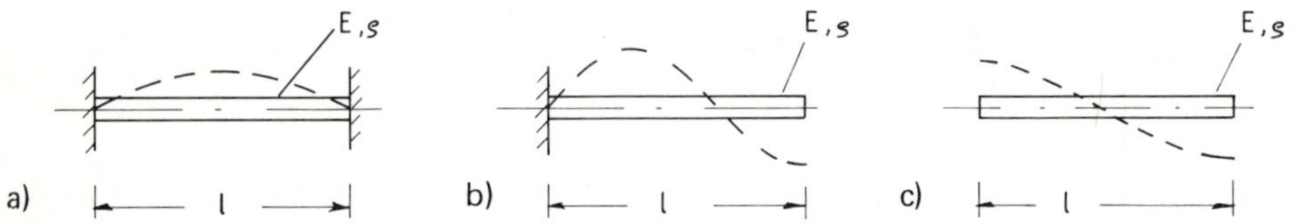


**Bild 2.3** Stehende Dehnwellen bei schwingenden Stäben, a) beidseitig eingespannt, b) einseitig eingespannt, c) beidseitig freie Enden

β) stehende Torsionswellen (Bild 2.4)

Analog zu den stehenden Dehnwellen folgt für die stehende Torsionswelle, speziell an Stäben mit kreisrundem Querschnitt:

Fälle a und c

$$f_{n_T} = \frac{n+1}{2l}\sqrt{\frac{G}{\rho}}. \tag{2.4}$$

Fall b

$$f_{n_T} = \frac{2n+1}{4l}\sqrt{\frac{G}{\rho}}. \tag{2.5}$$

n = 0, 1, 2, 3, ...;
n = 0 Grundwelle;
n = 1, 2, 3, ... Oberwellen, Harmonische.

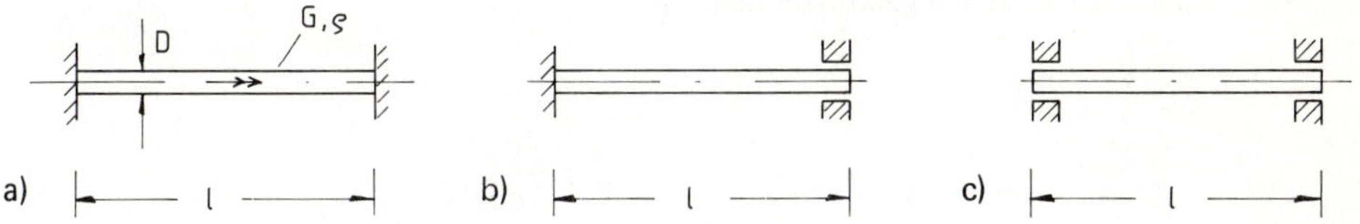


**Bild 2.4** Stehende Torsionswellen bei schwingenden Stäben, a) beidseitig eingespannt, b) ein Ende eingespannt, ein Ende frei, c) beidseitig freie Enden

γ) stehende Biegewellen (Bild 2.5)

Diese Art von Wellen entsteht bei biegesteifen Stäben als stehende Transversalwellen. Die Biegewelleneigenfrequenz $f_{n_B}$ läßt sich ganz allgemein für alle 4 Fälle wie folgt berechnen [1]:

$$f_{n_B} = \frac{\alpha_n^2}{l^2}\,\frac{1}{2\pi}\sqrt{\frac{E\,I_b}{\rho\,A}}. \tag{2.6}$$

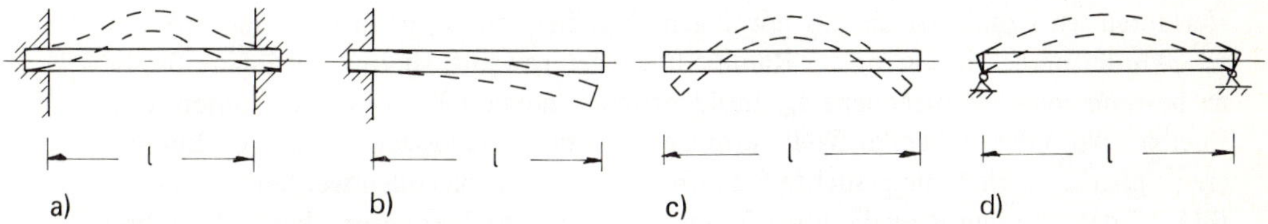


**Bild 2.5** Stehende Biegewellen bei Stäben
a) beidseitig eingespannt, b) einseitig eingespannt, c) beidseitig freie Enden d) beidseitig gelenkige Lagerung

Die $\alpha_n$-Werte, auch Eigenwerte genannt, sind von den Randbedingungen abhängig und können aus der Tabelle 2.1 entnommen werden. Man erkennt noch, daß im Falle stehender Transversalwellen biegesteifer Strukturen die Oberwellen nicht mehr harmonisch sind, mit Ausnahme der beidseitig gelenkigen Lagerung.

**Tabelle 2.1** $\alpha_n$-Werte in den Fällen a bis d (Bild 2.5) für die Grundwelle und drei Oberwellen

| $\alpha_n$ | Fälle a) und c) | Fall b) | Fall d) $\alpha_n = (n + 1)\,\pi$ | |
|---|---|---|---|---|
| $\alpha_0$ | 4,730 | 1,875 | $\pi$ | Grundwelle |
| $\alpha_1$ | 7,853 | 4,694 | $2\pi$ | Oberwellen |
| $\alpha_2$ | 10,996 | 7,855 | $3\pi$ | Oberwellen |
| $\alpha_3$ | 14,137 | 10,996 | $4\pi$ | Oberwellen |

$n = 0, 1, 2, 3 \ldots$

*2.1.1.3 Schwingende Ringe, Rohre*

$\alpha$) Dehnwellen (Bild 2.6)

Charakteristisch für die stehende Dehnwelle in einem Ring ist die sogenannte Ringdehnfrequenz. Eine solche Eigenfrequenz stellt sich dann ein, wenn der Ringumfang eines geschlossenen Ringes gerade einer Wellenlänge $\lambda_{D_e}$ der Dehnwelle entspricht. Mit $\lambda_{D_e} = c_{D_e}/f_R$ folgt für die Ringdehnfrequenz $f_R$:

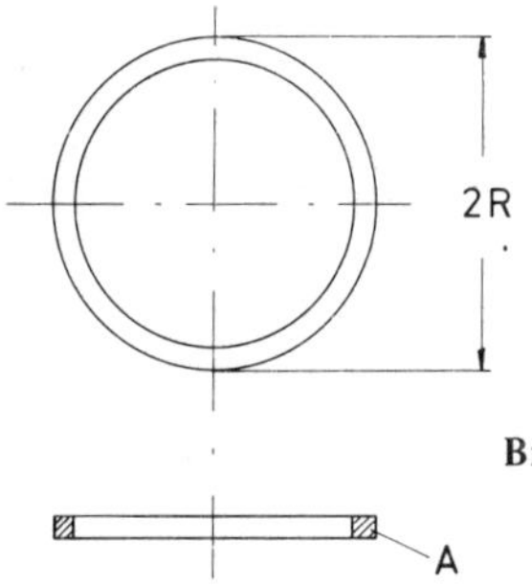


**Bild 2.6** Kreisring

$$f_R = \frac{c_{D_e}}{2\pi R}, \tag{2.7}$$

$$c_{D_e} = \sqrt{E/\rho} \quad \text{für Ringe,}$$

$$c_{D_e} = \sqrt{\frac{E}{\rho(1-\mu^2)}} \quad \text{für Rohre.}$$

Die Ringdehnfrequenz $f_R$ spielt im Zusammenhang mit dem Problem der Dämmung der Rohrwand eine wichtige Rolle.

$\beta$) Biegewellen

Die Ermittlung der Eigenfrequenzen stehender Biegewellen an Kreisringen (in Ringebene) läßt sich in guter Näherung mit dem Verfahren von Rayleigh durchführen. Bei diesem Verfahren wird zunächst die zur jeweiligen Eigenfrequenz $f_n$ gehörige Eigenfunktion $y_n(\varphi)$ unter Berücksichtigung der Randbedingungen gewählt. Hiermit wird dann für die zu bestimmende Eigenfrequenz $f_n$ die kinetische Energie ($W_{K_n}$) bzw. die potentielle Energie ($W_{P_n}$) der stehenden Welle ermittelt. Durch Gleichsetzen der beiden Energien erhält man schließlich die gesuchte Eigenfrequenz $f_n$. Im folgenden werden für den in Bild 2.7 dargestellten Ring die Eigenfrequenzen nach dem hier besprochenen Verfahren berechnet.

Für die Eigenfunktion $y_n(\varphi)$, zugehörig zu den Eigenfrequenzen, wird entsprechend den Schwingungsformen in Bild 2.7 in erster Näherung folgende Cosinus-Funktion gewählt

$$y_n(\varphi) = \hat{y}_n \cos(2(n+1)\,\varphi). \tag{2.8}$$

$n = 0$ Grundwelle;

$n = 1, 2, \ldots$ Oberwellen;

$\hat{y}_n$ Amplitude der n-ten Eigenfunktion.

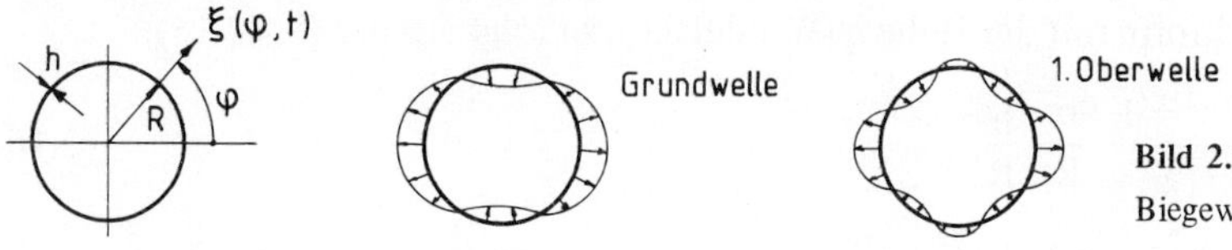


**Bild 2.7**
Biegewellen des Kreisringes

Mit Hilfe des Bernoulli-Ansatzes ergibt sich für die Verschiebung $\xi_n(\varphi, t)$:

$$\xi_n(\varphi, t) = y_n(\varphi) \sin(\omega_n t). \tag{2.9}$$

$\xi_n(\varphi, t)$ Verschiebung zur Zeit t und an der Stelle $\varphi$ für die n-te Eigenfrequenz;
$\omega_n = 2\pi f_n$ n-te Eigenkreisfrequenz.

Die kinetische bzw. potentielle Energie der stehenden Welle bei der n-ten Eigenfrequenz eines biegesteifen Ringes nach Bild 2.7 bei Vernachlässigung der Reibung lassen sich in guter Näherung wie folgt berechnen [2, 3]:

$$W_{K_n} = \frac{1}{2} \int_m \dot{\xi}^2_{n_{max}} \, dm = \frac{1}{2} \rho A R \int_0^{2\pi} \dot{\xi}^2_{n_{max}} \, d\varphi, \tag{2.10}$$

$$W_{P_n} = \frac{1}{2} \int_0^{2\pi} \frac{M^2_{b_n}}{E I_b} R \, d\varphi, \tag{2.11}$$

$$M_{b_n} = \left[ \frac{\partial^2 y_n(\varphi)}{\partial \varphi^2} + y_n(\varphi) \right] \frac{E I_b}{R^2}. \tag{2.12}$$

Mit der Gl. (2.9) ergibt sich für die kinetische Energie der n-ten Eigenfrequenz

$$W_{K_n} = \frac{1}{2} \rho A R \omega_n^2 \int_0^{2\pi} y_n^2(\varphi) \, d\varphi. \tag{2.13}$$

Mit den Gln. (2.8) und (2.12) folgt aus Gl. (2.11):

$$W_{P_n} = \frac{1}{2} \frac{[-4(n+1)^2 + 1]^2}{R^3} E I_b \int_0^{2\pi} y_n^2(\varphi) \, d\varphi. \tag{2.14}$$

Durch Gleichsetzen von $W_{K_n}$ und $W_{P_n}$ gewinnt man eine Beziehung für die Eigenfrequenzen $f_n = \omega_n / 2\pi$:

$$f_n = \frac{4(n+1)^2 - 1}{2\pi} \frac{c_{D_e}}{R} \frac{i_B}{R}. \tag{2.15}$$

n = 0 Grundwelle;
n = 1, 2, 3, … Oberwellen;
$c_{D_e} = \sqrt{E/\rho}$ Dehnwellengeschwindigkeit für Ringe;
$c_{D_e} = \sqrt{E/\rho \cdot (1 - \mu^2)}$ Dehnwellengeschwindigkeit für Rohre;
$i_B = \sqrt{I_b/A}$ Trägheitsradius des Ring- bzw. Rohrquerschnittes.

Besitzt A Rechteckform mit der Höhe h (Wanddicke), so folgt aus der Gl. (2.15):

$$f_n = \frac{4(n+1)^2 - 1}{2\pi\sqrt{12}} \frac{c_{D_e}}{R} \frac{h}{R}. \tag{2.16}$$

Wie aus den Gln. (2.15) und (2.16) leicht zu erkennen ist, sind die stehenden Transversalwellen biegesteifer Ringe und Rohre, ähnlich wie bei den eingespannten Stäben, nicht mehr harmonisch.

### *2.1.1.4 Schwingende Gassäulen (Flüssigkeitssäulen)*

Es handelt sich hierbei um die sog. stehenden Hohlraumwellen. Das sind Gas- oder Flüssigkeitsschwingungen in Rohren mit verhältnismäßig starren Wänden (Bild 2.8). Aus der Gl. (1.22) folgt für die stehende Welle

$$f_n = \frac{c}{\lambda_n}. \tag{2.17}$$

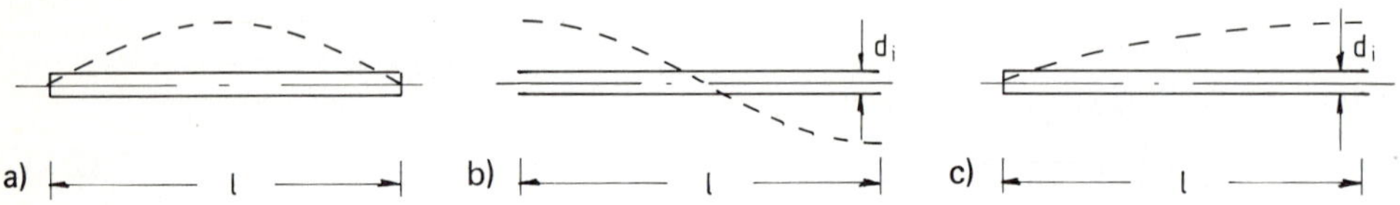


**Bild 2.8** Schwingende Gassäule, a) beidseitig harter Abschluß, b) beidseitig weicher Abschluß, c) je ein harter und ein weicher Abschluß

Hierin bedeutet $\lambda_n$ die den Randbedingungen angepaßte Wellenlänge der stehenden Welle und c die Schallgeschwindigkeit des Mediums. Die Frequenzen bzw. Wellenlängen der stehenden Wellen lassen sich dann für verschiedene Randbedingungen wie folgt berechnen:

Fall a

$$\lambda_n = \frac{2l}{n+1}, \qquad f_n = \frac{n+1}{2l} c. \tag{2.18}$$

Fall b

$$\lambda_n = \frac{2l^*}{n+1}, \qquad f_n = \frac{n+1}{2l^*} c, \qquad l^* \approx l + 0{,}8\, d_i. \tag{2.19}$$

Fall c

$$\lambda_n = \frac{4l^*}{2(n+1)-1},$$

$$f_n = \frac{2(n+1)-1}{4l^*}\,c, \tag{2.20}$$

$$l^* \approx l + 0{,}4 \cdot d_i.$$

n = 0 Grundwelle;
n = 1, 2, 3, ... Oberwellen, Harmonische.

Bei den offenen Rohren ist die wirksame Länge $l^*$ um die Mündungskorrektur länger als die tatsächliche Länge des Rohres. Hierbei wird das Mitschwingen der Luft an der Mündung berücksichtigt [4].

### 2.1.2 Flächenhafte Kontinua

#### *2.1.2.1 Schwingende Membranen*

Es handelt sich um stehende Wellen an dünnen, vollkommen schlaffen Häuten, die allseitig und gleichmäßig unter der Membranspannung $\sigma$ gespannt sind. Das Problem stellt somit das zweidimensionale Gegenstück zu den schwingenden Saiten dar (s. Abschnitt 2.1.1). Demnach muß die partielle Differentialgleichung zweiter Ordnung in x und t für schwingende Saiten

$$\frac{\partial^2 \xi}{\partial x^2} = \frac{1}{c^2} \cdot \frac{\partial^2 \xi}{\partial t^2} \tag{2.21}$$

in eine partielle Differentialgleichung in x, y und t umgeschrieben werden. Dies gelingt, indem man die partielle Ableitung $\partial^2 \xi/\partial x^2$ durch den Laplace-Operator $\Delta\xi$ ersetzt. Man erhält dann:

$$\Delta\xi = \frac{\partial^2 \xi}{\partial x^2} + \frac{\partial^2 \xi}{\partial y^2} = \frac{1}{c^2} \cdot \frac{\partial^2 \xi}{\partial t^2} \tag{2.22}$$

mit

$\xi$ Verschiebung senkrecht zur Ebene der Membran;

$$c = \sqrt{\frac{\sigma}{\rho}}. \tag{2.23}$$

Für den wichtigen Sonderfall der kreisförmigen Membrane (Bild 2.9) wird der Laplace-Operator $\Delta\xi$ in Polarkoordinaten r und $\varphi$ dargestellt. Man erhält:

$$\frac{\partial^2 \xi}{\partial r^2} + \frac{1}{r}\frac{\partial^2 \xi}{\partial \varphi^2} + \frac{1}{r}\frac{\partial \xi}{\partial r} = \frac{1}{c^2}\frac{\partial^2 \xi}{\partial t^2}. \tag{2.24}$$

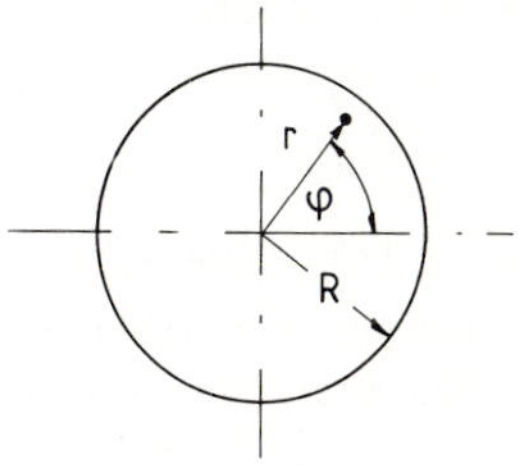


Bild 2.9 Kreisförmige Membran

Die Lösung dieser Differentialgleichung $\xi = \xi(r, \varphi, t)$ gelingt durch den Bernoulli-Ansatz $\xi = \psi(r, \varphi) \cdot \sin \omega t$.

Beschränkt man sich des weiteren auf vollständige Kreissymmetrie und läßt $\xi$ unabhängig von $\varphi$, so folgt aus Gl. (2.24):

$$\frac{d^2 \psi(r)}{dr^2} + \frac{1}{r} \frac{d\psi(r)}{dr} + \frac{\omega^2}{\sigma/\rho} \psi(r) = 0, \tag{2.25}$$

also eine gewöhnliche und homogene Differentialgleichung für $\psi(r)$, mit den homogenen Randbedingungen $\psi(R) = 0$, $\psi'(0) = 0$ und $\psi(0)$ = endlich. Mit Hilfe dieser Randbedingungen läßt sich die Lösung dieser Differentialgleichung durch die Zylinderfunktionen $J_n$ angeben [1, 8]

$$\psi(r) = A \cdot J_n(r).$$

Die Erfüllung der zweiten Randbedingung $\psi(R) = 0$ liefert für kreisförmige Knotenlinien die Eigenwerte der Schwingungen kreisförmiger Membranen (Bild 2.10). Diese Frequenzen $f_{0,m}$ sind proportional den Nullstellen $\gamma_{0,m}$ der Besselschen Funktionen $J_0(r)$.

$$f_{0,m} = \frac{\gamma_{0,m}}{2\pi} \frac{1}{R} \sqrt{\frac{\sigma}{\rho}}. \tag{2.26}$$

m = 0, 1, 2, 3, ... stellt auch die Anzahl der kreisförmigen Knotenlinien auf der Membrane dar.

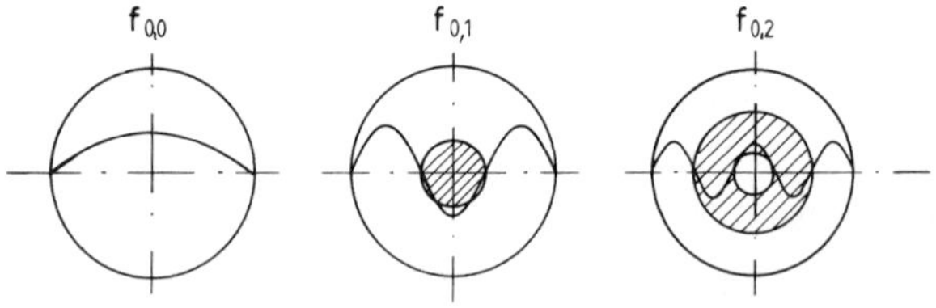


**Bild 2.10**
Kreisförmige Membranen (Die Knotenlinien sind konzentrische Kreise)

Eine andere Gruppe von Eigenfunktionen gewinnt man, wenn gewisse Radien zu Knotenlinien werden (Bild 2.11). $\psi$ ist jetzt eine Funktion von r und $\varphi$. Die Lösung dieses Problems führt ebenfalls zur Zylinderfunktion $J_n(r)$. Die Eigenfrequenzen $f_{n,0}$ entsprechen der ersten Nullstelle $\gamma_{n,0}$ aller Zylinderfunktionen $J_n(r)$

$$f_{n,0} = \frac{\gamma_{n,0}}{2\pi} \frac{1}{R} \sqrt{\frac{\sigma}{\rho}}. \tag{2.27}$$

n = 0, 1, 2, 3 ... gibt auch die Anzahl der gradlinigen Knotenlinien an.

Schließlich stellen Eigenfunktionen $\psi = (r, \varphi)$, bei denen sowohl kreisförmige als auch gradlinige Knotenlinien auftreten, ganz allgemeine Lösungen dar:

$$f_{n,m} = \frac{\gamma_{n,m}}{2\pi} \frac{1}{R} \sqrt{\frac{\sigma}{\rho}}. \tag{2.28}$$

Hierbei sind n = 0, 1, 2, 3, ... die Anzahl der gradlinigen und m = 0, 1, 2, 3, ... die Anzahl der kreisförmigen Knotenlinien (Bild 2.11 a). Die Koeffizienten $\gamma_{n,m}$ sind aus der Tabelle 2.2 zu entnehmen. Wie daraus leicht zu erkennen ist, sind die Oberwellen nicht harmonisch.

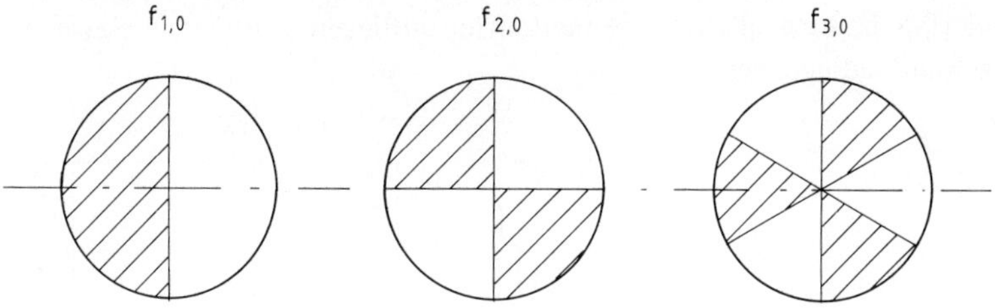


**Bild 2.11** Kreisförmige Membranen (Die Knotenlinien sind Geraden durch den Mittelpunkt)

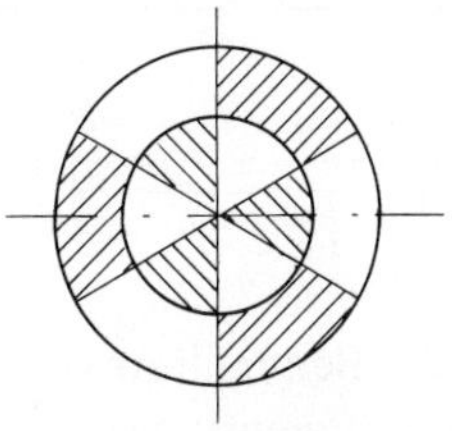

**Bild 2.11a**
Kreisförmige Membran mit einer kreisförmigen und drei gradlinien Knotenlinien ($\gamma_{31} = 9{,}76$)

**Tabelle 2.2** Nullstellen $\gamma_{n,m}$ der Besselfunktionen $J_n$

| m \ $J_n$ | $J_0 = 0$ | $J_1 = 0$ | $J_2 = 0$ | $J_3 = 0$ | |
|---|---|---|---|---|---|
| 0 | 2,40 | 3,83 | 5,14 | 6,38 | } $f_{n,0}$ |
| 1 | 5,52 | 7,02 | 8,42 | 9,76 | |
| 2 | 8,65 | 10,17 | 11,62 | 13,02 | |
| 3 | 11,79 | 13,32 | 14,80 | 16,22 | |
| | $f_{0,m}$ | | | | |

### *2.1.2.2 Schwingende Platten*

Es handelt sich um stehende Biegewellen an verhältnismäßig dünnen, aber biegesteifen Platten mit der konstanten Biegesteifigkeit B′. Das Problem stellt jetzt das zweidimensionale Gegenstück zu den schwingenden Biegestäben dar. Es muß auch hier die partielle Differentialgleichung 4. Ordnung in x und t der schwingenden Biegestäbe [5]

$$E \cdot J_b \cdot \frac{\partial^4 \xi}{\partial x^4} + m' \cdot \frac{\partial^2 \xi}{\partial t^2} = 0 \tag{2.29}$$

in eine partielle Differentialgleichung in x, y und t umgeschrieben werden. Dies gelingt, indem man die partielle Ableitung $\partial^4 \xi / \partial x^4$ durch den doppelten Laplace-Operator $\Delta\Delta\xi$ ersetzt. Man erhält dann sinngemäß als maßgebende Differentialgleichung für die Plattenschwingungen

$$B' \Delta\Delta\xi + m'' \frac{\partial^2 \xi}{\partial t^2} = 0. \tag{2.30}$$

Hierbei ist $m'' = \rho \cdot h$ die Massenbelegung und B′ die Biegesteifigkeit der Platte.

$$B' = \frac{E}{1-\mu^2} \frac{h^3}{12}. \tag{2.31}$$

Ein wichtiger Sonderfall ist eine allseitig momentenfrei aufliegende Rechteckplatte (Bild 2.12) mit den Randbedingungen:

$\xi = 0$ für $x = 0$; $y = 0$
$x = l_x$; $y = l_y$.

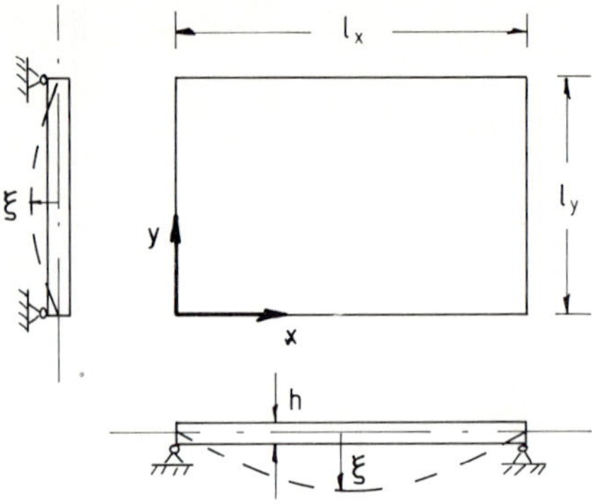


**Bild 2.12**
Schwingende Platte, momentenfrei aufliegend

Für die Lösung der partiellen Differentialgleichung wird wiederum der Bernoulli-Ansatz $\xi = \psi(x, y) \cdot \sin \omega t$ angewendet. Durch Einsetzen erhält man eine Differentialgleichung nur noch für die Eigenfunktionen $\psi(x, y)$.

$$\Delta\Delta\psi(x, y) - \frac{m''\omega^2}{B'} \psi(x, y) = 0. \tag{2.33}$$

Sie wird durch den Ansatz [5]

$$\psi_n = K_n \sin\left[(n_1 + 1)\pi \frac{x}{l_x}\right] \cdot \sin\left[(n_2 + 1)\pi \frac{y}{l_y}\right] \tag{2.34}$$

befriedigt, der auch gleichzeitig die Randbedingungen erfüllt. Durch Einsetzen in die Differentialgleichung (2.33) erhält man dann eine Bedingungsgleichung für die Eigenwerte. Die Eigenkreisfrequenz $\omega_n$ bzw. Eigenfrequenz $f_n$ einer Rechteckplatte nach Bild 2.12 lassen sich wie folgt berechnen:

$$\omega_n = \sqrt{\frac{B'}{m''}} \left[\left(\frac{(n_1 + 1)\pi}{l_x}\right)^2 + \left(\frac{(n_2 + 1)\pi}{l_y}\right)^2\right], \tag{2.35}$$

$$f_n = \frac{\pi}{2} \sqrt{\frac{B'}{m''}} \left[\left(\frac{n_1 + 1}{l_x}\right)^2 + \left(\frac{n_2 + 1}{l_y}\right)^2\right]. \tag{2.36}$$

$n_1, n_2 = 0$ Grundschwingung;
$n_1, n_2 = 1, 2, 3, \ldots$ Oberschwingungen (nicht harmonisch).

Für den Fall der allseitig eingespannten Rechteckplatte (Bild 2.13) ist der Rechenaufwand wesentlich größer. Es werden daher ohne Nachweis die ersten zwei Eigenfrequenzen angegeben [6]:

$$f_1 = 1{,}57 \cdot \sqrt{\frac{B'}{m''}} \frac{1}{l_x^2} \sqrt{5{,}14 + 3{,}13 \left(\frac{l_x}{l_y}\right)^2 + 5{,}14 \left(\frac{l_x}{l_y}\right)^4},$$

$$f_2 = 1{,}57 \cdot \sqrt{\frac{B'}{m''}} \cdot \frac{1}{l_x^2} \cdot \sqrt{39{,}06 + 11{,}65 \left(\frac{l_x}{l_y}\right)^2 + 5{,}14 \left(\frac{l_x}{l_y}\right)^4}, \tag{2.37}$$

$l_x \geqq l_y$.

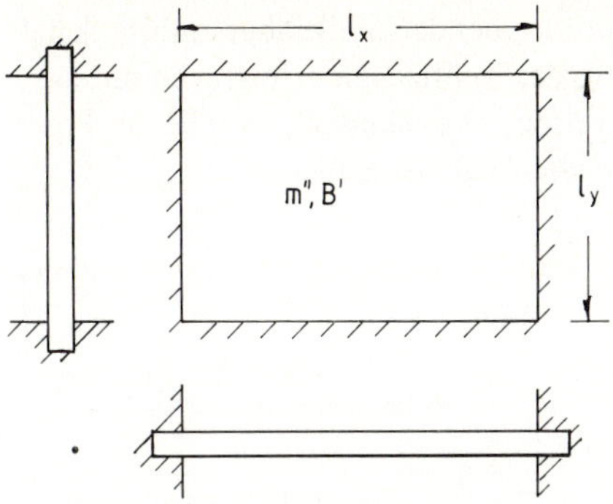


Bild 2.13
Schwingende Platte, rundum fest eingespannt

## 2.2 Abstrahlung von Körperschall, Abstrahlgrad

In welchem Umfang und in welcher Stärke nunmehr die mit den Schnelleamplituden $\hat{v}_s$ schwingenden Saiten, Stäbe, Zungen, Membranen, Platten, Wände auch Schall in die umgebende Luft abstrahlen, bedarf einer weiteren Untersuchung. Hierzu muß man sich grundsätzlich mit dem Mechanismus der Schallabstrahlung auseinandersetzen und den Zusammenhang zwischen den Körperschallschwingungen und der abgestrahlten Schallleistung (Abstrahlung von Körperschall) herstellen.

Im einfachsten Falle besitzt die Intensität (s. Gl. (1.125)) der Abstrahlung die Größe $I_s = \tilde{v}_s^2 \cdot Z$, wobei $\tilde{v}_s^2$ das Quadrat des Effektivwertes der Schnelle der abstrahlenden Fläche senkrecht zu ihrer Oberfläche und gleich dem Quadrat des Effektivwertes der Schnelle der angrenzenden Luft und Z deren Schallkennimpedanz ist. Dies setzt voraus, daß Schalldruck und Schnelle in Phase sind. Ein solcher Zustand stellt sich beispielsweise bei einer oszillierenden, ebenen und nicht verformbaren Fläche $A_Q$ ein, deren Abmessungen wesentlich größer als die indizierten Schallwellenlängen sind. Alle Flächenteile schwingen konphas mit der gleichen effektiven Schnelle $\tilde{v}_Q$. Die abgestrahlte Schalleistung dieser Fläche ist dann

$$P_Q = \tilde{v}_Q^2 \, Z A_Q. \tag{2.38}$$

In den meisten Fällen ist die abgestrahlte Schalleistung $P_S$ einer schwingenden Fläche $A_Q$ kleiner als die Größe nach der Gl. (2.38). $P_S$ läßt sich dann wie folgt angeben [5]:

$$P_S = \overline{v_Q^2} \, Z A_Q \sigma, \tag{2.39}$$

$$\overline{v_Q^2} = \frac{1}{A_Q} \int\limits_{A_Q} \tilde{v}^2 \, dA = \frac{1}{A_Q} \sum_{i=1}^{n} \tilde{v}_i^2 \, \Delta A_i. \tag{2.40}$$

Hierin sind:

$\tilde{v}^2$ Quadrat des Effektivwertes auf dem Flächenelement dA,

$\tilde{v}_i^2$ Quadrat des Effektivwertes als Mittelwert für die Teilfläche $\Delta A_i$,

$A_Q$ Gesamtfläche der schallabstrahlenden Körper,

$\overline{v_Q^2}$ mittleres Quadrat des Effektivwertes der Schnelle auf der abstrahlenden Fläche $A_Q$,

$\sigma$ der sog. Abstrahlgrad der Fläche $A_Q$.

Bei größeren Strukturen (größeren Maschinengehäusen), bei denen die abgestrahlte Schallleistung in erster Linie durch die Schallabstrahlung der Teilflächen erfolgt, die unterschiedliches Abstrahlverhalten (Abstrahlgrad) aufweisen, ist es sinnvoll, anstelle des Produktes $\overline{v_Q^2} \cdot \sigma$ den Mittelwert ihres Produktes $\overline{v_Q^2 \cdot \sigma}$ wie folgt anzugeben:

$$\overline{v_Q^2 \sigma} = \frac{1}{A_Q} \int_{A_Q} \tilde{v}^2 \sigma \, dA = \frac{1}{A_Q} \sum_{i=1}^{n} \tilde{v}_i^2 \sigma_i \Delta A_i. \tag{2.41}$$

Für die abgestrahlte Schalleistung ergibt sich dann:

$$P_S = \overline{v_Q^2 \sigma} Z A_Q = Z \sum_{i=1}^{n} \tilde{v}_i^2 \sigma_i \Delta A_i. \tag{2.42}$$

$\sigma_i$ Abstrahlgrad der Teilfläche $\Delta A_i$.

Ist $\sigma = 1$ (volle Abstrahlung), so strahlt die Fläche $A_Q$ so viel Schall ab wie eine konphas schwingende Platte gleicher Größe mit einer gleichmäßig verteilten Schnelle $\tilde{v}_Q = \sqrt{\overline{v_Q^2}}$. Bei verschwindender Abstrahlung geht $\sigma \to 0$.

Der Abstrahlgrad $\sigma$ wird üblicherweise logarithmisch dargestellt. Er geht dann über in das sogenannte Abstrahlmaß $\sigma'$.

$$\sigma' = 10 \lg \sigma \quad \text{dB} \tag{2.43}$$

Dann entspricht $\sigma = 1$ einem $\sigma' = 0$ und $\sigma = 0$ einem $\sigma' = -\infty$. Dieses Abstrahlmaß $\sigma'$ findet vor allem seine Anwendung, wenn man die abgestrahlte Schalleistung $P_S$ als Schallleistungspegel (s. Gl. (1.164)) angibt. Mit der Gl. (2.39) folgt dann für den Schalleistungspegel der Abstrahlung:

$$L_W = L_v + 10 \lg \frac{A_Q}{A_0} + \sigma' - K_0 \quad \text{dB}, \tag{2.44}$$

$$L_v = 10 \lg \frac{\overline{v_Q^2}}{v_0^2} \quad \text{dB}. \tag{2.45}$$

Hierin sind:

| | | |
|---|---|---|
| $A_0 = 1\ \text{m}^2$ | | Bezugsfläche, |
| $K_0 = -10 \lg \frac{Z}{Z_0}$ | dB | Korrekturglied (s. Gl. (1.157)), und für Luft Gl. (1.161), |
| $v_0 = 5 \cdot 10^{-8}\ \frac{\text{m}}{\text{s}}$ | | Bezugsschnelle. |

Ersetzt man den Schnellepegel durch den Beschleunigungspegel $L_a$:

$$L_a = 10 \lg \frac{\overline{a_Q^2}}{a_0^2} = L_v - 20 \lg \frac{a_0}{v_0 \omega} \quad \text{dB}, \tag{2.46}$$

$a_0$ Bezugsbeschleunigung (beliebig wählbar), üblicherweise wird $a_0 = 10^{-3}\ \text{m/s}^2$ bzw. $a_0 = 10^{-4}\ g$ ($g = 9{,}81\ \text{m/s}^2$) gewählt, so folgt aus Gl. (2.44):

$$L_W = L_a + 10 \lg \frac{A_Q}{A_0} + \sigma' + 20 \lg \frac{a_0}{v_0 \omega} - K_0 \quad \text{dB}. \tag{2.47}$$

Beide Beziehungen für $L_W$ (Gln. (2.44) und (2.47)) sind in Frequenzbändern anzugeben. Hierbei ist vor allem auf die Frequenzabhängigkeit von $\sigma$ bzw. $\sigma'$ zu achten. Die Beziehungen sind auch geeignet, bei bekanntem $L_W$ das Abstrahlmaß $\sigma'$ zu ermitteln.

$$\sigma' = L_W - L_v - 10 \lg \frac{A_Q}{A_0} + K_0 \quad \text{dB}, \tag{2.48}$$

$$\sigma' = L_W - L_a - 10 \lg \frac{A_Q}{A_0} + K_0 - 20 \lg \frac{a_0}{v_0 \omega}. \tag{2.49}$$

Die für die Schallabstrahlung maßgebliche Körperschallschnelle $\tilde{v}_Q$ läßt sich verhältnismäßig einfach messen. Man mißt hierzu vorzugsweise die Körperschallbeschleunigung $a_Q$, deren Messung in der modernen Meßtechnik besonders gut entwickelt ist. Durch elektrische Integration gewinnt man die Körperschallschnelle $v_Q$ und, falls erforderlich, durch einen weiteren Integrationsschritt auch den Schwingweg $x_Q$. Letzterer ist direkt verknüpft mit der Beanspruchung der Struktur infolge Körperschalleinwirkung. Den Effektivwert der Körperschallschnelle $\tilde{v}_Q$ erhält man anschließend mit Hilfe eines Effektivwert-Detektors (siehe Bild 1.31). Es lassen sich natürlich auch die Frequenzspektren der drei genannten Meßgrößen darstellen. Sehr nützlich ist es, dabei zu verfolgen, wie die Frequenzspektren, z.B. die Oktavspektren, durch die Integrationsschritte beeinflußt werden. Da bei der Integration einer harmonischen Zeitfunktion im Nenner die Frequenz erscheint, wird mit jedem Integrationsschritt im Frequenzspektrum der Einfluß höherer Frequenzanteile herabgesetzt.

Geht man daher von dem durch Messung ermittelten Beschleunigungsspektrum des Körperschalles aus, so folgt daraus, daß im Spektrum des abgestrahlten Luftschalls (ohne Berücksichtigung von $\sigma$) und erst recht im Spektrum der Strukturbeanspruchung (Schwingwege) die tieferen Frequenzbereiche hervorgehoben werden. Drückt man alles in Pegeln aus, so läßt sich zeigen, daß bei Halbierung bzw. Verdoppelung der Frequenz, also bei einem Oktavschritt, folgendes gilt:

$$\Delta L_{v_{Okt}} = \Delta L_{a_{Okt}} \pm 6 \quad \text{dB}, \tag{2.50}$$

$$\Delta L_{x_{Okt}} = \Delta L_{a_{Okt}} \pm 12 \quad \text{dB}. \tag{2.51}$$

Hierbei bedeuten: $\Delta L_{a_{Okt}}$, $\Delta L_{v_{Okt}}$, $\Delta L_{x_{Okt}}$ die jeweilige Änderung der Beschleunigungs-, Schnelle- und Wegpegel bei einem Oktavschritt. Das Vorzeichen (+) gilt für den Übergang zu niedrigeren und (−) zu höheren Oktaven.

Nimmt man einen im logarithmischen Frequenzspektrum konstanten Beschleunigungspegel an ($\Delta L_a = 0$), so kann $L_{v_{Okt}}$ bzw. $L_{x_{Okt}}$ relativ einfach mit Hilfe des in Bild 2.14 dargestellten Diagramms berechnet werden.

Zum besseren Verständnis des Abstrahlverhaltens (Abstrahlgrad) werden im folgenden einige idealisierte Strahler, sog. Elementarstrahler, behandelt und die von ihnen abgestrahlte Schalleistung $P_S$ einschließlich des zugehörigen Abstrahlgrads ermittelt. Hierbei wird vorausgesetzt, daß der Effektivwert der Schnelle $\tilde{v}_S$ des Strahlers bekannt ist.

### 2.2.1 Kugelstrahler 0-ter Ordnung

Die Schallquelle besitzt eine gedrungene, kompakte Konfiguration mit verhältnismäßig dicken Wänden. Ihr Volumen werde im Wechsel (konphas) größer und kleiner, wie etwa

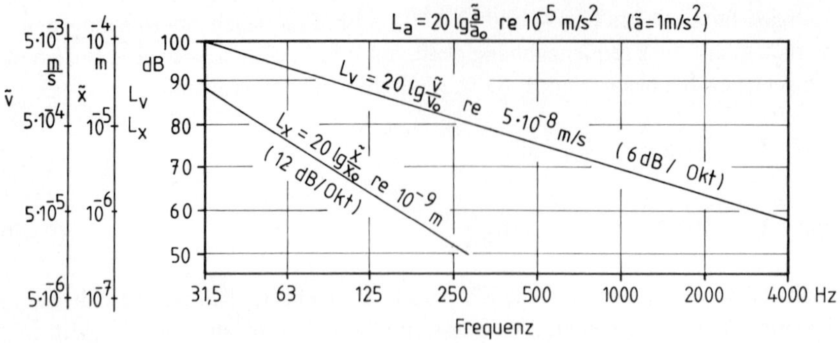


**Bild 2.14** Frequenzgang der Schnelle- und Wegpegel bei konstantem Beschleunigungspegel

bei einem Verbrennungsmotor. Im Idealfall ist es der Kugelstrahler 0-ter Ordnung, der einfachste Elementarstrahler. Bei ihm pulsiert die Oberfläche einer Kugel konphas nach außen und innen mit der Körperschallschnelle $v_S$. Der Volumenmittelpunkt M behält seine Lage bei. Der Strahler sendet in das umgebende Medium, z.B. Luft, aus Gründen der Symmetrie ideale Kugelwellen ohne irgendeine Richtcharakteristik (Bild 2.15) aus, mit dem Wechseldruck p und der Schnelle v nach den Gln. (1.36) und (1.37).

Setzt man in der Gl. (1.37) $r = d_0/2$, so ergibt sich für die Amplitude $\hat{\phi}'$:

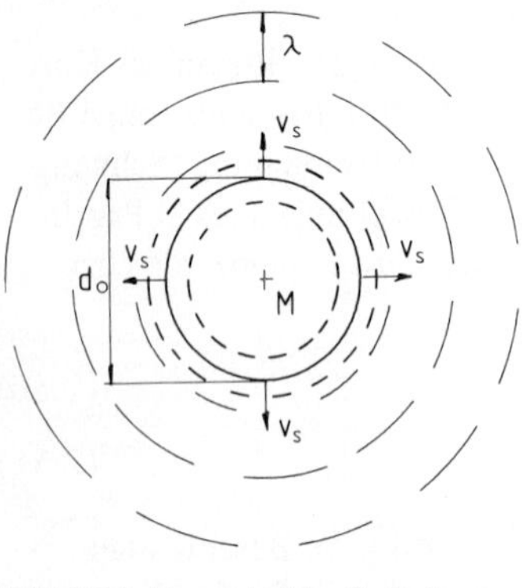


$$\hat{\phi}' = \hat{v}_S \frac{d_0^2}{4} \frac{1}{1 + j\frac{\pi d_0}{\lambda}} \cdot e^{+\frac{j k d_0}{2}}. \tag{2.52}$$

$k = \frac{2\pi}{\lambda}$ Wellenzahl des abgestrahlten Schalls bei der zugehörigen Wellenlänge λ;

$\hat{v}_S$ Amplitude der Schnelle auf der Kugeloberfläche.

**Bild 2.15** Kugelstrahler 0. Ordnung

Mit der Gl. (2.52) und $\omega = 2\pi \cdot c/\lambda$ folgt aus den Gln. (1.36) und (1.37):

$$\tilde{p}(r, t) = j\hat{v}_S \frac{\frac{d_0}{2}}{r} \frac{\frac{\pi d_0}{\lambda}}{1 + j\frac{\pi d_0}{\lambda}} (\rho c) \cdot e^{-jk\left(r - \frac{d_0}{2}\right)} \cdot e^{j\omega t}, \tag{2.53}$$

$$\tilde{v}(r, t) = \hat{v}_S \frac{\frac{d_0}{2}}{r} \frac{1}{1 + j\frac{\pi d_0}{\lambda}} \left(\frac{\frac{d_0}{2}}{r} + j\frac{\pi d_0}{\lambda}\right) \cdot e^{-jk\left(r - \frac{d_0}{2}\right)} \cdot e^{j\omega t}. \tag{2.54}$$

Für $r = d_0/2$ (Kugeloberfläche) ergibt sich dann:

$$\tilde{p}_S = \hat{p}_S \cdot e^{j\omega t}, \tag{2.55}$$

$$\tilde{v}_S = \hat{v}_S \cdot e^{j\omega t}. \tag{2.56}$$

$$\hat{p}_S = j\hat{v}_S \frac{\frac{\pi d_0}{\lambda}}{1 + j\frac{\pi d_0}{\lambda}} (\rho c). \tag{2.57}$$

Die Feldimpedanz an der Kugeloberfläche läßt sich dann wie folgt berechnen (s. Gl. (1.62)):

$$\tilde{Z}_S = \frac{\tilde{p}_S}{\tilde{v}_S} = j(\rho c) \frac{\frac{\pi d_0}{\lambda}}{1 + j\frac{\pi d_0}{\lambda}}. \tag{2.58}$$

Für die Schalleistung $P_S$ der Schallabstrahlung an der Kugeloberfläche folgt analog den Gln (1.108) und (1.111):

$$P_S = A_K I_S = A_K \frac{1}{T} \int_0^T \mathrm{Re}\,\{\tilde{p}\}\,\mathrm{Re}\,\{\tilde{v}\}\,dt = A_K \cdot \frac{1}{2} \mathrm{Re}\,\{\tilde{p} \cdot \tilde{v}^*\} \tag{2.60}$$

$A_K = \pi \cdot d_0^2$ Kugeloberfläche;
$I_S$ Intensität der Schallabstrahlung an der Kugeloberfläche.
$\tilde{v}^*$ konjugiert komplexer Vektor der Schnelle $\tilde{v}$

Entsprechend der Gl. (1.113) folgt aus der Gl. (2.60)

$$P_S = \frac{1}{2} A_K |p_S|^2 \,\mathrm{Re}\left\{\frac{1}{\tilde{Z}_S}\right\}. \tag{2.61}$$

Mit den Gln. (2.57) und (2.58) ergibt sich für $|p_S|^2$ und den Realteil $\mathrm{Re}\left\{\frac{1}{\tilde{Z}_S}\right\}$

$$|p_S|^2 = \hat{v}_S^2 (\rho c)^2 \frac{\left(\frac{\pi d_0}{\lambda}\right)^2}{1 + \left(\frac{\pi d_0}{\lambda}\right)^2}, \tag{2.62}$$

$$\mathrm{Re}\left\{\frac{1}{\tilde{Z}_S}\right\} = \frac{1}{\rho c}. \tag{2.63}$$

Mit $\tilde{v}_S^2 = \frac{1}{2}\hat{v}_S^2$ folgt dann schließlich [5]:

$$P_S = \pi d_0^2 \tilde{v}_S^2 (\rho c) \frac{\left(\frac{\pi d_0}{\lambda}\right)^2}{1 + \left(\frac{\pi d_0}{\lambda}\right)^2}, \tag{2.64}$$

$$\sigma' = 10 \lg \sigma = 10 \lg \frac{\left(\frac{\pi d_0}{\lambda}\right)^2}{1 + \left(\frac{\pi d_0}{\lambda}\right)^2} = 10 \lg \frac{(d_0 f)^2}{\left(\frac{c}{\pi}\right)^2 + (d_0 f)^2}. \tag{2.65}$$

c Schallgeschwindigkeit in dem umgebenden Medium des Kugelstrahlers.

Man erkennt, daß bei einem Kugelstrahler 0-ter Ordnung der Parameter $\pi d_0/\lambda$, also das Verhältnis Kugelumfang zur abgestrahlen Wellenlänge, eine wesentliche Rolle spielt. Zum besseren Verständnis werden zweckmäßigerweise die beiden Grenzfälle $\pi \cdot d_0/\lambda \ll 1$ und $\pi \cdot d_0/\lambda \gg 1$ gesondert herausgestellt.

$\pi \cdot d_0/\lambda \ll 1$:

Diese Voraussetzung gilt für Kugelstrahler, die im Vergleich zu ihrem Umfang größere Wellenlängen abstrahlen. Es ist näherungsweise:

$$\tilde{p}(r) \approx j \hat{v}_S (\rho c) \frac{\frac{d_0}{2}}{r} \frac{\pi d_0}{\lambda} \cdot e^{-jkr} \cdot e^{j\omega t}, \tag{2.66}$$

$$\tilde{p}_S = \hat{p}_S e^{j\omega t} \quad \text{mit} \quad \hat{p}_S \approx j \hat{v}_S (\rho c) \frac{\pi d_0}{\lambda}, \tag{2.66a}$$

$$\tilde{v}(r) \approx \hat{v}_S \left(\frac{\frac{d_0}{2}}{r}\right)^2 \left(1 + j \frac{\frac{\pi d_0}{\lambda}}{\frac{d_0/2}{r}}\right) e^{-jkr} \cdot e^{j\omega t}, \tag{2.67}$$

$$\tilde{v}_S = \hat{v}_S \cdot e^{j\omega t}, \tag{2.67a}$$

$$I_S \approx \tilde{v}_S^2 (\rho c) \left(\frac{\pi d_0}{\lambda}\right)^2, \tag{2.68}$$

$$P_S \approx 4 \frac{\pi d_0^2}{4} \tilde{v}_S^2 (\rho c) \left(\frac{\pi d_0}{\lambda}\right)^2, \tag{2.69}$$

$$\sigma' \approx 20 \lg \frac{\pi d_0}{\lambda}. \tag{2.70}$$

Man erkennt vor allem, daß in diesem Fall die Schallintensität und die Schalleistung mit $\left(\frac{\pi \cdot d_0}{\lambda}\right)^2$ abnehmen und das Abstrahlmaß entsprechend klein wird.

$\frac{\pi \cdot d_0}{\lambda} \gg 1$:

Diese Beziehung gilt für Kugelstrahler, die im Vergleich zu ihrem Umfang kleinere Wellenlängen abstrahlen. Es ist näherungsweise:

$$\hat{p}_S \approx \hat{v}_S(\rho c), \tag{2.71}$$

$$I_S \approx \tilde{v}_S^2(\rho c), \tag{2.72}$$

$$P_S \approx 4 \frac{\pi d_0^2}{4} \tilde{v}_S^2(\rho c), \tag{2.73}$$

$$\sigma' \approx 0 \quad \text{bzw.} \quad \sigma \approx 1. \tag{2.74}$$

Dies bedeutet, daß näherungsweise der Zustand eines ebenen Wellenfeldes (s. Gl. (1.125)) bereits an der Kugeloberfläche vorliegt. Hieraus folgt, daß bei einer kompakten schallabstrahlenden Maschine mit pulsierender Oberfläche der Abstrahlgrad $\sigma \approx 1$ ist, wenn die abgestrahlte Wellenlänge $\lambda$ kleiner als die mittlere Größe $d_0$ der Maschine ist. Zum besseren Verständnis wird hier das Abstrahlmaß $\sigma'$ des Kugelstrahlers 0-ter Ordnung in Bild 2.16 für die Schallabstrahlung in der Luft über einen größeren $\frac{\pi \cdot d_0}{\lambda}$-Bereich aufgetragen. Es zeigt sich nochmals, daß unterhalb $\frac{\pi \cdot d_0}{\lambda} = 1$ das Abstrahlmaß $\sigma'$ stark abfällt (um 20 dB je Dekade) und ab $\frac{\pi \cdot d_0}{\lambda} \geqslant 3$ $\sigma' = 0$ bzw. $\sigma = 1$ wird.

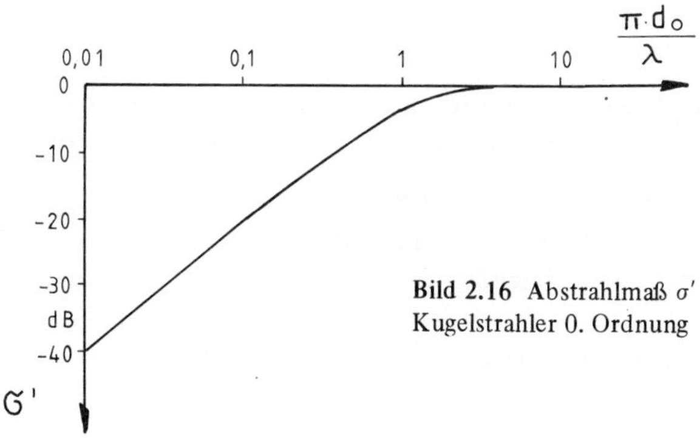


**Bild 2.16** Abstrahlmaß $\sigma'$ in Abhängigkeit von $\frac{\pi d_0}{\lambda}$ beim Kugelstrahler 0. Ordnung

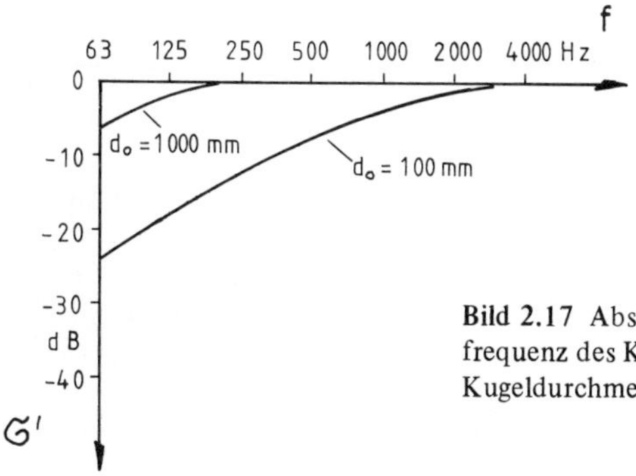


**Bild 2.17** Abstrahlmaß $\sigma'$ in Abhängigkeit von der Pulsationsfrequenz des Kugelstrahlers 0. Ordnung für zwei verschiedene Kugeldurchmesser

In Bild 2.17 ist das Abstrahlmaß $\sigma'$ für $d_0 = 100$ mm $\varnothing$ und $d_0 = 1000$ mm $\varnothing$ in Abhängigkeit von der Frequenz dargestellt. Hierbei erkennt man, daß bei gleicher Frequenz das Abstrahlmaß $\sigma'$ mit kleiner werdendem Durchmesser stark abfällt, vor allem im unteren Frequenzbereich. Das bedeutet, daß bei gleicher Körperschallschnelle der kleinere Kugelstrahler besonders wenig Schall abstrahlt, da er nicht nur die kleinere Oberfläche, sondern auch den niedrigeren Abstrahlgrad besitzt.

Der Kugelstrahler 0-ter Ordnung kann auch mit einem verhältnismäßig kleinen $d_0$ bei Einbau in einer Wand verwirklicht werden (Bild 2.18). Er strahlt dann in den Halbraum vor der Wand das gleiche Schallbild wie im Falle der freien Kugel ab. Es bleiben alle akustischen Größen gleich, lediglich die in den Halbraum abgestrahlte Schalleistung $P_S$ ist nur noch die Hälfte der Schalleistung nach Gl. (2.69).

$$P_S = 2\, d_0^2 \frac{\pi}{4} \tilde{v}_S^2 (\rho c) \left(\frac{\pi\, d_0}{\lambda}\right)^2 . \tag{2.75}$$

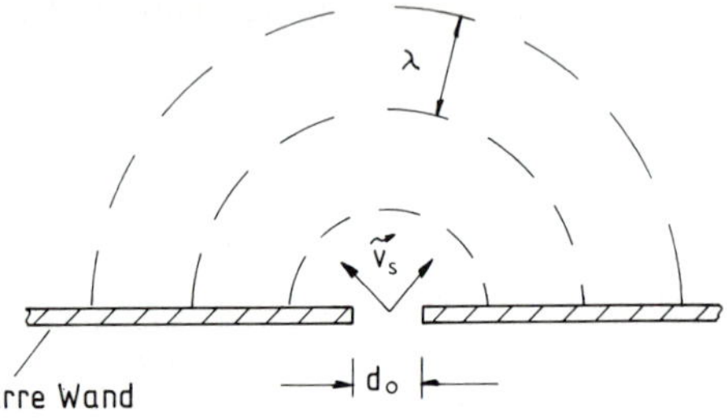


**Bild 2.18**
Kugelstrahler 0. Ordnung in Wand eingebaut
$\frac{\pi d_0}{\lambda} < 1$

*Nahfeld des Kugelstrahlers 0-ter Ordnung*

Wie schon im Abschnitt 1.2.3 festgestellt wurde, sind in einem Kugelwellenfeld die Schnelle $\tilde{v}$ (r) und der Wechseldruck $\tilde{p}$ (r) nicht in Phase. Der Phasenunterschied ist an der Kugeloberfläche am größten. Er geht dort für kleine Werte von $\frac{\pi \cdot d_0}{\lambda}$ gegen 90°, wird jedoch, wie im Abschnitt 1.2.3 gezeigt, mit wachsendem Abstand von der Kugel rasch abgebaut. Daher ist es sinnvoll, um den pulsierenden Kugelstrahler ein kugelförmiges Nahfeld zu legen, außerhalb dessen in guter Näherung ein quasiebenes Schallfeld angenommen werden kann. Die Abschätzung der Ausdehnung des Nahfeldes führt bei einer noch zugelassenen Phasendifferenz von ca. 6° zu einem Radius des Nahfeldes $r_N = 1{,}5 \cdot \lambda$ (Bild 2.19).

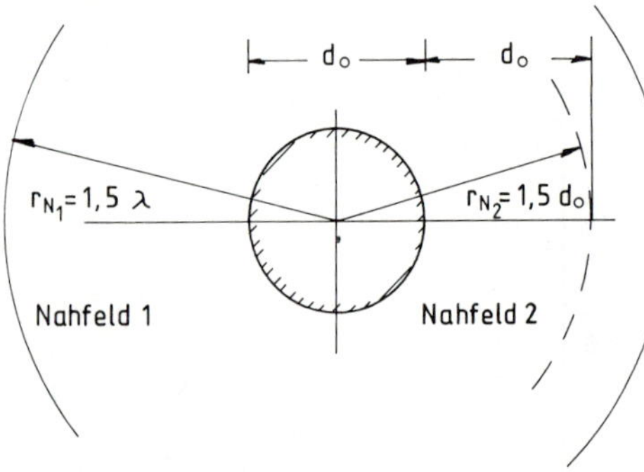


**Bild 2.19**
Nahfeld des Kugelstrahlers 0. Ordnung

Diese Grenze $r_N = 1{,}5 \cdot \lambda$ hat jedoch nur für kleinere und mittlere Werte von $\pi \cdot d_0/\lambda$ Bedeutung. Für größere Werte rückt, wie bereits festgestellt, das Fernfeld immer näher an die Kugeloberfläche heran. In diesem Fall, oder allgemeiner ausgedrückt für größere Schallquellen und höhere Frequenzen, wird das Nahfeld nicht mehr durch die Wellenlänge λ, sondern durch die Abmessung $d_0$ der Schallquelle selbst charakterisiert. Dies kommt daher, daß die unmittelbare Nachbarschaft der Schallquelle immer mehr ein quasiebenes Schallfeld darstellt, bei dem Störungen durch Interferenzeffekte auftreten können. Letztere klingen in einem Abstand von der Oberfläche der Schallquelle ab, der etwa gleich der Größe $d_0$ der Schallquelle ist. Daraus folgt aber, daß für größere $\pi \cdot d_0/\lambda$-Werte ein Nahfeld $r_N$ einzuführen ist, für das $r_N = 1{,}5 \cdot d_0$ ist.

Für den praktischen Gebrauch werden Schallquellen von annähernd kubischer Konfiguration mit einem Kugelstrahler verglichen, dessen Durchmesser gleich der größten Abmessung der Schallquelle ist. Hierfür werden zwei Werte für $r_N$ berechnet, nämlich $r_{N_1} = 1{,}5 \cdot \lambda$ und $r_{N_2} = 1{,}5 \cdot d_0$. Der größere von beiden Radien bestimmt dann das zu berücksichtigende Nahfeld der Schallquelle.

### 2.2.2 Kugelstrahler 1. Ordnung

Die Schallquelle sei wiederum gedrungen und kompakt. Sie werde jetzt durch die Wirkung von äußeren Wechselkräften als Ganzes hin und her geschoben, ohne daß sich ihr Volumen ändert, wie beispielsweise bei einer hydrostatischen Pumpe, bei der freie Wechselkräfte infolge Volumenstromschwankungen wirksam werden. Im Idealfall ist der Kugelstrahler 1. Ordnung ein weiterer Elementarstrahler. Bei ihm bewegt sich eine starre Kugel ohne Formänderung unter der Wirkung periodischer Kräfte senkrecht zu einem Knotenkreis hin und her. Die Punkte dieses Knotenkreises führen keine Radialbewegung mehr aus, d.h., sie können auch keine Energie abstrahlen. Die gegenüberliegenden Oberflächenpunkte in einer Ebene senkrecht zum Knotenkreis werden gegenphasig bewegt. Daraus folgt, daß die Schallabstrahlung nicht mehr kugelsymmetrisch, aber doch noch rotationssymmetrisch zur Strahlerachse erfolgt und im wesentlichen senkrecht zum Knotenkreis gerichtet ist (Richtcharakteristik). Außerdem kommt es im Bereich des Knotenkreises über den Druckstau auf der einen und dem Sog auf der anderen Seite zum sog. akustischen Kurzschluß, wodurch dann auch weniger Schall abgestrahlt wird. Ein Kugelstrahler 1. Ordnung strahlt daher bei gleicher Körperschallschnelle eine geringere Schalleistung als ein Kugelstrahler 0. Ordnung ab. Diese Schalleistung wird an einer Kugel vom Durchmesser $d_0$ ermittelt, die als Ganzes mit der Geschwindigkeit $\tilde{v}_S = \hat{v}_S \cdot e^{j\omega t}$ auf der Strahlerachse hin und her schwingt. Meist ist die allgemeine Körperschallschnelle $v_{S_n}$ normal zur Kugeloberfläche eine Funktion des Breitenwinkels $\vartheta$ (Bild 2.20) und gleich

$$\tilde{v}_{S_n}(\vartheta, t) = \hat{v}_{S_n}(\vartheta) \cdot e^{j\omega t}. \tag{2.76}$$

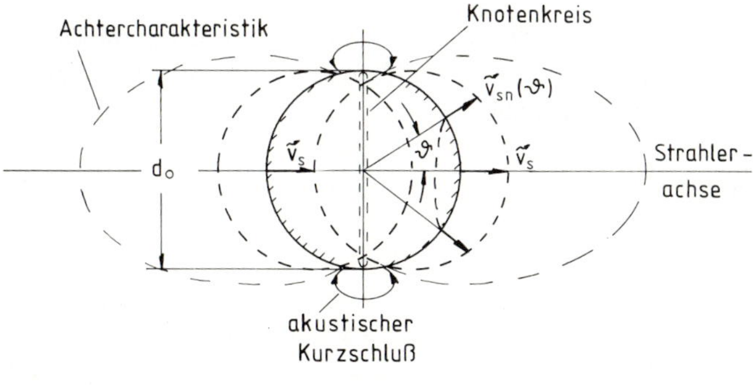


**Bild 2.20** Kugelstrahler 1. Ordnung

Die Körperschallschnelle $\tilde{v}_{S_n}$ ist ihrerseits gleich der Schnelle des Schallfeldes an dieser Stelle, das von der oszillierenden Kugel abgestrahlt wird. Zu dieser Schnelle gehört der Schalldruck:

$$\tilde{p}_S = \hat{p}_S(\vartheta) \cdot e^{j\omega t}. \tag{2.77}$$

In Anlehnung an Gl. (2.60) läßt sich die Intensität der Schallabstrahlung wie folgt berechnen:

$$I_S(\vartheta) = \frac{1}{2} \operatorname{Re} \{\hat{p}_S(\vartheta)\, \hat{v}^*_{S_n}(\vartheta)\}. \tag{2.78}$$

$\hat{v}^*_{S_n}$ ist die Normalkomponente der konjugiert komplexen Amplitude der Schnelle $\hat{v}_{S_n}$.

Die gesamte abgestrahlte Schalleistung hat die Größe:

$$P_S = \int_A I_S(\vartheta)\, dA. \tag{2.79}$$

Schallschnelle und Schalldruck werden in bekannter Weise durch Differenzieren des Geschwindigkeitspotentials $\tilde{\phi}$ des Schallfeldes gewonnen.

$$\tilde{\phi} = \hat{\phi} \cdot e^{j\omega t}. \tag{2.80}$$

Die Ortsfunktion $\hat{\phi}$ ihrerseits gehorcht der partiellen Differentialgleichung

$$\Delta\hat{\phi} + k^2 \hat{\phi} = 0 \tag{2.81}$$

mit

$$k = \frac{\omega}{c}.$$

Zweckmäßigerweise wird die Differentialgleichung (2.81) in den Kugelkoordinaten r, $\varphi$, $\vartheta$ ausgedrückt [8, 11]:

$$r^2 \frac{\partial^2 \hat{\phi}}{\partial r^2} + 2r \frac{\partial \hat{\phi}}{\partial r} + \frac{1}{\sin\vartheta} \frac{\partial}{\partial\vartheta} \left(\sin\vartheta \frac{\partial\hat{\phi}}{\partial\vartheta}\right) + \frac{1}{\sin^2\vartheta} \frac{\partial^2 \hat{\phi}}{\partial\varphi^2} + k^2 r^2 \hat{\phi} = 0. \tag{2.82}$$

In einem weiteren Separationsansatz

$$\hat{\phi} = \hat{\phi}(r)\, \hat{\psi}(\varphi, \vartheta) \tag{2.83}$$

werden Abstand und Richtung getrennt, wodurch man 2 unabhängige Differentialgleichungen für $\hat{\phi}(r)$ und $\hat{\psi}(\varphi, \vartheta)$ gewinnt, die einfacher zu lösen sind. Vor allem erhält man für $r \cdot \hat{\phi}(r)$ die gewöhnliche Differentialgleichung

$$\frac{d^2 [r\hat{\phi}(r)]}{d(kr)^2} - \frac{2}{(kr)^2} [r\hat{\phi}(r)] + [r\hat{\phi}(r)] = 0. \tag{2.84}$$

Die Lösung dieser Gleichung für die nach außen abgestrahlte, divergierende Welle lautet [7]:

$$[r\hat{\phi}(r)] = B_0 \left(1 + \frac{1}{jkr}\right) \cdot e^{-jkr}. \tag{2.85}$$

Hierbei ist $B_0$ ein konstanter Faktor. Die Richtigkeit dieses Ansatzes kann durch Einsetzen in die Gl. (2.84) überprüft werden. Unter der Berücksichtigung, daß die Richtungsfunktion $\hat{\psi}(\varphi, \vartheta)$ nur noch von $\vartheta$ abhängig ist, d.h., $\hat{\psi}(\varphi, \vartheta) = \hat{\psi}(\vartheta)$, ergibt sich mit den Gln. (2.80), (2.82) und (2.85) für das Geschwindigkeitspotential:

$$\tilde{\phi} = \frac{1}{r}\left(1 + \frac{1}{jkr}\right) B_0 \hat{\psi}(\vartheta) \cdot e^{j(\omega t - kr)}. \tag{2.86}$$

Hierin ist der Faktor $B_0 \cdot \hat{\psi}(\vartheta)$ noch unbekannt. Die Radialkomponente der Schnelle $\tilde{v}_{r_n}$ läßt sich wie folgt berechnen:

$$\tilde{v}_{r_n}(\vartheta, t) = -\frac{\partial \tilde{\phi}}{\partial r} = \frac{B_0 \hat{\psi}(\vartheta)}{r^2}\left[2 + jkr + \frac{2}{jkr}\right] \cdot e^{j(\omega t - kr)}. \tag{2.87}$$

Speziell an der Kugeloberfläche ist:

$$\tilde{v}_{S_n}(\vartheta, t) = \frac{B_0 \hat{\psi}(\vartheta)}{R^2}\left[2 + jkR + \frac{2}{jkR}\right] e^{j(\omega t - kR)}. \tag{2.88}$$

Andererseits ist $\tilde{v}_{S_n}(\vartheta, t)$ aus der Oszillation der Kugel (nach Gl. (2.76)) bekannt. Durch Gleichsetzen der beiden Geschwindigkeiten wird der unbekannte Faktor $B_0 \cdot \hat{\psi}(\vartheta)$ gefunden:

$$B_0 \hat{\psi}(\vartheta) = \hat{v}_{S_n}(\vartheta) \frac{R^2}{\left[2 + jkR + \frac{2}{jkR}\right]} \cdot e^{jkR}. \tag{2.89}$$

Das Geschwindigkeitspotential des abgestrahlten Schallfeldes erhält man nach Einsetzen der Gl. (2.89) in Gl. (2.86):

$$\tilde{\phi}(r, \vartheta, t) = \frac{1}{r}\left(1 + \frac{1}{jkr}\right) \frac{R^2}{\left[2 + jkR + \frac{2}{jkR}\right]} \hat{v}_{S_n}(\vartheta) \cdot e^{j(\omega t - kr + kR)}. \tag{2.90}$$

Aus dem Geschwindigkeitspotential kann dann der Schallwechseldruck $\tilde{p}_S$ an der Kugeloberfläche ermittelt werden. In einem beliebigen Schallfeldpunkt ist:

$$\tilde{p}(r, \vartheta, t) = \rho \frac{\partial \tilde{\phi}}{\partial t} = j\omega\rho\tilde{\phi}(r, \vartheta, t). \tag{2.91}$$

Für die Kugeloberfläche erhält man:

$$\tilde{p}_S(\vartheta, t) = j\omega\rho \frac{\left(1 + \frac{1}{jkR}\right)}{\left[2 + jkR + \frac{2}{jkR}\right]} \cdot R\hat{v}_{S_n}(\vartheta) \cdot e^{j\omega t}. \tag{2.92}$$

Mit der Gl. (2.92) folgt aus der Gl. (2.77):

$$\hat{p}_S(\vartheta) = j\hat{v}_{S_n}(\vartheta) R\omega\rho \frac{\left(1 + \frac{1}{jkR}\right)}{\left[2 + jkR + \frac{2}{jkR}\right]}. \tag{2.93}$$

Mit Hilfe der Gl. (2.78) erhält man dann für die Intensität der Schallabstrahlung bei dem Winkel $\vartheta$

$$I_S(\vartheta) = \frac{1}{2} \cdot \hat{v}_{S_n}(\vartheta)^2 \cdot (\rho c) \cdot \frac{k^4 R^4}{4 + k^4 R^4}, \tag{2.94}$$

$$k \cdot R = \frac{\pi \cdot d_0}{\lambda}.$$

Die gesamte abgestrahlte Schalleistung erhält man durch Integration entsprechend der Gl. (2.79):

$$P_S = \int_{A_K} I_S(\vartheta)\,dA = \frac{1}{2}(\rho c)\frac{k^4 R^4}{4 + k^4 R^4} \int_{A_K} \hat{v}_{S_n}(\vartheta)^2\,dA. \tag{2.95}$$

Mit $\hat{v}_{S_n}(\vartheta) = \hat{v}_S \cdot \cos\vartheta$ und $dA = 2\pi \cdot R^2 \cdot \sin\vartheta \cdot d\vartheta$ (siehe Bild 2.20) und $\hat{v}_S = 2\tilde{v}_S$ ergibt sich schließlich:

$$P_S = A_K \tilde{v}_S^2 (\rho c) \frac{1}{3} \frac{\left(\frac{\pi d_0}{\lambda}\right)^4}{\left(4 + \frac{\pi d_0}{\lambda}\right)^4}, \tag{2.96}$$

$A_K = \pi \cdot d_0^2$ Kugeloberfläche,
$\tilde{v}_S$ Effektivwert der Schwinggeschwindigkeit der oszillierenden Kugel auf der Strahlachse (siehe Bild 2.20).

Aus der Beziehung (2.96) ergibt sich unmittelbar das Abstrahlmaß $\sigma'$ für den Kugelstrahler 1. Ordnung

$$\begin{aligned} \sigma' &= 10 \lg \frac{\left(\frac{\pi d_0}{\lambda}\right)^4}{4 + \left(\frac{\pi d_0}{\lambda}\right)^4} - 4{,}8 \quad \text{dB} \\ &= 10 \lg \frac{(d_0 f)^4}{\left(\frac{c}{\pi}\right)^4 + (d_0 f)^4} - 4{,}8 \quad \text{dB}. \end{aligned} \tag{2.97}$$

Auch hier ist der Parameter $\frac{\pi \cdot d_0}{\lambda}$ die wesentliche Größe. Für die beiden Grenzfälle $\frac{\pi \cdot d_0}{\lambda} \ll 1$ und $\frac{\pi \cdot d_0}{\lambda} \gg 1$ erhält man:

$\frac{\pi \cdot d_0}{\lambda} \ll 1$:

$$P_S \approx (\rho c)\, 4 \frac{\pi d_0^2}{4} \tilde{v}_S^2 \frac{1}{12} \left(\frac{\pi d_0}{\lambda}\right)^4, \tag{2.98}$$

$$\sigma' \approx 40 \lg \left(\frac{\pi d_0}{\lambda}\right) - 10{,}8 \quad \text{dB}. \tag{2.99}$$

Man erkennt, daß für $\frac{\pi \cdot d_0}{\lambda} < 1$ das Abstrahlmaß $\sigma'$ noch wesentlich stärker abfällt als beim Kugelstrahler 0. Ordnung. Der Abfall beträgt hier 40 dB pro Dekade.

$\frac{\pi \cdot d_0}{\lambda} \gg 1$

$$P_S \approx (\rho c)\, 4\, \frac{\pi d_0^2}{4}\, \tilde{v}_S^2\, \frac{1}{3}, \tag{2.100}$$

$$\sigma' \approx -4{,}8 \text{ dB}. \tag{2.101}$$

Das Abstrahlmaß strebt dem konstanten Wert − 4,8 dB zu, wo beim Strahler 0. Ordnung noch 0 dB erreicht werden konnte. Im Bild 2.21 ist das Abstrahlmaß $\sigma'$ sowohl in Abhängigkeit der dimensionslosen Größe $\frac{\pi d_0}{\lambda}$ (Bild 2.21a) als auch über der Oszillationsfrequenz des Kugelstrahlers (Bild 2.21b) mit $d_0$ als Parameter aufgetragen. Hieraus erkennt man einmal die beiden Grenzfälle und zum anderen, daß der kleinere Strahler weniger Schall emittiert und zwar vor allem im unteren Frequenzbereich.

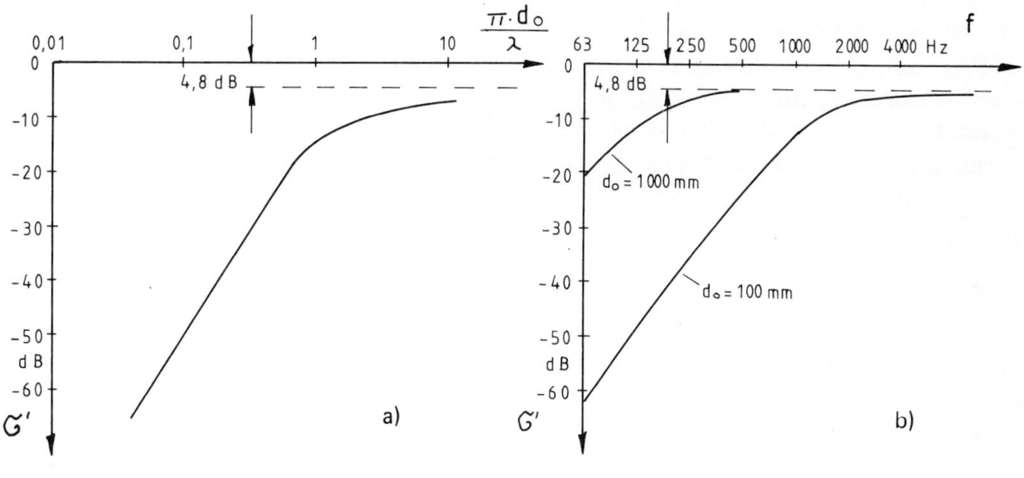


**Bild 2.21** Abstrahlmaß $\sigma'$ des Kugelstrahlers 1. Ordnung
a) in Abhängigkeit von $\frac{\pi d_0}{\lambda}$ b) als Funktion von der Frequenz für zwei Durchmesser

### 2.2.3 Kugelstrahler 2. Ordnung

Die Oberfläche kleinerer, kompakter Schallquellen kann durch entgegengesetzt gerichtete innere Wechselkräfte zu Biegeschwingungen angeregt werden, die sich in periodischen, elliptischen Verformungen äußert und zu entsprechender Schallabstrahlung führt, wie beispielsweise bei rotierenden, elektrischen Maschinen. Im Idealfall ist der Kugelstrahler 2. Ordnung ein weiterer Elementarstrahler. Als Strahler 2. Ordnung besitzt er, passend zu den zugehörigen elliptischen Schwingungsformen der Kugel (Bild 2.22), zwei Knotenkreise. (Der Strahler 1. Ordnung hat einen, der Strahler 0. Ordnung keinen Knotenkreis.)

Die Schwingungsform des Strahlers 2. Ordnung zeichnet sich dadurch aus, daß einmal eine Deformation der Kugel ohne Volumenänderung stattfindet, und zum anderen, daß

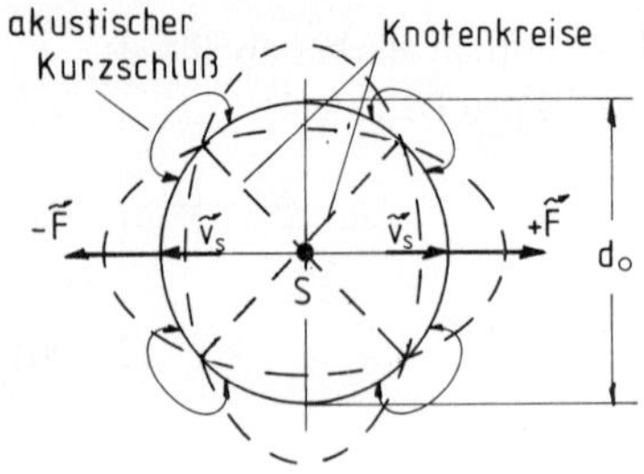


Bild 2.22
Kugelstrahler 2. Ordnung

der Massenmittelpunkt S der Kugel seine Lage nicht ändert. Das bedeutet auch, daß Wechselkräfte wirksam sind, die sich jedoch kompensieren, wie es beispielsweise bei zeitlich sich ändernden Schubwirkungen der Fall sein kann. Die zwei vorhandenen Knotenkreise bedeuten, daß beim Strahler 2. Ordnung stets zwei Druckbereiche an zwei Unterdruckbereiche angrenzen, so daß hier der akustische Kurzschluß noch wirksamer wird als beim Strahler 1. Ordnung. Infolgedessen besitzt der Strahler 2. Ordnung eine entsprechend kleinere Abstrahlung.

Eine quantitative Ermittlung der Schalleistung des Strahlers 2. Ordnung, die ähnlich wie beim Strahler 1. Ordnung verläuft, allerdings mit noch größerem Aufwand [7], wird hier nicht mehr durchgeführt. Statt dessen wird ohne Ableitung das Abstrahlmaß $\sigma'$, bezogen auf den Effektivwert der Schnelle $\tilde{v}_S$ (Höchstwert der Normalkomponenten an der Kugeloberfläche, siehe Bild 2.22) und auf die Kugeloberfläche $\pi \cdot d_0^2$, für folgende Grenzfälle angegeben:

$\frac{\pi d_0}{\lambda} \ll 1$:

$$\sigma' \approx 60 \lg \frac{\pi d_0}{\lambda} - 26{,}1 \quad \text{dB}. \tag{2.102a}$$

$\frac{\pi d_0}{\lambda} \gg 1$:

$$\sigma' \approx -7{,}0 \text{ dB}. \tag{2.102b}$$

Im Bild 2.23 ist analog zum Strahler 1. Ordnung das Abstrahlmaß $\sigma'$ sowohl in Abhängigkeit der dimensionslosen Größe $\frac{\pi d_0}{\lambda}$ (Bild 2.23a) als auch über der Oszillationsfrequenz des Kugelstrahlers (Bild 2.23b) dargestellt. Man erkennt, daß der Strahler 2. Ordnung im Vergleich zu den bisher behandelten Kugelstrahlern das kleinste Abstrahlmaß besitzt und auch bei größeren Werten von $\frac{\pi d_0}{\lambda}$, bzw. hohen Frequenzen, um 7 dB ($10 \lg \frac{1}{5}$) unter dem Strahler 0. Ordnung liegt.
0

Zum Vergleich wird in Bild 2.24 das Abstrahlmaß der drei behandelten Elementarstrahler in Abhängigkeit der dimensionslosen Parameter $\frac{\pi d_0}{\lambda}$ dargestellt. Hieraus folgt, daß der Strahler mit der geringsten Ordnungszahl, besonders bei kleineren Werten von $\frac{\pi d_0}{\lambda}$ die besseren Abstrahleigenschaften besitzt.

a) 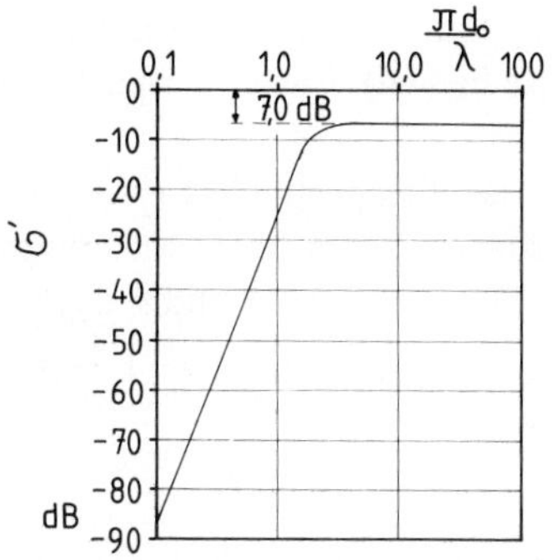


b) 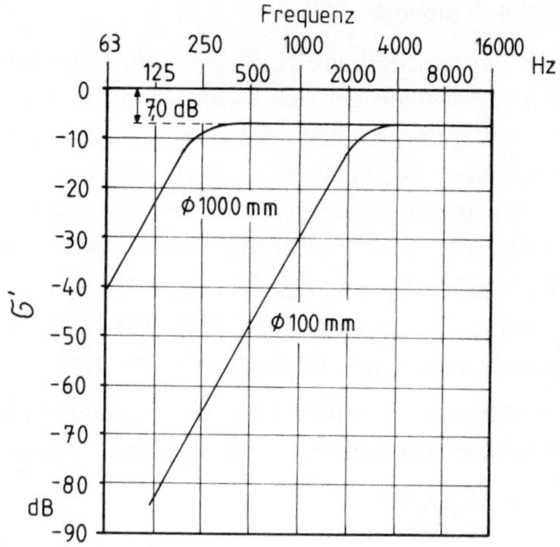


**Bild 2.23** Abstrahlmaß σ' des Kugelstrahlers 2. Ordnung

a) in Abhängigkeit von $\frac{\pi d_0}{\lambda}$ b) als Funktion von der Frequenz für zwei Durchmesser

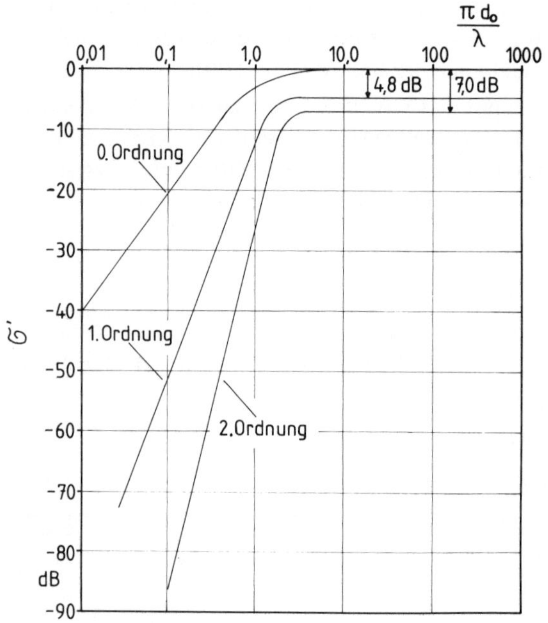


**Bild 2.24** Abstrahlmaß σ' verschiedener Kugelstrahler in Abhängigkeit von $\frac{\pi d_0}{\lambda}$

### 2.2.4 Kolbenstrahler

Ein der praktischen Schallabstrahlung besonders angepaßter Elementarstrahler ist der sog. *Kolbenstrahler*, der sich technisch gut realisieren läßt. Bei einem solchen Kolbenstrahler schwingt der ‚Kolben', das sind im allgemeinen starre, flächenhafte Gebilde, hin und her. Es können auch elastisch deformierbare Membranen und Platten mit einbezogen werden, wenn es sich um konphase Schwingungen dieser Elemente handelt, wie sie beispielsweise auftreten, falls die Grundschwingung angeregt wird.

Die exakte Lösung des Problems der Schallabstrahlung des Kolbenstrahlers erfordert etwas größeren mathematischen Aufwand. Jedoch läßt sich eine brauchbare Näherungslösung angeben, wenn man am Kolbenstrahler die beiden Fälle $\pi \cdot d_K/\lambda < 1$ und $\pi \cdot d_K/\lambda \gg 1$ herausstellt. Hierin sind $d_K$ ein mittlerer Durchmesser der Kolbenfläche $d_K = \sqrt{\frac{4\,A_K}{\pi}}$, bei beliebiger Kolbenfläche $A_K$) und $\lambda$ die abgestrahlte Wellenlänge.

a) $\pi \cdot d_K/\lambda < 1$

Hierbei muß man noch weiter unterscheiden und dabei berücksichtigen, ob Vorder- und Rückseite des oszillierenden Kolbens akustisch von einander abgeschirmt oder kurzgeschlossen sind.

$\alpha$) *akustische Abschirmung*

Die Schallabstrahlung in dem vorderen Halbraum wird durch die akustischen Vorgänge im hinteren Halbraum nicht beeinflußt. Dies wird erreicht, wenn der Kolben in einer sehr großen starren Wand eingebaut ist (Bild 2.25), oder wenn seine Rückseite schalldicht gegen die Vorderseite abgeschlossen wird, wie dies beispielsweise bei dem eingebauten, dynamischen Lautsprecher mit Konusmembrane der Fall ist (Bild 2.26).

Unabhängig von der Gestalt des Kolbens nimmt das Schallfeld unter der genannten Voraussetzung sehr rasch Kugelfeldcharakter an. Der Kolbenstrahler wird zum Kugelstrahler 0. Ordnung, der in den vorderen Halbraum Kugelwellen ohne Richtwirkung abstrahlt. Man kann daher der Ermittlung der abgestrahlten Schalleistung die Beziehung

$$P_S \approx 2\, d_0^2\, \frac{\pi}{4}\, \tilde{v}_S^2 (\rho c) \left(\frac{\pi d_0}{\lambda}\right)^2 \qquad (2.103)$$

zugrunde legen (vgl. hierzu Gl. (2.75)). Dies entspricht der abgestrahlten Schalleistung eines Kugelstrahlers 0. Ordnung in den Halbraum. Darüber hinaus sind die abstrahlenden

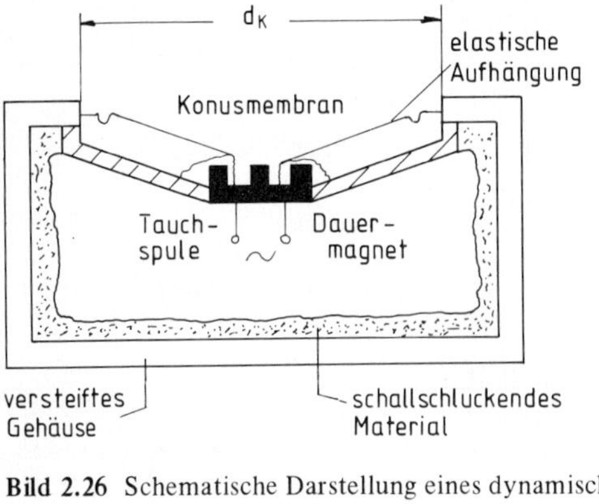


**Bild 2.26** Schematische Darstellung eines dynamischen Lautsprechers mit akustischer Abschirmung der Vorderseite von der Rückseite

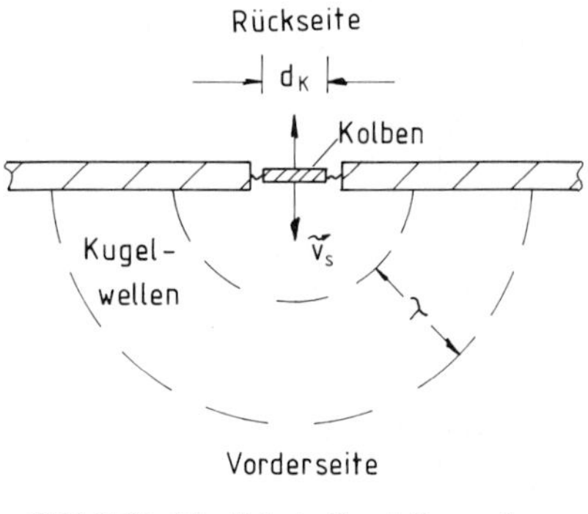


**Bild 2.25** Idealisierte Darstellung eines Kolbenstrahlers

Flächen beider Strahler gleichzusetzen. Aus der entsprechenden Beziehung $2 \cdot d_0^2 \cdot \frac{\pi}{4} = d_K^2 \cdot \frac{\pi}{4}$ findet man den äquivalenten Kugelstrahlerdurchmesser $d_0 = d_K/\sqrt{2}$. Setzt man diesen äquivalenten Durchmesser in die Gl. (2.103) ein, so erhält man die abgestrahlte Schallleistung des Kolbenstrahlers:

$$P_S \approx d_K^2 \frac{\pi}{4} \tilde{v}_S^2 (\rho c) \frac{1}{2} \left(\frac{\pi d_K}{\lambda}\right)^2, \tag{2.104}$$

$$d_K = \sqrt{\frac{4 A_K}{\pi}} = \sqrt{2} \cdot d_0$$

und den zugehörigen Abstrahlgrad

$$\sigma \approx \frac{1}{2} \left(\frac{\pi d_K}{\lambda}\right)^2; \quad \sigma' \approx 20 \lg \left(\frac{\pi d_K}{\lambda}\right) - 3 \quad \text{dB}. \tag{2.105}$$

Soweit konphas schwingende Membranen und ringsum aufliegende elastische Platten mit einbezogen sind, tritt an die Stelle von $\tilde{v}_S^2$ die Größe $\overline{v_S^2}$, das ist der quadratische Mittelwert des Effektivwertes der Schnelle über die Plattenfläche.

Die exakte Durchrechnung des Kolbenstrahlers liefert für die abgestrahlte Schalleistung:

$$P_S = \frac{d_K^2 \pi}{4} \tilde{v}_S^2 (\rho c) \left[ 1 - \frac{J_1 \left(2 \frac{\pi d_K}{\lambda}\right)}{\frac{\pi d_K}{\lambda}} \right]. \tag{2.106}$$

Hierbei ist $J_1$ die Zylinderfunktion 1. Art mit dem Argument $\left(2 \cdot \frac{\pi \cdot d_K}{\lambda}\right)$. Sie läßt sich in folgende Reihe für $(2 \cdot \pi \cdot d_K/\lambda)$ entwickeln [8]:

$$J_1 \left(2 \cdot \frac{\pi d_K}{\lambda}\right) = \frac{\pi d_K}{\lambda} \left[ 1 - \frac{\left(\frac{\pi d_K}{\lambda}\right)^2}{2} + \frac{\left(\frac{\pi d_K}{\lambda}\right)^4}{12} - \cdots \right]. \tag{2.107}$$

Bricht man nach dem zweiten Glied ab, so erhält man Gl. (2.104), die mit der Näherung für kleine Werte von $\pi \cdot d_K/\lambda$ gefunden wurde.

Man erkennt, daß der akustisch abgeschirmte Kolbenstrahler, bei dem die Größe $\pi \cdot d_K/\lambda$ klein ist, ein schlechteres Abstrahlmaß besitzt als der Kugelstrahler 0. Ordnung. Das bedeutet auch, daß tiefe Frequenzen schlecht abgestrahlt werden, um so schlechter, je kleiner die abstrahlende Fläche des Kolbenstrahlers ist. Man kann also tieffrequenten Geräuschen, die durch den Kolbenstrahler verursacht werden, wirksam begegnen, wenn man die abstrahlende Kolbenfläche klein macht. Z.B. wird beim Verkleinern der Fläche um den Faktor 2 die abgestrahlte Schalleistung um den Faktor 4 kleiner.

*β) Akustischer Kurzschluß*

Die Rückseite des oszillierenden Kolbens ($\pi \cdot d_K/\lambda < 1$) ist nicht mehr abgeschirmt, der Kolben schwingt folglich frei. Das bedeutet, daß in diesem Falle der Kolbenstrahler näherungsweise durch einen Kugelstrahler 1. Ordnung ersetzt werden kann, mit der typischen Richtcharakteristik (Achter-Charakteristik) in der Abstrahlung (Bild 2.27). Bedingt durch den akustischen Kurzschluß ist die Abstrahlung im Vergleich zur Abstrahlung bei akustischer Abschirmung noch bedeutend schlechter.

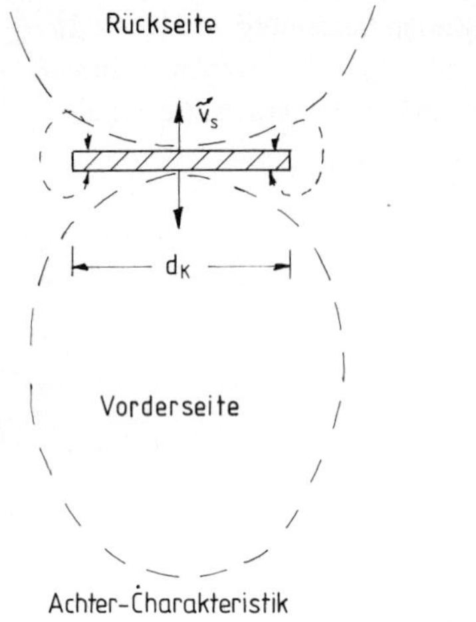


**Bild 2.27** Nicht abgeschirmter Kolbenstrahler

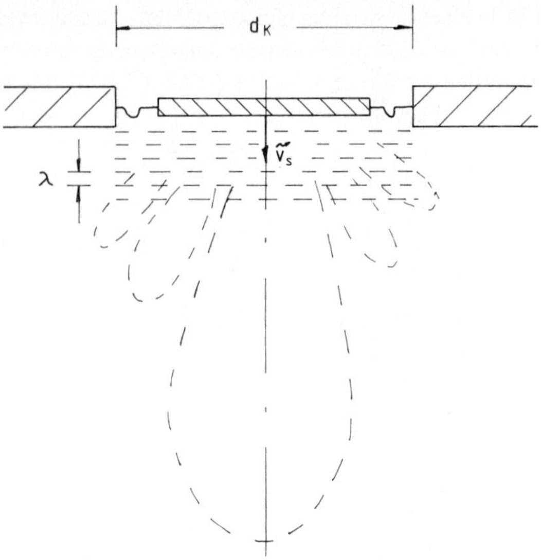


**Bild 2.28** Richtcharakteristik eines Kolbenstrahlers bei $\frac{\pi d_K}{\lambda} \gg 1$

Man erhält die abgestrahlte Schalleistung, indem man in der Gl. (2.98) den Durchmesser $d_0$ wiederum durch $d_K/\sqrt{2}$ ersetzt. Es wird dann:

$$P_S \approx \frac{1}{2}\,\frac{\pi d_K^2}{4}\,\tilde{v}_S^2(\rho c)\,\frac{1}{12}\left(\frac{\pi d_K}{\lambda}\right)^4. \tag{2.108}$$

Setzt man die Abstrahlfläche gleich der Kolbenfläche $A_K = \frac{\pi}{4} \cdot d_K^2$, so folgt für den Abstrahlgrad $\sigma$:

$$\sigma \approx \frac{1}{24}\left(\frac{\pi d_K}{\lambda}\right)^4. \tag{2.109}$$

b) $\pi \cdot d_K/\lambda \gg 1$

Der Kolbenstrahler wird unter dieser Voraussetzung und unter der eingangs getroffenen Annahme, daß er als vollkommen starres Gebilde oszilliert oder als elastische Fläche konphas schwingt, zum Flächenstrahler mit optimaler Abstrahlung (siehe hierzu Erklärungen am Beginn des Abschnittes 2.2). Die abgestrahlte Schalleistung hat die Größe

$$P_S = A_K\,\tilde{v}_S^2(\rho c). \tag{2.110}$$

Hierbei hat der Abstrahlgrad $\sigma$ die Größe 1.

Zu den gleichen Ergebnissen kommt man auch, wenn man bei der Gl. (2.106) den Grenzübergang $\pi \cdot d_K/\lambda \to \infty$ durchführt. Der Flächenstrahler besitzt eine besonders ausgeprägte Richtwirkung in der Flächenmitte und eine geringere seitliche Abstrahlung in den Randzonen (Bild 2.28).

Falls der Flächenstrahler frei oszilliert, spielt der sich einstellende akustische Kurzschluß an den Randzonen wegen $\pi \cdot d_K/\lambda \gg 1$ praktisch keine Rolle. Aus einem stark abstrahlenden Flächenstrahler kann man einen schlecht abstrahlenden Dipolstrahler machen, wenn man die Fläche ausreichend perforiert und somit die ganze Fläche akustisch kurzschließt.

### 2.2.5 Biegeelastische, unendlich große Platte bei Körperschallanregung

Ein Großteil der Körperschallanregung erfolgt an flächenbegrenzten (plattenförmigen) Maschinengehäusen mit Wänden und Decken oder an Platten selbst. Es handelt sich dabei stets um biegeelastische Platten. Die dabei von einer Platte abgestrahlte Schalleistung hat die Größe:

$$P_S = A_{Pl} \overline{v_S^2} Z \sigma, \tag{2.111}$$

$A_{Pl}$ Fläche der Platte.

Bei dem bereits behandelten Kolbenstrahler sind biegeelastische Platten nur in dem Sonderfall, bei dem eine (endliche) Platte als Ganzes konphas schwingt, miterfaßt. Ein solcher Schwingungszustand stellt sich z.B. bei breitbandiger Anregung einer Platte ein, wenn die zur Grundfrequenz $f_{B_0}$ der Biegeeigenschwingungen gehörende Schallwelle in der Luft eine Wellenlänge $\lambda$ besitzt, die mehrfach größer als die Plattenabmessungen ist. Hierbei handelt es sich also um die Schallabstrahlung verhältnismäßig kleiner Platten mit niedriger Grundfrequenz $f_{B_0}$. Diese Platten stellen dann in guter Näherung Kolbenstrahler dar mit $\pi \cdot d_K/\lambda < 1$. Sie sind je nach akustischer Abschirmung als Strahler 0. und 1. Ordnung einzuordnen. Das Maximum der Abstrahlung liegt im Bereich der Biegeeigenfrequenz $f_{B_0}$. Der Abstrahlgrad ist wegen $\pi \cdot d_K/\lambda < 1$ grundsätzlich klein, jedoch kann $\overline{v_S^2}$ wegen Resonanzerscheinungen größer werden.

In den meisten Fällen schwingen körperschallangeregte, biegeelastische Platten, insbesondere wenn sie größer sind, nicht konphas. Der Abstrahlmechanismus ist daher, wie es im folgenden gezeigt wird, wesentlich anders. Eine unendlich groß gedachte Platte werde durch eine örtlich begrenzte Körperschallerregung (Kraft- oder Geschwindigkeitserregung) mit der Frequenz f in Schwingungen versetzt. Es breiten sich dann auf der Platte *freie* Biegewellen der Frequenz f und Wellenlänge $\lambda_B$ aus. In diesem Falle gelten die bekannten Beziehungen für die Fortpflanzungsgeschwindigkeit der Biegewellen und ihre Wellenlänge (siehe Gln. (1.58) bis (1.60)).

$$c_B = \sqrt{2\pi} \sqrt[4]{\frac{B'}{m''}} \sqrt{f},$$

$$\lambda_B = \frac{c_B}{f}.$$

An der unendlich ausgedehnten Platte muß man grundsätzlich zwischen einer örtlichen Körperschallerregung und einer über die ganze Platte herrschenden Luftschallerregung unterscheiden. Im ersten Falle erscheinen auf der Platte freie, im zweiten Falle vor allem erzwungene, fortschreitende Biegewellen. Die freien Biegewellen treten nun in bestimmter Weise in Wechselwirkung mit den abgestrahlten Luftschallwellen gleicher Frequenz. Dieser Mechanismus wird zweckmäßigerweise an dem weiteren Strahlermodell, der unendlich ausgedehnten, biegeelastischen Platte, behandelt und führt zu dem von Cremer beschriebenen *Koinzidenzeffekt* [9].

Auf einer solchen in x- und y-Richtung unendlich ausgedehnten Platte mit der Biegesteifigkeit B′ und der Massenbelegung $m'' = \rho \cdot h$ wird das Vorhandensein eines harmonischen und fortschreitenden, freien Biegewellenfeldes der Schnelle $\tilde{v}_S$ vorausgesetzt. Für dieses ebene Feld gilt dann (siehe Gl. (1.24)):

$$\tilde{v}_S(x, t) = \hat{v}_S \cdot e^{-j\frac{2\pi}{\lambda_B}x} \cdot e^{j\omega t}, \qquad \omega = 2\pi \cdot f = 2\pi c_B/\lambda_B \tag{2.112}$$

$\hat{v}_S$ Amplitude der Schnelle in z-Richtung,

$\lambda_B$ Wellenlänge der Biegewelle (Bild 2.29).

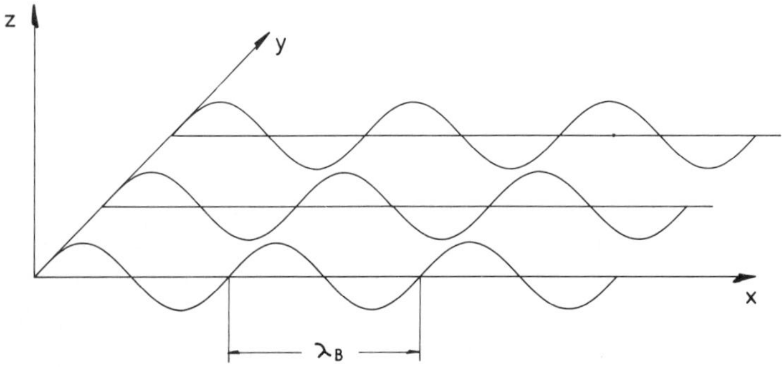


**Bild 2.29** Biegewellenfeld einer in x- und y-Richtung unendlich ausgedehnten Platte

Dieses Biegewellenfeld indiziere im angrenzenden Luftraum ein ebenes, harmonisches Wellenfeld allgemeiner Ausbreitungsrichtung x, z, jedoch mit der gleichen x-Abhängigkeit wie das Biegewellenfeld mit gleicher Frequenz. Für den Schallwechseldruck dieses Luftwellenfeldes gilt dann:

$$\tilde{p}(x, z, t) = \hat{p}_S \cdot e^{-j\left(\frac{2\pi}{\lambda_B}x \pm \frac{2\pi}{\lambda_Z}z\right)} \cdot e^{j\omega t}. \tag{2.113}$$

Hierin sind die Größen $\hat{p}_S$ und $\lambda_z$ noch unbekannt. Zu ihrer Berechnung stehen zur Verfügung:

1. die Wellengleichung des Luftschalls in der Schreibweise für den Wechseldruck p (siehe Gl. (1.17))

   $$\Delta p = \frac{1}{c^2}\frac{\partial^2 p}{\partial t^2},$$

2. die Erfüllung der Randbedingung derart, daß die Schnelle des Luftfeldes in z-Richtung an der Stelle z = 0 gleich der Schnelle der Oberfläche ist, d.h.

   $$\tilde{v}(z = 0) = \tilde{v}_S.$$

Hierbei ist noch zu beachten, daß die Luftschallschnelle mit dem Wechseldruck durch die Gl. (1.3) verknüpft ist. Für die z-Richtung folgt daraus:

$$\rho \frac{\partial \tilde{v}_z(x, z, t)}{\partial t} = -\frac{\partial \tilde{p}(x, z, t)}{\partial z}. \tag{2.114}$$

Mit dem harmonischen Lösungsansatz

$$p(x, z, t) = p(x, z) \cdot e^{j\omega t}$$

ergibt sich dann für den Wechseldruck $p(x, z)$:

$$\frac{\partial^2 \tilde{p}(x, z)}{\partial x^2} + \frac{\partial^2 \tilde{p}(x, z)}{\partial z^2} + \left(\frac{2\pi}{\lambda}\right)^2 \tilde{p}(x, z) = 0, \tag{2.115}$$

$$\tilde{v}_z(x, z) = -\frac{1}{j\rho\omega} \frac{\partial \tilde{p}(x, z)}{\partial z}. \tag{2.116}$$

Mit dem Lösungsansatz für den Wechseldruck:

$$\tilde{p}(x, z) = \hat{p}_S \cdot e^{-j\frac{2\pi}{\lambda_B}x} \cdot e^{\mp j\frac{2\pi}{\lambda_z}z} \tag{2.117}$$

erhält man aus der Gl. (2.115) die Unbekannte $\lambda_z$ in der Form:

$$\frac{1}{\lambda_z^2} = \frac{1}{\lambda^2} - \frac{1}{\lambda_B^2} \tag{2.118}$$

bzw.

$$(\lambda_z/\lambda)^2 = \frac{1}{1 - (\lambda/\lambda_B)^2}.$$

Mit Hilfe des Ansatzes (2.117) ergibt sich aus der Gl. (2.116):

$$\tilde{v}_z(x, z) = \hat{p}_S \frac{2\pi}{\lambda_z} \frac{1}{\rho\omega} \cdot e^{-j\frac{2\pi}{\lambda_B}x} \cdot e^{\mp j\frac{2\pi}{\lambda_z}z} \tag{2.119}$$

und für $z = 0$:

$$\tilde{v}(z=0) = \hat{p}_S \frac{2\pi}{\lambda_z} \frac{1}{\rho\omega} \cdot e^{-j\frac{2\pi}{\lambda_B}x}. \tag{2.120}$$

Die Erfüllung der Randbedingung $\tilde{v}(z = 0) = \tilde{v}_S$ erlaubt schließlich die Berechnung der zweiten Unbekannten $\hat{p}_S$:

$$\hat{p}_S = \hat{v}_S \frac{\lambda_z}{\lambda} (\rho c). \tag{2.121}$$

Mit den Gln. (2.118) und (2.121) ergibt sich dann für den Schallwechseldruck $\tilde{p}(x, z)$ des indizierten Luftschallfeldes allgemein [5]:

$$\tilde{p}(x, z) = \frac{\hat{v}_S(\rho c)}{\sqrt{1 - \left(\frac{\lambda}{\lambda_B}\right)^2}} \cdot e^{-j\frac{2\pi}{\lambda_B}x} \cdot e^{\mp j 2\pi \sqrt{1 - \left(\frac{\lambda}{\lambda_B}\right)^2} \frac{z}{\lambda}} \tag{2.122}$$

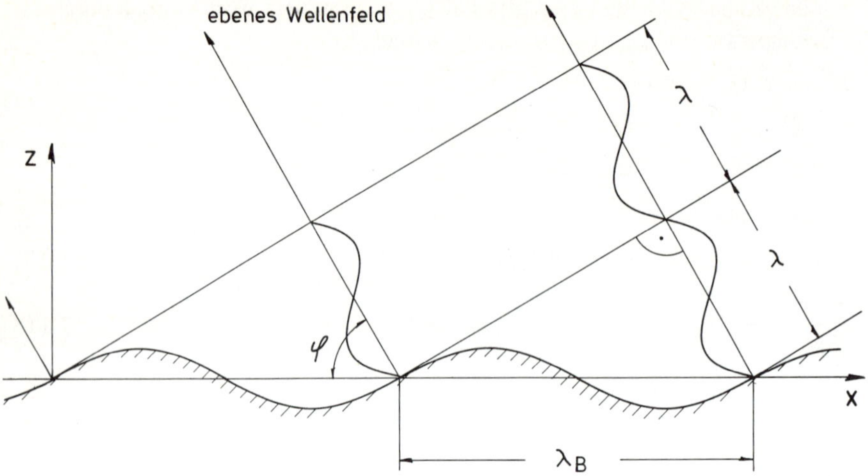


**Bild 2.30** Luftwellenfeld der Wellenlänge λ vor einer zu Biegeschwingungen angeregten, unendlich ausgedehnten Platte ($\lambda < \lambda_B$)

und für z = 0:

$$\tilde{p}\,(x, 0) = \frac{\hat{v}_S(\rho c)}{\sqrt{1 - \left(\frac{\lambda}{\lambda_B}\right)^2}} \cdot e^{-j\frac{2\pi}{\lambda_B}x}. \tag{2.123}$$

Aus den Gln. (2.119) und (2.122) lassen sich folgende Grenzfälle für die Schallabstrahlung unendlich ausgedehnter biegeelastischen Platten deuten:

a) $\lambda < \lambda_B$

Hierbei ist die Wellenlänge λ der abgestrahlten Luftwellen kleiner als die Wellenlänge der fortschreitenden Biegewellen. In diesem Fall baut sich vor der biegewellenangeregten Platte ein ebenes (Schalldruck und Schallschnelle sind in Phase) fortschreitendes Luftwellenfeld auf. Dabei stellt sich für die Luftschallabstrahlung eine bestimmte Richtung ein. Der zugehörige Winkel gegen die Fläche sei φ (Bild 2.30). Bei gleicher Abhängigkeit der Schalldruckverteilung von x, wie sie für die Schnelle der Biegewellen zutrifft, ergibt sich für diesen Winkel

$$\cos\varphi = \frac{\lambda}{\lambda_B}. \tag{2.124}$$

Da an der Oberfläche der Platte Druck und Schnelle für $\lambda < \lambda_B$ in Phase sind, läßt sich die Intensität einer Schallabstrahlung aus den Gln. (2.120) und (2.121) wie folgt berechnen:

$$I_S = \frac{1}{2}\,\mathrm{Re}\,\{\hat{p}_S \hat{v}_S^*\} = \frac{\tilde{v}_S^2(\rho c)}{\sqrt{1 - \left(\frac{\lambda}{\lambda_B}\right)^2}}. \tag{2.125}$$

Hierbei ist die konjugiert komplexe Amplitude der Schnelle $\hat{v}_S^*$ gleich der Schnelleamplitude $\hat{v}_S$ (siehe Gln. (2.119) und (2.120)). Aus Gl. (2.125) ergibt sich unmittelbar der Abstrahlgrad der Platte für $\lambda < \lambda_B$:

$$\sigma = \frac{1}{\sqrt{1 - \left(\frac{\lambda}{\lambda_B}\right)^2}}. \qquad (2.126)$$

In Bild 2.31 ist der Abstrahlgrad $\sigma$ in Abhängigkeit von dem Verhältnis $\lambda_B/\lambda$ dargestellt [5]. Man erkennt, daß der Abstrahlgrad $\sigma$ für $\lambda_B > \lambda$ größer 1 ist, mit steigendem $\lambda_B$ aber sehr rasch gegen 1 geht.

Interessiert man sich noch für den Schalldruck, der sich im Falle $\lambda < \lambda_B$ unmittelbar vor der schallabstrahlenden Platte aufbaut, so ist die zuvor beschriebene Richtwirkung der Schallabstrahlung zu berücksichtigen. Es werden im Falle $\lambda < \lambda_B$ ebene Wellen unter dem Winkel $\varphi$ abgestrahlt, zu dem der Wellenquerschnitt $\Delta A \cdot \sin\varphi$ (Bild 2.32) und damit der Schalldruckpegel $L_p(\varphi)$ gehören.

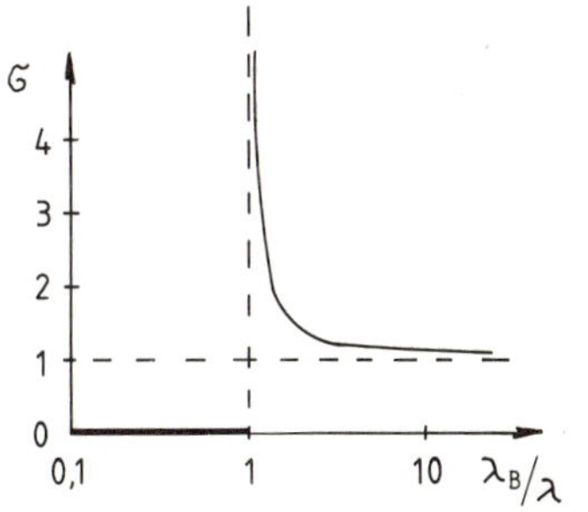


**Bild 2.31** Abstrahlgrad einer unendlich ausgedehnten Platte in Abhängigkeit von dem Verhältnis $\lambda_B/\lambda$

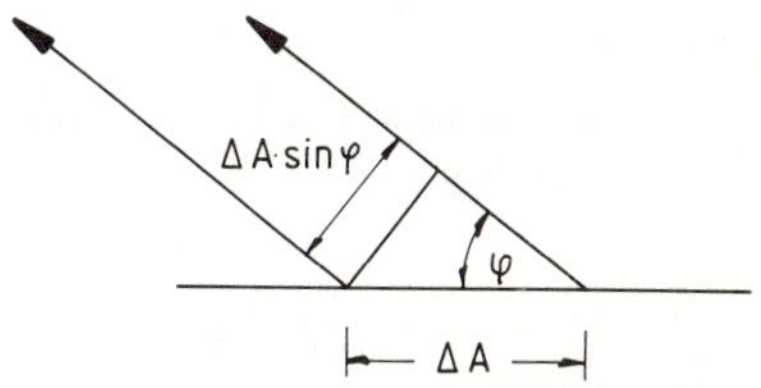


**Bild 2.32** Wellengang der Schallabstrahlung einer zu Biegewellen angeregten Platte ($\lambda < \lambda_B$)

$$L_p(\varphi) = L_v + 10 \lg \frac{1}{\sin\varphi} - 2K_0 \quad \text{dB} \qquad (2.127)$$

mit

$$K_0 = -10 \lg \frac{\rho c}{\rho_0 c_0} \quad \text{dB}.$$

Somit weist der Schalldruckpegel höhere Werte als der Schnellepegel auf. Erfolgt die Abstrahlung im Bereich $\lambda < \lambda_B$ breitbandig, so ist über alle Winkel $\varphi$ zwischen 0 und 90° zu mitteln. Dann ist:

$$\overline{\sin\varphi} = \frac{2}{\pi} \int_0^{\frac{\pi}{2}} \sin\varphi \, d\varphi = \frac{2}{\pi}.$$

Mit $\rho \cdot c \approx \rho_0 \cdot c_0$ folgt aus Gl. (2.127):

$$\begin{aligned} L_{\overline{p}} &= L_v + 10 \lg \frac{\pi}{2} \quad \text{dB} \\ &= L_v + 2 \quad \text{dB}. \end{aligned} \tag{2.128}$$

Der weitere Verlauf der Druckverteilung vor der schallabstrahlenden Platte hängt von den akustischen Eigenschaften des Raumes um die Platte ab (Freifeld, Diffusfeld).

b) $\lambda > \lambda_B$

Hierbei kommt es nicht mehr zur Abstrahlung eines ebenen, fortschreitenden Luftwellenfeldes. In diesem Falle erhält man aus Gl. (2.122) für den Schalldruck:

$$\hat{p}(x, z) = -j(\rho c) \frac{\hat{v}_S}{\sqrt{\left(\frac{\lambda}{\lambda_B}\right)^2 - 1}} \cdot e^{-2\pi \sqrt{\left(\frac{\lambda}{\lambda_B}\right)^2 - 1}\,\frac{z}{\lambda}} \cdot e^{-j \frac{2\pi}{\lambda_B} x} \tag{2.129}$$

und an der Oberfläche (z = 0):

$$\hat{p}(x, 0) = -j(\rho c) \frac{\hat{v}_S}{\sqrt{\left(\frac{\lambda}{\lambda_B}\right)^2 - 1}} \cdot e^{-j \frac{2\pi}{\lambda_B} x}. \tag{2.130}$$

Vor der Platte baut sich also ein Nahfeld auf mit parallel zur Platte verlaufender Welle, deren Wechseldruck mit größer werdendem z sehr rasch abfällt. Es ist:

$$L_p(z) = L_p(0) - 54{,}6 \sqrt{\left(\frac{\lambda}{\lambda_B}\right)^2 - 1}\,\frac{z}{\lambda} \quad \text{dB}. \tag{2.131}$$

Im Bild 2.33 ist die Gl. (2.131) mit dem Steigungsmaß $-54{,}6\sqrt{(\lambda/\lambda_B)^2 - 1}$ = konst über $z/\lambda$ dargestellt. Man erkennt, daß der Schalldruck mit steigendem z sehr rasch abfällt. Der Abfall beträgt z.B. für $\lambda = 1{,}2\lambda_B$ und $z = 0{,}5\,\lambda$ ca. 18 dB.

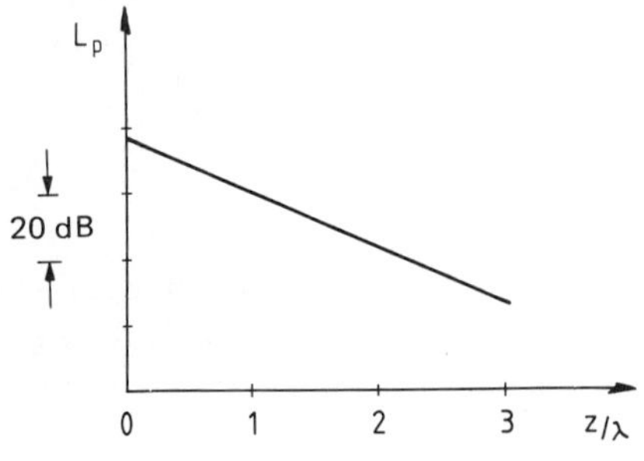


**Bild 2.33**
Pegelabnahme im Nahfeldbereich einer unendlich ausgedehnten Platte ($\lambda = 1{,}2\,\lambda_B$)

Da an der Oberfläche Druck und Schnelle um 90° phasenverschoben sind (Faktor j in den Gln. (2.129) und (2.130)), gehen die Intensität $I_S$ der Abstrahlung und somit der Abstrahlgrad $\sigma$ gegen 0. Die Singularität $\sigma \to \infty$ für $\lambda \to \lambda_B$ und der Grenzwert $\sigma \to 0$ für $\lambda \gg \lambda_B$ stellen beide nur theoretische Grenzwerte dar. Der wirkliche Verlauf von $\sigma$ über

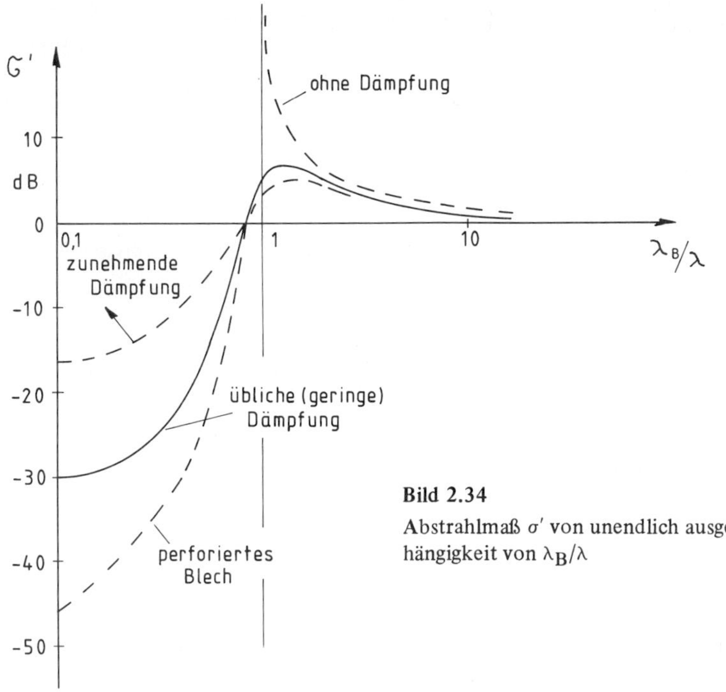


**Bild 2.34**

Abstrahlmaß $\sigma'$ von unendlich ausgedehnten Platten in Abhängigkeit von $\lambda_B/\lambda$

$\lambda_B/\lambda$ weist dagegen keine Singularitäten mehr auf. Hierfür ist vor allem die innere Dämpfung des Plattenwerkstoffes verantwortlich. Sie führt zu einem Verlauf des Abstrahlmaßes $\sigma'$, wie er in Bild 2.34 skizziert ist. Für die üblichen Plattenwerkstoffe ist das Abstrahlmaß $\sigma'$ im Bereich $\lambda > \lambda_B$ um ca. 30 dB niedriger als der Bereich $\lambda < \lambda_B$.

### 2.2.6 Koinzidenzeffekt

Es erhebt sich nunmehr die zentrale Frage, in welcher Beziehung die Luftschallwellenlänge $\lambda$ und die Biegewellenlänge der Platte $\lambda_B$ zueinander stehen. Zur Beantwortung dieser Frage wird zweckmäßig der Grenzfall $\lambda = \lambda_B$ und damit auch $\varphi = 0$ untersucht. Physikalisch bedeutet dieser Fall, daß dann auch die indizierten Längswellen der Luft über der Platte parallel zu den Biegewellen fortschreiten und daß die beiden Fortpflanzungsgeschwindigkeiten gleich sind, d.h. $c_B = c$. Diese Übereinstimmung hinsichtlich der Wellenlängen sowie der Ausbreitungsgeschwindigkeiten nennt man Koinzidenz zwischen Biege- und Luftwellen [5, 9]. Die transversale Biegewelle senkrecht zur Plattenoberfläche erzeugt in der angrenzenden Luft genau passende Druckschwankungen und indiziert so die synchron mitlaufende Luftwelle (Bild 2.35).

Nun stellt aber die Fortpflanzungsgeschwindigkeit in der Luft im vorliegenden Fall eine Konstante dar (siehe Gl. (1.21)), während die Biegewelle eine Funktion der Frequenz ist (siehe Gl. (1.58)). Daraus folgt, daß der Fall $\lambda = \lambda_B$, also die Koinzidenz, sich nur bei

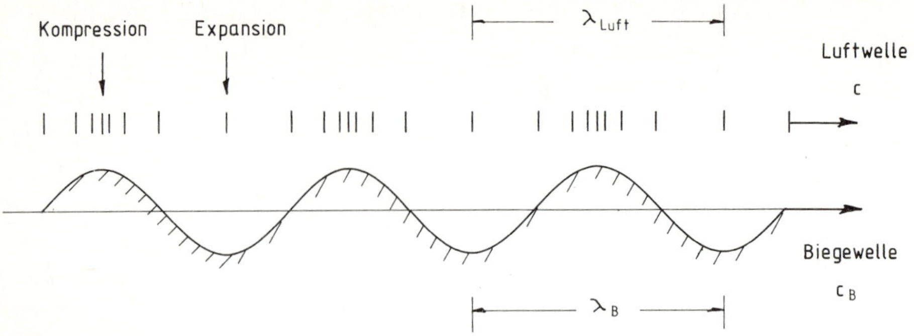


Bild 2.35 Anregung von Luftwellen durch Biegewellen einer Platte ($\lambda_{Luft} = \lambda_B$)

einer ganz bestimmten Frequenz, der sog. Koinzidenzfrequenz $f_g$, einstellen kann. Diese Frequenz läßt sich wie folgt berechnen:

$$c = \sqrt{\kappa \frac{p_0}{\rho_0}} = \sqrt{2\pi} \sqrt[4]{\frac{B'}{m''}} \sqrt{f_g};$$

$$f_g = \frac{1}{2\pi} c^2 \sqrt{\frac{m''}{B'}}. \tag{2.132}$$

Mit der Gl. (2.132) für $f_g$ folgt aus der Gl. (1.58) für die Fortpflanzungsgeschwindigkeit der Biegewellen $c_B$:

$$c_B = c \frac{\sqrt{f}}{\sqrt{f_g}}. \tag{2.133}$$

Die Gl. (2.133) besagt, daß die Fortpflanzungsgeschwindigkeit der Biegewellen mit $\sqrt{f}$ ansteigt und gleichzeitig die Biegewellenlänge mit $1/\sqrt{f}$ kleiner wird. Da die Schallgeschwindigkeit der Luft keine Funktion der Frequenz darstellt, nimmt die Wellenlänge $\lambda$ der Luft mit $1/f$ ab. Die Luftwellenlänge nimmt daher mit steigender Frequenz stärker ab als die Biegewellenlänge. Daraus folgt aber, daß sich für $f > f_g$ auch noch ein Koinzidenzzustand einstellen kann, wenn die Schallabstrahlung, wie bereits gezeigt, schräg unter dem Winkel $\varphi$ erfolgt.

$$\cos\varphi = \frac{\lambda}{\lambda_B} = \frac{c}{c_B} = \frac{c}{\sqrt{2\pi} \sqrt[4]{\frac{B'}{m''}} \sqrt{f}} = \frac{\sqrt{f_g}}{\sqrt{f}} \leqslant 1. \tag{2.134}$$

Zusammenfassend läßt sich feststellen, daß für die Frequenzen $f \geqslant f_g$ eine Schallabstrahlung in ebenen, fortschreitenden Wellen unter dem spitzen Winkel $\varphi$ gegen die Plattenfläche erfolgt. Der Winkel $\varphi$ geht um so mehr gegen 90°, je höher die Frequenz wird:

$f = 2 f_g \quad (\varphi = 45°)$,
$f = 3 f_g \quad (\varphi = 55°)$,
$f = 4 f_g \quad (\varphi = 60°)$.

Für $f = f_g$ erfolgt die Fortpflanzung parallel zur Plattenoberfläche $\varphi = 0$.

Bei $f > f_g$ ist der Abstrahlgrad $\sigma \approx 1$. Für den praktischen Gebrauch wird die Koinzidenzfrequenz noch einmal umgeformt. Aus der Gl. (2.132) ergeben sich mit

$$m'' = \rho h$$

und

$$B' = \frac{Eh^3}{12(1-\mu^2)}$$

die Koinzidenzfrequenz $f_g$ und die Koinzidenzkonstante $(f_g \cdot h)$:

$$f_g = 0{,}551 \frac{c^2}{c_{\mathrm{Depl}} h}; \quad f_g h = 0{,}551 \frac{c^2}{c_{\mathrm{Depl}}}, \tag{2.135}$$

wobei $c_{\mathrm{Depl}}$ die Dehnwellengeschwindigkeit der Platte ist. Aus den Beziehungen erkennt man, daß die Konstante $(f_g \cdot h)$ nur von den Schallgeschwindigkeiten der 2 Medien (in der Regel Luft und metallische Werkstoffe) abhängig ist. Die Koinzidenzfrequenz $f_g$ wird zusätzlich noch wesentlich von der Materialdicke h beeinflußt. Sie ist um so größer, je kleiner die Wanddicke h ist. In Bild 2.36 und Tab. 2.3 sind die Koinzidenzkonstante $f_g \cdot h$ für verschiedene Materialien und die Koinzidenzfrequenz $f_g$ als Funktion von Plattendicke h und Material dargestellt [10].

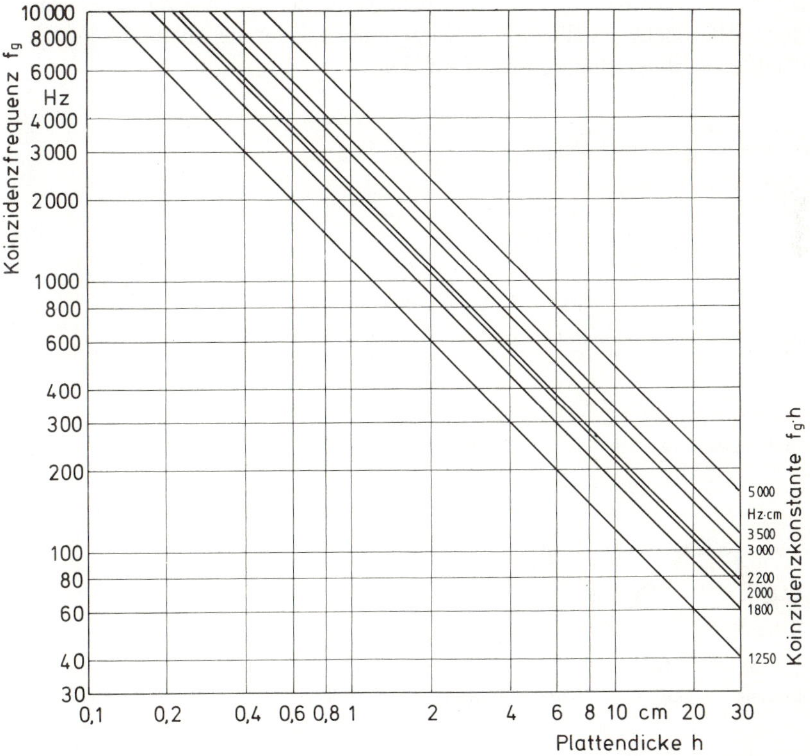


**Bild 2.36** Koinzidenzfrequenz $f_g$ in Abhängigkeit von der Plattendicke h für verschiedene $(f_g \cdot h)$

**Tabelle 2.3** Koinzidenz-Konstante ($f_g \cdot h$) für verschiedene Materialen

| $f_g h$ | Material |
|---|---|
| 5000 | Blei |
| 3500 | Gipsplatten |
| 3000 | Gipskarton-, Hartfaserplatten |
| 2200 | Ziegelmauerwerk |
| 1800 | Beton, Zementasbestplatten |
| 1250 | Stahl, Glas, Aluminium |

*Beispiele:*

1. Stahlplatte h = 4 mm:

   $f_g = 3000$ Hz (hoch)

2. Ziegelmauerwerk, h = 30 cm

   $f_g = 80$ Hz (sehr niedrig).

Für den Fall, daß $f < f_g$ ist, findet man mit den gleichen Überlegungen wie im Falle $f > f_g$, daß die Wellenlänge $\lambda$ der abgestrahlten Luftwellen jetzt stärker zunimmt als die Wellenlänge $\lambda_B$ der Biegewellen. Für diesen Fall $\lambda > \lambda_B$ ist aber, wie bereits gezeigt, keine Koinzidenz mehr möglich. Die Abstrahlung ist stark reduziert. Für den Fall $\lambda \gg \lambda_B$ bildet sich jetzt an der Plattenoberfläche ein akustischer Kurzschluß aus, der die Abstrahlung stark unterdrückt (Bild 2.37). $\sigma$ geht theoretisch gegen Null.

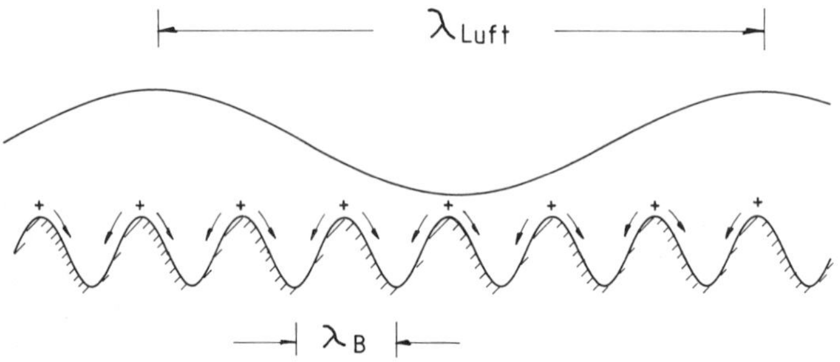


**Bild 2.37** Ausbildung des akustischen Kurzschlusses vor einer Platte ($\lambda \gg \lambda_B$)

**Bild 2.38** Ausbildung des akustischen Kurzschlusses an einem zu Biegewellen angeregten Lochblech

Ein solcher, besonders wirkungsvoller akustischer Kurzschluß läßt sich auch gezielt an einem zu Biegeschwingungen angeregten Lochblech erreichen, da sich an der Perforation ein direkter Druckausgleich zwischen Vorder- und Rückseite ausbilden kann (Bild 2.38). Man erhält auf diese Weise aus dem Flächenstrahler einen Dipolstrahler mit entsprechend geringer Schallabstrahlung, vor allem im unteren und mittleren Frequenzbereich. Aus gleichem Grunde läßt sich durch das Anbringen zusätzlicher kleiner Öffnungen in einer körperschallabstrahlenden Wand, die sonst keine Dämmfunktion gegen Luftschall erfüllen muß, die Abstrahlung spürbar herabsetzen.

Abschließend sei noch ergänzt, daß bei freien Biegewellen das Verhältnis der Wellenlängen $(\lambda_B/\lambda)^2$, das in diesem Abschnitt wiederholt erscheint, durch das einfache Frequenzverhältnis $f/f_g$ ersetzt werden kann, entsprechend $\lambda_B/\lambda$ durch $\sqrt{f}/\sqrt{f_g}$. Insbesondere läßt sich die Gl. (2.126) für den Abstrahlgrad $\sigma$ wie folgt angeben:

$$\sigma = \frac{1}{\sqrt{1 - \frac{f_g}{f}}} . \qquad (2.136)$$

Diese Gleichung gilt entsprechend der Bedingung $\lambda < \lambda_B$ für den Bereich $f > f_g$.

Abschließend soll noch erwähnt werden, daß Elementarstrahler, wie sie hier gezeigt wurden, nur selten in der Praxis allein vorkommen. Man kann aber in guter Näherung das Abstrahlverhalten realer Strahler, z.B. Maschinen, durch Zusammenwirken verschiedener Elementarstrahler unterschiedlicher Ordnung charakterisieren. Hierzu benötigt man neben dem Frequenzspektrum (Frequenzanalyse) der Körperschallschnelle auch die dazu gehörigen Schwingungsformen (Modalanalyse) des schwingenden Bauteils. Kennt man die Schwingungsformen bei den entsprechenden Frequenzen, die den Gesamtpegel der Körperschallschnelle wesentlich beeinflussen, dann kann man das Abstrahlverhalten (Abstrahlgrad) der Maschine näherungsweise auf geeignete Elementarstrahler oder auf das Zusammenwirken verschiedener Strahler zurückführen.

# 3 Technische Geräusche und ihre Entstehung

Den Geräuschen, wie sie vor allem in der Technik in mannigfacher Weise und in immer stärkerem Maße abgestrahlt werden, kommt eine besondere Bedeutung zu. Immer häufiger werden sie beanstandet, weil sie zu laut sind und sehr lästig wirken. Solche Geräusche müssen dann gezielt bekämpft werden. Ein erster Schritt in diese Richtung wird getan, wenn ihre Entstehungsmechanismen erkannt und analysiert werden können.

## 3.1 Körperschall

Eine wesentliche Gruppe technischer Geräusche entsteht unmittelbar aus dem *Körperschall*. Dieser kann in allen elastischen Strukturen erzeugt und weitergeleitet werden. In ihm sind, wie bereits ausgeführt, die in der Struktur auftretenden mechanischen Schwingungen, soweit ihre Frequenzen im Hörbereich liegen, zusammengefaßt. Diese Schwingungen werden an bestimmten, meist örtlich begrenzten Bereichen angeregt und sowohl an der Erregerstelle als auch an weiter entfernt liegenden Stellen der Struktur abgestrahlt. Die Weiterleitung in die Struktur erfolgt durch Längs-, Schub-, Torsions- und Biegewellen und kann vor allem durch die Längswellen größere Wege überwinden. Während bei der Einleitung der Störung in die Struktur die Eingangsimpedanz $Z_e$ (siehe Abschnitt 1.4.2) eine wichtige Rolle spielt, hängt die Weiterleitung vor allem von der Körperschalldämmung und -dämpfung der Struktur ab. Schließlich wird an geeigneten Abschnitten der Strukturoberfläche Luftschall abgestrahlt. Maßgebend für die Stärke der abgestrahlten Schalleistung sind vor allem

- die Größe der abstrahlenden Flächen,
- die Körperschallschnelle,
- der Abstrahlgrad

der schwingenden Strukturen. Dabei lassen sich die Abstrahlmechanismen meist in etwas vereinfachter Weise durch einen der im Abschnitt 2.2 dargestellten idealisierten Schallsender annähern.

So führt beispielsweise das Gehäuse eines Verbrennungsmotors infolge der im Inneren wirkenden Gaskräfte eine pulsierende Bewegung aus und strahlt so Luftschall ab. Der Vorgang entspricht in guter Näherung der Abstrahlung eines Schallsenders 0. Ordnung. Die Abstrahlung kann besonders effizient sein, wenn sie an Flächenelementen erfolgt, die zu Biegeschwingungen angeregt werden (siehe Abschnitt 2.2.5). Die Biegeschwingungen lassen sich besonders gut durch Querkräfte anfachen. Solche Schwingungen können aber auch primär durch Längswellen eingeleitet werden. Treffen nämlich solche Längswellen auf Ecken und Kanten, die in einer Struktur immer vorhanden sind, so erfolgt dort eine Umsetzung der Längswellen in Biegewellen mit entsprechend stärkerer Abstrahlung [1].

Für die Analyse der aus den Körperschallschwingungen, ihrer Weiterleitung und Abstrahlung hervorgehenden technischen Geräusche ist daher zunächst die Anregung der mechanischen Schwingungen in elastischen Strukturen zu beschreiben. Für diese Anregung bestehen grundsätzlich zwei Möglichkeiten [2]

a) Strahlt eine solche Struktur, z.B. eine Maschine, dauernd Geräusche ab, dann sind an ihr bestimmte Wechselkräfte als Anteile der Betriebskräfte wirksam. Zusammen mit den Reaktionskräften bauen sie einen geschlossenen Kraftfluß auf. Alle in diesem Kraftfluß befindlichen elastischen Elemente werden dann unmittelbar zu Schwingungen angeregt. Es handelt sich hierbei um eine *Krafterregung*. Im Bild 3.1 erkennt man einen Kraftfluß der Gaskräfte und einen über die Aufhängung laufenden Kraftfluß der Massenkräfte.

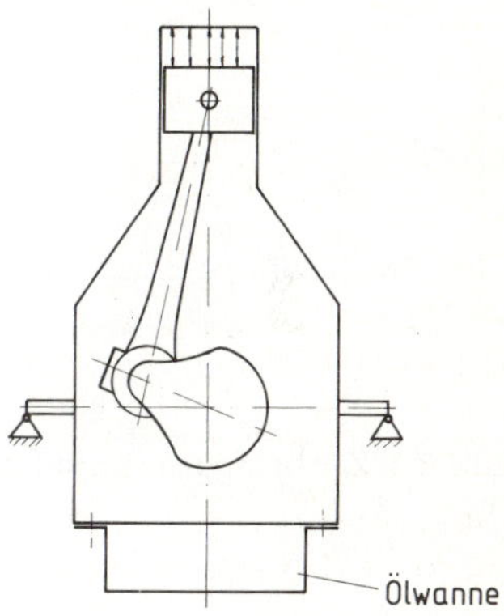


**Bild 3.1**
Schematische Darstellung der Kraft- und Geschwindigkeitsanregung eines Verbrennungsmotors

b) Es können auch mittelbar angekoppelte, nicht im direkten Kraftfluß liegende Strukturbereiche, zu Schwingungen angeregt werden. In diesem Fall handelt es sich um eine *Geschwindigkeitserregung*. In der Mechanik nennt man sie auch eine Federfußpunkterregung. In dem im Bild 3.1 dargestellten Beispiel ist die am Gehäuseboden angekoppelte Ölwanne geschwindigkeitserregt.

Man gewinnt einen guten Einblick in die Körperschallanfachung, wenn man die Wechselkräfte beschreibt, die die Anfachung verursachen. Neben der Größe dieser Kräfte ist vor allem der Verlauf über der Zeit und das daraus resultierende Frequenzspektrum von Interesse.

### 3.1.1 Stoß- und Schlaganregung

Hierbei handelt es sich um eine kurzzeitige Einwirkung von Kräften an einem örtlich sehr begrenzten Strukturbereich und einer Einwirkdauer von Bruchteilen einer Sekunde. Die Einwirkung kann einmalig sein oder sich erst nach längeren Zeitabständen wiederholen. Es kann sich aber auch um einen pulsierenden, intermittierenden Stoßvorgang handeln. Im ersten Fall ist der Einzelvorgang allein entscheidend. Der Zeitverlauf und das dazu gehörende Frequenzspektrum sind in Bild 3.2 dargestellt. Sie entsprechen in etwa dem theoretischen Verlauf des Halbcosinus-Impuls (siehe Abschnitt 1.6.3). Man erkennt eine breitbandige Anregung, die um so höhere Frequenzen enthält, je kürzer die Stoßzeit $T_{St}$ ist. Die Amplitudendichte des Spektrums ist um so größer, je größer die Stoßstärke $J_S$ ist.

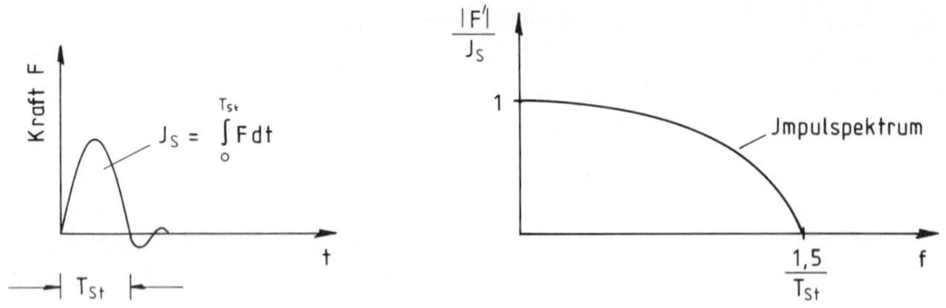


**Bild 3.2** Zeit- und Frequenzverlauf eines Stoßes

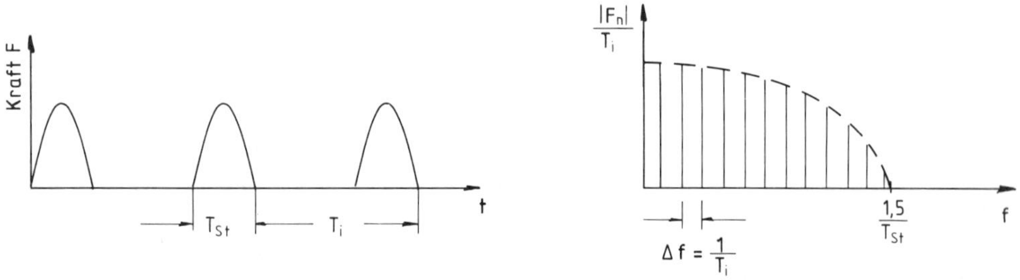


**Bild 3.3** Zeit- und Frequenzverlauf eines intermittierenden, periodischen Stoßvorganges

Im Falle eines intermittierenden Stoßvorgangs (siehe Abschnitt 1.6.3) stellen sich in etwa der in Bild 3.3 dargestellte Zeitverlauf und das zugehörige Impulsspektrum ein. Es ist ein Linienspektrum mit um so dichterer Folge der Linien, je länger die Zeit $T_i$ zwischen den Stößen dauert. Das durch die Pulszeit $T_i$ dividierte Impulsspektrum des Einzelvorganges ist die sog. Hüllkurve. Man erkennt daraus, daß Amplituden bis zu $f = 1{,}5/T_{St}$ vorhanden sind, so daß auch hier die Anregung um so breitbander ist, je kürzer die Stoßzeit $T_{St}$ des Einzelvorganges ist.

Solche Geräusche können z.B. beim Schmieden, Stanzen, Nieten, Hämmern, durch Klappern bei freiem Spiel in Führungen, bei Schreibmaschinen oder auch durch Wälzlagerstützkräfte oder durch Zahnflankenkräfte entstehen. Es kann aber auch Körperschall infolge intermittierender Druckkräfte hydraulischen und gasdynamischen Ursprungs abgestrahlt werden.

### 3.1.2 Periodische Anregung

Diese Art Körperschallanfachung ist leichter erfaßbar. Der Zeitverlauf der Kräfte ist periodisch, das zugehörige Amplituden-Frequenzspektrum ist ein Linienspektrum.

Bei rein periodischer Anregung handelt es sich in erster Linie um Geräusche infolge der Wirkung von Trägheitskräften. Einmal treten diese Geräusche bei allen rotierenden Maschinenteilen auf, beispielsweise an Pumpen, Turbinen, Elektromotoren usw. Die Stärke der Kraftanregung wird dabei von der Größe der Unwuchten und von der Drehzahl der Läufersysteme bestimmt. Zum anderen kann periodische Körperschallanregung durch oszillierende Massen erfolgen, wie dies vor allem an allen ungleichförmig übersetzenden

Getrieben geschieht. Eine moderne hochtourige Industrienähmaschine ist hierfür typisch. Die Grundfrequenz entspricht der Antriebsdrehzahl, ihr Einfluß setzt sich in Obertönen bis zu hohen Ordnungszahlen durch. Die Stärke der Wechselkraftanregung ist wiederum durch die Größe der oszillierenden Massen und die Drehzahl bestimmt.

Eine Sondergruppe stellen die magnetostriktiven Kräfte[1]) dar. Die Erregung ist proportional zum Quadrat der Stromstärke, so daß bei einer Induktionsfrequenz von 50 Hz die Anregung mit der Grundfrequenz 100 Hz erfolgt. Diese Art der Körperschallanregung spielt vor allem bei Elektromotoren, Generatoren, Transformatoren eine Rolle.

### 3.1.3 Stochastische Anregung

Diese Art Anregung ist wohl die häufigste. Sie ist regellos mit den Merkmalen für stoachstische Zeitabläufe, wie sie im Abschnitt 1.6.2 beschrieben wurden. Insbesondere ist das Frequenzspektrum der Amplitudendichte breitbandig. Stochastische Körperschallanfachung tritt auf beim Abwälzen (Abrollen) und beim Gleiten zweier Grenzflächen relativ gegen einander, die durch äußere Kräfte zusammengedrückt werden. Bedingt durch die Rauhigkeit ihrer Oberfläche ergeben sich dabei in den Grenzflächen stark wechselnde örtliche Kraftspitzen mit stochastischem Charakter und führen zu einer ebenso stochastischen Körperschallanregung der angekoppelten Struktur. Derartige Anregungen finden z.B. an den Kugeln, Rollen, Nadeln der Wälzlager statt oder auch an den Zahnflanken zweier im Eingriff stehender Zahnräder, ferner auch an rollenden Rädern insbesondere bei Schienenfahrzeugen.

Alle Anregungen nehmen dabei sehr stark mit der Erhöhung der Roll- und Gleitgeschwindigkeit zu, ebenso mit größerer Rauhigkeit.

Ähnlicher Art ist der Mechanismus der Anregung, wie er bei der zerspanenden Materialbearbeitung, z.B. beim Fräsen, Drehen, Bohren, Schleifen, Sägen, Hobeln, auftritt. Hierbei sind die lokalen, stochastisch wirkenden Kraftspitzen noch intensiver. Anregungsspektrum und Geräusche selbst sind breitbandig. Die Anregung nimmt ebenfalls stark mit der Erhöhung der Bearbeitungsgeschwindigkeit zu, was meist gleichbedeutend mit einer Zunahme der Anregung durch Drehzahlerhöhung ist.

Die stochastische Körperschallanregung einer Struktur kann auch dadurch erfolgen, daß diese von einem Medium angeströmt oder umströmt wird. Dabei ist es gleichgültig, ob die Struktur, die das Hindernis bildet, stillsteht und das Medium strömt, oder ob umgekehrt sich das Hindernis in einem ruhenden Medium bewegt. Bekanntlich bildet sich auf der Rückseite der Hindernisse durch Ablöseeffekte ein System von Wirbeln. Diese wirken mit wechselnden Kräften auf das Hindernis zurück. Bei den üblicherweise vorhandenen größeren Reynoldszahlen überlagern sich jedoch diesen Wirbeln turbulente Geschwindigkeitsschwankungen, die zu einem raschen Zerfall der Wirbel führen. Es kommt zu regellosen Geschwindigkeitsschwankungen und demzufolge auch zu stochastischen Wechselkräften am Hindernis mit einer ebensolchen Körperschallanregung. Die Anregung von Körperschall durch Wirbelablösung nimmt mit größer werdender Anströmgeschwindigkeit sehr stark zu. Die Körperschallanregung der Karosserie eines Kraftfahrzeuges durch den

---

[1]) Bauteile, die sich in einem pulsierenden Magnetfeld befinden, z.B. ein Eisenstab, der von einer Wechselinduktion durchflutet wird, erfahren Wechselkräfte bei der Frequenz $f = n \cdot f_0$. Hierbei ist $f_0$ die Pulsationsfrequenz der Induktion und $n = 2, 4, 6 \ldots$ [3].

Fahrtwind ist hierfür ein treffendes Beispiel. Zum Abschluß wird noch eine weniger leicht durchschaubare Art der Anregung vorgestellt. Sie basiert auf den Mechanismen der Selbsterregung, wie sie beispielsweise beim Quietschen von Bremsen, Kreischen von Rädern und Durchrollen enger Kurven, kurz bei allen unter einem schrillen Geräusch ablaufenden Gleitvorgängen, auftreten.

Diese Anregung, die durch Rückkopplungseffekte einer schwingungsfähigen Struktur mit einem statischen Energiespeicher zustande kommt, ist breitbandig mit Bevorzugung der höheren Frequenzbereiche. Ähnliches gilt auch für die Rattererscheinungen, wie sie an metall- und holzverarbeitenden Maschinen auftreten können.

Es liegt natürlich auf der Hand, daß die drei behandelten Körperschallanregungen, die Schlag- und Stoßanfachung, die periodische Anfachung und die stochastische Anfachung nicht nur separat, d.h. jede für sich, sondern auch in Überlagerungen zusammenwirken können. Zum Beispiel können bei der Materialbearbeitung im breitbandigen Grundspektrum auch schmalbandige Anteile infolge von Unwuchteinflüssen im Antrieb auftreten. Beim Abrollen eines Rades auf Schienen, die sich auf Schwellen abstützen, ist dem breitbandigen Geräusch des Abrollvorganges ein intermittierendes Stoßgeräusch überlagert.

## 3.2 Fluidschall

Die Strömungsgeräusche oder der Fluidschall stellen die zweite große Gruppe der technischen Geräusche dar. Beschränkt man sich zunächst auf das Fluid Luft, so handelt es sich in den meisten Fällen um unmittelbar wirkenden Luftschall. Die Luft wird dabei durch bestimmte Mechanismen in der Luft selbst zu oszillatorischen Bewegungen veranlaßt, die entsprechende Druckschwankungen zur Folge haben. Letztere breiten sich mit Schallgeschwindigkeit aus und können direkt als Luftschall wahrgenommen werden, wenn die Frequenzen im Hörbereich liegen. Die Anfachungsmechanismen solcher Geräusche lassen sich grundsätzlich auf Monopol-, Dipol- und Quadrupolstrahler zurückführen [4] (siehe Abschnitt 2.2.1, 2.2.2 und 2.2.3). Aufgrund dieser Tatsache können folgende Untergruppen von Strömungsgeräuschen dargestellt werden.

### 3.2.1 Aeropulsive Geräusche

Sie beruhen auf der Erzeugung von Wechseldruck in der Luft durch Verdrängung und werden demzufolge gut durch Strahler 0. Ordnung angenähert.

Zum einen sind es pulsierende Strömungsvorgänge, bei denen ein begrenztes Luftvolumen rhythmisch ausgestoßen bzw. wieder angesaugt wird. Die dadurch hervorgerufenen Druckausgleichsvorgänge mit der unmittelbaren Umgebung bauen im Wechsel Überdruck und Unterdruck, Unterdruck und Überdruck auf. Diese Druckschwankungen pflanzen sich in der Luft mit Schallgeschwindigkeit fort, die zugehörigen Geräusche wirken knatternd und können sehr laut sein. Der Hauptanteil der abgestrahlten Schallenergie liegt im Bereich der Pulsationsfrequenz. Beispiele hierzu sind Ausstoßgeräusche am Auspuff von Verbrennungsmotoren, am Auslaßventil von Kompressoren und Druckluftgeräten. Es können auch Verdrängungsvorgänge sein, bei denen Luft stoßweise ausgepreßt wird, wie beispielsweise aus den Profilrillen rollender Autoreifen oder aus dem gemeinsamen Zwischenraum zwischen zwei periodisch ineinander greifenden Maschinenteilen (z.B. Zahnradpaarungen).

Zum anderen handelt es sich um eine Luftverdrängung durch bewegte, speziell durch rotierende Körperelemente. Letztere schieben beim Drehen vor sich ein Überdruckfeld her und ziehen hinter sich ein Unterdruckfeld nach (hydrodynamisches Nahfeld ohne örtliche Schallabstrahlung). Für einen, gegenüber dem bewegten Element ruhenden Beobachter bedeutet dies aber ein Druckwechselspiel innerhalb einer Umdrehung. Demzufolge entsteht im Falle von rotierenden Rädern, die aus Speichen, Schaufeln, Blättern aufgebaut sind, in der umgebenden Luft ein periodischer Wechseldruck, dessen maßgebende Grundfrequenz $f_0 = n \cdot z$ ist. Hierbei ist n die Anzahl der Umdrehungen pro Sekunde und z die Anzahl der Blattelemente auf dem Umfang. Das zugehörige Geräusch wird *Drehklang* benannt. Ein solcher Drehklang kann an rotierenden Propellern, Ventilatoren, Turbinenläufern usw. wahrgenommen werden.

Mit dem Drehklang sind Nachlaufgeräusche verwandt. Sie besitzen allerdings Dipolcharakter und entstehen aus der Wechselwirkung zwischen einer Nachlaufzone und einem in Bewegung befindlichen Nahfeld. Hinter einem in einer Strömung angeordneten Hindernis stellt sich bekanntlich ein Nachlauffeld ein, auch Windschatten- oder Totwassergebiet genannt, mit einer im Mittel kleineren Geschwindigkeit als die der ungestörten Strömung. Bewegt sich in unmittelbarer Nähe ein etwa gleich großer Körper quer dazu, so wird sein hydrodynamisches Nahfeld beim Durchqueren der Windschattenzone gestört. Diese Störung pflanzt sich in der umgebenden, ruhenden Luft mit Schallgeschwindigkeit fort. Rotiert daher ein Rad mit regelmäßig angeordneten Blattelementen durch den Windschatten eines angeströmten Hindernisses oder auch ein Blattelement durch den Windschatten einer Schar regelmäßig angeordneter und angeströmter Hindernisse, so entsteht der sog. *Sirenenklang*. Er besitzt ein Linienspektrum mit diskreten Frequenzen, die ein Vielfaches der Grundfrequenz $f_0 = n \cdot z$ sind. Ein solcher Sirenenklang kann sich beispielsweise an Strömungsmaschinen aus dem Zusammenwirken der feststehenden Leitschaufeln und der rotierenden Laufradschaufeln einstellen.

### 3.2.2 Geräuschentstehung infolge Wirbelbildung

Wie bereits erwähnt, verursachen Wirbelbildungen bei der Umströmung von Hindernissen Geräusche mit Dipolcharakter, die bei höheren Reynoldszahlen (etwa ab $Re = 10^6$) zu regellosen Geschwindigkeitsschwankungen in der Wirbelzone führen. Dadurch wird nicht nur Körperschall im Hindernis angeregt, sondern es werden in der Wirbelzone selbst Druckschwankungen indiziert. Letztere pflanzen sich wiederum in der umgebenen Luft mit Schallgeschwindigkeit fort und werden im Hörbereich als Geräusch wahrgenommen. Beispiele hierzu sind Windgeräusche an Fahrzeugen und die Geräusche von Strömungsmaschinen.

Unterhalb $Re = 10^6$ sind die Strömungsgeräusche weniger turbulent, und zwar um so weniger, je kleiner Re wird. Bei kleinen Reynoldszahlen ($Re < 400$) stellt sich die klassische Kármánsche Wirbelstraße mit periodischer Wirbelbildung ein [3].

Die zugehörigen Geräusche, die *Hiebtöne*, nehmen mit kleiner werdender Reynoldszahl immer mehr schmalbandigen Charakter an. Die Grundfrequenz ist gleich der Frequenz der Wirbelablösung und hat die Größe:

$$f_{Hieb} = St \cdot \frac{U_0}{d}. \tag{3.1}$$

Hierin sind $U_0$ die Anströmgeschwindigkeit, d die Breite des Hindernisses und St die Strouhalzahl. Die Strouhalzahl stellt im allgemeinen eine Konstante dar, im Falle einer Hindernisumströmung ist St $\approx$ 0,2 (Singen von Drähten im Wind).

Mit größer werdender Anströmgeschwindigkeit $U_0$ steigt die Frequenz der Hiebtöne linear an, die Intensität der durch Wirbelbildung abgestrahlten Schalleistung nimmt dabei mit der 5. bis 6. Potenz von $U_0$ zu [5]. Das bedeutet auch, daß beispielsweise bei einer Verdoppelung der Anströmgeschwindigkeit der Schalleistungspegel um ca. 18 dB zunimmt.

Der Begriff des Hiebtones läßt sich auch auf geschlossene, rotierende Maschinenteile übertragen. In der Gl. (3.1) sind dann $U_0$ durch die Umfangsgeschwindigkeit $(r \cdot \omega)$ im Abstand r von der Drehachse und d durch die Breite b des rotierenden Teiles zu ersetzen. Man gewinnt so für den Rotor zwischen $0 < r < R$ (R Außenradius) ein Frequenzband der Hiebtonanregung $0 < f_{Hieb} < 0{,}2 \cdot \frac{R \cdot \omega}{b}$, mit Bevorzugung der höheren Frequenzen. Das zugehörige Geräusch wird im Gegensatz zum schmalbandigen Drehklang Drehgeräusch genannt.

Schließlich können Wirbel und damit Geräusche von Hiebtoncharakter bis zu breitbandigem Rauschen auch in Rohrleitungen und allgemeinen Strömungskanälen entstehen, wenn in den Leitungen Einbauten umströmt werden, oder wenn sich die Strömung an plötzlichen Querschnittsänderungen und schroffen Umlenkungen ablöst [10]. Wirbelablösungen treten schließlich an in die Strömung hineinragenden scharfen Kanten, an Schneiden und an nicht bündigen Meßstutzen auf. Man spricht hierbei dann von Schneiden- oder Kantentönen mit den gleichen Eigenschaften wie die Hiebtöne.

### 3.2.3 Geräuschentstehung durch Freistrahlen

Beim Austritt eines Luftstrahls aus einer Öffnung (z.B. aus einer kreisförmigen Düse) in den angrenzenden, ruhenden Luftraum entsteht naturgemäß eine Grenzzone heftiger, turbulenter Vermischung zwischen zwei Luftbereichen großer unterschiedlicher Geschwindigkeiten. In den weitaus meisten Fällen bildet sich der sogenannte turbulente Freistrahl aus, wie er im Bild 3.4a dargestellt ist. Um eine ungestörte Kernzone des Strahls lagert sich in Düsennähe eine hochturbulente Mischzone, die nach einem gewissen Übergangsbereich in den vollentwickelten, turbulenten Freistrahl übergeht. Zwei Parameter spielen bei der Strahlausbildung eine wesentliche Rolle, die Reynoldszahl Re und die Machzahl Ma [6].

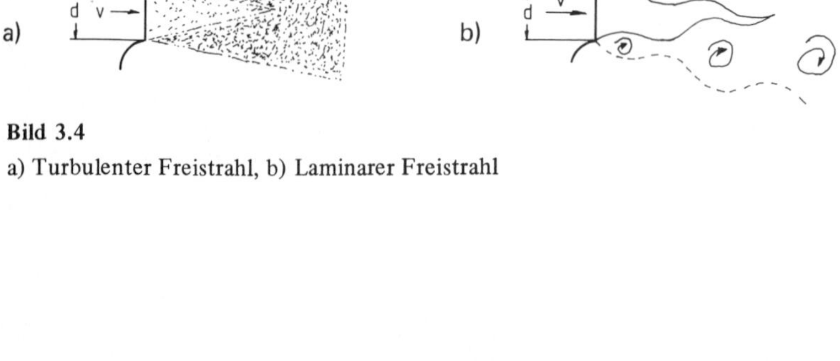


**Bild 3.4**

a) Turbulenter Freistrahl, b) Laminarer Freistrahl

Für Re < $Re_{krit}$, wie z.B. beim Austritt aus einem schmalen Spalt, bildet sich ein laminarer Freistrahl aus (siehe Bild 3.4b). Er zeigt das Strömungsverhalten einer voll ausgebildeten Wirbelstraße mit periodischer Wirbelablösung, ähnlich der Kármánschen Wirbelstraße bei der laminaren Umströmung eines Hindernisses. Die zugehörigen Geräusche, die *Spalttöne*, sind schmalbandig. Die Grundfrequenz ist gleich der Frequenz der Wirbelablösung und hat wiederum die Größe $f_{Spalt} = St \cdot U_0/d$. Hierin sind $U_0$ die Ausströmgeschwindigkeit, d die Spaltbreite und St die Strouhalzahl mit dem Wert von ca. 0,04. Mit steigender Reynoldszahl (Re > $Re_{krit}$) überlagern sich den Wirbeln, die in Düsennähe kleinere, strahlabwärts größere Wirkungsdurchmesser besitzen, immer höhere Geschwindigkeitsschwankungen. Sie führen zu einem raschen Zerfall vor allem der kleineren Wirbel, die größeren Wirbel existieren etwas länger. Es kommt insbesondere in der Mischzone zu regellosen Geschwindigkeitsschwankungen und folglich zu ebensolchen Druckschwankungen. Letztere pflanzen sich in der umgebenden Luft mit Schallgeschwindigkeit fort und werden im Hörbereich als breitbandiges Geräusch wahrgenommen. Seine hochfrequenten Anteile entstehen aus dem Zerfall der kleineren Wirbel, also im düsennahen Bereich der Mischzone, die tieffrequenten Anteile entstehen aus dem Zerfall der größeren Wirbel, also im düsenferneren Bereich.

In der turbulenten Mischzone herrschen große Geschwindigkeitsgradienten, so daß die Turbulenzballen in diesem Bereich hohen Schubspannungen ausgesetzt sind. Bedingt durch die Verformungen, die die Turbulenzballen in der Mischzone erfahren, kann die Abstrahlcharakteristik von Freistrahlgeräuschen am besten durch den Kugelstrahler 2. Ordnung (Quadrupol) angenähert werden. Das Strahlgeräusch, das eine ausgeprägte Richtcharakteristik besitzt (Bild 3.5), hat sein Abstrahlmaximum bei einer Strouhalzahl $St = f \cdot d/U_0 = 0{,}2 \ldots 0{,}3$. Aus ihr läßt sich direkt die Frequenz des Maximums berechnen, die im allgemeinen hoch liegt. Im Bild 3.6 ist das relative Oktavspektrum der Freistrahlgeräusche dargestellt [3, 4].

Die Schalleistung der Freistrahlgeräusche ist für höhere Machzahlen (0,6 < Ma < 1,6) proportional der 8. Potenz der Ausströmgeschwindigkeit. Das bedeutet auch, daß bei-

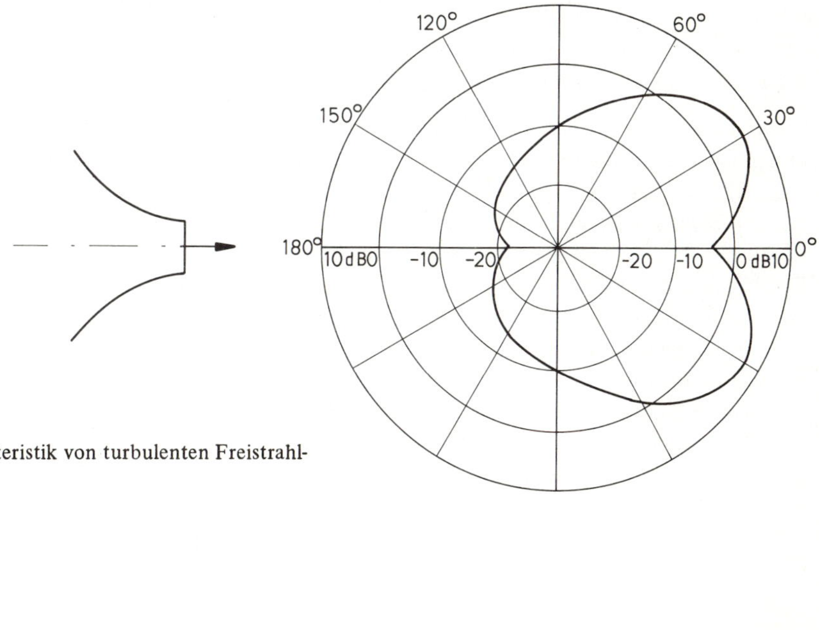


**Bild 3.5**
Richtcharakteristik von turbulenten Freistrahlgeräuschen

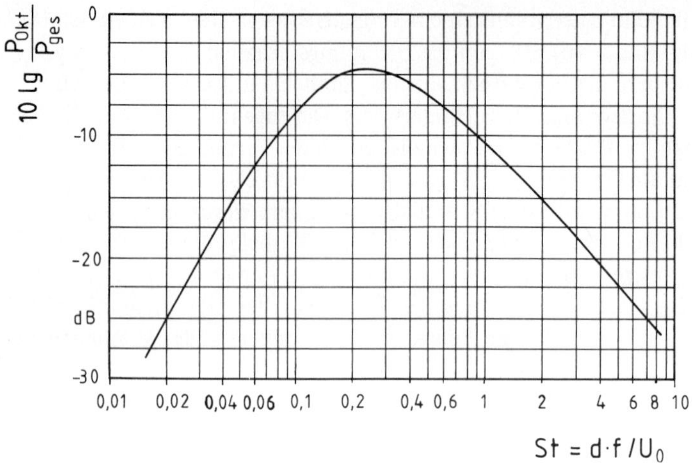


**Bild 3.6** Relatives Oktavspektrum von turbulenten Freistrahlgeräuschen

spielsweise bei einer Verdoppelung der Austrittsgeschwindigkeit der Schalleistungspegel um 24 dB zunimmt. Bei kleineren Machzahlen können im Bereich der Düse Wirbel auftreten, die in Wechselwirkung mit der Düse Geräusche mit Dipolcharakter verursachen. Das Geräuschzentrum rückt näher an die Düse, es kommt mehr zu einem Dipoleinfluß. Das bedeutet auch, daß dann die Schalleistung nur noch proportional etwa der 6. Potenz der Ausströmgeschwindigkeit ist.

Bei überkritischer Freistrahlexpansion und nicht ausgelegter Lavaldüse, bzw. bei einfachen Düsenaustritten, stellt sich eine verpuffungsähnliche Expansion mit nahezu regelmäßiger Bildung von Verdichtungs- und Verdünnungswellen ein. Letztere können zu intermittierenden Knallgeräuschen (Überschallknall) führen, die die Geräusche der turbulenten Vermischung erheblich verstärken. Markante Beispiele für Freistrahlgeräusche sind einmal der sog. Düsenlärm der Strahltriebwerke und zum anderen der Lärm (in der Expansionszone) von Reduzier- und Abblasventilen [6, 10]. Beide Geräusche können sehr laut und lästig sein.

### 3.2.4 Geräuschentstehung in turbulenten Grenzschichten

Ursache aller bisher behandelten Fluidgeräusche waren merkliche Störungen in der Strömung. Daher sind auch in ungestörten laminaren Strömungen praktisch keine Geräusche wahrnehmbar. Dies trifft jedoch nicht mehr für eine turbulente Grundströmung in einer geraden Rohrleitung zu. In ihr treten auch ohne solche Störungen Geräusche auf. Ort der Geräuschentstehung ist die turbulente Grenzschicht an der Wand. Daher ist mit dieser Art Fluidschall auch stets die Entstehung und Abstrahlung von Körperschall verbunden. Die Ursache für diesen Fluid- und Körperschall sind starke Druckschwankungen in der Grenzschicht, die dadurch entstehen, daß in der Grenzschicht dauernd kleine Turbulenzballen von der Größenordnung der Grenzschicht zerfallen und wieder entstehen, wodurch fortwährend Impulsstöße ausgeübt werden. Das abgestrahlte Geräusch ist grundsätzlich breitbandig. Diesmal hat jedoch das Frequenzspektrum sein Maximum bei tiefen Frequenzen und fällt dann mit steigender Frequenz kontinuierlich ab (Bild 3.7) [7].

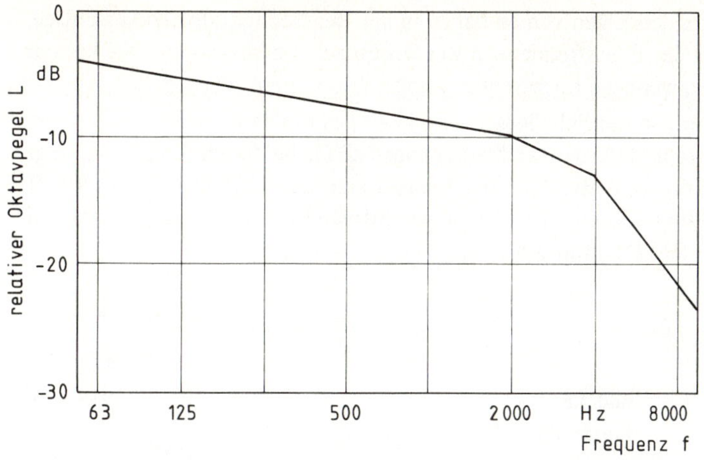


**Bild 3.7** Relatives Oktavspektrum von turbulenten Grenzschichtgeräuschen

Die Schalleistung selbst nimmt mit steigender Strömungsgeschwindigkeit und Turbulenz (Turbulenzgrad) zu. Es kann auch zu merklicher Körperschallabstrahlung kommen, falls die Begrenzung aus leichteren Wänden gebildet wird und zusätzlich noch Diskontinuitätsstellen in der Strömung vorhanden sind.

## 3.3 Thermodynamische Geräusche

Den thermodynamischen Geräuschen liegen exotherme Vorgänge zugrunde. Bei ihnen wird sehr kurzzeitig kleineren Luftmengen Wärmeenergie zugeführt. Die Zufuhr kann kontinuierlich sein, dann handelt es sich um einen kontinuierlichen Verbrennungsvorgang. Oder sie kann einmalig bzw. intermittierend sein, dann handelt es sich um eine Explosion bzw. um einen intermittierenden Explosionsvorgang. Die Folge von dieser Wärmezufuhr ist eine entsprechende Expansion des betroffenen Luftvolumens. Der weitere Ablauf erfolgt ganz ähnlich den Vorgängen, wie sie sich bei der Entstehung der aeropulsiven Geräusche abspielen. Dem Mechanismus der Geräuschentstehung kann wiederum der Strahler 0. Ordnung zugrunde gelegt werden. Die Geräusche sind breitbandig, oder es handelt sich um einfache bzw. intermittierende Explosionsgeräusche. Als Beispiele lassen sich die Brennergeräusche beim Gasschweißen oder in Kesselanlagen anführen, aber auch einmalige und intermittierende Explosionsgeräusche von Luft-Gemischen, wie sie bei Fehlzündungen von Kraftfahrzeugen oder beim Abfeuern eines Maschinengewehres zu hören sind. Die Größe der abgestrahlten Schalleistung wird vor allem von der Wärmeleistung und der Verbrennungsgeschwindigkeit bestimmt.

## 3.4 Resonanztöne

Neben den Rauschvorgängen können in einem Rohrleitungssystem auch periodisch Fluidgeräusche infolge von Resonanzen auftreten. Sie werden in angekoppelten schwingungsfähigen Fluidsäulen erzeugt, die in ihren Eigenfrequenzen schwingen. Passende Anfachungsmechanismen sind in einer Strömung praktisch immer vorhanden. Die zu den

Eigenfrequenzen gehörenden Eigenformen haben in der Regel longitudinale Ausschläge. Als Folge der Anregung der Eigenfrequenzen werden Einzeltöne abgestrahlt. Sie können besonders lästig werden, wenn sie hochfrequent sind.

Eigenfrequenzen hängen von der Schallgeschwindigkeit des Fluids sowie von der Länge einzelner Rohrabschnitte und deren Randbedingungen ab (siehe Abschnitt 2.1.4). So gehört beispielsweise zu einem Meßstutzen der Länge $l$ eine Grundfrequenz $f_0 = c/(4 \cdot l)$ (ohne Mündungskorrektur). Für einen 17 cm langen luftgefüllten Stutzen ergibt sich eine Grundfrequenz von ca. 500 Hz (Bild 3.8).

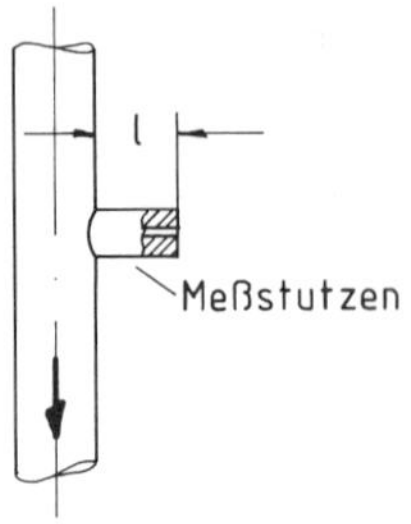


**Bild 3.8**
Luftgefüllter Meßstutzen als Resonator

## 3.5 Fluidschall bei allgemeinen Gasen und Flüssigkeiten

Strömungsgeräusche entstehen meistens in Luft als dem wichtigsten Fluid. Die hierbei gewonnenen Erkenntnisse lassen sich auf alle gasförmigen Fluide übertragen, soweit für sie adäquate Schallabstrahlungen infrage kommen. Allerdings handelt es sich dann stets um mittelbaren Schall, der noch am Ende einer Übertragungskette eine Umsetzung in Luftschall erfahren muß, z.B. Schallabstrahlung eines Reduzierventils für Erdgas. In der Tab. 3.1 [7] sind einige physikalische Kenngrößen der wichtigsten technischen Gase angegeben.

Ähnliches gilt auch für die Geräuschentstehung in strömenden Flüssigkeiten, allerdings mit der einschränkenden Feststellung, daß die Flüssigkeitsgeräusche vor allem auf Wirbelbildung in durchströmten Leitungssystemen zurückzuführen sind. Diese Geräusche sind, wie bereits ausgeführt, breitbandig. Es können durch Resonanzen einzelner Rohrabschnitte auch schmalbandige Anteile hinzukommen. Für die Intensität der Geräuschabstrahlung ist das Druckgefälle längs der Verwirbelungsstrecke maßgebend.

Ein besonderes Flüssigkeitsgeräusch ist der sog. Kavitationsknall. Kavitation tritt dann auf, wenn der statische Druck in der Flüssigkeit unter den (von der Temperatur abhängigen) Dampfdruck der Flüssigkeit absinkt. Dieser Zustand kann sich einstellen, wenn bei verhältnismäßig niedrigem Gesamtdruck höhere Strömungsgeschwindigkeiten vorhanden sind, z.B. an Engstellen von Saugleitungen. In der Flüssigkeit bilden sich hierbei kleine Dampfblasen, die dann zerfallen, wenn bei abnehmender Geschwindigkeit der statische Druck wieder ansteigt. Bei diesem Zerfall entstehen hohe Druckspitzen, die einerseits erheblichen Lärm verursachen und andererseits auch zu Beschädigungen der Rohrwand führen können [8]. Es handelt sich hierbei um ein breitbandiges, typisch prasselndes Geräusch, das in seinem Mechanismus dem des Strahlers 0. Ordnung entspricht [9].

Zum Abschluß wird ein besonders typisches und übergreifendes Beispiel für die Entstehung technischer Geräusche herausgestellt, das Kraftfahrzeuggeräusch. Es resultiert aus den Geräuschen vieler Einzelschallquellen, die sich aus Triebwerksgeräuschen, Rollge-

**Tabelle 3.1** Physikalische Kenngrößen einiger wichtiger technischer Gase

| Gas | Schallgeschwindigkeit*) c | Dichte*) ρ | Adiabatenexponent**) $\kappa = \frac{c_p}{c_v}$ | Molmasse M | spez. Gaskonstante**) R |
|---|---|---|---|---|---|
| | m/s | kg/m³ | | kg/kmol | kJ/kgK |
| Ammoniak | 415 | 0,771 | 1,29 | 17,03 | 0,488 |
| Äthylen | 322 | 1,261 | 1,28 | 28,05 | 0,297 |
| Azetylen | 330 | 1,171 | 1,25 | 26,04 | 0,320 |
| Chlor | 209 | 3,220 | 1,37 | 70,91 | 0,117 |
| Erdgas Niederlande | 399 | 0,83 | 1,32 | – | 0,442 |
| Erdgas Sowjetunion | 405 | 0,79 | 1,30 | – | 0,462 |
| Gichtgas | 337 | 1,28 | 1,39 | – | 0,3 |
| Helium | 964 | 0,179 | 1,64 | 4,00 | 2,080 |
| Kohlendioxid | 260 | 1,977 | 1,31 | 44,01 | 0,198 |
| Kohlenoxid | 336 | 1,250 | 1,39 | 28,01 | 0,297 |
| Luft | 332 | 1,293 | 1,41 | 28,96 | 0,287 |
| Methan | 427 | 0,717 | 1,29 | 16,04 | 0,519 |
| Propylen | 252 | 1,915 | 1,18 | 42,08 | 0,198 |
| Sauerstoff | 312 | 1,429 | 1,37 | 32,00 | 0,260 |
| Schwefeldioxid | 210 | 2,926 | 1,25 | 64,06 | 0,130 |
| Stickoxid | 324 | 1,340 | 1,39 | 30,01 | 0,277 |
| Stickstoff | 335 | 1,251 | 1,39 | 28,02 | 0,297 |
| Wasserstoff | 1258 | 0,090 | 1,41 | 2,02 | 4,126 |
| Wasserdampf***) | 478 | 0,598 | 1,33 | 18,02 | 0,462 |

*) bei einer Temperatur von 0 °C
**) bei einer Temperatur von 20 °C
***) bei einer Temperatur von 100 °C

räuschen, Fahrtwindgeräuschen, Getriebe- und Lagergeräuschen zusammensetzen. Sie machen sich als Körperschall und Fluidschall bemerkbar und wirken nach außen und ins Fahrzeuginnere. Den wichtigsten Anteil bilden die Triebwerksgeräusche. Ein Teil hiervon ist Körperschall, entstanden aus der Pulsation des Motorgehäuses infolge der Gaskräfte, aus den Massenkräften des Kurbelmechanismus und schließlich aus den Stoßwirkungen in der Ventilsteuerung, insbesondere beim Schließen der Ventile. Es kommt zu einer (sekundären) Luftschallabstrahlung kraft- und geschwindigkeitserregter Teile am Motor selbst, aber auch zur Weiterleitung von Körperschall und zusätzlicher Abstrahlung an entfernteren Bereichen, z.B. der Karosserie. Ein zweiter Teil der Triebwerksgeräusche ist direkter Luftschall, der vor allem als aeropulsiver Schall beim Ansaug- und Auspuffvorgang entsteht, ferner an den Kühlerlamellen als luftschallumströmter Körper und schließlich am Ventilator als Drehklang.

Die Roll-, Fahrtwind- und Getriebegeräusche sind leichter in das bisher behandelte Schema einzuordnen, wobei auch hier jeweils mehrere Mechanismen zusammentreffen können, beispielsweise bei den Getriebegeräuschen. Hier überlagert sich Körperschall aus den Wechselkräften des Zahneingriffs und aus Gleitvorgängen mit Luftschall infolge von Verdrängungseffekten. In allen Fällen wird Körper- und Luftschall mit den gleichen Begleiterscheinungen wie bei den Triebwerksgeräuschen erzeugt.

# 4 Physiologische Grundlagen des Hörens

## 4.1 Menschliches Gehör

Beim Hören wird das menschliche Ohr mit den physikalischen Größen des Luftschallfeldes beaufschlagt, wodurch der Hörvogang eingeleitet wird. Zu einem Höreindruck kommt es jedoch nur, wenn die Frequenz und der Effektivwert des Luftschallwechseldrucks innerhalb bestimmter Grenzen liegen.

Die obere Grenze der Frequenz, die vom menschlichen Ohr noch wahrgenommen wird, liegt bei ca. 20000 Hz, sie wird mit steigendem Lebensalter zu tieferen Frequenzen verschoben. Der Frequenzbereich oberhalb dieser Grenze gehört zum Ultraschall, der der menschlichen Wahrnehmung nicht mehr zugänglich ist. Die untere Frequenzgrenze liegt bei 16 ... 20 Hz. Darunter werden periodische Druckschwankungen, sofern die menschliche Fühlschwelle überschritten wird, nur noch als mechanische Erschütterungen wahrgenommen.

Die obere Grenze des Luftschallwechseldrucks liegt etwa bei einem Effektivwert $\widetilde{p} = 100\ N/m^2$ und einer Frequenz von 1000 Hz, was einem Grenzpegel $L_p = 134$ dB entspricht. Diese Grenze stellt die sogenannte Schmerzschwelle dar, deren Überschreitung zu einer unerträglichen Belastung wird. Sie ist nur in geringem Maße von der Frequenz abhängig.

Die untere Grenze, die sog. Hörschwelle, ist schwieriger zu erfassen. Das Ohr besitzt bei einer Frequenz von ca. 4000 Hz seine größte Empfindlichkeit mit einem Schwellwert $\widetilde{p}_{min} = 10^{-5}\ N/m^2$. Bei 2000 Hz ist der Schwellwert bereits auf $2 \cdot 10^{-5}\ N/m^2$, bei 1000 Hz auf $2 \cdot 10^{-4,8}\ N/m^2$ angestiegen. Die zugehörigen Pegelwerte betragen $L_{4000\ Hz} = -3$ dB, $L_{2000\ Hz} = 0$ dB, $L_{1000\ Hz} = +4$ dB. Das bedeutet aber, daß die Empfindlichkeit des Ohres zu niedrigeren Frequenzen hin stetig und spürbar abnimmt. Bei 63 Hz beträgt die Hörschwelle sogar schon 35 dB.

Trägt man die Grenzen der Schalldruckpegel und der Frequenzen in einem Pegel-Frequenz-Diagramm auf, so erhält man die sog. Hörfläche, innerhalb der sich der Hörvorgang vollzieht (Bild 4.1). Hier wird auch der sehr große Frequenzbereich des menschlichen Hörens von 16 ... 16000 Hz verdeutlicht, der logarithmisch, z.B. in 10 Oktavschritten, aufgeteilt wird. Einen entsprechend großen Bereich überdecken auch die Wellenlängen $\lambda$ des Luftschalls im Hörbereich. Gemäß der Beziehung $c = \lambda \cdot f$ erstreckt er sich von $\lambda = 21{,}3$ m bei 16 Hz über 34 cm bei 1000 Hz bis zu 2,13 cm bei 16 000 Hz, was auch in Bild 4.2 zu erkennen ist.

Zum besseren Verständnis des Hörvorgangs ist in Bild 4.3 die Anatomie des Ohres dargestellt. Durch den Gehörgang, der die Eigenschaft eines Hohlraumresonators mit einer Eigenfrequenz zwischen 2000 Hz und 4000 Hz besitzt, dringen die Druckschwankungen des Schallfeldes zum Trommelfell und versetzen es in Schwingungen. Dabei bleibt seine zum Mittelohr gekehrte Rückseite unbeaufschlagt, da die Eustachische Röhre, die eine

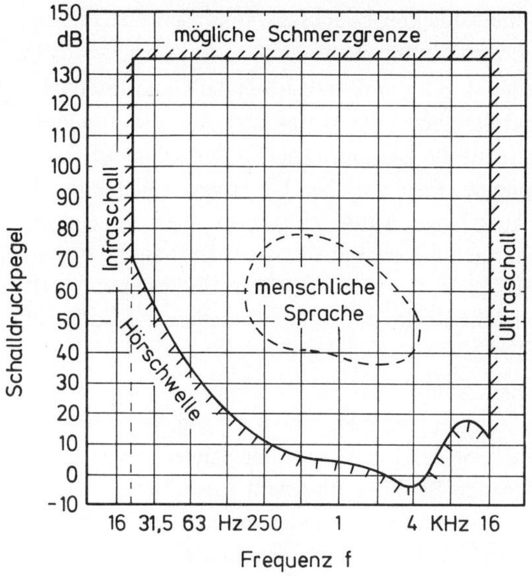


**Bild 4.1**
Hörfläche des menschlichen Ohres

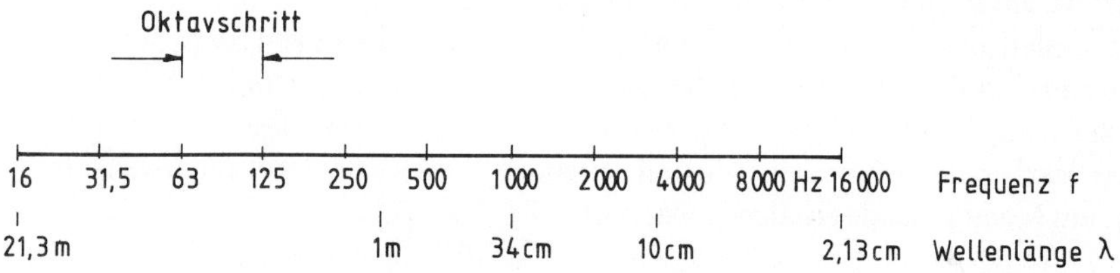


**Bild 4.2** Oktavleiter und zugehörige Wellenlängen des hörbaren Frequenzbereiches

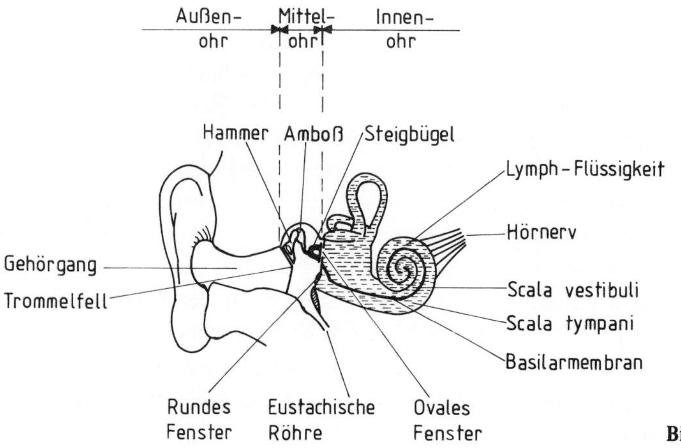


**Bild 4.3** Menschliches Gehör

Verbindung zum Rachenraum herstellt, die schnellen Druckschwankungen unterdrückt und, ausgenommen beim Schluckvorgang, verschlossen ist.

Die Schwingungen des Trommelfells werden durch das Hebelsystem der Gehörknöchelchen, bestehend aus Hammer, Amboß und Steigbügel des Mittelohres, auf das Innenohr bzw. auf das ovale Fenster und damit auch auf die Lymphflüssigkeit der Schnecke übertragen. Dabei bewirkt die Hebelübersetzung der mechanischen Übertragungselemente eine 20 fache Krafterhöhung auf Kosten der Ausschläge. Akustisch gesehen übernehmen die Gehörknöchelchen die Anpassung der niedrigeren Kennimpedanz der Luft an die wesentlich höhere Kennimpedanz der Lymphflüssigkeit. Bei einem direkten Übergang von Luftschall in Flüssigkeitsschall wäre eine erhebliche Reflexion an der Phasengrenze die Folge (vgl. hierzu Kapitel 7).

Im Innenohr wird eine relativ grobe Frequenzanalyse des Schallereignisses vorgenommen. Diese Analyse erfolgt nach neueren Forschungsergebnissen gemäß der sog. Wanderwellenhypothese [1]. Etwas vereinfacht dargestellt ist der Innenraum der Schnecke durch die Basilarmembrane in zwei übereinanderliegende Bereiche unterteilt (scala vestibuli und scala tympani). Beide Bereiche sind am Helicotrema miteinander verbunden. Am Ende des unteren Bereichs befindet sich das runde Fenster, das im Gegensatz zur sonst fast starren Schneckenwand sehr nachgiebig ist und somit auch ein Ausweichen der Lymphflüssigkeit ermöglicht. Ein solcher Ausweichvorgang wird eingeleitet, wenn am ovalen Fenster über den Steigbügel eine dynamische Druckwirkung auf die Lymphflüssigkeit erfolgt. Letztere antwortet dann mit einer Volumenverschiebung in beiden Richtungen, sowohl am ovalen als auch am runden Fenster. Dadurch wird aber die dazwischen liegende Anfangszone der Basilarmembrane ebenfalls in beiden Richtungen ausgebaucht. Diese im Takte der Druckschwankungen des ovalen Fensters stattfindende Randstörung pflanzt sich auf der Membrane in Form einer fortschreitenden Biegewelle, der Wanderwelle, in Richtung zum Membranende (Helicotrema) fort (Bild 4.4).

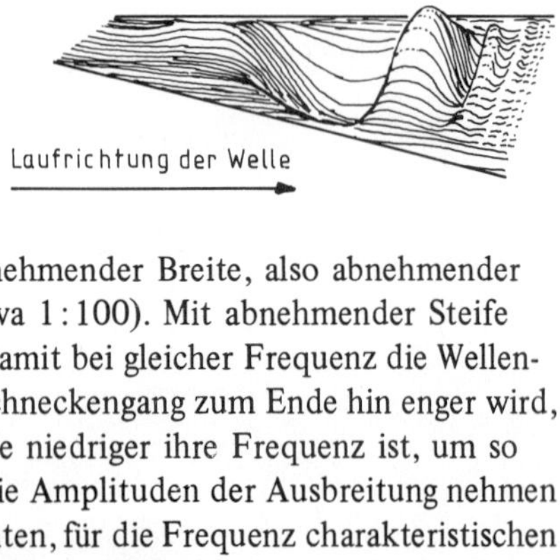


**Bild 4.4**
Wanderwelle der Skalentrennwand [1]

Die Basilarmembrane ist faserstrukturiert mit zunehmender Breite, also abnehmender Steifigkeit, zum Membranende hin (Abnahme etwa 1:100). Mit abnehmender Steife nimmt aber auch die Wellengeschwindigkeit und damit bei gleicher Frequenz die Wellenlänge ab. Hieraus und aus der Tatsache, daß der Schneckengang zum Ende hin enger wird, ergeben sich Besonderheiten der Wanderwellen. Je niedriger ihre Frequenz ist, um so weiter dringen sie auf der Basilarmembrane vor. Die Amplituden der Ausbreitung nehmen zunächst zu, klingen dann aber nach einer bestimmten, für die Frequenz charakteristischen Stelle rasch ab. Hinter dieser Stelle ist die Wellenbewegung praktisch zum Erliegen gekommen. Wellen mit hoher Frequenz haben ihr Amplitudenmaximum in der Nähe des ovalen Fensters, Wellen mit niedrigerer Frequenz in der Nähe des Helicotremas.

Daraus folgt aber eine frequenzabhängige räumliche Trennung der anregenden Wellen. Man spricht auch von Frequenzdispersion. Damit wird jede Frequenz des Schallereignisses an einem bestimmten Bereich der Basilarmembrane abgebildet.

Gleichzeitig trägt die Basilarmembrane den eigentlichen sensorischen Umwandlungsmechanismus, das sog. Cortische Organ. Es verkörpert sehr zahlreiche Rezeptoren oder Haarzellen, die auf der Membrane das Ende je einer Nervenfaser bilden. Alle Nervenfasern sind zum Hörnerv zusammengefaßt. Die Auslenkung der Basilarmembrane wird in den Haarzellen in Nervenreize umgesetzt. Die Welle, d.h. die Lage und die Größe der Amplitudenmaxima, wird in ein analoges Muster von Nervenreizen (Aktionspotentiale) im Hörnerv abgebildet.

Über den Hörnerv gelangt die gesamte akustische Information in die zentrale Hörbahn. Zusätzliche Schaltmechanismen, eine schärfere Separierung der Frequenzen und weitere Verknüpfungsschaltungen führen schließlich im Hörzentrum des Hirns zum bewußten Hören.

Innerhalb dieses bewußten Hörens spielt die Wahrnehmung der Lautstärke eines Geräusches und die damit eng gekoppelte Empfindlichkeit einer Geräuschbelästigung eine wesentliche Rolle. Beide Eindrücke sind maßgebliche Komponenten bei der Beurteilung einer Geräuscheinwirkung auf den Menschen.

## 4.2 Subjektive Lautstärke und Weber-Fechnersches Gesetz

Die subjektive Wahrnehmung der Lautstärke eines Schallereignisses kann durch das Weber-Fechnersche Gesetz beschrieben werden. Dieses Gesetz gibt eine Beziehung zwischen der physikalischen Reizgröße oder -stärke R und der physiologischen Reizwahrnehmung oder Empfindungsstärke E an. Es besagt, daß durch den Zuwachs dR der Reizgröße die Wahrnehmung einen Zuwachs dE erfährt, der proportional der relativen Reizänderung dR/R ist. Hinzu kommt, daß eine Reizwahrnehmung erst dann möglich ist, wenn die Reizgröße den Schwellwert $R_0$, bei dem E gerade gleich Null ist, überschritten hat und ferner, daß dE erst dann spürbar wird, wenn dR/R einen bestimmten prozentualen Wert übersteigt. Es gilt also

$$dE = k\frac{dR}{R}, \tag{4.1}$$

woraus durch Integration folgt

$$E = k \ln R + C. \tag{4.2}$$

Mit der Integrationskonstanten $C = -k \cdot \ln R_0$ erhält man

$$E = k \ln \frac{R}{R_0}. \tag{4.3}$$

Diese Beziehung stellt somit einen logarithmischen Zusammenhang zwischen der physikalischen Reizgröße und der physiologischen Reizwahrnehmung dar.

Im akustischen Bereich läßt sich dieses Ereignis auf die Wahrnehmung der Lautstärke eines Schallereignisses übertragen. Der physikalischen Reizgröße entspricht hierbei der Effektivwert des Schallwechseldruckes. Unter der Lautstärkewahrnehmung versteht man die Stärke $\Lambda$ der im Bewußtsein wahrgenommenen Schallempfindung. Das Weber-Fechnersche Gesetz sagt ferner aus, daß $\Lambda$ mit dem Schallpegel $L_p$ gekoppelt ist. Allerdings ist hierbei kein einfacher Zusammenhang zwischen $\Lambda$ und $L_p$ herzustellen. Der Grund liegt darin, daß die Lautstärkewahrnehmung zusätzlich frequenzabhängig und die Physiologie der Lautstärkebildung auf der Basilarmembrane bestimmten Additionsregeln unterworfen ist (vgl. Abschnitt 5.3). Zur Feststellung der subjektiven Lautstärke ist man daher letztlich auf reproduzierbare Hörvergleiche angewiesen, die zum Lautstärkepegel $L_N$ mit der Einheit phon geführt haben. Dabei wird der Lautstärkepegel $L_N$ eines beliebig gearteten Geräusches mit einem Standardschall subjektiv verglichen. Als Standardschall gilt eine ebene Schallwelle mit der Frequenz 1000 Hz, dessen Schalldruckpegel durch $L_p = 20 \lg \frac{p}{p_0}$ angegeben wird.

Dem Zahlenwert des objektiv gemessenen und als gleich laut empfundenen Standardschalls $L_p$ in dB entspricht dann der Lautstärkepegel $L_N$ des zu beurteilenden Geräusches in phon. Bei einem 1000-Hz-Ton stimmen daher die Zahlenwerte in dB und in phon überein, was dagegen für andere Frequenzen i.a. nicht mehr zutrifft.

Für den Standardschall gilt weiterhin, daß sich die Lautstärkewahrnehmung verdoppelt, wenn sein Schallpegel $L_p$ um ca. 10 dB zunimmt, oder sich halbiert, wenn $L_p$ um ca. 10 dB abnimmt. Dies läßt sich auch in der Form angeben

$$\Delta\Lambda_{1\,000\,\mathrm{Hz}} = 2^{\pm\frac{\Delta L_p}{10}} . \tag{4.4}$$

Daraus folgt aber, daß sich ganz allgemein die Lautstärkewahrnehmung eines beliebig gearteten Geräusches verdoppelt, wenn sein Lautstärkepegel $L_N$ um 10 phon zunimmt oder sich halbiert, wenn er um 10 phon abnimmt. Diesen allgemeinen Zusammenhang kann man wieder wie folgt angeben

$$\Delta\Lambda = 2^{\pm\frac{\Delta L_N}{10}} . \tag{4.5}$$

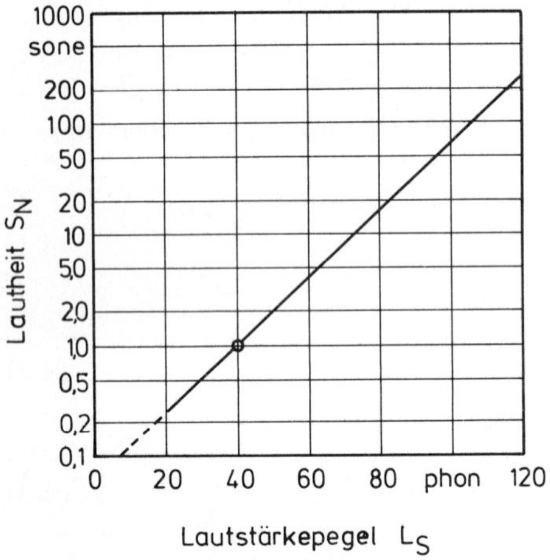


**Bild 4.5**
Lautheit $S_N$ in Abhängigkeit vom Lautstärkepegel $L_N$ [2]

Danach führt z.B. eine Erhöhung der Phonzahl um 20 phon zu einer Vervierfachung der Lautstärkewahrnehmung $\Lambda$.

Man kann diesen für den praktischen Gebrauch nicht so handlichen Zusammenhang noch vereinfachen, wenn man zur Kennzeichnung der subjektiven Lautstärkewahrnehmung anstelle des Lautstärkepegels $L_N$ in phon die Lautheit $S_N$ in sone einführt (Bild 4.5).

Dabei ist die Lautheit $S_N$ mit dem Lautstärkepegel $L_N$ in der Weise verknüpft, daß bei 40 phon die Lautheit 1 sone beträgt und sich bei einem weiteren Zuwachs um 10 phon verdoppelt. Das heißt auch, daß bei einer Verdoppelung des wahrgenommenen Schalls die Lautheit um 2 sone, bei einer Vervierfachung um 4 sone zunimmt.

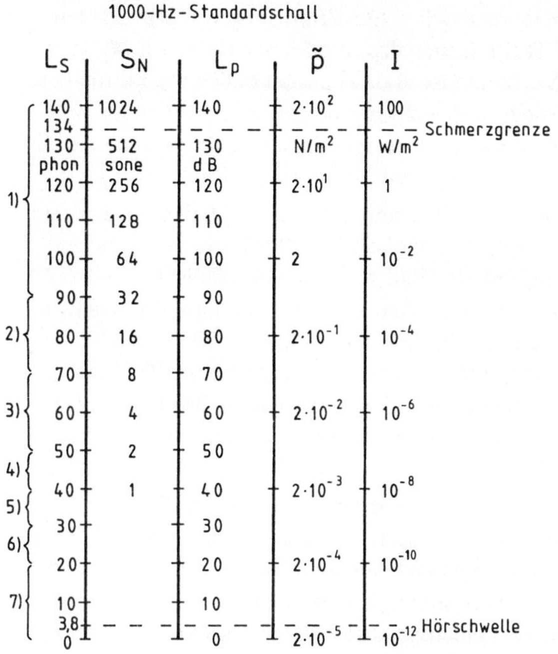


Zwischen der Lautheit $S_N$ in sone und dem Lautstärkepegel $L_N$ in phon besteht noch, wie in Bild 4.5 dargestellt, der folgende Zusammenhang

$$S_N = 2^{\frac{L_N - 40}{10}} \quad \text{sone}, \tag{4.6}$$

$$L_N = 40 + \frac{10 \lg S_N}{\lg 2} \quad \text{phon}. \tag{4.7}$$

| | |
|---|---|
| 1) 90 bis 120 phon und höher | Lastkraftwagen in 5 m Entfernung, Kesselschmiede, Flugzeuglärm aus der Nähe, vorbeifahrende Eisenbahn, allgemeine Kennzeichnung: *sehr laut bis unerträglich laut.* |
| 2) 70 bis 90 phon | Personenkraftwagen in 5 m Entfernung, sehr laute Unterhaltung, Ruf, allgemeine Kennzeichnung: *laut.* |
| 3) 50 bis 70 phon | Störgeräusche in Büros und Verkaufsräumen an Hauptstraßen, Unterhaltungssprache in ca. 1 m Abstand vom Sprecher, allgemeine Kennzeichnung: *bei Sprache und Musik normal, bei Geräuschen laut.* |
| 4) 40 bis 50 phon | Störgeräusch in Wohnräumen und Büros an Nebenstraßen, leises Sprechen, allgemeine Kennzeichnung: *ziemlich leise.* |
| 5) 30 bis 40 phon | Störgeräusche in Räumen bei verkehrsarmer Umgebung, Ticken einer normalen Uhr, Flüstern, allgemeine Kennzeichnung: *leise.* |
| 6) 20 bis 30 phon | Störgeräusch in Wohnräumen und Büros an Nebenstraßen, leises Sprechen, allgemeine Kennzeichnung: *ziemlich leise.* |
| 7) 0 bis 20 phon | Derart kleine Lautstärken treten unter normalen Bedingungen kaum auf. Auch bei sehr ruhiger Umgebung ist ein Störgeräusch vorhanden, dessen Lautstärke selten unter 20 phon absinkt. |

**Bild 4.6** Lautstärkevergleich einiger Geräuschgruppen

In Bild 4.6 ist ein Lautstärkevergleich für einige wichtige Geräuschgruppen angegeben. Wie man sieht, beginnt das praktische Hören bei 20 phon. Die obere Grenze ist bei einer Schmerzgrenze von 134 phon erreicht. Zum Vergleich ist auch der 1000-Hz-Standardschall mit aufgetragen.

Bei der praktischen Durchführung von Hörvergleichen zur Ermittlung von Phonzahlen beliebig gearteter Geräusche bietet man Testpersonen das zu prüfende Geräusch und den Standardschall abwechselnd an. Dieses Verfahren ist in den meisten Fällen unpraktikabel. Nur in Sonderfällen einfach zu definierender und leicht reproduzierbarer Geräusche, z.B. bei Sinustönen und weißem Rauschen, sind solche Hörvergleiche sinnvoll und auch durchgeführt worden.

Robinson und Dadson [3] und schon früher Fletscher und Mundson [4] haben im Freifeld für reine Sinustöne im Hörvergleich mit dem Standardschall 1000 Hz Kurven gleichen Lautstärkepegels, die sog. Phonskala, aufgestellt (Bild 4.7). Charakteristisch für die Kurvenschar ist die starke Abnahme der Empfindlichkeit des Ohres zu tiefen Frequenzen hin, vor allem im niedrigen Phonzahlbereich. Im Frequenzbereich von 2000 ... 4000 Hz erkennt man einen beachtlichen Verstärkungseffekt, insbesondere bei hohen Phonzahlen. Dieser Effekt macht sich vor allem bei Flugzeuggeräuschen unangenehm bemerkbar. Die Phonskala ist im unteren Bereich durch die Hörschwelle, im oberen durch die Schmerzschwelle begrenzt.

Zur Ermittlung des menschlichen Lautstärkeempfindens bei breitbandigen Schallereignissen werden in Analogie zur Phonskala für den Sonderfall des Rauschens Kurven gleicher Lautstärke mit oktavgefiltertem Rauschen angegeben (Bild 4.8) [5]. Die Kurven wurden aus dem weißen Rauschen gewonnen und für Oktavfrequenzbänder über das ganze Frequenzspektrum aufgestellt. Als Standard-Vergleichsgeräusch wurde eine Terz aus dem weißen Rauschen mit der Mittenfrequenz 1000 Hz benutzt. Im Gegensatz zur Phonskala zeigen die Kurven gleichen Rauschlautstärkepegels in einem weiten Frequenzbereich einen durchgehenden Abfall von 3 dB pro Oktave. Tiefe Frequenzbereiche werden abgeschwächt, hohe Frequenzbereiche verstärkt.

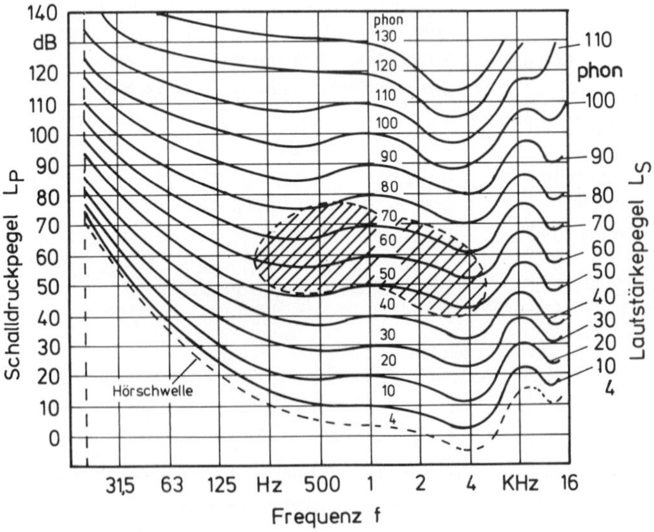


**Bild 4.7**
Kurven gleicher Lautstärkepegel (schraffierter Bereich: menschliche Sprache)

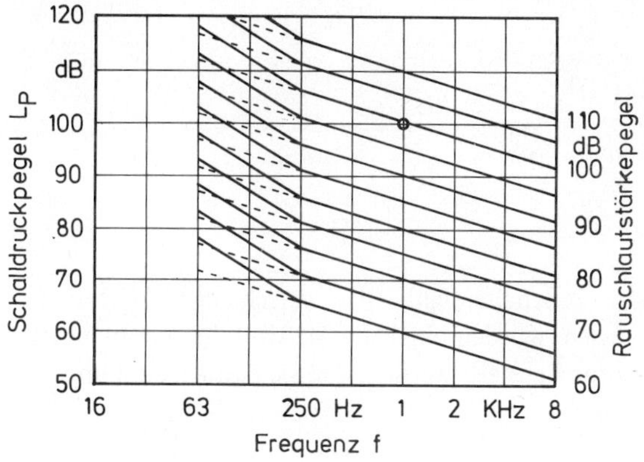


**Bild 4.8**
Kurven gleicher Lautstärke mit oktavgefiltertem Rauschen

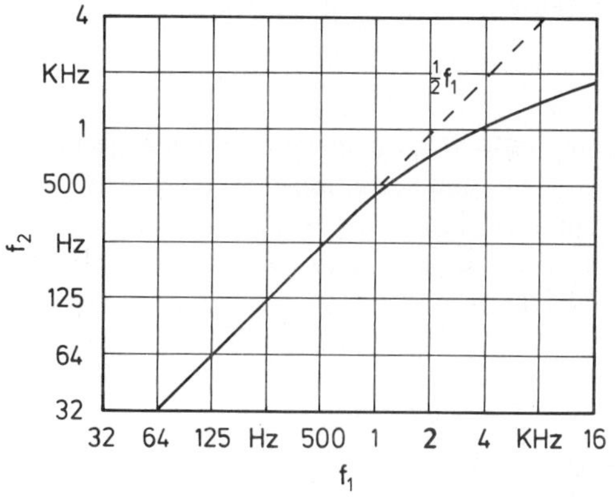


**Bild 4.9**
Frequenzabhängigkeit des Tonhöhenempfindens [6]
($f_2$ ist die Frequenz eines Tones, dessen Tonhöhe halb so hoch wie die Tonhöhe eines Tones mit der Frequenz $f_1$ empfunden wird)

Weitere Angaben über subjektive Lautstärken aus Hörvergleichen liegen nicht vor. Stattdessen wurden Verfahren entwickelt, die es ermöglichen, aus objektiven Meßwerten auf rechnerischem Wege einen Lautstärkepegel zu ermitteln. Hierauf wird in Kapitel 5 eingegangen.

## 4.3 Tonhöhenempfinden

Das Tonhöhenempfinden ist im unteren Frequenzbereich linear mit der Frequenz verknüpft, so daß eine Frequenzverdopplung auch eine Verdopplung des Tonhöhenempfindens bedeutet.

Allerdings gilt dieser einfache Zusammenhang zwischen Reizgröße und Reizempfindung nur im unteren Frequenzbereich (unter 1000 Hz). Im höheren Frequenzbereich bleibt die Reizempfindung unter der Reizgröße zurück, wie Bild 4.9 zeigt. Verantwortlich dafür sind vor allem physiologische Vorgänge auf der Basilarmembrane, auf die aber hier nicht näher eingegangen werden soll.

# 5 Objektive Lautstärke

Aus der Notwendigkeit, die Lautstärke von Schallereignissen an verschiedenen Orten zu verschiedenen Zeiten vergleichen zu müssen, wurden objektive Meßverfahren entwickelt. An solche Meßverfahren muß die Forderung gestellt werden, daß sie einfach sind und zu Ergebnissen führen, die reproduzierbar sind und sich in einem einzigen Zahlenwert ausdrücken lassen. Optimal wäre ein solches Einwert-Meßverfahren, wenn sein Ergebnis der subjektiven Lautstärkewahrnehmung voll entsprechen würde. Aus Gründen der einfachen Handhabung ist man aber auf weniger komplizierte Meßverfahren angewiesen.

## 5.1 Frequenzbewerteter Schallpegel

In DIN 45 633 sind die Anforderungen an Präzisionsschallpegelmesser zusammengestellt. Der an einem Zeigergerät abgelesene Meßwert ist ein frequenzbewerteter Schallpegel des Schallwechseldrucks, bezogen auf $2 \cdot 10^{-5}$ N/m$^2$. Die Bewertung erfolgt nach bestimmten Frequenzkurven, wie sie in der obengenannten DIN festgelegt sind. Dabei handelt es sich um die Bewertungskurven A, B, C und D (Bild 5.1).

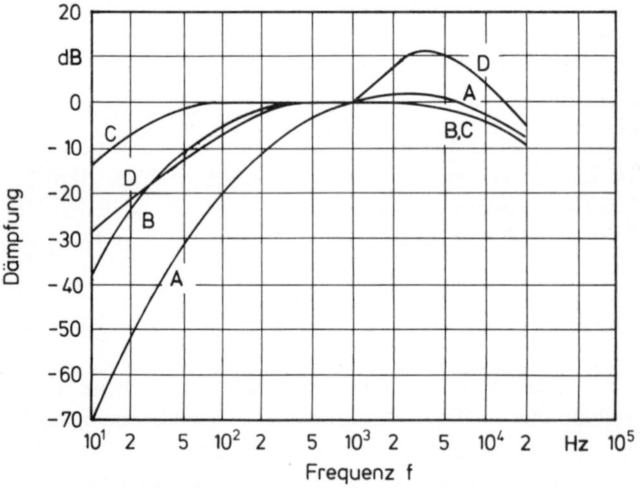


**Bild 5.1**
Bewertungskurven A, B, C, D

Im Meßinstrument wird die Bewertung durch R-C-Schaltungen realisiert, was zu einer frequenzabhängigen Pegeldämpfung der Anzeige führt. Die Bewertungskurven geben den Frequenzgang des Ohres für schmalbandige Geräusche etwas vereinfacht wieder, die Kurve A im Bereich weniger lauter, die Kurven B und C in den Bereichen lauter und sehr lauter Geräusche. Die Kurve D gilt für Flugzeuggeräusche. Die zugehörigen Meßgrößen werden dann wahlweise als A-bewerteter Schalldruckpegel $L_A$ in dB(A) angezeigt, z.B. $L_A$ = 60 dB (A) oder als B-, C-, D-bewerteter Schalldruckpegel $L_B$, $L_C$, $L_D$ [1]).

Auf internationaler Ebene ist in der IEC-Recommendation 123 [1] verabredet, daß zur objektiven Feststellung der Lautstärke eines Geräusches nur noch der A-bewertete Schallpegel $L_A$ gemessen wird. Man verzichtet damit bewußt auf eine bessere Anpassung des Meßverfahrens an den Frequenzgang des Ohres zugunsten einer einfacheren Handhabung.

Die Frequenzbewertung läßt sich noch mit der dynamischen Gesamteigenschaft Fast (F) bzw. Slow (S) des Schallpegelmesser [2] verknüpfen. Das Meßergebnis ist der A-bewertete Pegel $L_{A_F}$ bzw. $L_{A_S}$ (vgl. S. 34).

Angesichts dieser gezielten Vereinfachung der Schallpegelmessung ist zu prüfen, inwieweit der Bewertungspegel $L_A$ noch für die Beurteilung der subjektiven Lautstärke herangezogen werden kann. Bei Tönen und schmalbandigen Geräuschen liegen im Falle einer mäßigen Lautstärke $L_A$-Werte und die Phonzahlen erwartungsgemäß nahe beieinander, d.h., in diesem Falle kommt die objektive Messung der subjektiven Lautstärkewahrnehmung sehr nahe. Lediglich bei größeren Lautstärken wird die subjektive Wahrnehmung durch die Messung der A-Pegel etwas unterbewertet. Dagegen können bei breitbandigen Geräuschen, deren subjektive Lautstärke $L_N$ in phon durch einen Hörvergleich ermittelt wurde, zwischen den A-Pegeln und Phonzahlen beträchtliche Unterschiede auftreten. Dabei sind die Phonzahlen stets größer als die A-Pegel. So kann beispielsweise bei Maschinengeräuschen der Unterschied bis 10 dB, bei Flugzeuggeräuschen sogar bis 14 dB betragen.

Trotzdem gibt es Fälle, in denen das Einwert-Meßverfahren auch bei breitbandigen Geräuschen sinnvoll anzuwenden ist. Einmal kann die Messung zum Vergleich zweier gleichartiger, breitbandiger Geräusche, z.B. der Geräusche zweier Otto-Motoren herangezogen werden. Gleichartig bedeutet in diesem Zusammenhang, daß die Pegelverläufe der zugehörigen Oktavanalysen sich im Wesentlichen nur um einen konstanten Anteil unterscheiden. Wird unter dieser Voraussetzung für zwei Geräusche der gleiche A-Pegel gemessen, so folgt daraus, daß die beiden Geräusche auch gleich laut sind. Wird durch die Messung z.B. ein Pegelunterschied von 10 dB (A) festgestellt, so ist zu folgern, daß das Geräusch mit höherem Pegel doppelt so laut empfunden wird.

Zum anderen lassen sich im Bereich des Immissionsschutzes für bestimmte Geräuscharten prüfbare Grenzwerte angeben und überwachen, die an bestimmten Orten und in bestimmten Zeitabschnitten nicht überschritten werden dürfen (siehe auch Abschnitt 5.4.4).

Ist hierbei der frequenzbewertete Schallpegel $L_A$, wie es oft der Fall sein wird, mit einer Schwankungsdauer > 1 s über die Zeit veränderlich, so läßt sich mit dem Schallpegelmesser ein mittlerer Schalldruckpegel $L_{A_F}(t)$ bzw. $L_{A_S}(t)$ registrieren. Mit dem Taktmaximalwert-Speicherverfahren können in Takten von z.B. 3 s für den ganzen Takt geltende maximale Schalldruckpegel $L_{A_{F_T}}(t)$ mit der Frequenzbewertung A und der Anzeigedynamik „Fast" ermittelt werden. Aus diesen zeitabhängigen Pegelwerten kann man für den betrachteten Zeitraum T einen konstanten Mittelungspegel $L_m$ berechnen. Entsprechend ergeben sich dann die Pegel $L_{A_{F_m}}$, $L_{A_{S_m}}$ bzw. $L_{A_{F_{T_m}}}$. Die Mittelungs-

[1]) In den neueren DIN-Normen wird z.B. die A-Bewertung nur noch durch die Indizierung A bei der Pegelgröße L gekennzeichnet ($L_A$ = 60 dB).

pegel $L_{A_{F_m}} = L_{A_{S_m}}$ werden auch energieäquivalenter Dauerschallpegel $L_{äq}$, der Mittelungspegel $L_{A_{F_{T_m}}}$ auch Wirkpegel genannt.

Liegen beispielsweise für den Zeitraum T unterschiedliche, konstante Pegel $L_{A_i}$, die zu kleineren Zwischenzeiten $\Delta T_i$ gehören, vor, so ist

$$L_{A_m} \equiv L_{A_{F_m}} = L_{A_{S_m}} = 10 \lg \left[ \frac{1}{T} \Sigma\, 10^{\frac{L_{A_i}}{10}} \cdot \Delta T_i \right] \text{ dB (A)}. \tag{5.1}$$

Die Berechnung des Mittelwertes erfolgt in der gleichen Weise, wie im Abschnitt 1.7.5 angegeben. Im Fall des Taktmaximalwert-Speicherverfahrens gilt mit Gl. (1.187):

$$L_{A_m} = L_{A_{F_{T_m}}} = L_0 + 10 \lg \left[ \frac{1}{N} \Sigma\, 10^{\frac{\Delta L_{A_i}}{10}} \cdot N_i \right] \text{ dB (A)}. \tag{5.2}$$

Die praktische Berechnung des Mittelwertes erfolgt in diesem Falle in der gleichen Weise, wie in Abschnitt 1.75 ausgeführt.

Will man aus einer vorliegenden Oktav- oder Terzanalyse eines Geräusches den A-bewerteten Schallpegel ermitteln, muß unter Berücksichtigung der frequenzabhängigen Dämpfungspegel (Tab. 5.1) der A-Bewertung von den Oktav- bzw. Terzpegeln der Summenpegel gebildet werden. Es ist

$$L_A = L_{\Sigma_A} = 10 \lg \Sigma\, 10^{\frac{L_{Okt} + \Delta L_{Okt}}{10}}; \tag{5.3}$$

$$L_A = L_{\Sigma_A} = 10 \lg \Sigma\, 10^{\frac{L_{T_z} + \Delta L_{T_z}}{10}}. \tag{5.4}$$

**Tabelle 5.1** Dämpfungspegel der A-Bewertung in Abhängigkeit von der Mittenfrequenz

| Mittenfrequenzen $f_m$ | 50 | 63 | 80 | 100 | 125 | 160 | 200 | 250 | 315 | 400 | 500 | 630 | 800 | 1 000 | 1 250 |
|---|---|---|---|---|---|---|---|---|---|---|---|---|---|---|---|
| Dämpfungswerte $\Delta L_{Tz}$ | −30,2 | −26,2 | −22,5 | −19,1 | −16,1 | −13,4 | −10,9 | −8,6 | −6,6 | −4,8 | −3,2 | −1,9 | −0,8 | 0 | 0,6 |
| Dämpfungswerte $\Delta L_{Okt}$ | | −26,2 | | | −16,1 | | | −8,6 | | | −3,2 | | | 0 | |
| Mittenfrequenzen $f_m$ | 1 600 | 2 000 | 2 500 | 3 150 | 4 000 | 5 000 | 6 300 | 8 000 | 10 000 | Hz | | | | | |
| Dämpfungswerte $\Delta L_{Tz}$ | 1,0 | 1,2 | 1,3 | 1,2 | 1,0 | 0,5 | −0,1 | −1,2 | −2,5 | dB | | | | | |
| Dämpfungswerte $\Delta L_{Okt}$ | | 1,2 | | | 1,0 | | | −1,1 | | dB | | | | | |

Ein Beispiel hierzu ist auf Seite 127 im Zusammenhang mit dem Stevensverfahren durchgerechnet.

In der gleichen Weise, wie der Schalldruckpegel $L_p$ frequenzbewertet wird, läßt sich auch der Schalleistungspegel $L_W$ frequenzbewertet darstellen. Das Ergebnis ist der A-bewertete Schalleistungspegel oder der A-Leistungspegel $L_{W_A}$. Diese Größe ist besonders geeignet, die Geräuschemission einer Schallquelle, z.B. die einer Maschine, zu beurteilen. Die Grundlage für die Bestimmung des A-Leistungspegels, wie sie im Kapitel 8 noch gezeigt wird, ist der A-bewertete Schalldruckpegel $L_A$. In dem Maße, wie der A-Schalldruckpegel zur Beurteilung der Geräuschimmission herangezogen wird, kann der A-Leistungspegel zur Beurteilung der Geräuschemission verwendet werden.

Liegt ein Schalleistungsspektrum $L_{W_{Okt}}$, $L_{W_{Tz}}$ vor, so kann daraus in der gleichen Weise, wie oben angegeben, der A-bewertete Schalleistungspegel gewonnen werden.

## 5.2 Zeitbewerteter Schallpegel

Die Lautstärkewahrnehmung ist nicht nur von der Frequenz, sondern auch von der zeitlichen Struktur des Schallvorganges abhängig, insbesondere wenn impulsartige Geräuschschwankungen mit einer Zeitdauer kleiner 500 ms auftreten. Dabei erscheint die Lautstärke eines Impulses um so geringer, je kürzer die Impulsdauer ist. Das Ohr erreicht aufgrund seiner physiologischen Trägheit nicht mehr die volle Lautstärkeempfindung im Vergleich zu einem adäquaten Dauervorgang. Man hat festgestellt, daß bei einem Tonimpuls, der bei abnehmender Dauer gleich laut wahrgenommen werden soll, der Schallpegel des Impulses erhöht werden muß. Diese subjektiv festgestellte Pegelüberhöhung für gleich laut wahrgenommene Tonimpulse beginnt bei Impulsdauern, die kleiner 100 ms sind. Sie ist in Bild 5.2 qualitativ dargestellt.

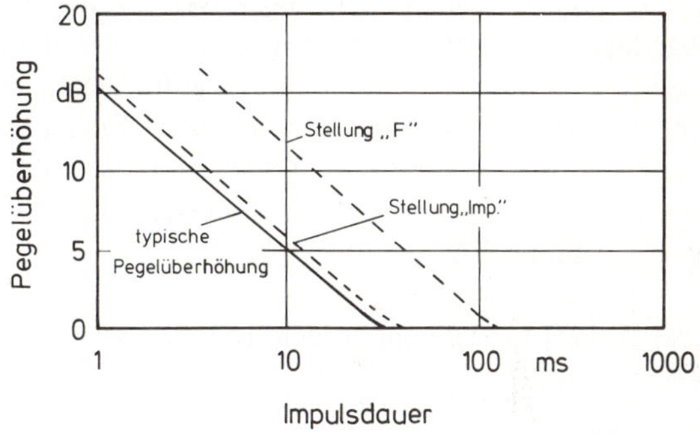


**Bild 5.2**
Pegelüberhöhung in Abhängigkeit von der Impulsdauer

Die objektive Nachbildung des Höreindrucks bei unterschiedlicher Einwirkdauer geschieht durch die umschaltbare Anzeigedynamik des Schallpegelmessers, die mit „Fast", „Slow" und „Impuls" bezeichnet ist. Hieraus folgt, daß der Schalldruckpegel eines Impulses von 10 ms Dauer um ca. 10 dB erhöht werden muß, um gleich hoch angezeigt zu werden wie ein 100 ms langer Impuls. Dies setzt allerdings voraus, daß die Pegel in Stellung „Fast" gemessen werden. Werden die Schallpegel in Stellung „Impuls" gemessen, beträgt dieser Unterschied nur noch ca. 5 dB. Die Zeitkonstante (Integrationszeit) der normalen Schallpegelmesser beträgt in der Stellung „Fast" 125 ms, in der Stellung „Slow" 1000 ms. Daraus folgt aber, daß Schallimpulse mit einer Dauer kleiner 100 ms von normalen Schallpegelmessern nicht so angezeigt werden, wie es dem Verhalten des Gehörs entspricht. Hierbei werden bei längeren Integrationszeiten stets niedrigere als die tatsächlichen Pegel angezeigt. Zur Behebung dieses Mangels sind Schallpegelmesser mit der Bewertung „Slow" und „Fast" zum sog. Impulsschallpegelmesser [3] weiterentwickelt worden. Die Zeitkonstante beträgt hierbei nur noch 35 ms, so daß die Zeitbewertung kurzer Impulse das subjektive Empfinden genauer beschreibt. Allerdings ist jetzt zu gewährleisten, daß die

Spitzen der Effektivwerte $\tilde{p}_{I_{max}}$ auch am Anzeigeinstrument abgelesen werden können. Hierzu dient eine zusätzliche Speichereinrichtung (hinter der Mittelwertbildung) mit einer Entladezeit, die wesentlich länger als 35 ms ist. Sie beträgt 3 s und bildet gleichzeitig damit auch die abklingende Vertäubung des Ohres beim Einwirken kurzzeitiger Impulse nach.

Der Impuls-Druckpegel läßt sich zusätzlich frequenzbewerten. Auch hier ist üblich und vereinbart, nur die A-Bewertung zu verwenden. Das Ergebnis des Messung ist dann der A-bewertete Impuls-Schalldruckpegel $L_{A_I}$ oder der Impuls-Schalleistungspegel $L_{W_{A_I}}$.

Ist der Pegelwert $L_{A_I}(t)$ über der Zeit veränderlich, so läßt sich für einen betrachteten Zeitraum T wiederum ein konstanter Mittelungspegel $L_m$ einführen. Man erhält den Impulsmittelpegel $L_{A_m}$, der in der gleichen Weise gewonnen wird wie der energieäquivalente Dauerschallpegel $L_{äq}$, indem anstelle von $L_{A_F}(t)$ die Pegel $L_{A_I}(t)$ zu setzen sind.

## 5.3 Berechnung und Beurteilung der Lautstärke breitbandiger Geräusche

Für eine feinere objektive Beurteilung allgemeiner breitbandiger Geräusche benötigt man mehr Informationen, die z.B. aus einer A-bewerteten Oktav- oder Terzanalyse gewonnen werden können. Hierauf und auf weiteren physiologischen Erkenntnissen bauen die rechnerischen Verfahren zur objektiven Ermittlung und Beurteilung der Lautstärke breitbandiger Geräusche auf. Als Ergebnis dieser Verfahren erhält man eine Größe, die den subjektiven Lautstärkepegel $L_N$ mit guter Genauigkeit wiedergibt. Beim Hörvorgang wird im Ohr, wie bereits angedeutet, das ganze Frequenzspektrum eines Geräusches auf der Basilarmembrane abgebildet. Dabei erfolgt eine Zusammenfassung in einzelnen Bereichen, den sog. Frequenzgruppen. Man unterscheidet 24 solcher Gruppen, die in der Tab. 5.2 angegeben sind [8].

**Tabelle 5.2** Frequenzgruppen des menschlichen Ohres

| | | | | | | | | |
|---|---|---|---|---|---|---|---|---|
| Frequenzgruppe (Bark) | 1 | 2 | 3 | 4 | 5 | 6 | 7 | 8 |
| Mittenfrequenz (Hz) | 50 | 150 | 250 | 350 | 450 | 570 | 700 | 840 |
| Bandbreite (Hz) | 100 | 100 | 100 | 100 | 110 | 120 | 140 | 150 |
| Frequenzgruppe (Bark) | 9 | 10 | 11 | 12 | 13 | 14 | 15 | 16 |
| Mittenfrequenz (Hz) | 1000 | 1170 | 1370 | 1600 | 1850 | 2150 | 2 500 | 2 900 |
| Bandbreite (Hz) | 160 | 190 | 210 | 240 | 280 | 320 | 380 | 450 |
| Frequenzgruppe (Bark) | 17 | 18 | 19 | 20 | 21 | 22 | 23 | 24 |
| Mittenfrequenz (Hz) | 3400 | 4000 | 4800 | 5800 | 7000 | 8500 | 10 500 | 13 500 |
| Bandbreite (Hz) | 550 | 700 | 900 | 1100 | 1300 | 1800 | 2 500 | 3 500 |

Unter 500 Hz besitzen die Gruppen eine absolute Breite von etwa 100 Hz, darüber ungefähr die relative Breite eines Terzschrittes. Innerhalb einer solchen Frequenzgruppe findet eine Energieaddition statt, d.h., es baut sich ein Lautheitsanteil der Gruppe oder eine Teillautheit $S_{NG}$ auf, die nach den Regeln der Bildung des Summenpegels zustande kommt. Gleichzeitig wird diese Pegelgröße durch das Ohr frequenzabhängig bewertet. Der ganze Vorgang bedeutet, daß beispielsweise zur Verdoppelung einer Teillautheit die Pegelgröße um wesentlich mehr als 3 dB zunehmen muß, d.h., innerhalb der Gruppe ist die Empfindlichkeit des Ohres herabgesetzt.

Dagegen ist die Summenlautstärke von zwei weit auseinanderliegenden Gruppenanteilen, z.B. der Gruppen 3 und 20, bei gleicher Teillautheit $S_{NG}$ doppelt so groß wie die Summenlautstärke aus einem Anteil. Die Empfindlichkeit des Ohres ist jetzt wesentlich größer.

Handelt es sich allerdings um zwei benachbarte Frequenzgruppen, so ist bei der Überlagerung zusätzlich der sog. Verdeckungseffekt zu berücksichtigen. Danach wirkt der schmalbandige Geräuschanteil einer bestimmten Frequenzgruppe in die benachbarten Gruppen hinein, was sich vor allem bei höheren Frequenzen auswirkt. Die schmalbandigen Anteile dieser Nachbargruppen müssen dann selbst einen bestimmten Mindestpegel überschreiten, damit sie überhaupt wahrgenommen werden. Andernfalls sind sie verdeckt. Die Grenzen dieses Verdeckungseffektes sind als sog. Mithörschwellen definiert, die sich aus der Verschiebung der Hörschwelle infolge gleichzeitiger Mitwirkung eines Grundgeräusches ergeben. In Bild 5.3 ist der prinzipielle Verlauf der Mithörschwelle für eine Mittenfrequenz $f_m$ und den Schallpegel $L_p$ dargestellt. Daraus geht hervor, daß alle Frequenzkomponenten, deren Schallpegel innerhalb der Kurve liegen, verdeckt werden.

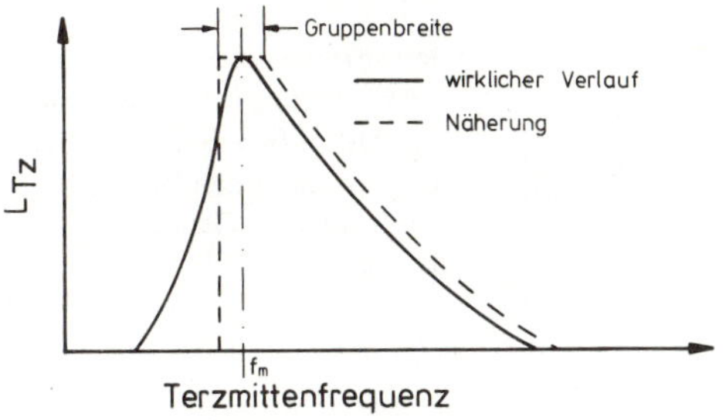


**Bild 5.3**
Prinzipieller Verlauf der Mithörschwelle für die Mittenfrequenz $f_m$ und den Schalldruckpegel $L_p$

In Bild 5.4 sind die Mithörschwellen für zwei schmalbandige Geräusche, z.B. mit der Mittenfrequenz 1200 Hz der verdeckenden Terz exemplarisch aufgetragen. Parameter ist der Pegel $L_p$ des verdeckenden Terzrauschens. Man erkennt, daß beispielsweise eine Terz der Mittenfrequenz 4000 Hz bei einem Pegel $L_{p_{Tz}} = 40$ dB so lange hörbar bleibt, wie der Pegel $L_{p_{Tz}}$ der Mittenfrequenz 1200 Hz $< 90$ dB ist. Des weiteren ist festzustellen, daß die Mithörschwellen mit steigendem Pegel der verdeckenden Terz weiter in die höher liegenden Frequenzgruppen eindringen, daß dagegen zu tieferen Frequenzen hin der Verdeckungseinfluß vernachlässigbar ist.

Im weiteren Ablauf des physiologischen Hörvorganges werden nun die in den einzelnen Frequenzgruppen aufgebauten Teillautheiten $S_{NG}$ des breitbandigen Geräusches unter der Mitwirkung des oben beschriebenen Verdeckungseffektes zu einer Gesamtlautheit $S_{NG}$ aufsummiert und im Bewußtsein als Lautstärke des breitbandigen Geräusches wahrgenommen. Entsprechend diesen Ausführungen sind die rechnerischen Methoden aufgebaut. Die so ermittelten Pegel kommen daher dem Lautstärkepegel $L_N$ der subjektiven Lautstärkewahrnehmung sehr nahe. In der Praxis sind zwei Verfahren gebräuchlich.

### 5.3.1 Verfahren nach E. Zwicker (Frequenzgruppenverfahren)

Das Verfahren von Zwicker [5, 6], dem eine Terzanalyse zugrundeliegt, ist sehr universell einzusetzen, sowohl im diffusen (D) als auch im freien Schallfeld (F) oder auch

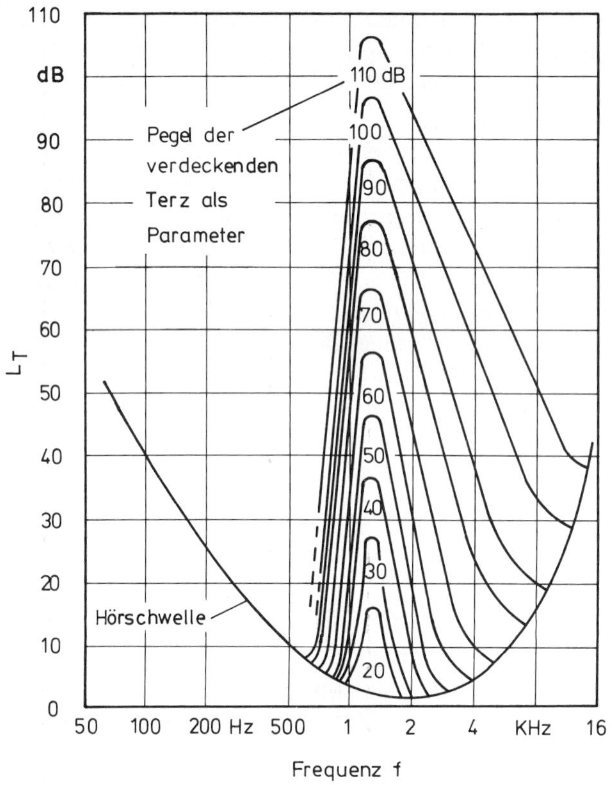


**Bild 5.4**
Mithörschwellen für ein schmalbandiges Geräusch mit der Mittenfrequenz 1200 Hz bei verschiedenen Pegeln des verdeckenden Geräusches nach E. Zwicker [4]

im Falle sehr unregelmäßiger Frequenzspektren mit betont schmalbandigen Frequenzanteilen. Die gemessenen Terzpegel werden für das jeweilige Schallfeld in eines von fünf Diagrammen, die verschieden große Pegelbereiche aufweisen, eingetragen. Man wählt das Diagramm, das den höchsten gemessenen Terzpegel gerade noch enthält. Ab 315 Hz können die Pegelwerte der Terzen direkt eingetragen werden. Darunter muß man den Summenpegel nach Abschnitt 1.7.2 der Terzpegel aus den Terzen 50, 63 und 80 Hz, 100, 125 und 160 Hz sowie 200 mit 250 Hz anstelle der ersten drei Frequenzgruppenpegel einsetzen. Danach werden die Pegel in einer durch den Verdeckungseffekt bedingten Weise zu einem zusammenhängenden Kurvenzug, der Lautheitsverteilung, verbunden. Die Fläche unter der Lautheitsverteilung stellt die Summe der Teillautheiten dar. An der Höhe des flächengleichen Rechtecks kann man die Lautheit $S_{NG}$ in sone ablesen und entsprechend Gl. (4.7) als Lautstärkepegel $L_{NZ}$ in phon angeben. Man ermittelt auf diese Weise die Lautstärkepegel $L_{NZF}$ in phon im Freifeld und $L_{NZD}$ in phon im diffusen Feld.

Als Beispiel wird für das Strahltriebwerk eines Flugzeugs in der Landephase der Lautstärkepegel $L_{NZF}$ nach Zwicker berechnet. Grundlage ist das in der Tab. 5.3 angegebene gemessene Terzspektrum. Mit diesen Werten und dem Bild 5.5 ergibt sich schließlich ein berechneter Lautstärkepegel $L_{NZF} \approx 117$ phon (GF).

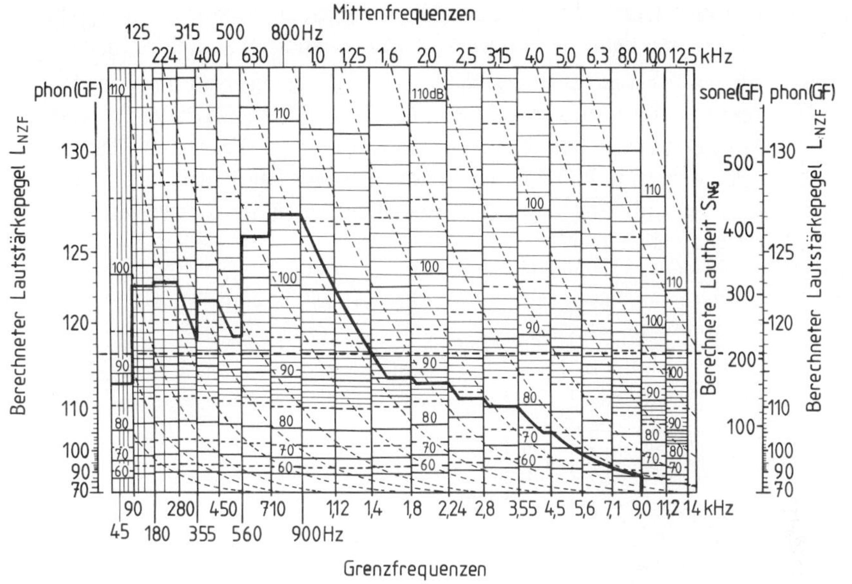


**Bild 5.5** Zwicker-Diagramm [6] zur Lautheitsbestimmung mit eingetragenem Beispiel (Anmerkung: Pegelaufwärts werden senkrechte, pegelabwärts geneigte Verbindungslinien parallel zu den gestrichelten Hilfslinien gezogen, um den Verdeckungseffekt zu berücksichtigen)

**Tabelle 5.3** Schalldruckpegel eines Flugzeugs in Abhängigkeit von der Terzmittenfrequenz

| | $L_{G1}$ | $L_{G2}$ | $L_{G3}$ | | | | | | | |
|---|---|---|---|---|---|---|---|---|---|---|
| $f_{mTz}$ | 63 80 | 100 125 160 | 200 250 | 315 | 400 | 500 | 630 | 800 | 1000 | Hz |
| $L_{Tz}$ | 78 88 | 92 94 94 | 92 97 | 93 | 97 | 94 | 103 | 105 | 94 | dB |
| | 88,4 | 98,2 | 98,2 | | | | | | | |

| | | | | | | | | | | |
|---|---|---|---|---|---|---|---|---|---|---|
| $f_{mTz}$ | 1250 | 1600 | 2000 | 2500 | 3150 | 4000 | 5000 | 6300 | 8000 | Hz |
| $L_{Tz}$ | 90 | 90 | 88 | 84 | 80 | 74 | 68 | 64 | 60 | dB |

Mit dem Schallpegelmesser wurde in diesem Beispiel ein bewerteter Schallpegel $L_A = 104$ dB (A) gemessen. Der große Unterschied zwischen der berechneten und der wirklichen Phonzahl ist nunmehr erklärlich. Er ist darin begründet, daß bei der Messung mit dem Schallpegelmesser eine Energieaddition mit entsprechender Frequenzbewertung vollzogen wird, wie sie das Ohr nur in den einzelnen Frequenzgruppen durchführt. Dagegen wird die Aufsummierung der Teillautheiten zur Gesamtlautheit, die zu einer größeren Empfindlichkeit des Ohres führt, auch bei wirksamem Verdeckungseffekt im Fall der Schallpegelmessung nicht nachvollzogen.

### 5.3.2 Verfahren von Stevens (Lautheitsbewertungsverfahren)

Das Verfahren von Stevens [7, 8], dem eine Oktavanalyse zugrunde liegt, ist zwar wesentlich einfacher, weist dafür aber folgende Einschränkungen auf. Es ist nur im diffusen

Schallfeld anwendbar und liefert nur brauchbare Werte, wenn das zugehörige Frequenzspektrum relativ glatt ist und keine herausragenden schmalbandigen Anteile enthält.

Das Verfahren ist an den Frequenzgang des Ohres für Rauschen angepaßt und berücksichtigt den Verdeckungseffekt und die Addition der Teillautheiten. Das Verfahren beginnt mit der Oktavanalyse des zu beurteilenden breitbandigen Geräusches. Die Pegel $L_{Okt}$ der Oktavbänder werden in Bild 5.6, das Kurven gleichen Lautheitsindexes enthält, eingetragen. Jede Oktave wird durch den zugehörigen Lautheitsindex S bewertet. Die Gesamtlautheit $S_N$ berechnet sich dann aus

$$S_N = S_{max} + k(\Sigma S - S_{max}) \text{ sone} \quad (5.5)$$

mit k = 0,3.

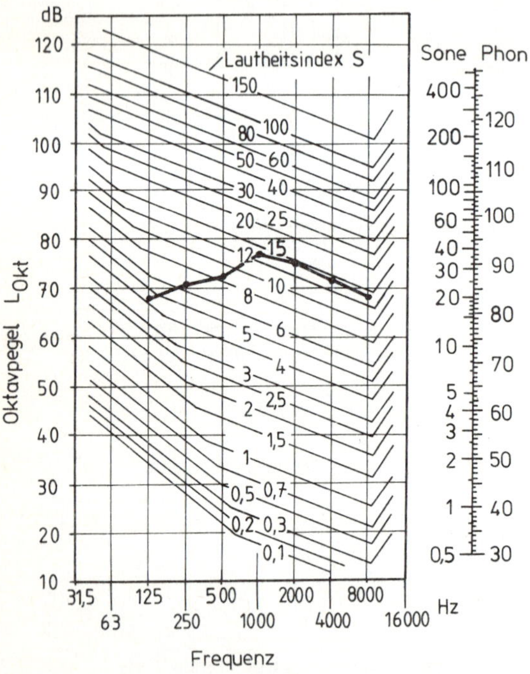


**Bild 5.6**
Kurven gleichen Lautheitsindex nach Stevens [9]

Die Lautheit $S_N$ läßt sich wieder als Lautstärkepegel $L_{NSD}$ in phon umrechnen, wobei der Index D auf das diffuse Schallfeld hinweist.

Als Beispiel wird die Lautstärke einer Normschallquelle in einem relativ halligen Raum berechnet. Grundlage ist das gemessene Oktavspektrum in Tab. 5.4. Danach ist

$$S_N = 14{,}5 + 0{,}3\,(\underbrace{72{,}7}_{\Sigma S} - 14{,}5) = 32 \text{ sone}$$

oder

$$L_{SND} = 90 \text{ phon.}$$

Auch dieses Ergebnis soll mit dem bewerteten Schallpegel $L_A$ verglichen werden. Dazu muß im vorliegenden Fall der $L_A$-Pegel aus der Oktavanalyse berechnet werden. Man muß zu diesem Zweck die Bewertungskurve A, d.h. die darin enthaltenen Dämpfungspegel $\Delta L_{Okt}$ zu den einzelnen Oktavpegeln addieren und danach den Summenpegel nach Gl. (5.3) bilden.

**Tabelle 5.4** Ergebnisse der Lautstärkebestimmung nach dem Stevens-Verfahren

| $f_{mOkt}$ | 63 | 125 | 250 | 500 | 1000 | 2000 | 4000 | 8000 | Hz |
|---|---|---|---|---|---|---|---|---|---|
| $L_{Okt}$ | – | 68 | 70,5 | 72,5 | 77 | 75,5 | 71,5 | 68,5 | dB |
| S | – | 4,2 | 6,5 | 8,5 | 13 | 14,5 | 14 | 12 | Sone |

Aus der Tab. 5.5 wird durch Pegeladdition in der letzten Zeile die Summe $L_\Sigma = L_A = 81{,}1$ dB (A) gewonnen. Man ermittelt auch hier einen um fast 10 dB zu niedrigen Pegel, wenn man das Ergebnis mit der entsprechenden Phonzahl vergleicht. Dieser Sachverhalt gilt auch stellvertretend für allgemeine Maschinengeräusche.

**Tabelle 5.5** Ermittlung der $L_A$-Pegel aus dem Oktavspektrum

| $f_{mOkt}$ | 63 | 125 | 250 | 500 | 1000 | 2000 | 4000 | 8000 | Hz |
|---|---|---|---|---|---|---|---|---|---|
| $L_{Okt}$ | – | 68 | 70,5 | 72,5 | 77 | 75,5 | 71,5 | 68,5 | dB |
| $\Delta L_{Okt}$ | – 26 | – 16 | – 9 | – 3 | 0 | + 1,0 | + 1,0 | – 1,0 | dB |
| $L_{Okt} + \Delta L_{Okt}$ | – | 52 | 61,5 | 69,5 | 77 | 76,5 | 72,5 | 67,5 | dB |

## 5.4 Beurteilung der Lästigkeit von Geräuschen

Ein Geräusch ist einmal durch seine Lautheit, zum anderen aber auch durch seine Lästigkeit charakterisiert. Beide Begriffe sind grundsätzlich auseinanderzuhalten. Mit der Lautheit eines Geräusches nimmt sicherlich auch seine Lästigkeit zu. Beispielsweise wird bei zwei Geräuschen mit ähnlicher Frequenzverteilung das lautere als unangenehmer empfunden. Im Gegensatz dazu kann bei zwei ganz verschiedenen Geräuschen das leisere unter Umständen lästiger wirken als das lautere. Beim Zusammenwirken zweier Geräusche kann der Lästigkeitseindruck sogar abnehmen, sofern ein lästiges Geräusch durch ein anderes, weniger lästiges Geräusch verdeckt wird.

Daraus folgt, daß zur Charakterisierung der Lästigkeit nicht nur die Lautstärke maßgeblich ist, sondern es müssen weitere physikalische und psychologische Kriterien, wie die Frequenzverteilung, die Zeitdauer der Einwirkung, der Pegelverlauf über der Zeit, die seelische Verfassung des Belästigten, seine persönliche Beziehung zum Geräusch und ähnliche Effekte, herangezogen werden. Man kann die Lästigkeit nicht klar definieren und noch viel weniger eine Meßgröße zu ihrer Beurteilung angeben. Sinnvoll erscheint es, die Lästigkeit eines Geräusches unter ganz bestimmten Gesichtspunkten einzugrenzen.

Ein solcher Gesichtspunkt ist, daß beispielsweise höhere Frequenzen lästiger sind als tiefere, vor allem, wenn sie schmalbandig aus dem Frequenzspektrum herausragen (Bild 5.7). Die Geräusche a und b sind gleich laut, das Geräusch b wirkt aber alleine lästiger als das Geräusch a.

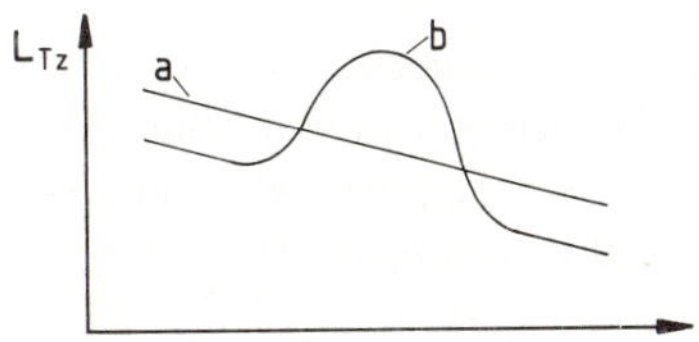


**Bild 5.7**

Schematische Darstellung von zwei Geräuschen mit gleichem Lautstärkepegel und unterschiedlicher Lästigkeit (Kurve b wirkt wegen schmalbandiger Anteile lästiger als Kurve a)

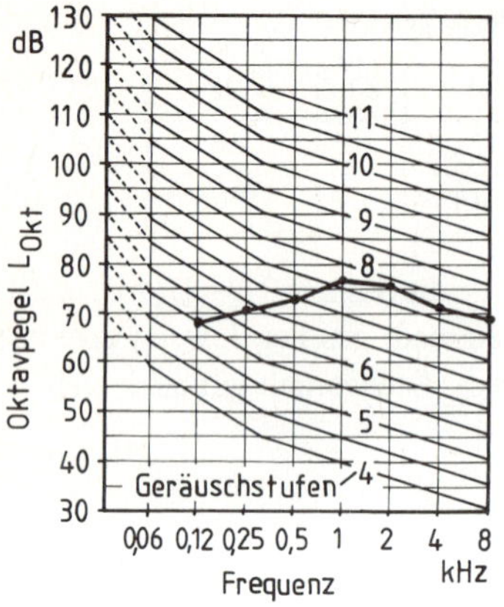


**Bild 5.8** Kurven gleicher Rauschlautstärke nach Lübke

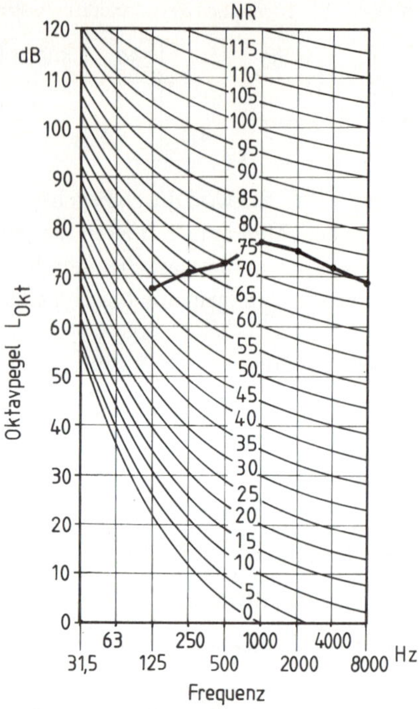


**Bild 5.9**
Kurven gleicher Lästigkeit (NR-Werte)

### 5.4.1 Lübcke-Verfahren

Grundlage dieses Verfahrens [10, 11] sind die Kurven gleicher Rauschlautstärke. Diese Kurven (Bild 5.8) werden als Geräuschstufen bezeichnet und mit einer Zahl versehen, die dem Schallpegel bei 1000 Hz in Bel entspricht.

In diese Kurvenschar wird das Oktavspektrum des Geräusches eingetragen. Dieses Geräusch ist der Stufe zuzuordnen, die das Spektrum gerade tangiert. Als Beispiel ist das gleiche Geräusch einer Normschallquelle, wie es beim Stevens-Verfahren untersucht wurde, verwendet worden. Es besitzt die Lästigkeit 8. Dieser Wert kann mit einer oberen zulässigen Stufe verglichen werden.

Aus dem Beispiel ist zu ersehen, daß der etwas niedrigere Pegel bei 2000 Hz zur Beurteilung der Lästigkeit maßgebend ist und nicht der Maximalpegel bei 1000 Hz.

### 5.4.2 NR-Verfahren

Ein ganz ähnliches Verfahren stellt das in den USA angewandte Noise-Rating (Geräuschbewertungs)-Verfahren dar, das auch international durch die ISO-Recommendation R 1996 [12] empfohlen wird.

Grundlage des Verfahrens sind die Noise-Rating-Kurven gleicher Lästigkeit. Sie werden mit Zahlenwerten versehen, die dem Pegel in dB bei 1000 Hz gleichgesetzt werden (Bild 5.9). Die weitere Handhabung geschieht in der gleichen Weise wie beim Lübcke-Verfahren. Als Beispiel ist wieder das gleiche Geräusch eingetragen. Man liest hierfür einen Zahlenwert NR = 78 ab.

Auch für dieses Verfahren sind Grenzkurven angegeben. Ein Wert von NR = 85 sollte auf Dauer nicht überschritten werden. Darüberhinaus sind für spezielle Geräuschsituationen, z.B. für eine Geräuscheinwirkung in Büro, Schule und Werkstatt weitere NR-Kriterien angegeben, evtl. unter Berücksichtigung der Dauer des Geräusches.

### 5.4.3 Kryter-Verfahren

Seit der Einführung der Strahltriebwerke sind Flugzeuggeräusche besonders lästig geworden, wovon vor allem die unmittelbare Umgebung von Flughäfen betroffen ist. Es war daher zweckmäßig, auf internationaler Ebene ein einheitliches Verfahren zur Beurteilung von Flugzeuggeräuschen einzuführen, was in der ISO-Recommendation 507 [13] auch geschehen ist. Das entsprechende Verfahren wird das Kryter-Verfahren genannt.

Dieses Verfahren [14] ermittelt im Bereich der Flughäfen als charakteristische Beurteilungsgröße einen sog. Perceived Noise-Level (PNL) und vergleicht ihn mit gewissen Grenzwerten.

Grundlage für die Ermittlung des PNL sind Kurven gleicher Noisines (Lärmigkeit), die durch Hörvergleich mit Oktavbandrauschen ermittelt wurden. Als Standardgeräusch ist die Oktave der Mittenfrequenz 1000 Hz festgelegt. Die Kurven werden in NOYS-Einheiten angegeben (Bild 5.10). Man erkennt, daß die Kurven gleicher NOYS-Zahlen gegenüber den NR-Kurven einen auffallenden Verstärkungseffekt im Bereich 2000 ... 4000 Hz besitzen.

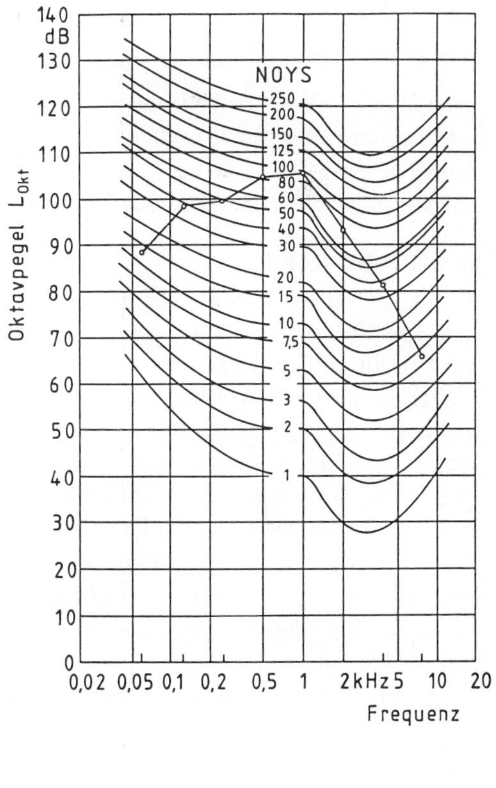


**Bild 5.10**

Kurven gleicher Noys-Zahlen nach Kryter

In diese Kurvenschar gleicher Noisines wird das Oktavspektrum des zu untersuchenden Flugzeuggeräusches eingetragen. Analog zum Stevens-Verfahren wird dann jede Oktave einer NOYS-Zahl N zugeordnet und daraus die gesamte Noisines

$$N_t = N_{max} + 0{,}3\,(\Sigma N - N_{max}) \quad \text{NOYS.} \tag{5.6}$$

berechnet. Diese Noisines $N_t$ kann noch in den Perceived-Noise-Level (PNL) durch die Beziehung (5.7), entsprechend der Gl. (4.7), umgerechnet werden. Es gilt also:

$$\text{PNL} = 40 + \frac{10 \lg N_t}{\lg 2} \quad \text{PN dB.} \tag{5.7}$$

Als ein Beispiel zur Ermittlung des PNL wird dasselbe Flugzeuggeräusch gewählt, für das die Lautstärke $L_{NZF}$ nach dem Zwicker-Verfahren gefunden wurde (vgl. Abschnitt 5.3.1). Die entsprechenden Oktavpegel (Tab. 5.6) sind in das Bild 5.10 eingetragen. Daraus ergibt sich

$$N_t = 100 + 0{,}3\,(\overbrace{399{,}5}^{\Sigma N} - 100) = 189{,}9 \text{ NOYS,}$$

$$\text{PNL} = 40 + \frac{10 \lg 189{,}9}{\lg 2} = 115{,}7 \text{ PN dB.}$$

**Tabelle 5.6** Ergebnisse eines Beispiels nach dem Kryter-Verfahren

| $f_{m_{Okt}}$ | 63 | 125 | 250 | 500 | 1000 | 2000 | 4000 | 8000 | Hz |
|---|---|---|---|---|---|---|---|---|---|
| $L_{Okt}$ | 88,4 | 98,2 | 99,3 | 104,4 | 105,4 | 92,8 | 81,2 | 65,5 | dB |
| N-Zahl | 12,5 | 36 | 50 | 85 | 100 | 70 | 38 | 8 | NOYS |

Näherungsweise kann der PNL auch aus dem D-bewerteten Schallpegel $L_D$ durch einen Zuschlag von 7 dB gefunden werden.

Weitere Probleme, wie z.B. die Angabe eines oberen Grenzwertes für den PNL oder die Berücksichtigung der Dauer der Geräuscheinwirkungen werden hier nicht behandelt.

### 5.4.4 Beurteilungspegel

Eine umfassendere, objektive Beurteilung der Geräuschbelästigung am Immissionsort sollte den A-bewerteten Schallpegel als wesentliche Größe berücksichtigen, darüberhinaus aber zusätzliche Besonderheiten in der spektralen Verteilung, vor allem, wenn schmalbandige Anteile und kurzzeitige impulsartige Pegelanstiege auftreten.

Eine solche Beurteilung ist problematisch, insbesondere wenn sie durch eine Einwertgröße erfolgen soll. Im Bereich des Immissionsschutzes ist hierfür der sog. Beurteilungspegel $L_r$ (Noise Rating Level) eingeführt worden. Er ermöglicht es, die Lärmbelästigung durch eine Pegelgröße und meist für einen definierten Zeitraum $T_r$ zu charakterisieren.

Grundlage für die zahlenmäßige Festlegung dieses Beurteilungspegels ist der A-bewertete Schalldruckpegel $L_{AF}$ bzw. $L_{AF_m}$. Jedoch stellt er nicht für alle Fälle eine ausreichende akustische Kenngröße dar. Dies läßt sich mit Hilfe des Bildes 5.11 verdeutlichen, in dem für einen bestimmten Zeitraum $T_r$ einmal ein Dauergeräusch mit einem konstanten Pegel $L_{p_{max}}$, zum anderen ein intermittierendes Geräusch n mit gleichem Maximalpegel $L_{p_{max}}$

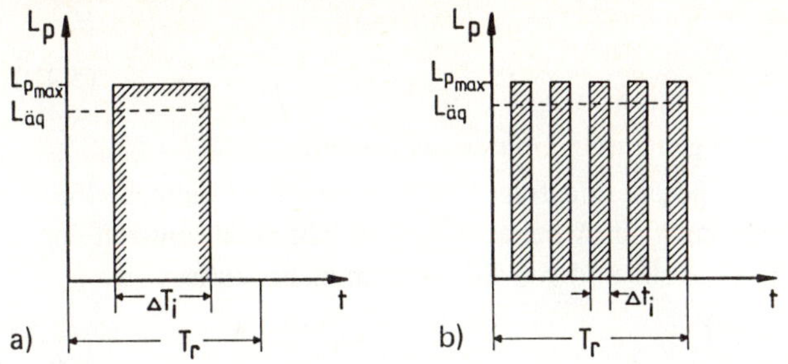


**Bild 5.11** Beurteilungspegel von zwei Geräuschen mit gleichem Maximalpegel
a) Einzelgeräusch b) periodisch intermittierende Geräusche

dargestellt ist. Beide Geräusche besitzen den gleichen Mittelungspegel, wenn $\Delta T_i = n \cdot \Delta t_i$ ist. Trotzdem bewirkt das intermittierende Geräusch eine stärkere Belästigung.

Der A-bewertete Schalldruckpegel muß daher zur Berücksichtigung zusätzlicher Belästigungseinflüsse durch weitere Zuschläge erhöht werden. Hierbei wird im Bereich des Immissionsschutzes nicht einheitlich verfahren. Es existieren für charakteristische Geräuschgruppen spezielle Beurteilungspegel. Sie werden im folgenden erläutert.

a) Zur Beurteilung der Wirkung von Arbeitslärm im weitesten Sinne sowohl auf den Menschen am Arbeitsplatz als auch in der Nachbarschaft (DIN 45645, Teil 1, Teil 2, [15]) sind dem Mittelungspegel $L_{A_{F_m}}$ Pegelzuschläge $K_I$ und $K_T$ hinzuzufügen.

$$L_r = L_{A_{F_m}} + K_I + K_T \quad \text{dB (A)}. \tag{5.8}$$

Der Zuschlag $K_I$ ist zu berücksichtigen, wenn das Geräusch in der ganzen Zeit $T_r$ impulshaltig ist, ebenso der Zuschlag $K_T$, wenn das Geräusch tonhaltig ist. Tonhaltigkeit liegt vor, wenn Einzeltöne deutlich hörbar aus dem allgemeinen Geräusch hervortreten, z.B., wenn im Terzspektrum ein Terzpegel die Pegel der Nachbarterzen um 5 dB und mehr überragt. Impulshaltigkeit liegt vor, wenn auffällige, kurzdauernde (Dauer $< 1$ s) Pegelanstiege von mindestens 5 dB auftreten. Die Zuschläge $K_I$ und $K_T$ betragen je nach Auffälligkeit der Impulse und der Töne 3 dB bzw. 6 dB [21].

Der Zuschlag $K_I$ für die Impulshaltigkeit entfällt, wenn zur Feststellung des bewerteten Schallpegels $L_A$ das Taktmaximal-Speicherverfahren oder ein Impulsschallpegelmesser eingesetzt wurden, da bei beiden Methoden die impulsartigen Pegeländerungen bereits berücksichtigt sind. In dem einen Fall wird der äquivalente Dauerschallpegel $L_{A_{F_m}}$ durch den Wirkpegel $L_{A_{T_m}}$, im anderen Fall durch den Impulsmittelpegel $L_{A_{I_m}}$ ersetzt.

Liegen für die Zeitabschnitte $\Delta T_i$ bereits gebildete energie-äquivalente Dauerschallpegel $L_{A_{m_i}}$ vor, so ist für den Gesamtzeitraum $T_r$ der Beurteilungspegel

$$L_r = 10 \lg \left[ \frac{1}{T_r} \sum_i 10^{\frac{L_{A_{m_i}} + K_i}{10}} \Delta T_i \right] \quad \text{dB (A)} \tag{5.9}$$

mit den zugeordneten Zuschlägen

$$K_i = K_{I_i} + K_{T_i}. \tag{5.10}$$

Der Zuschlag $K_{I_i}$ kann wieder aus den genannten Gründen entfallen.

Bei der Bestimmung des Beurteilungspegels sind folgende Bezugszeiten $T_r$ üblich: Im Falle der Beurteilung der Lärmeinwirkung am Arbeitsplatz entspricht die Bezugszeit der Dauer einer Arbeitsschicht $T_r = 8$ h. Für alle anderen Geräuschimmissionen ist

| | |
|---|---|
| für die Tageszeit von 7 bis 9 Uhr | $T_{r_1} = 12$ h, |
| von 19 bis 22 Uhr und von 6 bis 7 Uhr | $T_{r_2} = 4$ h, |
| für die Nachtzeit von 22 bis 6 Uhr | $T_{r_3} = 8$ h, |
| für die lauteste Nachtstunde zwischen 22 und 6 Uhr | $T_{r_4} = 1$ h. |

Zu diesen Zeiten gehören Beurteilungspegel $L_{r_{8\,h}}$ bzw. $L_{r_1}$, $L_{r_2}$, $L_{r_3}$, $L_{r_4}$. Sie werden nach Gl. (5.9) ermittelt. Daraus lassen sich die für die Geräuschimmission am Arbeitsplatz und in der Nachbarschaft maßgebenden Beurteilungspegel $L_{r_{\text{Arbeitsplatz}}}$, $L_{r_{\text{Tag}}}$ und $L_{r_{\text{Nacht}}}$ berechnen. Es ist

$$L_{r_{\text{Arbeitsplatz}}} = L_{r_{8\,h}},$$

$$L_{r_{\text{Tag}}} = 10 \lg \left[ \frac{1}{16} \left( 12 \cdot 10^{\frac{L_{r_1}}{10}} + 4 \cdot 10^{\frac{L_{r_2}+6}{10}} \right) \right] \text{ dB (A)}. \tag{5.11}$$

Hierbei ist durch den Zuschlag von 6 dB bei $L_{r_2}$ einem erhöhten Schutzbedürfnis in den Zeiten von 19 bis 22 Uhr und von 6 bis 7 Uhr Rechnung getragen [9].

Zur Beurteilung des Lärms am Arbeitsplatz wird der Immissionspegel am Arbeitsplatz des Betroffenen im Bereich seiner Ohren, ersatzweise bei stehenden Personen in ca. 1,60 m Höhe, bei sitzenden Personen in ca. 0,8 m Höhe vom Boden gemessen.

Zur Beurteilung des Lärms in der Nachbarschaft wird der einfallende Schall in der Regel 0,5 m vor dem geöffneten Fenster des am stärksten betroffenen Aufenthaltsraumes gemessen, ersatzweise in 3 ... 4 m Abstand von dem betroffenen Gebäude in 1,2 m Höhe.

Für eine mögliche Übertragung innerhalb von Gebäuden (Körperschall- und Luftschallübertragung) wird im betroffenen Aufenthaltsraum bei geschlossenen Fenstern und Türen in 1,2 m Höhe und genügendem Abstand von den Wänden gemessen. Bei der Auswertung der Messungen sind die Fremdgeräusche in Abzug zu bringen.

**b)** Zur Beurteilung der Geräuschbelästigung durch gewerblich genutzte Baumaschinen sowie sonstiger beim Baubetrieb eingesetzter Maschinen sind höchstzulässige Geräuschimmissionen durch das Gesetz zum Schutz gegen Baulärm 1965 [16] und später durch das Bundes-Immissionsschutzgesetz [22] festgelegt. Immissionsrichtwerte für Baumaschinen und weitere Vorschriften, Normen und Richtlinien zur Geräuschimmission sind in [20] zusammengestellt.

Danach wird für die Einsatzzeit der zu beurteilenden Baumaschinen aus dem Taktmaximalpegel $L_{A_T}$ der Mittelungspegel $L_{A_{T_m}}$ ermittelt. Sind dabei tonartige Geräuschanteile beteiligt, so ist der Mittelungspegel um 5 dB (A) zu erhöhen, man erhält den sog. Wirkpegel des Baulärms. Den endgültigen Beurteilungspegel bekommt man dann, wenn noch eine Zeitkorrektur in Abzug gebracht wird, die eine tägliche durchschnittliche Einsatzzeit berücksichtigt. Dabei wird zwischen einer Einsatzzeit am Tage zwischen 7 und 20 Uhr und einer solchen in der Nacht zwischen 20 und 7 Uhr unterschieden. Der Abzug beträgt 10 dB bei einer durchschnittlichen Einsatzzeit bis 2 1/2 h am Tag und bis 2 h in der Nacht. Er beträgt 5 dB (A) bei den entsprechenden Einsatzzeiten 2 1/2 ... 8 h bzw. 2 ... 6 h. Der Abzug entfällt, wenn die Einsatzzeit am Tage über 8 h, in der Nacht über 6 h liegt.

Die entsprechenden Luftschallmessungen erfolgen wieder in der Regel 0,5 m vor dem geöffneten, am stärksten betroffenen Fenster, ersatzweise in 3 m Abstand vor dem betroffenen Gebäude und in 1,2 m Höhe. Die Messungen sind nach Möglichkeit fremdpegelbereinigt darzustellen.

c) In der Bauakustik ist ein Beurteilungspegel für die lästige Einwirkung von Geräuschen aus haustechnischen Anlagen und Gewerbebetrieben des gleichen Gebäudes eingeführt. Im Gegensatz zu b) dringen diese Geräusche von innen in die Aufenthaltsräume der Hausbewohner und Benutzer ein. Maßgebend ist der innerhalb der Beurteilungszeit auftretende maximale Luftschallpegel $L_{AF\,max}$. Dabei brauchen selten auftretende Störpegelspitzen nicht berücksichtigt zu werden. Der Maximalpegel ist noch auf eine äquivalente Absorptionsfläche $\overline{A}_0 = 10\ m^2$ zu beziehen. Es ist dann

$$L_r = L_{AF\,max} + 10 \lg \frac{\overline{A}_{ges}}{A_0} \quad dB. \tag{5.12}$$

Hierin ist $\overline{A}_{ges}$ die äquivalente Absorptionsfläche des betroffenen Aufenthaltsraumes (vgl. Abschnitt 7.7). Die zugehörigen Luftschallpegel werden in der Mitte des Aufenthaltsraumes unter normalen Betriebsbedingungen der zu überprüfenden haustechnischen Anlagen oder der zu überprüfenden Gewerbebetriebe gemessen und unter Abzug der Fremdgeräusche dargestellt.

d) Die Lärmbelästigung durch die Verkehrsgeräusche zu Lande und zu Wasser wird auf verschiedene Weise beurteilt.

*1.* In der Bauakustik ist nach DIN 4109, Blatt 6 [17], ein Beurteilungspegel für den von außen einwirkenden Lärm des Straßen-, Schienen- und Wasserverkehrs eingeführt, zusammen mit dem Lärm aus Gewerbe- und Industriebetrieben (gemäß a)) und aus Flugverkehr (nach e)). Dieser Beurteilungspegel wird hier maßgeblicher Außenlärmpegel genannt. Betroffen sind Personen in Aufenthalts- und Arbeitsräumen in bewohnten oder benutzten Gebäuden.

Ausgehend vom Mittelungspegel $L_{AF_m}$ des Verkehrsgeräusches wird im Straßen- und Schienenverkehr zusätzlich ein mittlerer Maximalpegel $L_{A_1}$ berücksichtigt. Es ist dies der A-Schalldruckpegel, der während 1 % der Meßzeit erreicht oder überschritten wird und der in guter Näherung dem Mittelwert aus allen Pegelspitzen der Meßzeit entspricht. Liegt dabei $L_{A_1}$ um weniger als 10 dB (A) über $L_{AF_m}$, wird kein Zuschlag berücksichtigt. Liegt dagegen $L_{A_1}$ um mehr als 10 dB (A) über $L_{AF_m}$, dann ist letzterer Pegel um den über 10 dB hinausgehenden Wert zu erhöhen. Man erhält also den Beurteilungspegel des Lärms aus Straßen- und Schienenverkehr

für $L_{A_1} - L_{AF_m} < 10$ dB

$$L_{r/Verkehr} \equiv L_{AF_m} \quad dB\,(A), \tag{5.13}$$

für $L_{A_1} - L_{A_{F_m}} > 10$ dB

$$L_{r/Verkehr} = L_{A_1} - 10 \quad dB(A). \tag{5.14}$$

Beim Schiffsverkehr ist $L_r = L_{A_{F_m}}$.

Die zugehörigen Meßzeiten $T_r$ sollen repräsentative Zeitabschnitte des 24-Stunden-Tages, vor allem die verkehrsreichen Zeiten erfassen. Für den Straßenverkehr sind dies in der Regel die Stunden zwischen 7 und 9 Uhr, sowie zwischen 16 und 18 Uhr. Für den Schienen- und Wasserverkehr genügt 1 h in der verkehrsreichsten Zeit.

Die zugehörigen Luftschallmessungen erfolgen in 1 m Abstand vor der Gebäudefront, mindestens 1,20 m über dem Straßen- oder Schienenniveau, ersatzweise 0,5 m vor geöffnetem Fenster. Alle Messungen sind, falls möglich, störpegelbereinigt darzustellen.

2. Für allgemeinere Planungszwecke in Baugebieten unterschiedlicher Nutzung ist nach DIN 18005, Blatt 1–2 [18] ein Beurteilungspegel für den auf das Bebauungsgebiet einwirkenden Verkehrslärm des Straßen-, Schienen- und Wasserverkehrs eingeführt, ebenfalls zusammen mit dem Lärm in Gewerbe- und Industriegebieten (nach a)) und bedingt durch Flugverkehr (nach e)).

Für die Beurteilung des Verkehrslärms zu Lande und zu Wasser sind zwei Beurteilungspegel zu ermitteln:

$L_{r/Tag}$ für die Zeit zwischen 6 und 22 Uhr ($T_{r/Tag}$),

$L_{r/Nacht}$ für die Zeit zwischen 22 und 6 Uhr ($T_{r/Nacht}$).

Dabei genügt es, innerhalb der Zeit $T_r$ repräsentative Zeitintervalle zu wählen, und zwar am Tage etwa 4 h, in der Nacht 2 h. Für diese Zeiten werden dann die $L_{A_F}(t)$-Pegel bzw. die $L_{A_{F_T}}(t)$-Pegel gemessen.

An nicht unmittelbar bebauten Verkehrswegen werden die Messungen der Pegel $L_{A_F}(t)$ bzw. $L_{A_{F_T}}(t)$ in der Regel in 25 m Abstand von der Mittelachse des Verkehrsweges und in 3 m Höhe durchgeführt. Daraus läßt sich dann der jeweilige Mittlungspegel $L_{A_m}$ (25 m) sowohl für den Tag als auch für die Nacht bilden. Die zugehörigen Beurteilungspegel $L_{r/Tag}$ und $L_{r/Nacht}$ erhält man, indem man den Mittlungspegel gemäß Abschnitt 6.6 auf den interessierenden Immissionsort im Bebauungsgebiet unter Berücksichtigung der örtlichen Gegebenheiten umrechnet.

An bebauten Straßen werden die Pegel $L_{A_F}(t)$ bzw. $L_{A_{F_T}}(t)$ in 1 m Abstand vor der Häuserfront und 1,20 m über dem Straßenboden ermittelt. Daraus gewinnt man dann die Mittelungspegel $L_{A_{F_m}}$ und $L_{A_{F_{T_m}}}$ für den Tag und die Nacht. Nach DIN 18005 besteht für den Straßen- und Schienenverkehr auch die Möglichkeit, die Mittelungspegel $L_{A_m}$ (25 m) für den Tag und die Nacht abzuschätzen. Dazu müssen das mittlere stündliche Verkehrsaufkommen an Pkws und Lkws am Tag und in der Nacht, die mittleren Fahrgeschwindigkeiten, die Straßenbeschaffenheit und besondere Verkehrsbedingungen (Kreuzungen, Steigungen) bekannt sein (vgl. hierzu Abschnitt 6.6). Die Werte für das mittlere stündliche Verkehrsaufkommen mit den zugehörigen mittleren Fahrgeschwindigkeiten können entweder durch Beobachtung festgestellt oder auch einer Planung mit entsprechender Projektierung der Verkehrssituation entnommen werden.

*3.* In dem zu erwartenden Gesetz zum Schutz gegen den Verkehrslärm (VLärmSchG), das noch nicht veröffentlicht ist und dessen Entwurf seit dem 28.2.1980 vorliegt, wird der Verkehrslärm in ähnlicher Weise wie in DIN 18005 erfaßt und beschrieben.

e) Zur Beurteilung der Geräuschbelästigung infolge Fluglärms wird auf das Gesetz zum Schutz gegen Fluglärm vom 31.3.1971 [19] verwiesen. Danach ist mit einem besonderen Meßverfahren ein äquivalenter Dauerschallpegel $L_{äq} = L_{m_q}$ zu ermitteln. Dieser Pegel $L_{m_q}$ ist nach Gl. (1.191) ein allgemeiner zeitlicher Mittelungspegel mit dem Halbierungsparameter q = 4. Im übrigen ist:

$$L_{äq} = \frac{4}{3} 10 \lg \Sigma g_i \frac{t_i}{T} \cdot 10^{\frac{L_{A_i} \cdot 3}{4 \cdot 10}} \quad \text{dB(A)}. \tag{5.15}$$

Hierin ist

T der Mittelungszeitraum über die 6 verkehrsreichsten Monate,[1])
i der laufende Index der Vorbeiflüge,
$L_{A_i}$ der Spitzenpegel jedes Vorbeifluges,
$t_i$ die Geräuschdauer des Vorbeifluges (sie ist gleich der Zeit, in der der um 10 dB unter dem Spitzenpegel liegende Pegel überschritten wird),
$g_i$ ein Bewertungsfaktor für Tag- und Nachtflüge.

Es werden zwei Dauerschallpegel ermittelt, $L_{äq}^{①}$ für Tagflüge zwischen 6 und 22 Uhr mit $g_i = 1{,}5$ und Nachtflüge zwischen 22 und 6 Uhr mit $g_i = 0$, $L_{äq}^{②}$ für Nachtflüge mit $g_i = 5$ und Tagflüge mit $g_i = 1{,}0$. Der Beurteilungspegel ist dann gleich dem größeren von beiden [20].

---

1) Im Hinblick auf die Belästigung durch Fluglärm sind kürzere Zeiten während des stärksten Flugverkehrs sinnvoller (z.B. 24 h).

# 6 Schallausbreitung im Freien

In der Umgebung einer Schallquelle baut sich ein Schallfeld mit einer bestimmten Schalldruck- bzw. Schalldruckpegel-Verteilung auf. Hierauf hat einmal die Schallquelle selbst Einfluß, vor allem die Größe ihrer Schalleistung und deren spektrale Verteilung, die geometrische Form der Schallquelle und eine gegebenenfalls vorhandene Richtcharakteristik. Zum anderen spielt die akustische Eigenschaft der Umgebung eine wesentliche Rolle. Dabei muß man grundsätzlich unterscheiden, ob die Schallausbreitung im Freien oder in einem geschlossenen Raum vor sich geht. In diesem Kapitel wird die Schallausbreitung im Freien behandelt. Typische Beispiele für diese Schallausbreitung sind vor allem Verkehrslärm einschließlich Fluglärm, Emissionslärm von Industrie- und Gewerbeanlagen, Baustellenlärm und Freizeitlärm (Sportstätten, Nachbarschaft).

Bei der Schallausbreitung im Freien sind die räumliche Lage von Schallquelle und Aufpunkt zueinander (Ort der Emission, Ort der Immission), deren Lage zum Boden und zu evtl. vorhandenen Wänden und Hindernissen, ferner Dämpfungseffekte in der Luft, die Behinderung der Ausbreitung durch Bewuchs, Bebauung und schließlich Witterungseinflüsse zu berücksichtigen. Hierbei wird im wesentlichen unter Freifeldbedingungen der Zusammenhang zwischen der Emission eines Schallereignisses, repräsentiert durch den Schalleistungspegel $L_W$, bzw. den A-bewerteten Schalleistungspegel $L_{W_A}$ der Schallquelle, und der Immission beim Aufpunkt, repräsentiert durch den Schalldruckpegel $L_p$, bzw. den A-bewerteten Schalldruckpegel $L_A$, ermittelt. Das Schallereignis sei stationär. Bei zeitlich schwankenden Vorgängen wird nur das zeitliche Mittel der Schallpegel herangezogen (siehe Abschnitt 1.7.5).

## 6.1 Punktschallquelle

Zunächst wird für *eine Punktschallquelle* der Schalldruckpegel $L_p(r)$ in einem Aufpunkt S gesucht. Die Punktschallquelle besitzt die Schalleistung $P_Q$. Der Aufpunkt S, der im Fernfeld der Schallquelle liegen soll, hat von dieser den Abstand $r = s_m$.

Die hierfür gewonnenen Ergebnisse lassen sich dann auf eine reale Schallquelle, z.B. eine Maschine von kubischer Konfiguration, übertragen, wenn der Aufpunkt außerhalb des Nahfeldes, d.h. im Fernfeld der Maschine liegt. Dies trifft zu, wenn der Abstand $s_m$ des Punktes S von der Schallquellenmitte größer als $1{,}5 \cdot l$ ist, wobei $l$ die größte Abmessung der Schallquelle ist, oder wenn $s_m$ größer als die größte noch zu berücksichtigende Wellenlänge $\lambda$ ist (vgl. S. 76).

Unter Voraussetzung einer in allen Richtungen gleichen Schallausbreitung in einen ungestörten, homogenen und verlustfreien Luftraum baut sich um die Punktschallquelle ein Kugelwellenfeld auf. In seinem Fernfeld gelten für den Wechseldruck, die Schnelle und die Impedanz die Beziehungen (1.129) und (1.130). Druck und Schnelle sind in Phase und proportional 1/r, die Impedanz ($\rho \cdot c$) ist reell. Damit ergibt sich für die Intensität (s. Abschnitt 1.5.2):

$$I(r) = \frac{1}{T}\int p(r,t)\cdot v(r,t)\,dt = \frac{1}{2}\,\hat{p}(r)\,\hat{v}(r) = \frac{\widetilde{p}(r)^2}{Z}. \tag{6.1}$$

Sie ist also proportional $(1/r)^2$ und auf der Kugelfläche r konstant. Legt man daher um die Punktschallquelle mit der Schalleistung $P_Q$ eine solche Kugelfläche r, so wird die Intensität I(r) aus der Schalleistung berechenbar. Zunächst ist

$$P_Q = \oint I(r)\,dA = I(r)\cdot 4\pi r^2. \tag{6.2}$$

Hieraus folgt

$$I(r) = \frac{P_Q}{4\pi r^2}. \tag{6.3}$$

Dieses Ergebnis stellt die rein geometrisch bedingte Abnahme der Intensität und damit auch des Wechseldrucks im Freifeld dar.

Führt man noch den Schalleistungspegel $L_W = 10 \lg P_Q/P_0$ ein, so gewinnt man hieraus für den Schalldruckpegel $L_S$ des Aufpunktes S im Abstand $s_m$ folgende Beziehungen:

$$L_S = L_W - 10 \lg \left(4\pi \frac{s_m^2}{s_0^2}\right) - K_0 \quad \text{dB}, \tag{6.4}$$

$$L_S = L_W - 20 \lg \frac{s_m}{s_0} - 11 - K_0 \quad \text{dB}. \tag{6.5}$$

Hierbei ist $K_0$ das Korrekturglied nach Gl. (1.157). Die Pegelgröße

$$10 \lg \left(4\pi \frac{s_m^2}{s_0^2}\right)$$

wird auch das Abstandsmaß $\Delta L_s$ genannt. Die Bezugsgröße $s_0$ hat die Länge 1 m.

Handelt es sich um eine Körperschall abstrahlende Fläche $A_Q$ mit dem Schnellepegel

$$L_v = 10 \lg \left(\frac{\widetilde{v}_Q}{v_0}\right)^2$$

und dem Abstrahlmaß $\sigma' = 10 \lg \sigma$, ergibt sich mit $P_Q = \sigma A_Q \widetilde{v}_Q^2 Z$:

$$L_S = L_v + \sigma' - 10 \lg \frac{2\pi s_m^2}{A_Q} - 2K_0 \quad \text{dB}. \tag{6.6}$$

Hierbei wurde vorausgesetzt, daß die gesamte Körperschalleistung der Fläche $A_Q$ in einem Halbraum unter Freifeldbedingungen abgestrahlt wird. Die Zusammenhänge zwischen $L_S$ und $L_W$ bzw. $L_v$ lassen sich auch in Oktav- oder Terzbändern angeben.

Von besonderem Interesse ist die Abnahme $\Delta L$ des Schalldruckpegels, wenn der Abstand des Aufpunktes von $s_{m_1}$ auf $s_{m_2}$ vergrößert wird. In diesem Fall ist

$$\Delta L = L_{S_1} - L_{S_2} = 20 \lg \frac{s_{m_2}}{s_{m_1}} \quad \text{dB}. \tag{6.7}$$

Man nennt diese Pegelabnahme auch Ausbreitungsdämpfung. Dieses Ergebnis bedeutet, daß bei einer Abstandsverdopplung der Schalldruckpegel um 6 dB abnimmt. Unter den genannten Voraussetzungen stellen diese 6 dB die obere Grenze einer allein durch diese Divergenz bewirkten Pegelabnahme dar. Praktische Werte der Abnahme liegen infolge von Reflexionen unter diesem Wert. Allgemein läßt sich die Pegelreduzierung durch Abstandsänderung wie folgt angeben:

$$\Delta L = \frac{b}{6} \cdot 20 \lg \frac{s_{m_2}}{s_{m_1}} \quad \text{dB.} \tag{6.8}$$

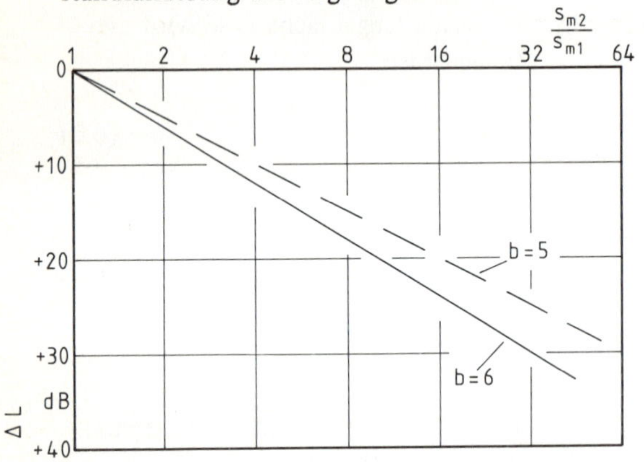


**Bild 6.1**
Pegelabnahme durch Abstandsänderung unter Freifeldbedingungen
—— theoretischer Verlauf (b = 6)
- - - - tatsächlicher Verlauf (b < 6)

Hierbei ist b das Steigungsmaß in dB. In Bild 6.1 ist $\Delta L$ über $\lg s_{m_2}/s_{m_1}$ dargestellt.
Eine in allen Richtungen gleichmäßige Schallausbreitung ist durch den Bezugswinkel $4\pi$ gekennzeichnet. Erfolgt nunmehr eine gerichtete Abstrahlung in einen begrenzten Winkelraum, so wirkt sich die Pegelabnahme infolge Divergenz nicht voll aus. Der Unterschied hierzu läßt sich durch ein Korrekturglied, das sog. Richtwirkungsmaß $K_\Omega$ [1] ausdrücken, gekennzeichnet durch den Winkel $\Omega$. Es ist dann

$$L_{S_\Omega} = L_{S_{4\pi}} + K_\Omega \quad \text{dB,} \tag{6.9}$$

mit

$$K_\Omega = 10 \lg \frac{4\pi}{\Omega} \quad \text{dB.} \tag{6.10}$$

Im Sonderfall der Abstrahlung unmittelbar vor oder über einer reflektierenden Fläche, z.B. vor einer starren Wand oder über einem Betonboden mit vollständiger Reflexion, erfolgt die Ausbreitung in den Halbraum, der durch die halbe Kugelfläche $2\pi r^2$ gebildet wird. Daraus folgt

$$K_\Omega = 10 \lg 2 = 3 \text{ dB} \quad \text{oder} \quad \Omega_{\text{Halbraum}} = 2\pi.$$

Der Pegel erhöht sich gegenüber der ungerichteten Abstrahlung um 3 dB. Im übrigen entfällt diese Erhöhung wieder nahezu vollständig, wenn beispielsweise die Abstrahlung über einem sehr weichen und absorbierenden Boden erfolgt (siehe auch zusätzlicher Bodeneinfluß Seite 150).
In Bild 6.2 sind der Richtungswinkel $\Omega$ und das dazugehörige Richtungsmaß $K_\Omega$ für verschiedene Abstrahlarten zusammengestellt. Das Richtungsmaß $K_\Omega$ gibt die durch die Richtwirkung verursachte Pegelerhöhung im Vergleich zur ungerichteten Schallabstrahlung in einem beliebigen Aufpunkt an.

| Abstrahlart | $\Omega$ | $K_\Omega$ [dB] |
|---|---|---|
| 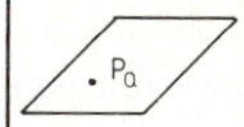 | $2\pi$ | +3 |
| 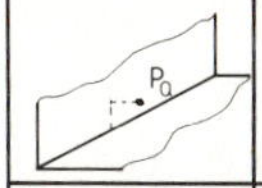 | $\pi$ | +6 |
| 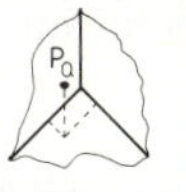 | $\frac{\pi}{2}$ | +9 |
| 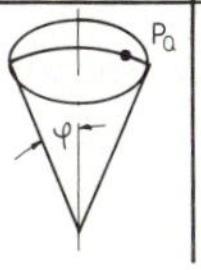 | $4\varphi$ | $+10 \lg \frac{\pi}{\varphi}$ |

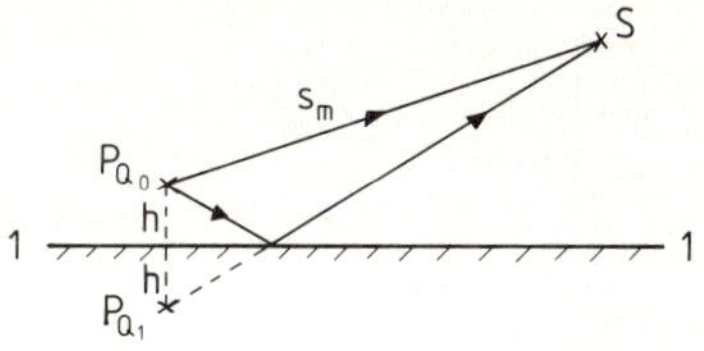

**Bild 6.3** Schallabstrahlung vor reflektierenden Flächen

**Bild 6.2**
Richtungswinkel $\Omega$ und Richtungsmaß $K_\Omega$ für verschiedene Abstrahlarten

Die Ergebnisse der Schallabstrahlung vor reflektierenden Flächen werden auch gewonnen, wenn man die Methode der geometrischen Spiegelung anwendet und zusätzlich zu einer reellen Schallquelle $P_{Q_0}$ die möglichen Spiegelschallquellen $P_{Q_i}$ hinzufügt. Wie man aus dem Bild 6.3 erkennt, kommt für den Fall der unmittelbar über dem reflektierenden Boden abstrahlenden Schallquelle $P_{Q_0}$ mit $h < s_m$ im Aufpunkt S sowohl der Direktschall als auch der Schall der Spiegelquelle $P_{Q_1}$ an. Ihre Überlagerung kann durch die Pegeladdition beider Teilpegel durchgeführt werden, da wegen der üblichen breitbandigen Geräusche der Technik Inkohärenz vorausgesetzt werden darf. Da aber andererseits wegen $h \ll s_m$ beide Schallwege ungefähr gleich lang sind und voraussetzungsgemäß die Reflexion verlustfrei sein soll, sind auch beide Schalldruckpegel ungefähr gleich groß. Dadurch erhöht sich im Punkt S der Summenpegel $L_\Sigma$ gegenüber der reflexionsfreien Schallausbreitung um $10 \lg 2 = 3$ dB.

Analog stellt sich bei Abstrahlung aus einer Raumkante oder Raumecke eine Pegelerhöhung von 6 dB bzw. 9 dB ein.

Umgekehrt läßt sich mit dieser Spiegelmethode die gleiche Pegelerhöhung am Immissionsort nachweisen, wenn der Aufpunkt S in einer solchen Raumecke liegt und eine Schallquelle von außerhalb in diese Ecke abstrahlt ($h \ll s_m$).

Wie man aus Bild 6.4 sieht, wirken in der offenen Ecke (zwei aufeinander senkrechtstehende Flächen) auf S der Direktschall $P_{Q_0}$ und der Schall der drei Spiegelquellen $P_{Q_1}$, $P_{Q'_1}$ und $P_{Q_2}$. Der Summenpegel $L_\Sigma$ im Punkt S wird durch die Reflexionen um $10 \lg 4 = 6$ dB gegenüber der reflexionsfreien Ausbreitung erhöht.

Bei der geschlossenen Ecke wirken auf S der Direktschall und sieben Spiegelquellen (Ecken eines Quaders). Der Summenpegel wird also um $10 \lg 8 = 9$ dB größer.

Es soll nun die Einwirkung *mehrerer Punktschallquellen* unter den gleichen Bedingungen, wie sie bei einer Punktschallquelle vorausgesetzt wurden, auf einen Immissionsort berechnet werden. Die einzelnen Schallquellen haben die Schalleistung $P_{Q_i}$ und den Abstand $s_{m_i}$ vom Aufpunkt S. Zunächst wird für jede Punktschallquelle einzeln der Schalldruckpegel $L_{S_i}$, wie bereits gezeigt, ermittelt (einschließlich evtl. vorhandener Reflexionen) und

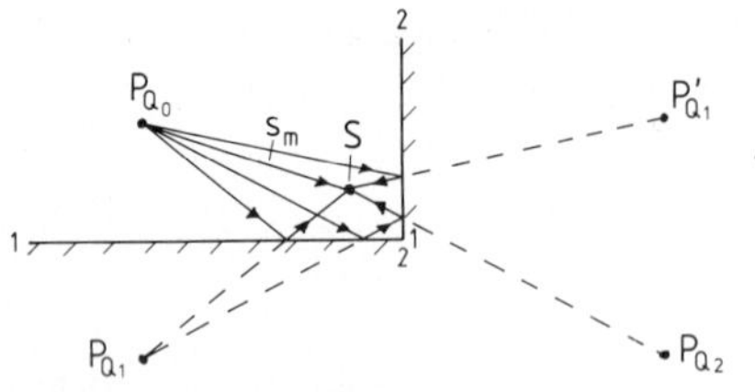


**Bild 6.4**
Geometrische Darstellung der Spiegelungsmethode für die Ermittlung der Immissionspegel in einer Raumecke ($h \ll s_m$)

danach die Überlagerung durchgeführt. Setzt man, aus den gleichen Gründen wie oben, wiederum Inkohärenz der Schallquelle voraus, so ist eine leistungsmäßige Pegeladdition durchzuführen. Es ist also

$$L_S = L_\Sigma = 10 \lg \Sigma\, 10^{L_{S_i}/10} . \tag{6.11}$$

Die praktische Durchführung der Summenbildung erfolgt in der Weise, wie sie bereits im Abschnitt 1.7.2 ausgeführt wurde.

## 6.2 Linien- und Flächenschallquellen

Zur Beschreibung der Schallausbreitung im Freien können neben der Punktschallquelle zwei weitere Strahlermodelle herangezogen werden

- der gleichmäßig belegte, inkohärente Linienstrahler,
- der gleichmäßig belegte, inkohärente Flächenstrahler.

Die Linienstrahler stehen stellvertretend für Verkehrswege wie beispielsweise Straßen- und Eisenbahnlinien, ebenso für schallabstrahlende Rohrleitungen. Als Flächenstrahler gelten größere, schallabstrahlende Flächen, z.B. die Außenwände und Dächer schallabstrahlender Fabrikationsstätten oder ganze flächenhaft ausgedehnte Industrieanlagen.

Die physikalische Ausgangsgröße ist auf der Emmissionsseite die abgestrahlte Schallleistung der beiden Strahlermodelle. Sie wird als bekannt vorausgesetzt.

*a) Linienschallquellen*

Hierzu wird zunächst ein unendlich langer, gerader Strahler betrachtet. Unter Voraussetzung einer verlustfreien Ausbreitung der Schallenergie baut sich um die Strahlerachse ein Zylinderwellenfeld auf, in dessen Fernfeld wiederum Druck und Schnelle in Phase sind. Die Schalleistung P′ pro Länge (W/m) ist dann in einfacher Weise mit der Intensität I(r) auf der Zylinderfläche in der Entfernung r von der Linienquelle verknüpft. Es ist

$$P' = I(r) \cdot 2\pi \cdot r; \quad I(r) = \frac{P'}{2\pi \cdot r} . \tag{6.12}$$

Führt man den auf die Strahlerlänge bezogenen Schalleistungspegel $L_{W'} = 10 \lg P'/P'_0$ ein mit $P'_0 = 10^{-12}$ W/m, so erhält man für den Schalldruckpegel $L_S$ im Abstand $s_\perp$ (senkrechter Abstand von der Linienquelle)

$$L_S = L_{W'} - 10 \lg \frac{s_\perp}{s_0} - 8 - K_0 \quad \text{dB}, \tag{6.13}$$

$$\Delta L = L_{s_{\perp 1}} - L_{s_{\perp 2}} = 10 \lg \frac{s_{\perp 2}}{s_{\perp 1}} \quad \text{dB}. \tag{6.14}$$

Das Ergebnis bedeutet, daß beim Linienstrahler die Pegelabnahme durch Divergenz geringer ist, sie beträgt bei Abstandsverdopplung nur noch 3 dB (statt 6 dB wie beim Kugelwellenfeld).

Erfolgt die Abstrahlung des Linienstrahlers unmittelbar über einer vollkommen reflektierenden Bodenfläche, also in den Halbraum, so erhöht sich wiederum der Druckpegel gegenüber der reflexionsfreien Abstrahlung um 3 dB (für jede zusätzliche Reflexionsfläche um weitere 3 dB).

Handelt es sich um eine Linienschallquelle endlicher Länge $l$, so überwiegt in Schallquellennähe (außerhalb des Nahfeldes) der Einfluß der Zylinderwellen, in größerem Abstand jedoch der Einfluß der Kugelwellen.

Ist wiederum P′ die auf die Länge bezogene konstante Schalleistung, so ist die Gesamtschalleistung der endlichen Linienschallquelle $P_Q = P' \cdot l$ und der zugehörigen Schallleistungspegel $L_W = 10 \lg P_Q/P_0$. Ist $L_{W'}$ gegeben, so ist $L_W = L_{W'} + 10 \lg l/l_0$ mit $l_0 = 1$ m. Von besonderem Interesse ist die Größe des Schalldruckpegels in einem Aufpunkt S mit einer beliebigen Lage (Bild 6.5). Hierbei handelt es sich um die Linienschallquelle der Länge $l$, die eine konstante Schalleistung pro Länge P′ in W/m aufweist. Der Aufpunkt S liegt im Abstand $s_m$ vom Mittelpunkt M der Strecke $l$.

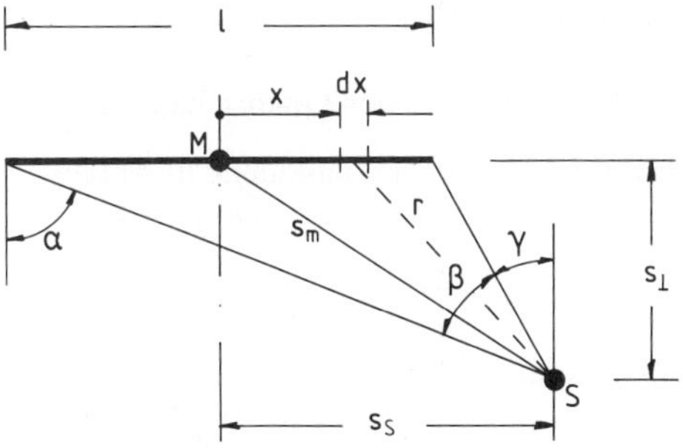


**Bild 6.5**
Geometrische Lage eines beliebigen Aufpunktes S zu einem Linienstrahler der Länge $l$

Die schallabstrahlende Strecke $l$ läßt sich in infinitesimale Punktstrahler dx der Schallleistung $dP_Q = P' \cdot dx$ aufteilen. Diese Punktstrahlerelemente erzeugen im Aufpunkt S die Intensität:

$$I_S = \int_{-\frac{l}{2}}^{+\frac{l}{2}} \frac{P' \cdot dx}{4\pi r^2} = \frac{P'}{4\pi} \int_{-\frac{l}{2}}^{+\frac{l}{2}} \frac{dx}{s_\perp^2 + (s_S - x)^2}, \tag{6.15}$$

$$I_S = \frac{P'}{4\pi \cdot s_\perp} \left( \arctan \frac{s_S - \frac{l}{2}}{s_\perp} - \arctan \frac{s_S + \frac{l}{2}}{s_\perp} \right), \tag{6.16}$$

$$I_S = \frac{P'}{4\pi s_\perp} (\alpha - \gamma) = \frac{P' \cdot \beta}{4\pi \cdot s_\perp}. \tag{6.17}$$

Hierbei sind die Winkel $\alpha$, $\gamma$ und $\beta$ im Bogenmaß einzusetzen. Bezieht man die Gl. (6.17) auf die Intensität einer in der Mitte der Strecke $l$ gedachten adäquaten Punktschallquelle $P_Q = P' \cdot l$, so ergibt sich:

$$I_S = \frac{P_Q}{4\pi s_m^2} \cdot \frac{s_m^2}{l \cdot s_\perp} \cdot \beta. \tag{6.18}$$

Unter der Voraussetzung, daß Schalldruck und Schallschnelle in Phase sind, kann man den Schalldruckpegel im Aufpunkt S wie folgt berechnen:

$$L_S = L_W - 20 \lg \frac{s_m}{s_0} - 11 + K_{Q_L} - K_0 \quad \text{dB} \tag{6.19}$$

mit

$$K_{Q_L} = 10 \lg \frac{s_m^2}{l \cdot s_\perp} \cdot \beta \quad \text{dB}. \tag{6.20}$$

Hierbei sind:

$L_W = L_{W'} + 10 \lg \frac{l}{l_0}$ dB Gesamtschalleistungspegel des Linienstrahlers der Länge $l$ ($l_0 = 1$ m),

$K_0 = -10 \lg \frac{\rho \cdot c}{\rho_0 c_0}$ dB Schallkennimpedanz (s. Gl. (1.158)),

$K_{Q_L}$ dB Schallquellenform – Korrekturmaß der Linienschallquelle.

In Bild 6.6 ist das Schallquellenform-Korrekturmaß für die Linienschallquelle in Abhängigkeit von $\frac{s_m^2}{l \cdot s_\perp} \cdot \beta$ dargestellt [2].

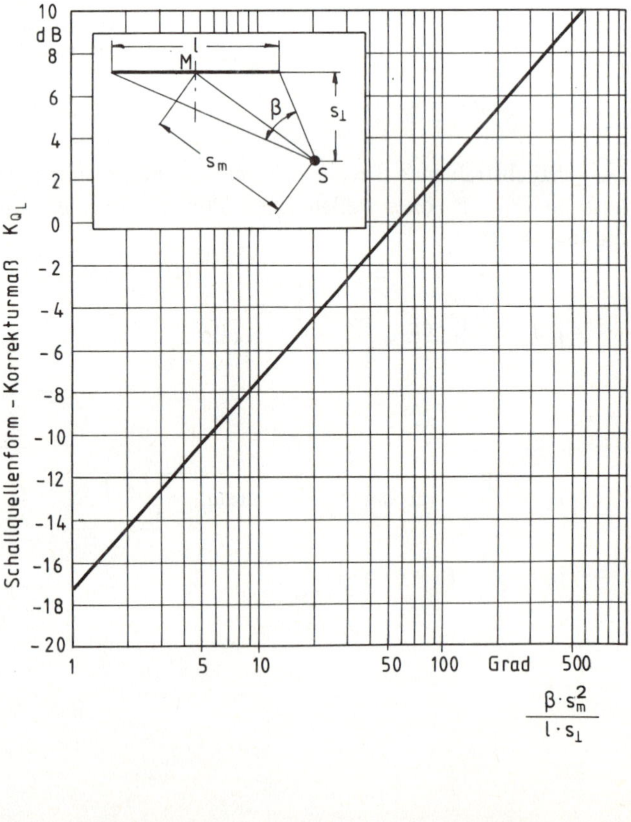


**Bild 6.6**
Schallquellenform – Korrekturmaß der Linienschallquelle $K_{Q_L}$ in Abhängigkeit von $\frac{s_m{}^2}{l \cdot s_\perp} \cdot \beta$

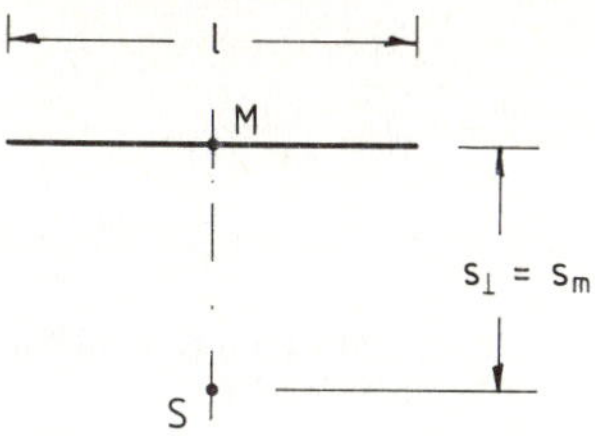


**Bild 6.7a** Geometrische Lage eines Aufpunktes S in der Symmetrieebene einer Linienschallquelle

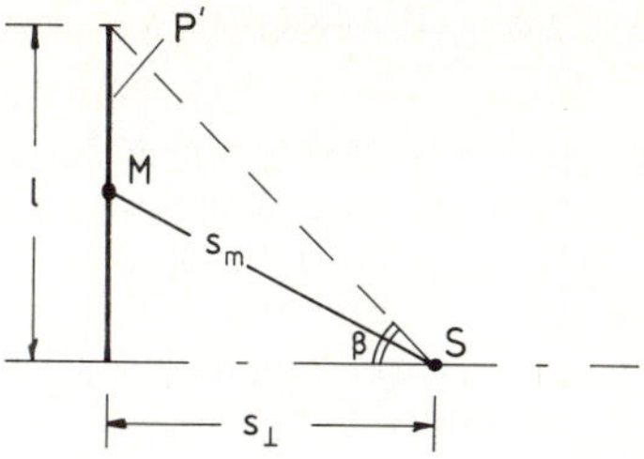


**Bild 6.7b** Geometrische Zuordnung eines Aufpunktes S lotrecht zu einem Ende einer Linienschallquelle

*Beispiele:*

a) Es ist das Schallquellen-Korrekturmaß $K_{Q_L}$ in der Symmetrieebene senkrecht zur Linienquelle der Länge $l$ im Abstand $s_m = s_\perp$ vom Mittelpunkt zu berechnen (Bild 6.7a). Aus der Gl. (6.20) ergibt sich:

$$K_{Q_L} = 10 \lg \left( \frac{2 \cdot s_\perp}{l} \cdot \frac{\pi}{180} \cdot \arctan \frac{l}{2\, s_\perp} \right). \tag{6.21}$$

$K_{Q_L}$, nach Gl. (6.21), ist in der Tabelle 6.1 als Funktion des geometrischen Verhältnisses $s_m/l$ angegeben.

**Tabelle 6.1** $K_{Q_L}$ in Abhängigkeit des Verhältnisses $s_m/l = s_\perp/l$ (Beispiel a)

| $\frac{s_\perp}{l} = \frac{s_m}{l}$ | – | 0,05 | 0,1 | 0,2 | 0,4 | 0,8 | 1,0 | 1,6 | 3,2 |
|---|---|---|---|---|---|---|---|---|---|
| $K_{Q_L}$ | dB | – 8,3 | – 5,6 | – 3,2 | – 1,4 | – 0,5 | – 0,3 | – 0,15 | – 0,06 |

Man erkennt, daß der Immissionspegel der Linienschallquelle auf der Linie M–S (Bild 6.7a) kleiner ist als der der äquivalenten Kugelschallquelle. Das Korrekturglied $K_{Q_L}$ wird mit zunehmendem Abstand $s_m$ immer kleiner. Für $s_m \geqq l$ kann man in guter Näherung das Abstrahlverhalten der Linienquelle durch eine äquivalente Kugelschallquelle ersetzen, d.h. $K_{Q_L} \approx 0$.

b) Es soll der Immissionspegel im Aufpunkt S, der in einer Lotlinie zu $l$ am Ende der (endlichen) Linienschallquelle liegt (Bild 6.7b), berechnet werden. Bezieht man wiederum auf eine adäquate Punktschallquelle $P_Q = P' \cdot l$ in der Mitte M der Linienschallquelle, so erhält man nach den Gln. (6.19) und (6.20) für den Schalldruckpegel $L_S$ im Aufpunkt ($K_0 \approx 0$)

$$L_S = L_W - 20 \lg \frac{s_m}{s_0} - 11 + K_{Q_L} \quad \text{dB}$$

mit dem Schallquellenform-Korrekturmaß

$$K_{Q_L} = 10 \lg \left[ \frac{\left(\frac{s_\perp}{l}\right)^2 + \frac{1}{4}}{\frac{s_\perp}{l}} \cdot \frac{\pi}{180} \cdot \arctan \frac{l}{s_\perp} \right] \quad \text{dB}. \tag{6.22}$$

Zahlenwerte für $K_{Q_L}$ sind in Tab. 6.2 als Funktion vom Längenverhältnis $s_\perp/l$ angegeben.

**Tabelle 6.2** $K_{QL}$ in Abhängigkeit vom Verhältnis $s_{\perp}/l$ (Beispiel b)

| $\frac{s_{\perp}}{l}$ | – | 0,25 | 0,50 | 1,00 | 2,00 |
|---|---|---|---|---|---|
| $K_{QL}$ | dB | + 2,19 | + 0,44 | – 0,08 | – 0,06 |

Hieraus folgt, daß für diesen Aufpunkt der Immissionspegel größer als der der äquivalenten Kugelschallquelle ist. Das Korrekturglied $K_{QL}$ kann wiederum für $s_{\perp} \geqq l$ vernachlässigt werden.

Der Einfluß voll reflektierender Flächen in unmittelbarer Nähe der Linienschallquellen bleibt in allen Fällen der gleiche wie bisher, d.h., pro reflektierende Fläche erhöht sich der Pegel gegenüber dem reflexionsfreien Zustand um 3 dB.

Grundsätzlich läßt sich ein Linienstrahler größerer Länge als Summe von Strahlern kleinerer Länge $l_i$ aufspalten, vor allem dann auch, wenn der Linienstrahler nicht gradlinig verläuft, oder P′ nicht konstant bleibt (Bild 6.8). Wählt man die Länge $l_i \approx s_{m_i}$, so können die Teilstrahler $l_i$ als Punktstrahler aufgefaßt werden. Im anderen Falle sind zur Ermittlung der Immissionspegel $L_{S_i}$ die entsprechenden Korrekturmaße $K_{QL_i}$ zu berücksichtigen. Schließlich kann, bei vorausgesetzter Inkohärenz der Einzelschallquellen, am Aufpunkt S der Gesamtimmissionspegel $L_S$ durch Pegeladdition ermittelt werden. Es ist also

$$L_S = 10 \lg \Sigma\, 10^{L_{S_i}/10} \text{ dB}. \tag{6.23}$$

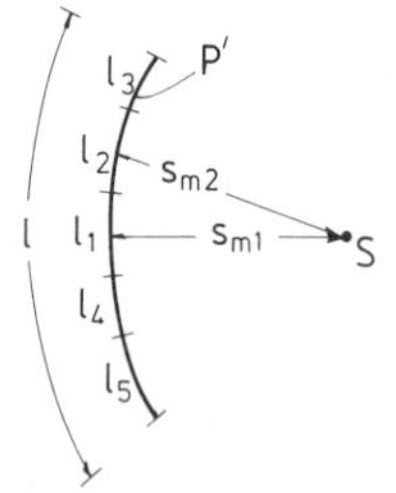


**Bild 6.8**
Unterteilung eines Linienstrahlers größerer Länge

*b) Flächenschallquellen*

Aus dem gleichmäßig belegten, inkohärenten, rechteckigen Flächenstrahler mit der Fläche $A_Q = b \cdot l$ tritt die Schalleistung $P_Q$ aus. Zu letzterer gehören der Schalleistungspegel $L_W = 10 \cdot \lg P_Q/P_0$, die aus der Fläche austretende konstante Schallintensität $I_Q = P_Q/A_Q$ ($W/m^2$) und der unmittelbar vor der Strahlerfläche sich aufbauende Schallintensitätspegel $L_I = 10 \cdot \lg I_Q/I_0$. Dabei gilt noch $L_W = L_I + 10 \cdot \lg A_Q/A_0$ in dB, worin die Pegelgröße $10 \cdot \lg A_Q/A_0$ als Flächenmaß bezeichnet wird. Gesucht wird der Schalldruckpegel $L_S$ in einem Aufpunkt S mit den Koordinaten $x_0, y_0, z_0$ und dem Abstand $s_m$ von der Flächenmitte M (Bild 6.9). Die schallabstrahlende Fläche läßt sich in infinitesimale Punktstrahler $dx \cdot dy$ der Schalleistung $dP_Q = I_Q \cdot dx \cdot dy$ aufteilen. Diese Punktstrahlerelemente erzeugen im Aufpunkt S des Halbraumes, falls wiederum mögliche Interferenzeffekte nicht berücksichtigt werden, die Intensität

$$I_S = \iint \frac{I_Q \cdot dx\, dy}{2\pi \cdot r^2} = \frac{P_Q}{2\pi \cdot s_m^2} \cdot \frac{s_m^2}{A_Q} \int_{-\frac{b}{2}}^{+\frac{b}{2}} \left( \int_{-\frac{l}{2}}^{+\frac{l}{2}} \frac{dx}{(x_0 - x)^2 + (y_0 - y)^2 + z_0^2} \right) dy. \tag{6.24}$$

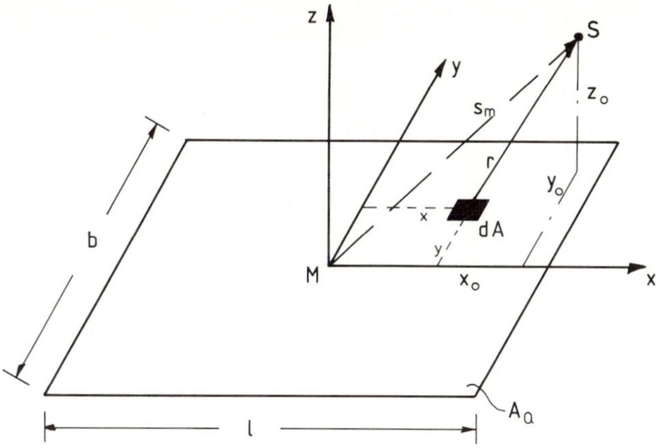


**Bild 6.9** Geometrische Lage eines beliebigen Aufpunktes S zu einem Flächenstrahler der Fläche $A_Q$

In dieser Beziehung ist die Intensität $I_S$ auf eine in die Mitte der Fläche $A_Q$ zu verlegende, adäquate Punktschallquelle $P_Q = I_Q \cdot A_Q$ bezogen, so daß wiederum der Schalldruckpegel $L_S$ der Flächenschallquelle durch den Schalldruckpegel dieser Punktschallquelle ausdrückbar ist. Es ist

$$L_S = \left(L_W - 20 \lg \frac{s_m}{s_0} - 8\right) + K_{Q_F} + K_0 . \tag{6.25}$$

In Gl. (6.25) ist $K_{Q_F}$ das Schallquellenform-Korrekturmaß der Fläche und hat die Größe

$$K_{Q_F} = 10 \lg \left[\frac{s_m^2}{A_Q} \cdot \int\limits_{-\frac{b}{2}}^{+\frac{b}{2}} \left(\int\limits_{-\frac{l}{2}}^{+\frac{l}{2}} \frac{dx}{(x_0 - x)^2 + (y_0 - y)^2 + z_0^2}\right) dy\right] . \tag{6.26}$$

Die Berechnung des Doppelintegrals wird für zwei wichtige Sonderfälle durchgeführt. Weitere Randbedingungen findet man in [1].

a) Der Aufpunkt S wird in die Rechteckebene der Fläche auf eine ihrer Symmetrieachsen außerhalb des Rechtecks verlegt. Es ist also $y_0 = 0$, $z_0 = 0$, $s_m = x_0$, bzw. $x_0 = 0$, $z_0 = 0$, $y_0 = s_m$. Das Doppelintegral läßt sich in ein Einfachintegral überführen. Entsprechend ist

$$K_{Q_F} = 10 \lg \left\{ 2 \cdot \frac{\left(\frac{x_0}{l}\right)^2}{\frac{b}{l}} \left[ \int\limits_0^{\frac{b}{2}} \frac{1}{y} \arctan \frac{\frac{l}{2} - x_0}{y} \, dy + \int\limits_0^{\frac{b}{2}} \frac{1}{y} \arctan \frac{\frac{l}{2} + x_0}{y} \, dy \right] \right\} . \tag{6.27}$$

Die numerische Auswertung wird für die Fälle $b/l = 1$ und $b/l = 2$ durchgeführt. Die Ergebnisse sind in Bild 6.10 dargestellt.

Man erkennt, daß etwa in einem Abstand $x_0/l = 1{,}5$, bei dem der Abstand des Aufpunktes vom Flächenrand gleich der Flächentiefe $l$ ist, der Druckpegel $L_S$ als Pegel eines adäquaten Kugelstrahlers ermittelt werden kann.

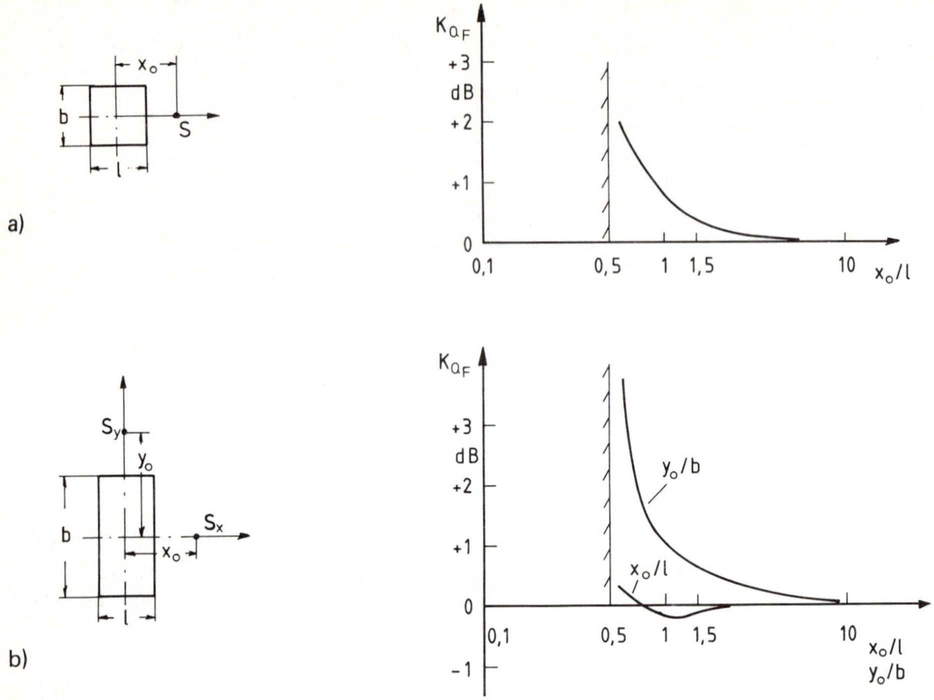


**Bild 6.10** Schallquellenform – Korrekturmaß der Flächenschallquelle $K_{Q_F}$ in Abhängigkeit von der dimensionslosen Entfernung des Aufpunktes $\frac{x_0}{l}, \frac{y_0}{b}$

a) $\frac{b}{l} = 1$ b) $\frac{b}{l} = 2$

**b)** Der Aufpunkt S wird auf das Lot durch die Flächenmitte M verlegt, es ist also $x_0 = 0$, $y_0 = 0$, $s_m = z_0$. Das Doppelintegral kann wiederum in ein Einfachintegral übergeführt werden; entsprechend ist

$$K_{Q_F} = 10 \lg \left\{ 4 \frac{\left(\frac{z_0}{l}\right)^2}{\frac{b}{l}} \int_0^{\frac{b}{2}} \frac{1}{\sqrt{y^2 + z_0^2}} \arctan \frac{\frac{l}{2}}{\sqrt{y^2 + z_0^2}} \, dy \right\}. \tag{6.28}$$

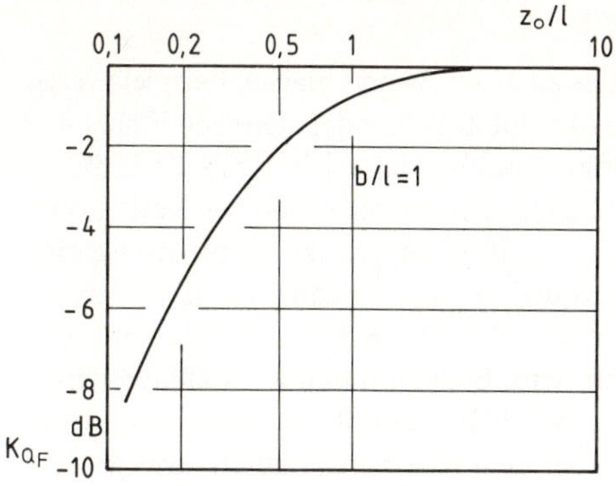


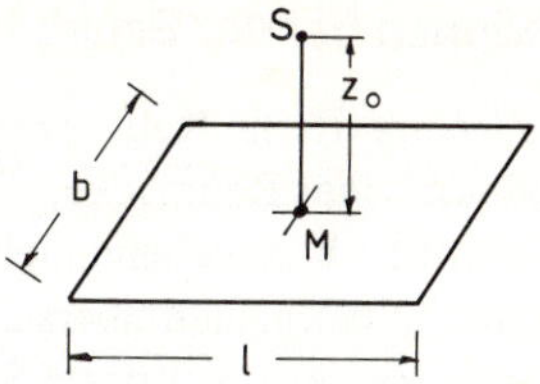


**Bild 6.11**

Schallquellenform – Korrekturmaß $K_{QF}$ in Abhängigkeit von der dimensionslosen Entfernung $z_0/l$ für $\frac{b}{l} = 1$

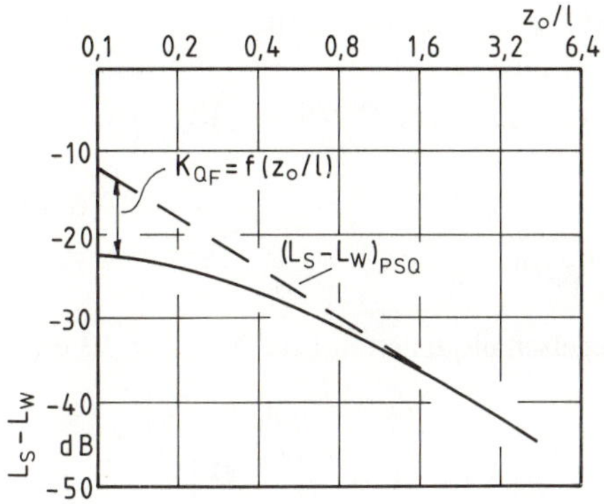


**Bild 6.12**

Pegeldifferenz $L_S$–$L_W$ in Abhängigkeit vom Verhältnis $\frac{z_0}{l}$

Die numerische Auswertung ist hier für eine Quadratfläche $b/l = 1$ durchgeführt und liefert das in Bild 6.11 dargestellte Ergebnis.

In Bild 6.12 ist die Pegeldifferenz $L_S - L_W$ für den Fall b) über dem Verhältnis $s_m/l = z_0/l$ aufgetragen. Es zeigt sich, daß in der Nähe des Flächenstrahlers der Pegel $L_S$ nur allmählich mit dem Abstand $z_0$ abnimmt. Etwa ab $z_0 = 0{,}8\ l$ kann der Druckpegel $L_S$ als Pegel eines adäquaten Kugelstrahlers an der Stelle M ermittelt werden.

Erfolgt die Abstrahlung aus der Fläche unmittelbar über einem reflektierenden Boden, so erhöht sich wiederum der Schallpegel im Aufpunkt um 3 dB gegenüber der reflexionsfreien Abstrahlung.

Grundsätzlich läßt sich auch der Flächenstrahler als eine Summe von Einzelstrahlern behandeln (wie es ja auch wirklich der Fall sein kann). Ebenso ergibt sich wiederum, bei vorausgesetzter Inkohärenz der Schalldruckpegel $L_S$ an einem Immissionsort S durch Pegeladdition. Zu beachten ist noch, daß die Abstände $s_{m_i}$ der Einzelstrahler vom Immissionsort die Ausdehnung dieser Strahler um 50 % übertreffen sollen. Wo dies nicht zutrifft, kann diese Bedingung durch eine feinere Unterteilung des Flächenstrahlers erfüllt werden. Schließlich ist wiederum der resultierende Summenpegel:

$$L_S = 10 \lg \Sigma\, 10^{L_{S_i}/10}. \qquad (6.29)$$

## 6.3 Reflexionen bei der Schallausbreitung

Die einfache, geometrische Reflexion des Schalles an einer ebenen Fläche, beispielsweise am Boden oder in einer Raumecke, die durch senkrecht auf einander stehende Flächen gebildet wird, wurde bereits behandelt. Der Reflexionsablauf läßt sich durch die Einführung von Spiegelschallquellen übersichtlich darstellen. Bei unvollkommener Reflexion wird pro Spiegelung der reflektierte Schall um 1 ... 2 dB reduziert. Ist beispielsweise eine über einem schallharten Boden befindliche Schallquelle zusätzlich von zwei parallelen und reflektierenden Wänden eingeschlossen, so gehen mannigfaltige Schallwege zu einem Aufpunkt S, der beispielsweise in einer Ecke gewählt wird. Bedingt durch Reflexionen wird der Immissionspegel in dieser Ecke erhöht. Wie groß die Pegelerhöhung ist, wird an dem folgenden praktischen Beispiel durchgerechnet, bei dem eine Straße durch zwei geschlossene Häuserreihen begrenzt wird. Die Schallquelle stellt das 1 m über dem Boden und in der Straßenmitte befindliche Verkehrsband dar, also eine Linienschallquelle, die einen auf die Länge bezogenen Schalleistungspegel $L_{W'}$ besitzt. Boden und Wände seien voll reflektierend.

Ohne Reflexion beträgt der Schalldruckpegel im Aufpunkt S (s. Gl. (6.13), $K_0 \approx 0$):

$$L_S = L_{W'} - 10\lg\frac{s_m}{s_0} - 8 \quad \text{dB}, \tag{6.30}$$

mit den Reflexionen dagegen ist $L_S = 10 \cdot \lg \Sigma\, 10^{L_{S_i}/10}$.

Berücksichtigt man von den unendlich vielen Spiegelschallquellen nur die in Bild 6.13 eingetragenen Schallquellen, so wird:

$$\begin{aligned} L_S &= 10\lg\left\{4 \cdot 10^{\frac{1}{10}\left(L_{W'} - 10\lg\frac{s_m}{s_0} - 8\right)} + 4 \cdot 10^{\frac{1}{10}\left(L_{W'} - 10\lg\frac{3 \cdot s_m}{s_0} - 8\right)}\right\} \\ &= \left(L_{W'} - 10\lg\frac{s_m}{s_0} - 8\right) + 7{,}2 \quad \text{dB}. \end{aligned} \tag{6.31}$$

Als Ergebnis kann festgehalten werden, daß die anliegende Raumecke am Aufpunkt eine Erhöhung von 6 dB bewirkt. Die übrigen Spiegelungen in Bild 6.13 verursachen den Rest der Pegelerhöhung von 1,2 dB. Unter Berücksichtigung aller möglichen Spiegelungen kann der Schalldruckpegel theoretisch um 8 dB zunehmen. Die wirkliche Erhöhung liegt, vor allem bedingt durch immer vorhandene Verluste an den Reflexionsflächen, stets darunter.

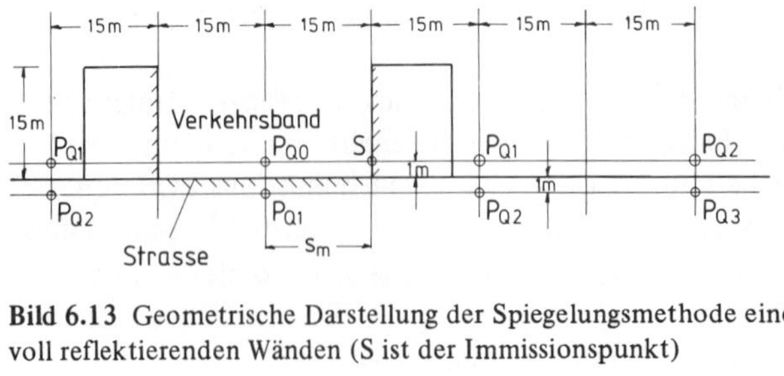


**Bild 6.13** Geometrische Darstellung der Spiegelungsmethode einer Linienschallquelle zwischen zwei voll reflektierenden Wänden (S ist der Immissionspunkt)

## 6.4 Zusätzliche Pegelminderungen

Neben der primären Schallpegelabnahme infolge Divergenz sind weitere Pegelminderungen bei der Schallausbreitung im Freien möglich, einmal eine Pegelabnahme durch Dämpfungseffekte in der Luft selbst, durch Bewuchs und Bebauung, durch zusätzlichen Bodeneinfluß, zum anderen durch Abschirmungseffekte.

### 6.4.1 Pegelminderung durch Dämpfungseffekte

*a) Luftdämpfung*

Grundsätzlich werden Schallwellen bei ihrer Ausbreitung in der Luft (und natürlich auch in anderen Medien) gedämpft. Spürbar wird die Dämpfung in Luft erst bei Ausbreitungswegen, die größer als 200 m sind.

Die Dämpfung hängt ab von der inneren, auf der normalen Zähigkeit strömender Medien beruhenden Reibung, von der Wärmeleitung in der Luft, vor allem aber von innermolekularen Verlusten. Im Freien bestimmen letztere im wesentlichen die Dämpfung des Luftschalls. Die innermolekularen Verluste beruhen auf einer Hysteresis-Wirkung am 2-atomigen Sauerstoffmolekül. Sie sind stark frequenzabhängig und nehmen mit steigender Frequenz zu, außerdem haben Temperatur und Luftfeuchtigkeit spürbaren Einfluß. Geringere Feuchtigkeit und Temperaturen führen zu einer größeren Dämpfung [10].

Formal läßt sich die Dämpfung einer in Luft auf dem Weg x fortschreitenden Welle durch den Dämpfungskoeffizienten $\alpha_L$ in $m^{-1}$ ausdrücken. Danach nimmt die Amplitude $\hat{p}$ des Wechseldrucks, entsprechend der Gl. (1.29), auf dem Weg $\Delta x$ nach dem Exponentialgesetz $p(x) = \hat{p} e^{-\alpha_L \Delta x}$ ab. Die Intensität I folgt dann der Beziehung $I(x) = \hat{I} \cdot e^{-2\alpha_L \Delta x}$. Diese Intensitätsabnahme läßt sich auch in eine Abnahme $\Delta L_L$ des Schalldruckpegels infolge Luftdämpfung ausdrücken. Es ist

$$\Delta L_L = 10 \lg \frac{\hat{I}}{I(x)} = 8{,}69\, \alpha_L \Delta x \quad \text{dB}. \tag{6.32}$$

Diese Pegelgröße wird das Luftabsorptionsmaß $\Delta L_L$ genannt. Sie ist proportional zur Wegzunahme $\Delta x$. Für $\Delta x = 1$ km nimmt das Absorptionsmaß den Wert $\Delta L_L$ (1 km) = $= 0{,}869 \cdot 10^4 \cdot \alpha_L$ dB/km an. Aus dieser Beziehung gewinnt man ungefähr den Dämpfungskoeffizienten [3]

$$\alpha_L = 1{,}15 \cdot 10^{-4}\, \Delta L_L\,(1\text{ km}) \quad \frac{1}{m}. \tag{6.32a}$$

Zahlenwerte für $\Delta L_L$ (1 km) gewinnt man am besten aus Messungen. Diese sind für einen Luftzustand mit einer Temperatur von 10 °C und einer relativen Feuchtigkeit von 70 %, zusammen mit den zugehörigen Dämpfungskoeffizienten $\alpha_L$, in Tab. 6.3 in Abhängigkeit von den Oktavmittenfrequenzen angegeben [1]. Für Überschlagsrechnungen im Immissionsbereich kann der zur Oktavmittenfrequenz 500 Hz gehörende Mittelwert 1,60 dB/km verwendet werden.

**Tabelle 6.3** Dämpfungskoeffizient $\alpha_L$ und Absorptionsmaß $\Delta L_L$ (1 km) in Abhängigkeit von der Oktavmittenfrequenz für Luft

| $f_{mOkt}$ | Hz | 63 | 125 | 250 | 500 | 1000 | 2000 | 4000 | 8000 |
|---|---|---|---|---|---|---|---|---|---|
| $\Delta L_L$ (1 km) | dB/km | 0,18 | 0,30 | 0,70 | 1,60 | 4,00 | 9,70 | 27,6 | 75 |
| $10^4 \cdot \alpha_L$ | $\frac{1}{m}$ | 0,270 | 0,345 | 0,805 | 1,840 | 4,60 | 11,15 | 31,70 | 86,3 |

*b) Pegelminderung durch Bewuchs und Bebauung*

Wird die Schallausbreitung im Gelände durch einen höheren Bewuchs (Wald, höheres Gebüsch) gestört, so tritt ebenfalls eine Zusatzdämpfung $\Delta L_D$ durch Absorption und Streuung auf. Für Überschlags- und Planungsrechnungen kann man folgenden Ansatz machen

$$\Delta L_D = \alpha_D s_D \quad \text{dB}. \tag{6.33}$$

Hierin ist $s_D$ der Ausbreitungsweg im Bewuchs (in m), $\alpha_D$ ein von der Frequenz und der Art des Bewuchses abhängiger Dämpfungskoeffizient in dB/m. In Tab. 6.4 sind Mittelwerte von $\alpha_D$ für verschiedene Waldarten in Oktavbändern angegeben [1]. Hieraus ermittelte Pegelminderungen sollten erfahrungsgemäß eine reale Grenze von 10 dB nicht überschreiten.

Eine ähnliche Wirkung, d.h. eine Zusatzdämpfung $\Delta L_G$, bringt eine offene Bebauung, also eine aufgelockerte Bauweise, bei der Baukörper und Baulücken sich abwechseln. Der Ansatz [1]

$$\Delta L_G = 0{,}01 \ldots 0{,}1\, s_G \quad \text{dB}$$

für Überschlagsrechnungen läßt Spielraum für die Berücksichtigung der Bebauungsdichte. Hierbei ist $s_G$ der Schallweg in der Bebauung in m. Ein mittlerer Wert der Pegelabnahme beträgt 5 dB/100 m. Ein oberer Grenzwert der Pegelminderung liegt etwa bei 15 dB. In diesem Wert ist auch eine gleichzeitig mitwirkende Dämpfung durch Bewuchs enthalten.

*c) Zusätzlicher Bodeneinfluß*

Der Bodeneinfluß ist in dem bereits behandelten Richtwirkungsmaß $K_\Omega$ mit berücksichtigt, falls es sich um einen schallharten Boden handelt. In diesem Fall bringt $K_\Omega$ eine Pegelzunahme von 3 dB für eine total reflektierende Fläche und den Raumwinkel $\Omega = 2\pi$. Dagegen hat für den total absorbierenden Boden der Winkel $\Omega$ die Größe $4\pi$, d.h., $K_\Omega = 0$.

**Tabelle 6.4** Dämpfungskoeffizient $\alpha_D$ in Abhängigkeit von der Oktavmittenfrequenz

| $f_{mOkt}$ | Hz | 63 | 125 | 250 | 500 | 1000 | 2000 | 4000 | 8000 |
|---|---|---|---|---|---|---|---|---|---|
| $\alpha_D$ | dB/m | 0,04 | 0,045 | 0,06 | 0,075 | 0,09 | 0,12 | 0,15 | 0,185 |

Die Eigenschaften des wirklichen Bodens liegen im allgemeinen zwischen beiden Grenzen, d.h., man geht von einem vollkommen reflektierenden Boden mit $K_\Omega = 3$ dB aus und berücksichtigt zusätzlich eine frequenzunabhängige Dämpfung $\Delta L_B$ des Bodens. Für Planungszwecke kann für den Abstand $s_m > 10(h_Q + h_S)$ (Bild 6.14) die Bodendämpfung $\Delta L_B = 2$ dB gewählt werden. Für kleinere Abstände und größere Höhen von $h_Q$ und $h_S$, d.h., $s_m < 10(h_Q + h_S)$, kann der Einfluß der Bodendämpfung vernachlässigt werden [1].

### 6.4.2 Pegelminderung durch Abschirmung im Freien

Werden im Freien geschlossene, massive Hindernisse, beispielsweise Häuserfronten, Mauern, Schutzwände, Erdwälle, Geländeeinschnitte von Schallwellen getroffen, so wird deren weitere Ausbreitung behindert. Auf der Rückseite der Hindernisse bildet sich ein Schallschatten aus, da an der Vorderseite Schall reflektiert und teilweise absorbiert wird.

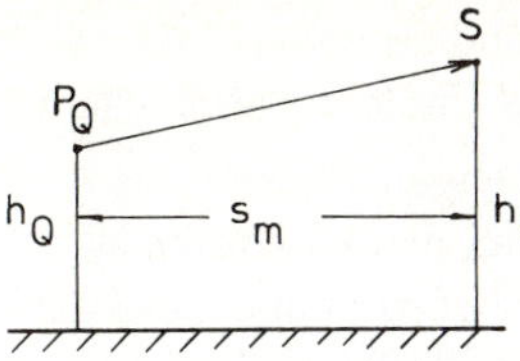


**Bild 6.14** Geometrische Zuordnung des Aufpunktes S zur Schallquelle $P_Q$

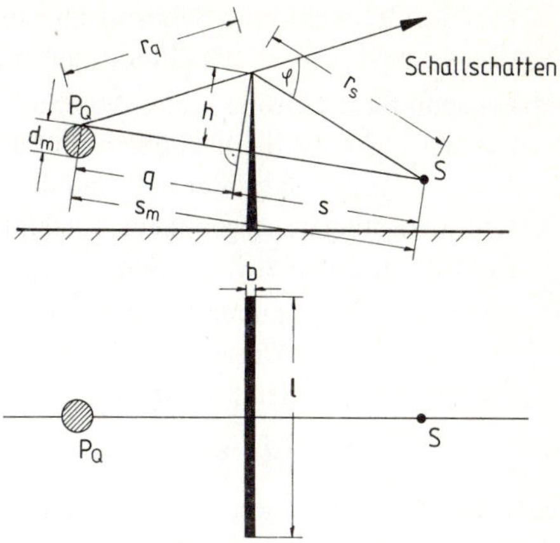


**Bild 6.15** Geometrische Verhältnisse an Aufpunkt S und Schallquelle $P_Q$ für die Ermittlung des Abschirmmaßes

Jedoch gelangt durch den Effekt der Beugung von Wellen an den Kanten des Hindernisses Schallenergie in die Zone des Schallschattens. Dieses Beugungsphänomen ist in der Akustik wegen der wesentlich größeren Wellenlängen stärker als in der Optik ausgeprägt. Allerdings gelangt im allgemeinen in einem Aufpunkt S der Schattenzone nur noch ein Bruchteil der auf das Hindernis auftreffenden Schallenergie. Von besonderem Interesse ist die entsprechende, durch diesen Abschirmvorgang bedingte Pegelminderung, hier speziell an Hindernissen im Freien.

Man nennt die Pegelminderung das Einfügungsdämmaß $D_{eS}$ und versteht darunter in einem Aufpunkt des Schallschattens den Pegelunterschied (in Frequenzbändern) zwischen den beiden Immissionspegeln ohne und mit Abschirmung. Die exakte Ermittlung ist wegen der zahlreichen Einflüsse und ihrer z.T. schwierigen Erfassung nur durch Messung möglich. Man erreicht, wenn man sich auf eine Schallausbreitung bis zu 200 m beschränkt, Pegelminderungen bis 25 dB. Darüber dominieren die meteorologischen Einflüsse.

Meist benötigt man die Größe der durch Abschirmung bedingten Pegelminderung zu Planungszwecken und Prognoseaussagen. Hierzu genügt aber ein angenäherter Wert, den man auch von ähnlichen Anlagen übernehmen oder aus Messungen an vereinfachten Modellen erhalten kann. Es können auch einfachere Abschätzungen oder genauere akustische Berechnungen an charakteristischen Hindernisformen herangezogen werden. Man nennt diesen Näherungspegel das Abschirmmaß $\Delta L_z$, das im folgenden zur Diskussion steht und das grundsätzlich unter Freifeldbedingungen ermittelt wird.

Die Ermittlung erfolgt, unter Bezugnahme auf Bild 6.15, zunächst an einem dünnwandigen Schallschirm unter folgenden Annahmen: Die Schallquelle sei eine Einzelschallquelle mit verhältnismäßig kleiner mittlerer Abmessung $d_m$ und mit einem Kugelwellenfeld. Die Schirmlänge $l$ sei im Grenzfall unendlich groß, die Schirmstärke b sei klein gegen die Länge $\lambda$ der gebeugten Welle. Schirm und Boden seien vollständig reflektierend, jedoch finden keine weiteren Reflexionen statt. Schallquelle und Aufpunkt liegen in einer

Ebene, die senkrecht zum Schirm steht; ihre Abstände $r_q$ und $r_s$ sind größer als $\lambda$. Der Schirm sei vollkommen schallundurchlässig und besitzt auch keine Undichtigkeitsstellen.

Maßgebend für die Größe seines Abschirmmaßes ist die an der gebeugten Wellenlänge $\lambda$ gemessene wirksame Schirmhöhe h und der Beugungswinkel $\varphi$, d.h., das Abschirmmaß wird um so größer, je größer h, $\varphi$ und die Frequenz f werden. Das bedeutet auch, daß die Abschirmwirkung bei gegebenem Abstand $s_m$ und gegebener Höhe von $P_Q$ und S umso größer wird, je näher sich der Schirm an der Schallquelle oder am Aufpunkt befindet.

Zu einer noch geeigneteren Darstellung der Abhängigkeit der Abschirmwirkung gelangt man, wenn man den Umweg des Schalls über die Schirmkante zum Aufpunkt feststellt. Man führt zunächst den hierfür maßgebenden Schirmwert

$$z = (r_q + r_s) - (q + s)$$

ein und erhält daraus, wenn man z noch mit $\lambda/2$ der gebeugten Welle dimensionslos macht, die Fresnel-Zahl N, wobei

$$N = z/(\lambda/2)$$

ist. Diese Zahl stellt als Einzahlgröße einen leicht zu handhabenden Parameter zur Ermittlung des Abschirmmaßes dar, das grundsätzlich mit steigender Fresnel-Zahl zunimmt.

In einer ersten Näherung gewinnt man aufgrund der Kirchhoffschen Beugungstheorie für kleine Beugungswinkel $\varphi$ das Abschirmmaß

$$\Delta L_z = 5 + 10 \lg \left[1 + 10 \frac{h}{\lambda}\left(\frac{h}{r_q} + \frac{h}{r_s}\right)\right] \quad \text{dB}. \tag{6.34}$$

Die Näherung ist brauchbar für nicht zu große Abschirmwerte $\Delta L_z < 15$ dB. Exaktere Ergebnisse über die Schallpegelminderung nach der Kirchhoffschen Theorie liegen auch für größere Beugungswinkel $\varphi$ mit einer Lösung durch Fresnel-Integrale oder mit der Lösung einer von Sommerfeld modifzierten Form vor. In letzterem Falle ist es die von Redfaern in Abhängigkeit von $h/\lambda$ und $\varphi$ angegebene Pegelminderung, wie sie in Bild 6.16 dargestellt ist [5, 6].

Beide Ergebnisse lassen sich auch, wie in Bild 6.17 gezeigt, in Abhängigkeit von der Fresnel-Zahl N darstellen.

Des weiteren sind umfangreiche Messungen im Labor an entsprechenden Schirmmodellen durchgeführt worden (Maeckawa), aufgrund derer ein empirischer Zusammenhang zwischen der Pegelminderung und der Fresnel-Zahl angegeben werden kann; dieser Zusammenhang läßt sich durch die mathematische Formel [7] approximieren:

$$\Delta L_z = 10 \lg (3 + 20\,N) \quad \text{dB}. \tag{6.35}$$

Ihr Verlauf ist ebenfalls in Bild 6.17 eingetragen.

Schließlich sind auch die Ergebnisse der Messungen im Freien an wirklichen Schallschirmen, die im wesentlichen unter den eingangs genannten Annahmen durchgeführt wurden [8], in Bild 6.17 über der Fresnel-Zahl eingetragen. Sie zeigen bei höheren Fresnel-Zahlen ein kleineres Abschirmmaß, das sich asymptotisch dem Grenzwert 25 dB nähert.

Im Falle N gegen Null, d.h. auch im Falle h und $\varphi$ gegen Null, gehen alle Kurven asymptotisch gegen einen Grenzwert, der zwischen 4 dB und 6 dB liegt, also nicht Null ist. N gegen Null bedeutet, daß die Sichtlinie vom Immissionsort über die Schirmkante hinweg gerade die Oberkante der Schallquelle streift.

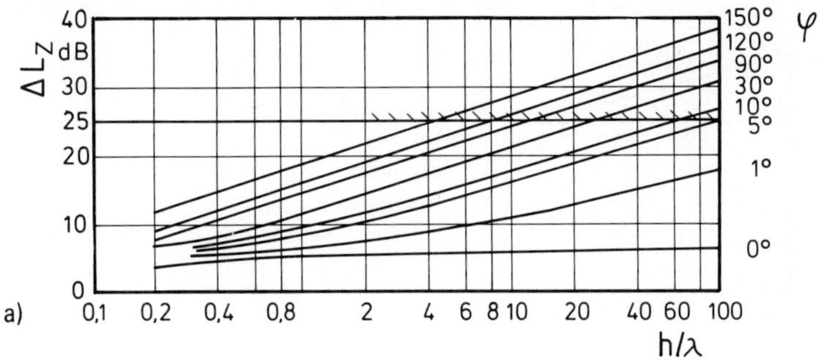


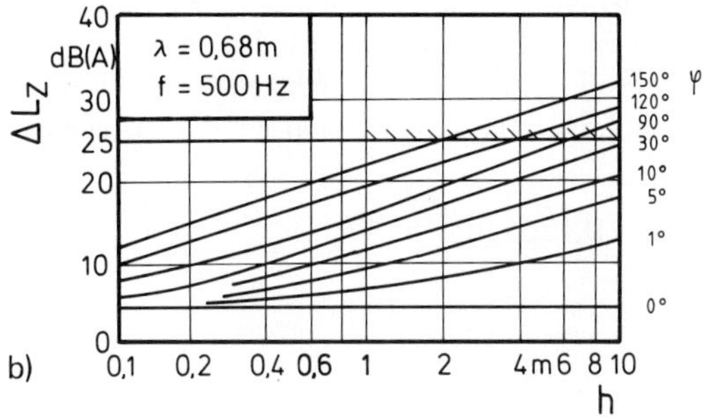


**Bild 6.16**
Abschirmmaß $\Delta L_Z$ in Abhängigkeit von
a) h/λ
b) h für λ = 0,68 m (f = 500 Hz)
mit dem Beugungswinkel φ als Parameter

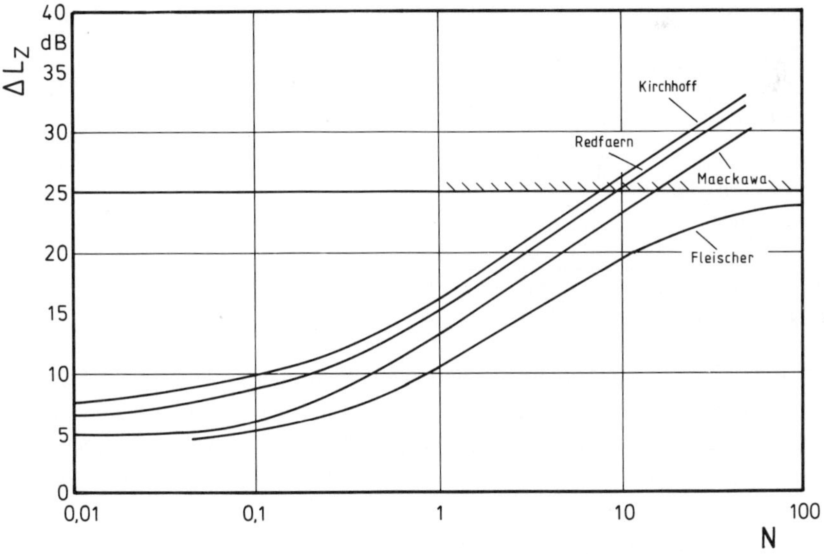


**Bild 6.17** Abschirmmaß $\Delta L_Z$ in Abhängigkeit von der Fresnel-Zahl N

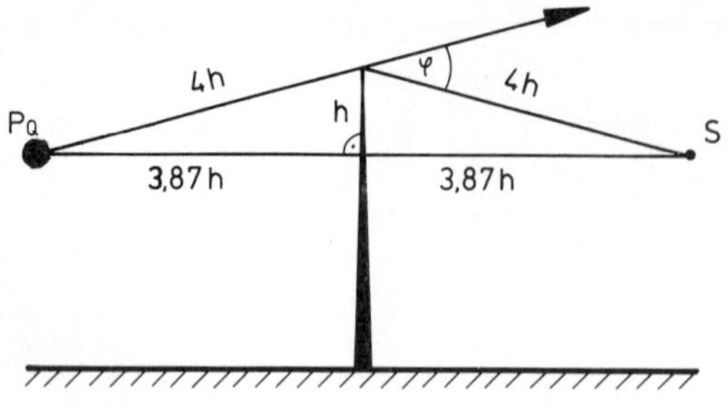


**Bild 6.18**
Geometrische Zuordnung des Aufpunktes S und der Schallquelle $P_Q$ zu einem unendlich langen Schallschirm

Es ist sicherlich zweckmäßig, die auf verschiedenen Wegen gefundenen Abschirmmaße noch einmal miteinander zu vergleichen, wozu das in Bild 6.18 dargestellte Beispiel einer Abschirmung dienen möge. In diesem Beispiel soll $\Delta L_z$ für die Frequenzen f = 500 Hz und f = 1000 Hz bei einer wirksamen Schirmhöhe h = 0,68 m ermittelt werden. Zunächst ist

$$\alpha = \beta = 14{,}5°; \quad \varphi = 29°; \quad z = 0{,}1765\ \text{m};$$

$$\frac{h}{r_q} = \frac{h}{r_s} = 0{,}25;$$

$$f = 500\ \text{Hz} \rightarrow \frac{h}{\lambda} = 1; \quad N_{500} = 0{,}519;$$

$$f = 1000\ \text{Hz} \rightarrow \frac{h}{\lambda} = 2; \quad N_{1000} = 1{,}038.$$

Man erhält die in Tabelle 6.5 angegebenen Ergebnisse.

**Tabelle 6.5** Gegenüberstellung der nach verschiedenen Methoden berechneten Abschirmmaße für das in Bild 6.18 angegebene Beispiel

| | $\Delta L_z$ dB | |
|---|---|---|
| | 500 Hz | 1000 Hz |
| strenge Lösung nach Kirchhoff | 14,0 | 16,0 |
| Lösung nach Redfearn | 12,5 | 15,0 |
| Messung von Maeckawa | 11,4 | 13,5 |
| Messung von Fleischer | 8,5 | 10,5 |
| Abschätzung nach Kirchhoff | 12,8 | 15,4 |

Bei der Betrachtung der Schallminderung an wirklichen Schirmen unter Berücksichtigung zusätzlicher Einflüsse ist es sinnvoll, von der Gl. (6.37) nach Fleischer auszugehen.[1] Sie gibt das Abschirmmaß von dünnwandigen, reflektierenden Schirmen wieder, wie sie vor allem zum Schutz gegen den Verkehrslärm seitlich der Straßen und Eisenbahnlinien er-

[1] In der DIN 18005, Teil 1 [12], sind noch weitere Berechnungsformeln für $\Delta L_Z$ je nach Geräuschsituation (Straßenverkehrs-, Schienenverkehrs- und Industriegeräusche) angegeben. Hiermit kann man das A-bewertete Abschirmmaß $\Delta L_Z$ in dB (A) (frequenzunabhängig) unter Berücksichtigung der Wettereinflüsse, besonders bei größeren Entfernungen, direkt bestimmen.

richtet oder zum Schutz gegen Baulärm um Baustellen aufgestellt werden. Die Ausführung erfolgt in Stahlbeton, Stahl, Holz, in der Regel 2 ... 5 m hoch.

Die sehr handliche, empirische Kurve nach Maeckawa liefert gegenüber der Kurve nach Fleischer um ca. 3 dB größere Pegelminderungen. Für den praktischen Gebrauch werden noch beide Gleichungen statt in Abhängigkeit von der Fresnel-Zahl in Abhängigkeit vom Produkt Abschirmzahl mal Frequenz angegeben:

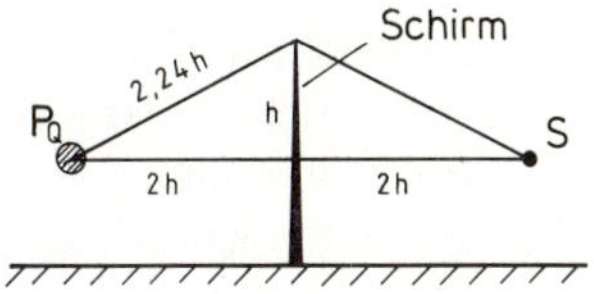


$$\Delta L_z = 10 \lg [3 + 0{,}12 (f \cdot z)] \text{ dB} \qquad (6.36)$$

(nach Maeckawa),

$$\Delta L_z = 10 \lg \left( 260 \frac{(f \cdot z) + 51}{(f \cdot z) + 5100} \right) \text{dB} \qquad (6.37)$$

(nach Fleischer).

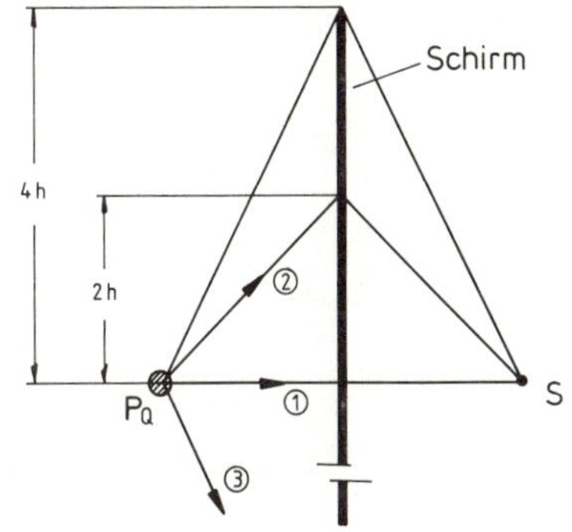


**Bild 6.19**

Beugung an den Kanten eines endlichen Schallschirmes

Als erster zusätzlicher Einfluß wird die endliche Länge $l$ des Schallschirmes berücksichtigt, um dessen beide freien Enden ebenfalls Schall gebeugt wird. Jedoch ist der Einfluß der seitlich umgelenkten Schallenergie auf das Abschirmmaß zu vernachlässigen, wenn das Schirmende um mehr als $4 \cdot h$ über die Schallquelle hinausragt [9]. Dies soll exemplarisch an dem in Bild 6.19 dargestellten Beispiel für 2 Schirmlängen $l_1 = 4 \cdot h$ und $l_2 = 8 \cdot h$, sowie 2 Frequenzen $f_1 = 500$ Hz und $f_2 = 1000$ Hz gezeigt werden.

Ohne Abschirmung herrscht im Aufpunkt S der Immissionspegel $L_p$. Zu jedem, an den Kanten des Schallschirmes der Länge $l$, gebeugten Strahl 1, 2, 3 gehört das Abschirmmaß $\Delta L_{z_1}$, $\Delta L_{z_2}$, $\Delta L_{z_3}$. Durch das Zusammenwirken der drei Strahlen erhält man die Gesamtintensität im Aufpunkt S:

$$\Sigma I = I_0 \left[ 10^{\frac{L_p - \Delta L_{z_1}}{10}} + 10^{\frac{L_p - \Delta L_{z_2}}{10}} + 10^{\frac{L_p - \Delta L_{z_3}}{10}} \right]. \qquad (6.38)$$

Aus dieser Summe ergibt sich der Immissionspegel $L_S = 10 \lg \frac{\Sigma I}{I_0}$ zu:

$$L_S = L_p + 10 \lg \left[ 10^{\frac{-\Delta L_{z_1}}{10}} + 10^{\frac{-\Delta L_{z_2}}{10}} + 10^{\frac{-\Delta L_{z_3}}{10}} \right] \text{ dB}, \qquad (6.39a)$$

bzw.

$$L_S = L_p - \left[ \Delta L_{z_1} - 10 \lg \left( 1 + 10^{-\frac{\Delta L_{z_2} - \Delta L_{z_1}}{10}} + 10^{-\frac{\Delta L_{z_3} - \Delta L_{z_1}}{10}} \right) \right] \text{ dB}. \qquad (6.39b)$$

Setzt man für $l \to \infty$ $\Delta L_{z_1} = \Delta L_{z\infty}$, so läßt sich dann das Abschirmmaß des Schirmes endlicher Länge $l$ wie folgt angeben:

$$\Delta L_{z_l} = \Delta L_{z_\infty} - 10 \lg \left[1 + 10^{-\frac{\Delta L_{z_2} - \Delta L_{z_1}}{10}} + 10^{-\frac{\Delta L_{z_3} - \Delta L_{z_1}}{10}}\right], \tag{6.40a}$$

$$\Delta L_{z_l} = \Delta L_{z_\infty} - \Delta\Delta L_l. \tag{6.40b}$$

Unter der Annahme, daß die Schallquelle und der Aufpunkt die gleiche Entfernung von den Kanten des Schallschirmes besitzen, d.h. $\Delta L_{z_2} = \Delta L_{z_3}$, ergeben sich für das Korrekturglied $\Delta\Delta L_l$ des gewählten Beispiels die Werte der Tab. 6.6. Für die Berechnung von $\Delta L_z$ wurde hier die Gl. (6.37) zugrunde gelegt (h = 1 m). Es folgt, daß offensichtlich für einen Schirmüberstand $\geqq 4 \cdot h$ der Einfluß der endlichen Länge $l$, im Vergleich zu $\Delta L_{z_\infty}$, vernachlässigt werden darf und daß sich andererseits für kleinere Überstände die Reduzierung $\Delta\Delta L_l$ der Abschirmwirkung berechnen läßt.

**Tabelle 6.6** Korrekturglied $\Delta\Delta L_l$ für zwei Frequenzen bei zwei Schallschirmlängen (h = 1 m)

| f<br>Hz | $\Delta\Delta L_l$<br>dB | | $\Delta L_{z_\infty}$<br>dB |
|---|---|---|---|
| | $l$ = 4 h | $l$ = 8 h | |
| 500 | 2,3 | 1,2 | 11,4 |
| 1000 | 2,4 | 1,4 | 13,9 |

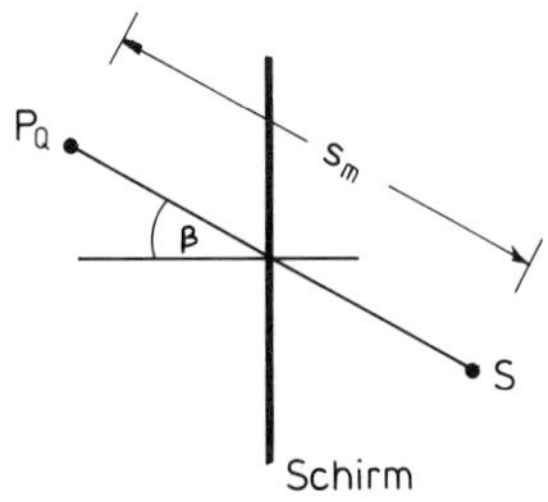


**Bild 6.20** Geometrische Lage der Schallquelle $P_Q$ und des Aufpunktes S beim schrägen Schalleinfall auf einen Schallschirm

Als nächstes ist die Schallundurchlässigkeit der Schirmwand zu überprüfen. Diese Undurchlässigkeit ist mit dem sog. Schalldämmaß R der Schirmwand verknüpft, einer Pegelgröße $R = 10 \lg P_e/P_d$, in der $P_e$ die auftreffende, $P_d$ die durchtretende Schalleistung ist (vgl. Abschnitt 7.3). Aus den Gesetzen der Pegeladdition folgt dann, daß der durch die Schirmwand durchtretende Schall vernachlässigt werden kann, wenn die Schalldämmung das erreichbare Einfügungsdämmaß oder das angestrebte Abschirmmaß um mehr als 10 dB übersteigt. Das bedeutet, daß die Schalldämmung $\geqq$ 35 dB sein sollte; eine solche Dämmung erhält man, wenn die Massenbelegung der Wand mehr als 20 kg/m$^2$ beträgt (vgl. Abschnitt 7.3). Mit den üblichen Ausführungen werden solche Werte durchaus erreicht.

Bisher wurde angenommen, daß die Verbindungslinie zwischen Schallquelle als Einzelschallquelle und Aufpunkt die Schirmebene im Grundriß senkrecht schneidet. Trifft diese Voraussetzung, wie in Bild 6.20 dargestellt, nicht mehr zu, und bildet die Verbindungslinie mit dem Lot zur Schirmebene den Winkel $\beta$, so wird sicherlich die Abschirmwirkung herabgesetzt, da der Schirmwert z kleiner wird; der neue Schirmwert wird mit z* bezeichnet. Dabei kann für kleine Winkel $\beta$ angenommen werden, daß z mit $\cos\beta$ kleiner wird, daß also in guter Näherung $z^* \approx z \cdot \cos\beta$ ist. Für größere Winkel $\beta$ wird z* am besten direkt aus der Geometrie des schrägen Schallwegs ermittelt.

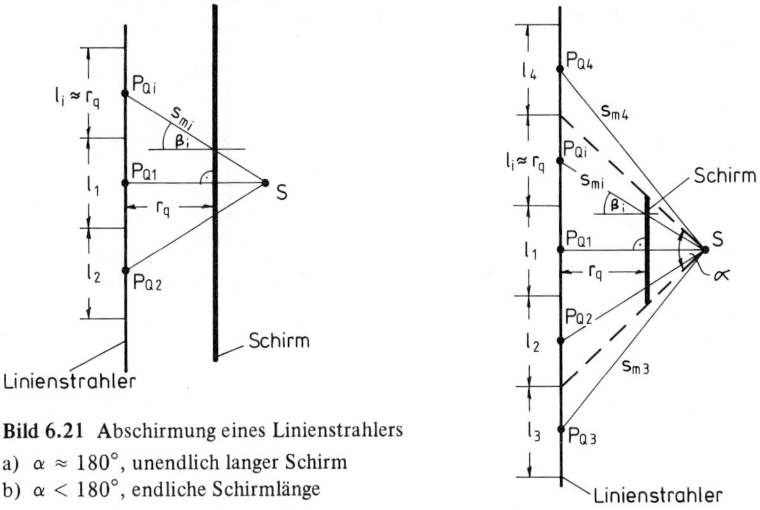


**Bild 6.21** Abschirmung eines Linienstrahlers
a) $\alpha \approx 180°$, unendlich langer Schirm
b) $\alpha < 180°$, endliche Schirmlänge

**Bild 6.22** Verschiedene Schallschirmquerschnitte

Das Problem des schrägen Schalleinfalls am Schirm gewinnt vor allem bei Linienstrahlern Bedeutung, die abgeschirmt werden sollen. Entsprechend den Ausführungen von S. 144 wird es hier besonders zweckmäßig sein, den Linienstrahler in einzelne Abschnitte $l_i \approx r_q$ und damit in Einzelschallquellen $P_{Q_i}$ aufzuteilen, wobei die Aufteilung jetzt auch dem Wirkungsbereich $\alpha$ der Abschirmung anzupassen ist. Das Problem wird an den in Bild 6.21a und b wiedergegebenen Beispielen verdeutlicht, in denen ein sehr langer Schirm und ein kürzerer Schirm dargestellt sind.

Der Immissionspegel $L_S$ wird mit Hilfe der Gl. (6.23) unter zusätzlicher Berücksichtigung von Teilabschirmungen $\Delta L_{z_i}$ ermittelt. Die $\Delta L_{z_i}$-Werte sind an freien Schirmenden (Gl. (6.40)) zu reduzieren, wenn der Überstand kleiner als $4 \cdot h$ ist.

In den allgemeinen Annahmen wurden dünnwandige, voll reflektierende Schirme vorausgesetzt. Dagegen können die Schirme auch einen davon abweichenden Querschnitt, wie in Bild 6.22 aufgezeichnet, besitzen. Beispielsweise kann der Querschnitt keilförmig sein, im Sonderfall mit Keilwinkeln von 90° und 135°. Keilwinkel von 135° sind vor allem an Straßeneinschnitten wirksam. Die Schirmquerschnitte können auch rechteckig sein, mit Dicken b größer als $\lambda$. Es handelt sich meist um dickere Mauern oder gar Häuser und ganze Wohnzeilen, die abschirmend wirken.

Darüberhinaus kann die Oberfläche der Schirme absorbierend ausgebildet sein. Beides hat einen zusätzlichen Einfluß auf die Abschirmwirkung. So erhöht eine vorhandene Schirmabsorption grundsätzlich das Abschirmvermögen. Die Erhöhung ist allerdings im allgemeinen bei dünnwandigen Schirmen vernachlässigbar. Nur im Falle, daß Schallquelle oder

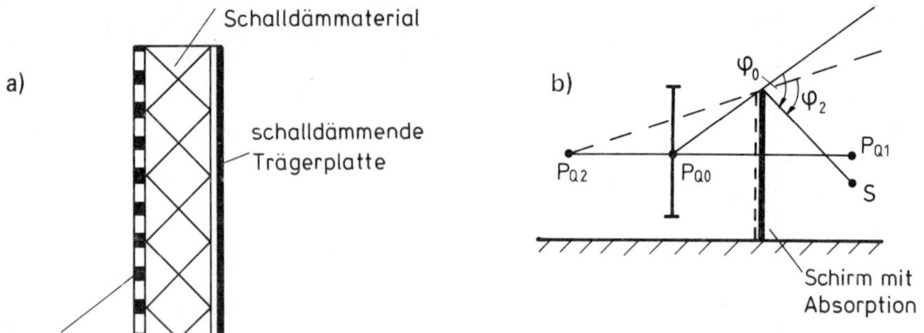


**Bild 6.23** Schallabsorbierender Schirm
a) Aufbau b) Geometrische Anordnung

Aufpunkt nahe beim Schirm liegen, ergibt sich eine Erhöhung des Einfügungsdämmaßes bis zu 6 dB, falls die benachbarte Schirmoberfläche absorbierend ausgebildet ist. Die Konstruktion solcher dünnwandiger, absorbierender Schirme ist, wie in Bild 6.23a zu erkennen ist, relativ aufwendig, da sie auch eine ausreichende Dämmung aufweisen soll. Auf einer schallharten Unterlage aus Stahlblech oder Holz als Träger wird Mineralwolle mit einer schalldurchlässigen Abdeckung aus Kunststoff befestigt und in Segmenten als Schirmelemente angeboten.

Eine weitere wesentliche Eigenschaft des Schallschirmes ist die Absorption im Zusammenhang mit der Unterdrückung von Mehrfachreflexionen. Sie können sich, wie in Bild 6.23b dargestellt, zwischen Schirm und einer reflektierenden Schallquelle einstellen. Mehrfachreflexionen liegen beispielsweise bei vorbeifahrenden Eisenbahnzügen oder zwischen zwei parallelen Schirmen vor.

Der zusätzliche Einfluß des Schirms mit Keilquerschnitt und reflektierender Oberfläche auf das Abschirmmaß ist klein, falls Schallquelle und Aufpunkt nicht zu nahe am Schirm liegen. Jedoch wird bei Annäherung einer der beiden an die Schirmoberfläche das Abschirmmaß spürbar reduziert. Die Abnahme nimmt mit dem Keilwinkel zu und kann bis zu 6 dB betragen. Keilförmige Schirme, deren Oberfläche absorbierend ausgebildet ist, verhalten sich dagegen praktisch wie dünnwandige Schirme.

In Bild 6.24 sind Schirme mit Rechteckquerschnitt ($l \to \infty$) dargestellt. Bei ihnen erfolgt eine Doppelbeugung an den beiden 90°-Kanten A und B. Das bedeutet gegenüber den dünnwandigen Schirmen grundsätzlich eine Erhöhung der Abschirmwirkung. Das zugehörige Abschirmmaß $\Delta L_z$ läßt sich über den Umweg des Schalls, d.h. mittels des Schirmwertes z berechnen. Letzterer kann, wie in Bild 6.24b gezeigt, durch die Differenz $(r_q + r_s) - s_m$

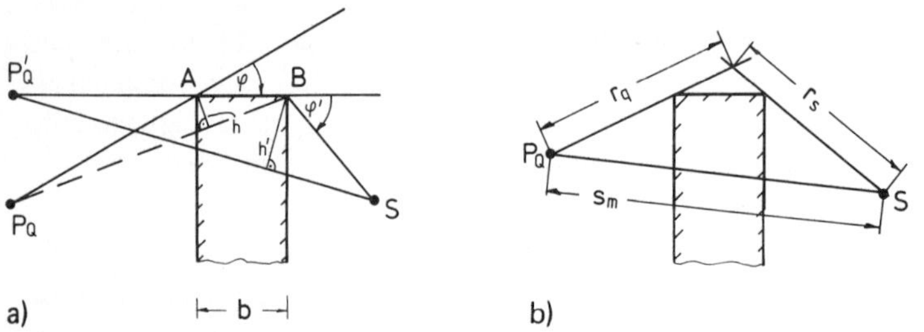


**Bild 6.24** Schallschirme mit Rechteckquerschnitt a) Doppelbeugung b) Schallumweg

ausgedrückt werden. In gleicher Weise kann bei endlicher Länge $l$ des Hindernisses eine unerwünschte seitliche Umgehung des Schalles berücksichtigt werden.

Praktische Bedeutung hat noch der Sonderfall, bei dem wie in Bild 6.25 die Schallquelle unmittelbar vor einer der Rechteckwände angeordnet ist. Liegt der Aufpunkt in der Wandebene außerhalb – Aufpunkt $S_W$ – so ist $\Delta L_z$ ungefähr 5 dB. Im Winkelraum, der an die Seitenwand angrenzt, – Aufpunkt $S_S$ – wird $\Delta L_z$ entsprechend der Beugung an einem rechtwinkligen Keil berechnet. Liegt der Aufpunkt auf der Gegenseite der Schallquelle – Aufpunkt $S_G$ –, so ist wiederum $z = (r_q + r_s) - s_m$. Wird zudem noch der Abstand $s_m$ größer als etwa 50 m, so ist in guter Näherung $z = h_q$ und damit ist beispielsweise nach Maeckawa

$$\begin{aligned}\Delta L_z &\cong 10\lg(3 + 0{,}12\, f \cdot h_q) + 5 \quad \text{dB.}\\ &\cong 10\lg(0{,}12\, f \cdot h_q) + 5 \quad \text{dB} \quad \left(h_q > \frac{\lambda}{2}\right).\end{aligned} \tag{6.41}$$

Meist ist wie in Bild 6.25b auch eine seitliche Beugung des Schalles zu berücksichtigen. Das zugehörige Korrekturglied ist dann in guter Näherung:

$$\begin{aligned}\Delta\Delta L_l &\approx 10\lg\left[1 + 10^{-\lg\frac{h_l}{h_q}} + 10^{-\lg\frac{h_r}{h_q}}\right] \quad \text{dB}\\ &\approx 10\lg\left[1 + \frac{h_q}{h_l} + \frac{h_q}{h_r}\right] \quad \text{dB}\end{aligned} \tag{6.42}$$

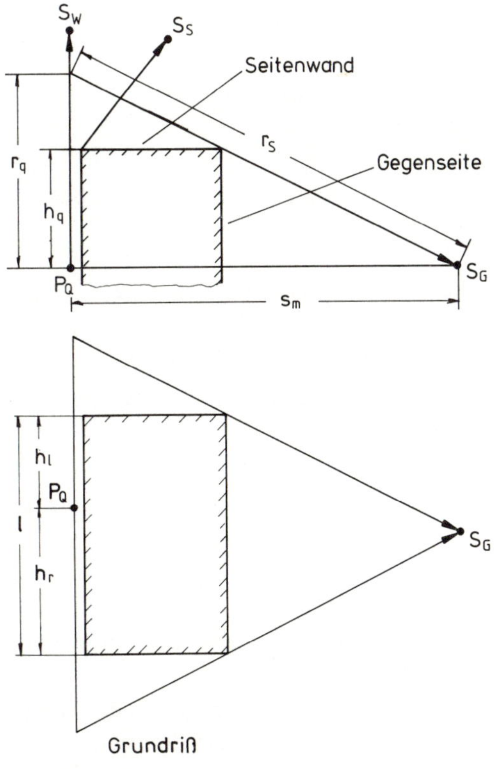


**Bild 6.25**

Geometrische Verhältnisse für die Ermittlung des Abschirmmaßes bei einer Schallquelle, die unmittelbar vor einer Rechteckwand angeordnet ist

## 6.5 Meteorologische Einflüsse

Meteorologische Einflüsse, insbesondere Wind und Temperaturgradienten in der Atmosphäre, machen sich erst bei größeren Schallwegen, etwa ab 200 m Entfernung von der Schallquelle bemerkbar. Insbesondere führt, wie in Bild 6.26 dargestellt, eine Schallausbreitung mit dem Wind oder bei stabiler Wetterlage (Inversionschichtung der Atmosphäre) zu einer Krümmung der normalerweise geradlinig verlaufenden Schallwege zum Boden hin. Das bedeutet, daß in einem solchen Falle eine Pegelminderung durch Bodeneinflüsse, durch Bewuchs und Bebauung sowie durch Abschirmungen zusätzlich verstärkt werden kann [1].

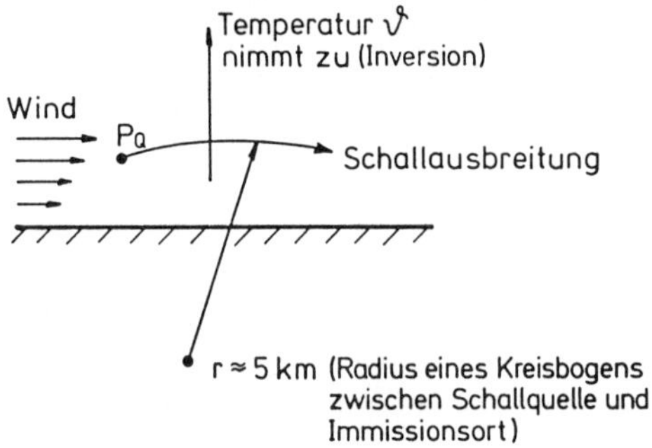


**Bild 6.26**
Schallausbreitung in der Atmosphäre

## 6.6 Zusammenfassung und Beispiele

Die bisherigen Teilergebnisse lassen sich in folgender Beziehung zusammenfassen

$$L_S = (L_W + K_\Omega + K_Q) - \Delta L_s - (\Delta L_B + \Delta L_L + \Delta L_D + \Delta L_G) - \Delta L_z - K_0 \quad \text{dB}. \tag{6.43}$$

Hierin sind

| | |
|---|---|
| $L_S$ | der Schalldruckpegel am Immissionsort, |
| $L_W$ | der Schalleistungspegel am Emissionsort, |
| $K_\Omega$ | das Richtwirkungsmaß, |
| $K_Q$ | das Schallquellenform-Korrekturmaß einer Linien- ($K_{Q_L}$) bzw. Flächenschallquelle ($K_{Q_F}$), |
| $\Delta L_s$ | das Abstandsmaß, |
| $\Delta L_L$, $\Delta L_D$, $\Delta L_G$, $\Delta L_B$ | das Luft-, Bewuchs-, Bebauungs-, Bodendämpfungsmaß, |
| $\Delta L_z$ | das Abschirmmaß, |
| $K_0$ | das Korrekturglied (siehe Gl. (1.157)). |

Die Beziehung für $L_S$ gilt für Punkt-, Linien- und Flächenschallquellen, die Pegelgrößen $L_S$, $L_W$, $\Delta L_L$, $\Delta L_z$, $\Delta L_B$ sind frequenzabhängig. Die Gl. (6.43) läßt sich in der Kurzschreibweise wie folgt angeben:

$$L_S = L_W - \Delta L_{Fr} - K_0 \quad \text{dB}, \tag{6.44}$$

wobei

$$\Delta L_{Fr} = K_\Omega + K_Q - \Delta L_s - (\Delta L_B + \Delta L_L + \Delta L_D + \Delta L_G) - \Delta L_z \quad \text{dB}.$$

$\Delta L_{Fr}$ ist die Zusammenfassung aller Freifeldeinflüsse. Als wesentliches Ergebnis dieses Kapitels erhält man folgende Aussage:

Unter den Freifeldbedingungen herrscht ein direkter Zusammenhang zwischen dem Schalldruckpegel $L_S$ am Immissionsort und dem Schalleistungspegel $L_W$ am Emissionsort.

Dieser Zusammenhang läßt sich in Frequenzbändern und A-bewertet anschreiben. Es ist dann

$$L_{Okt} = L_{W_{Okt}} - \Delta L_{Fr_{Okt}} - K_0,$$
$$L_{T_z} = L_{W_{Tz}} - \Delta L_{Fr_{T_z}} - K_0, \qquad (6.45)$$
$$L_A \approx L_{W_A} - \Delta L_{Fr_A} - K_0 \quad dB(A).$$

Diese Beziehungen gestatten vor allem die Ermittlung des A-bewerteten Schalldruckpegels am Immissionsort unter Freifeldbedingungen, wenn am Emissionsort der Schalleistungspegel bekannt ist. Der A-bewertete Schalldruckpegel ist aber, wie bereits gezeigt wurde, eine wichtige Größe zur Beurteilung des Geräusches am Immissionsort.

Bei der praktischen Durchführung der Berechnung muß vor allem auf die Frequenzabhängigkeit einzelner Pegelgrößen Rücksicht genommen werden. Es sind folgende zwei Rechengänge üblich.

In einfacheren Fällen und zu Überschlags- und Planungszwecken genügt es, vom Leistungspegel $L_{W_A}$ auszugehen und in der Pegelzusammenfassung $\Delta L_{Fr_A}$ für die darin enthaltenen frequenzabhängigen Anteile deren Zahlenwerte für f = 500 ... 700 Hz einzusetzen. Für genauere Untersuchungen geht man vom Schalleistungsspektrum $L_{W_{Okt}}$ bzw. $L_{W_{T_z}}$ aus und ermittelt nach der Beziehung (6.45) für jedes Oktav- bzw. Terzband getrennt $L_{Okt}$ bzw. $L_{Tz}$. Man erhält so das Oktav- oder Terz-Schallpegelspektrum am Immissionsort. Dieses Spektrum besitzt bereits für sich eine Aussagekraft, es läßt sich aber auch daraus der A-bewertete Schalldruckpegel $L_A$ nach den Gln. (5.3) und (5.4) berechnen.

Wirken mehrere inkohärente Schallquellen zusammen, so wird zunächst die Rechnung für jede Schallquelle getrennt durchgeführt. Für eine Überschlagsrechnung gewinnt man so die Pegel $L_{A_i}$, aus denen dann in der bekannten Weise der Summenpegel $L_{\Sigma A}$ gebildet wird (s. Gl. (1.165)).

Für den Fall, daß die Rechnung in Frequenzbändern vorgenommen wird, erhält man zunächst die Pegel $L_{Okt_i}$ oder $L_{Tz_i}$, die in den einzelnen Bändern zu $\Sigma L_{Okt}$ bzw. zu $\Sigma L_{Tz}$ zusammengefaßt werden. Das Ergebnis ist das Schalldruckspektrum des Gesamtgeräusches am Immissionsort. Aus diesem Spektrum kann dann wieder der A-bewertete Schalldruckpegel des Gesamtgeräusches berechnet werden.

Abschließend wird der aus verschiedenen, im Freien wirkenden Lärmquellen resultierende A-bewertete Schalldruckpegel in der Nachbarschaft rechnerisch ermittelt. Die Durchführung dieser Berechnung setzt, wie bereits dargelegt, voraus, daß der Schalleistungspegel $L_{W_A}$ oder das Schalleistungsspektrum $L_{W_{Okt}}$ bzw. $L_{W_{Tz}}$ der einzelnen Schallquellen bekannt sind. Die Ermittlung der Schalleistung wird in Kap. 8 besonders behandelt. An dieser Stelle möge es genügen, daß in Bild 6.27 exemplarisch der Schalleistungspegel verschiedener markanter Schallquellen angegeben wird, und zwar der Schalleistungspegel $L_{W_A}$ von Einzelschallquellen ohne Schallschutzmaßnahmen. Zur Ergänzung ist in Bild 6.28 das Schalleistungsspektrum $L_{W_{Okt}}$ exemplarisch für drei verschiedene Schallquellen wiedergegeben.

Besonders wichtige Linienschallquellen sind die Verkehrsadern, vor allem die Straßen und Eisenbahnlinien. Ihre Geräuscheinwirkung läßt sich abschätzen und zu Planungszwecken vorausberechnen. Grundlage für eine solche Berechnung ist allerdings nicht ein bezogener Schalleistungspegel $L_{W_A}$, sondern der Mittelungspegel $L_{A_m}$ (25 m), ein bewerteter Schall-

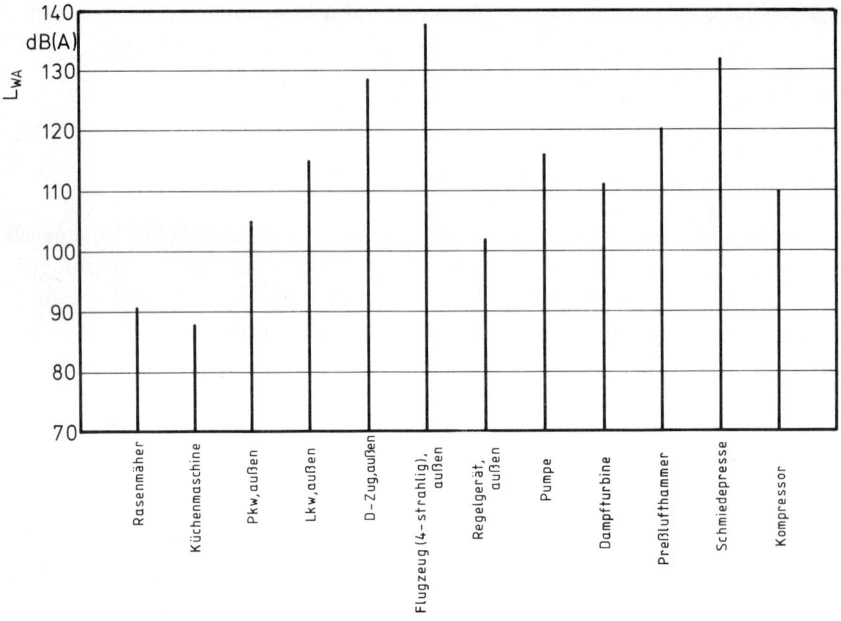


**Bild 6.27** A-Schalleistungspegel einiger markanter Schallquellen

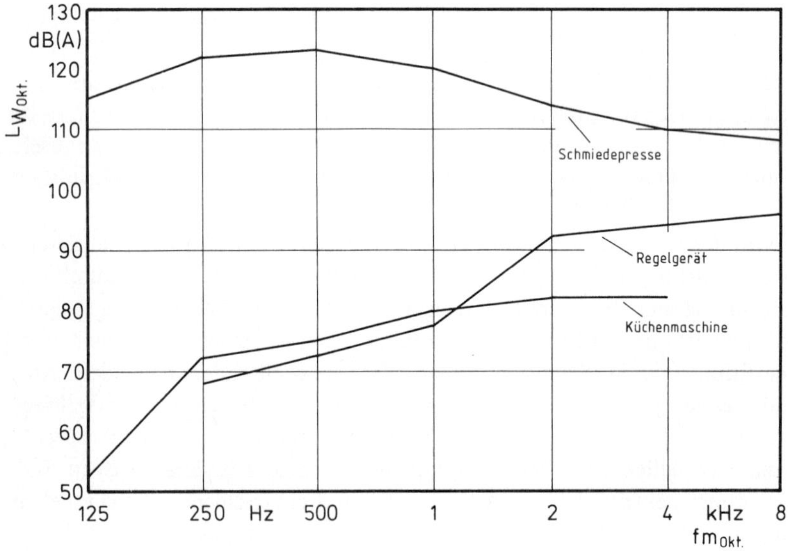


**Bild 6.28** Oktav-Schalleistungspegel einiger technischer Geräuschquellen

druckpegel, den eine unendlich lange, geradlinige Verkehrsader mit gleichmäßiger Fahrzeugbelegung in 25 m Abstand von ihrer Mittelachse hervorrufen würde. Dieser Pegel $L_{A_m}$ (25 m) hängt vor allem vom Fahrzeugtyp, der Verkehrsdichte und der Fahrgeschwindigkeit ab [10, 11].

In DIN 18005, Teil 1 [12], sind Pegelrichtwerte und Berechnungsmethoden für die Abschätzung von Verkehrsgeräuschen – Straßen- und Schienenverkehr – angegeben. Im folgenden wird auszugsweise die Methode für die Ermittlung der Mittelungspegel $L_{A_m}$ (25 m) der Straßenfahrzeuge als Gesamtpegel für Pkw und Lkw angegeben.

$$L_{A_m}(25\text{ m}) = 36{,}8 + 10\lg\left[M(1 + 0{,}082\,p)\right]\ \text{dB(A)} \tag{6.46}$$

Hierin bedeuten:

M die mittlere stündliche Verkehrsstärke in Kfz/h,

p der mittlere Lkw-Anteil (über 2,8 t zulässiges Gesamtgewicht) in % des Gesamtverkehrs.

Die maßgebenden Werte für M und p sind in der Tab. 6.7 für verschiedene Straßengattungen zusammengestellt.

**Tabelle 6.7** Maßgebende Verkehrsstärke M in Kfz/h und maßgebende Lkw-Anteile p (über 2,8 t zul. Gesamtgewicht) in % [12]

| Straßengattung | tagsüber (6 bis 22 Uhr) | | nachts (22 bis 6 Uhr) | |
|---|---|---|---|---|
| | M | p | M | p |
| | Kfz/h | % | Kfz/h | % |
| Bundesautobahnen | 0,06 DTV | 25 | 0,014 DTV | 45 |
| Bundesstraßen | 0,06 DTV | 20 | 0,011 DTV | 20 |
| Landes-, Kreis- und Gemeindeverbindungsstraßen | 0,06 DTV | 20 | 0,008 DTV | 10 |
| Gemeindestraßen | 0,06 DTV | 10 | 0,011 DTV | 3 |

DTV = Durchschnittliche tägliche Verkehrsstärke

In Bild 6.29 ist die Gl. (6.46) in Abhängigkeit von M mit p als Parameter dargestellt. Hierbei sind folgende Ausgangsdaten zu Grunde gelegt worden:

| | |
|---|---|
| Abstand: | 25 m von der Mitte der nächstgelegenen Fahrbahn, |
| Höhe über der Straße: | 4 m, |
| Straßenoberfläche: | nicht geriffelter Gußasphalt, |
| Geschwindigkeit: | Pkw 100 km/h; Lkw 80 km/h, |
| Ausbreitungsbedingungen: | freie Schallausbreitung. |

Für den Fall, daß andere Zustände vorliegen, müssen die nach Gl. (6.46) bzw. Bild 6.29 ermittelten Werte korrigiert werden. Hierzu sind ebenfalls in [12] entsprechende Korrekturwerte angegeben, worauf hier nicht näher eingegangen wird.

In einfacheren Fällen (vor allem bei fehlenden Abschirmungen) läßt sich aus den Pegeln $L_{A_m}$ (25 m) die Schallimmission auch auf einen anderen Abstand des Aufpunktes umrechnen. Für einen beliebigen Abstand s des Aufpunktes von einer langen, geraden und

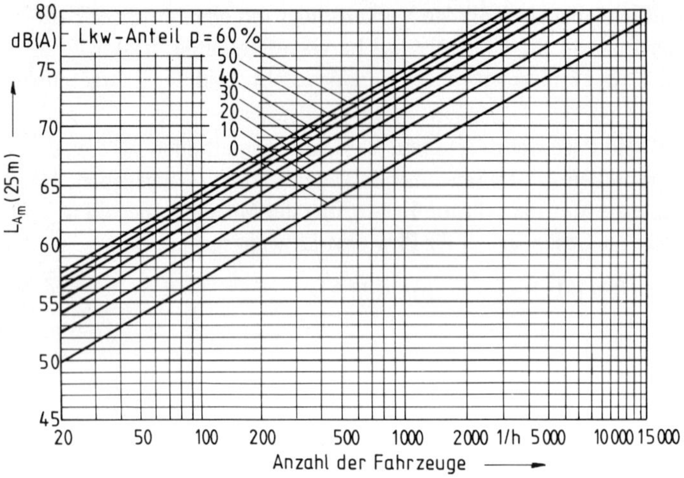


**Bild 6.29** Mittlungspegel $L_{A_m}$ in 25 m Abstand von der Fahrbahnachse bei freier Schallausbreitung in Abhängigkeit von der stündlichen Verkehrsstärke

homogenen Verkehrsader errechnet sich der zugehörige Mittelungspegel $L_{A_m}$ (s) aus dem Pegel $L_{A_m}$ (25 m) zu

$$L_{A_m}(s) = L_{A_m}(25\ \text{m}) - \Delta L_s \quad \text{dB(A)}, \tag{6.47}$$

$$\Delta L_s = 10 \lg \frac{s}{25} \quad \text{dB}.$$

Empfohlen wird auch der Ansatz [10]

$$\Delta L_s = 14 \lg \frac{s}{25} \quad \text{dB} \quad (25\ \text{m} < s < 100\ \text{m}), \tag{6.48}$$

worin der Faktor 14 für den Faktor 10 der ungedämpften Zylinderwellenausbreitung steht und in guter Näherung eine zusätzlich vorhandene Luft- und Bodenabsorption berücksichtigt.

Meist sind jedoch die Randbedingungen komplizierter, so daß es zweckmäßiger ist, die Linienschallquelle, wie bereits früher gezeigt, in einzelne Abschnitte $l_i$ zu unterteilen und durch Punktschallquellen $P_{Q_i}$ zu ersetzen. Hierzu wird zunächst der zum Druckpegel $L_{A_m}$ (25 m) gehörende Schalleistungspegel $L_{W'_A}$ benötigt. Für eine Linienschallquelle in Bodennähe ist

$$L_S = L_{W'} - 10 \lg \frac{s_m}{s_0} - 10 \lg 2\pi + 3 - K_0 \quad \text{dB}. \tag{6.49}$$

Mit $s_m = 25$ m erhält man hieraus

$$L_{W'_A} = L_{A_m}(25\ \text{m}) + 19 + K_0 \quad \text{dB(A)}. \tag{6.50}$$

In DIN 18005, Teil 1 [12], wird für Verkehrsgeräusche anstelle des theoretischen Wertes von 19 dB, der hier unter der Voraussetzung von freier Schallausbreitung bei unendlich langen Linienquellen und Zylinderwellenausbreitung als obere Grenze abgeleitet wurde, ein Wert von 17,6 dB (A) vorgeschlagen (siehe auch hierzu die Ausführungen auf S. 150 über den zusätzlichen Bodeneinfluß [1]).

Der Schalleistungspegel des Abschnittes $l_i$ der Linienschallquelle läßt sich dann wie folgt berechnen:

$$L_{W_{A_{l_i}}} = L_{W'_A} + 10 \lg \frac{l_i}{l_0} \quad \text{dB(A)}. \tag{6.51}$$

*Beispiele:*

*a*) Im Freigelände arbeitet ein Kompressor mit einem A-Schalleistungspegel $L_{W_A} = 105$ dB (A). Wie in Bild 6.30 zu erkennen ist, befindet sich in 150 m Entfernung ein Wohnblock. An drei markanten Punkten $S_1$, $S_2$, $S_3$ unmittelbar vor dem Block sind die A-bewerteten Pegel $L_A$ rechnerisch zu ermitteln.

Diese Ermittlung wird nach der Überschlagsmethode durchgeführt, die Schallquelle kann als Punktschallquelle eingestuft werden. Es läßt sich dann für den A-bewerteten Pegel schreiben

$$L_A \approx L_{W_A} + K_\Omega - \Delta L_s - \Delta L_B - \Delta L_{L_{500\,Hz}} - K_0 \quad \text{dB}. \tag{6.52}$$

Hierin ist

$$L_{W_A} = 105 \text{ dB (A)},$$
$$K_\Omega = 10 \lg 2 = 3 \text{ dB},$$
$$\Delta L_s = 10 \lg \left[4\pi \left(\frac{150}{1}\right)^2\right] = 54 \text{ dB},$$
$$\Delta L_B \approx 2 \text{ dB für die Punkte } S_1 \text{ und } S_2,$$
$$\Delta L_B \approx 0 \text{ dB für Punkt } S_3,$$
$$\Delta L_{L_{500\,Hz}} = 1{,}84 \cdot 10^{-4} \cdot 150 \cdot 8{,}69 \approx 0{,}2 \text{ dB (vernachlässigbar)},$$
$$K_0 \approx 0.$$

Damit wird

$$L_{A_{S_1}} \approx L_{A_{S_2}} = 105 + 3 - 54 - 2 = 52 \text{ dB (A)}$$
$$L_{A_{S_3}} = 105 + 3 - 54 = 54 \text{ dB (A)}$$

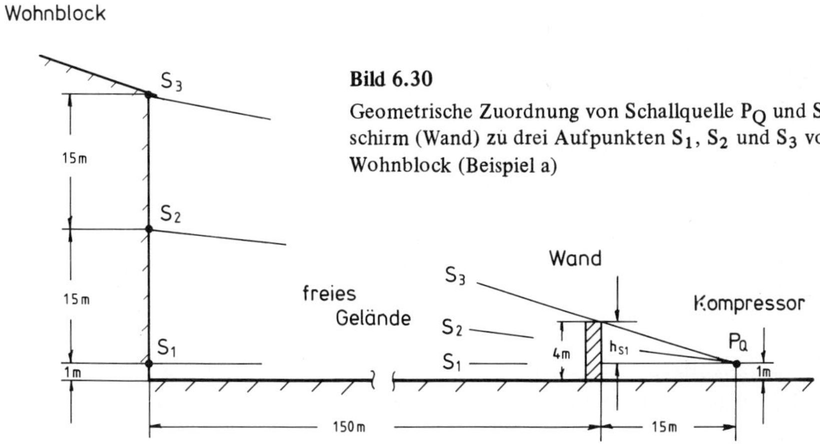


**Bild 6.30**

Geometrische Zuordnung von Schallquelle $P_Q$ und Schallschirm (Wand) zu drei Aufpunkten $S_1$, $S_2$ und $S_3$ vor einem Wohnblock (Beispiel a)

Zusatz:

In 15 m Abstand wird eine 4 m hohe und 20 m lange schallundurchlässige Wand errichtet. Durch ihre Abschirmwirkung werden die oben ermittelten Pegelwerte reduziert. Maßgebend hierfür sind die Schirmwerte $z_i$ und die zugehörigen Abschirmmaße $\Delta L_{z_i}$.

$$z_{S_1} = 0{,}33 \text{ m}, \quad z_{S_2} = 0{,}18 \text{ m}, \quad z_{S_3} = 0.$$

Nach Fleischer (Gl. (6.37)) wird dann für f = 500 Hz $\Delta L_{z_{S_1}} \approx 10{,}2$ dB (A), $\Delta L_{z_{S_2}} \approx 8{,}5$ dB (A), $\Delta L_{z_{S_3}} \approx 4{,}2$ dB (A).

Ist der Schirm genügend lang, kann die Wirkung der seitlichen Beugung vernachlässigt werden. Schließlich ergibt sich dann:

$$L_{A_{S_1}} \approx 52 - 10{,}2 = 41{,}8 \text{ dB (A)},$$

$$L_{A_{S_2}} \approx 52 - \phantom{0}8{,}5 = 43{,}5 \text{ dB (A)},$$

$$L_{A_{S_3}} \approx 54 - \phantom{0}4{,}2 = 49{,}8 \text{ dB (A)}.$$

*b*) Eine 25 m hohe, in Bild 6.31 dargestellte Destillationskolonne gibt pro lfd. Meter Höhe einen A-bewerteten Schalleistungspegel $L_{W'_A}$ = 90 dB (A) ab. Es soll festgestellt werden, in welchem Abstand s senkrecht von der Kolonne der Immissionspegel $L_A$ unter 65 dB (A) absinkt.

Die Berechnungen werden wiederum nach der Überschlagsmethode durchgeführt. Die Schallquelle ist dabei als Linienschallquelle der Länge $l$ = 25 m einzustufen. Sie kann jedoch durch eine adäquate Punktschallquelle ersetzt werden. Letztere besitzt dann den A-bewerteten Schalleistungspegel $L_{W_A} = 90 + 10 \lg \frac{25}{1} = 104$ dB (A) und ist in Kolonnenmitte anzubringen. Für diese Anordnung gilt

$$L_A = L_{W_A} + K_\Omega + K_{Q_L} - \Delta L_s \quad \text{dB}.$$

Hierin ist

$$L_{W_A} = 104 \text{ dB (A)}, \quad K_\Omega = 3 \text{ dB}.$$

Die Pegelgröße $K_{Q_L}$ ist nach Gl. (6.20) eine Funktion des Abstandes $s_\perp$. $K_{Q_L}$ wird zunächst mit 0 dB angenommen:

$$\Delta L_s = 10 \lg (4\pi\, s_m^2/s_0^2).$$

Es werden verschiedene senkrechte Abstände $s_\perp$ = 20 m, 25 m, 30 m, 35 m gewählt und daraus die zugehörigen Mittelabstände $s_m$ sowie die Pegel $\Delta L_s$ berechnet.

Nach Einsetzen findet man für die Immissionspegel:

$$L_{A_{20\,m}} = 68{,}4 \text{ dB (A)}, \qquad L_{A_{25\,m}} = 67{,}0 \text{ dB (A)},$$

$$L_{A_{30\,m}} = 65{,}8 \text{ dB (A)}, \qquad L_{A_{35\,m}} = 64{,}5 \text{ dB (A)}.$$

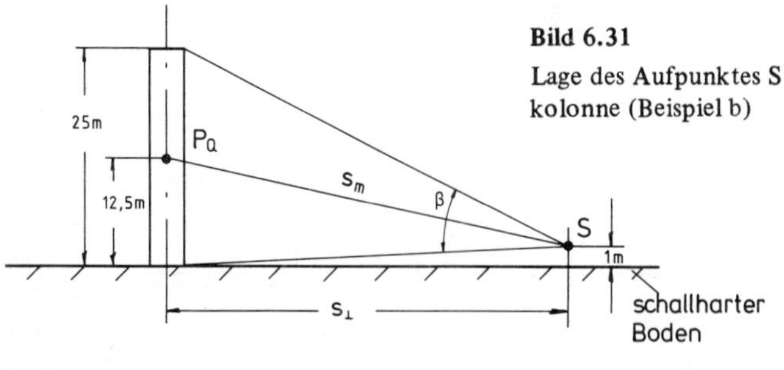


**Bild 6.31**

Lage des Aufpunktes S in der Nähe einer Destillationskolonne (Beispiel b)

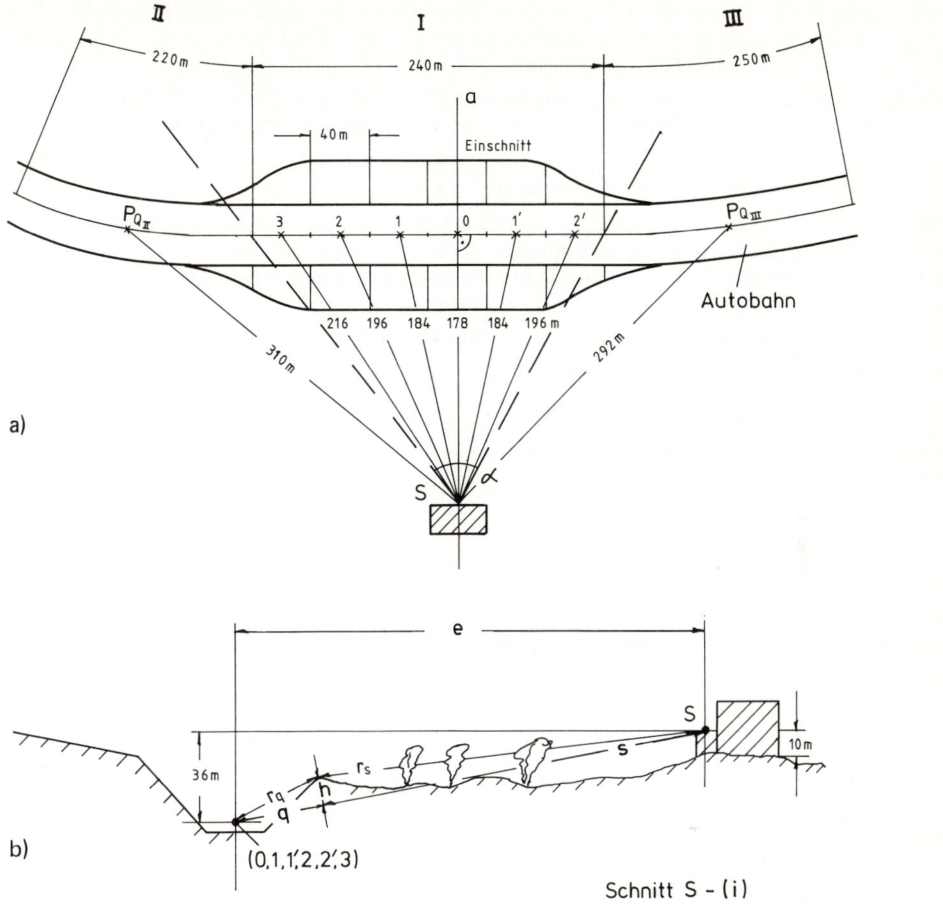


**Bild 6.32** Gesamtsituation bei der Abschätzung der Geräuschbelästigung eines Wohngebietes (Aufpunkt S) durch Autobahnverkehr

a) Draufsicht b) Geländequerschnitt

| Schnitt | $r_q$ m | $r_s$ m | q m | s m | h m | e m | $z_i$ m | Abschirmmaß $\Delta L_{z\,500\,Hz}$ dB |
|---|---|---|---|---|---|---|---|---|
| S – 0 | 42,7 | 142,6 | 40 | 141,6 | 15 | 178 | 3,7 | 18,5 |
| S – 1 (1') | 44,3 | 146,6 | 42 | 145,5 | 14 | 184 | 3,4 | 18,3 |
| S – 2 (2') | 46,2 | 156,0 | 44 | 155,3 | 14 | 196 | 2,9 | 17,8 |
| S – 3 | 47,8 | 173,5 | 46 | 173 | 13 | 216 | 2,3 | 17,0 |

Aus diesen Zahlen folgt durch Interpolation, daß sich der Immissionspegel $L_A = 65$ dB (A) in einem Aufpunkt S einstellt, der von der Kolonne einen Abstand von 33 m besitzt. Für diesen Punkt ist $s_\perp/l = 33/25 > 1$, so daß es nach der Tab. 6.2 berechtigt war, das Schallquellenform-Korrekturmaß $K_Q = 0$ dB zu wählen.

*c*) In der Nähe eines Wohngebietes führt eine Autobahn vorbei. Die Gesamtsituation ist in Bild 6.32 dargestellt. Für den in dieser Abbildung gekennzeichnete Aufpunkt S soll die durch den Autobahnverkehr zu erwartende Geräuschbelästigung abgeschätzt werden.

Für die Rechnung wird eine durchschnittliche tägliche Verkehrsstärke (DTV) in beiden Richtungen von 25 000 Kfz/24 h angenommen. Nach Tab. 6.7 ergibt sich folgende maßgebende Verkehrsstärke

Tag: $M = 25000 \cdot 0{,}06 = 1500$ Kfz/h; $p = 25\,\%$,
Nacht: $M = 25000 \cdot 0{,}014 = 350$ Kfz/h; $p = 45\,\%$.

Zur Abschätzung der Geräuschbelästigung wird die schallemittierende Autobahnstrecke in die Abschnitte I, II und III aufgeteilt und im Aufpunkt S der von diesen Abschnitten herrührende A-bewertete Schalldruckpegel $L_A$ bestimmt. Die Ermittlung wird nach dem vereinfachten Verfahren durchgeführt und erfolgt für die Tages- und für die Nachtzeit.

Zunächst werden aus dem Bild 6.29 folgende auf 25 m Abstand bezogene Mittelungspegel abgelesen.

tagsüber: $L_{A_m(25\,m)} \approx 73{,}4$ dB (A),

nachts: $L_{A_m(25\,m)} \approx 69{,}0$ dB (A).

Daraus folgen nach der Beziehung (6.50) die bezogenen Schalleistungspegel

tagsüber: $L_{W'_A} \approx 73{,}4 + 19 = 92{,}4$ dB (A),
nachts: $L_{W'_A} \approx 69{,}0 + 19 = 88{,}0$ dB (A).

Die auf den Immissionspunkt S wirkenden Autobahnabschnitte I, II und III besitzen die Längen $l_I = 240$ m, $l_{II} = 220$ m, $l_{III} = 250$ m. Die Abschnitte II und III liegen ziemlich frei, während Abschnitt I zu einem starken Geländeeinschnitt gehört, für den eine Abschirmwirkung zu berücksichtigen ist. Zwischen diesem Abschnitt und dem Aufpunkt ist leichter Bewuchs mit Laubbäumen vorhanden.

Einfluß der Abschnitte II und III:

Die Abschnitte II und III werden durch die in die Abschnittsmitte verlegten Punktschallquellen $P_{Q_{II}}$ und $P_{Q_{III}}$ ersetzt. Ihre Schalleistungspegel sind

tagsüber: $L_{W_{A_{II}}} = 92{,}4 + 10 \lg 220/1 = 115{,}8$ dB (A),

nachts: $L_{W_{A_{II}}} = 88{,}0 + 10 \lg 220/1 = 111{,}4$ dB (A),

tagsüber: $L_{W_{A_{III}}} = 92{,}4 + 10 \lg 250/1 = 116{,}4$ dB (A),

nachts: $L_{W_{A_{III}}} = 88{,}0 + 10 \lg 250/1 = 112{,}0$ dB (A).

Die Punktschallquellen $P_{Q_{II}}$ und $P_{Q_{III}}$ haben vom Aufpunkt S die Abstände $s_{m_{II}} = 310$ m, $s_{m_{III}} = 292$ m.

Daraus lassen sich in S die A-bewerteten Druckpegel berechnen. Es ist

$$L_A = L_{W_A} + K_\Omega + K_{Q_L} - \Delta L_s - \Delta L_B - \Delta L_{L_{500\,Hz}} - \Delta L_{z_{500\,Hz}} \quad \text{dB}.$$

Neben den soeben ermittelten $L_{W_{A_i}}$-Pegeln ist hierin

$$K_\Omega = 3 \text{ dB}; \quad K_{Q_{L_{II}}} \approx 0{,}3 \text{ dB}; \quad K_{Q_{L_{III}}} \approx 0{,}4 \text{ dB} \quad \text{(siehe Bild 6.32; Gl. 6.20)}$$

$$\Delta L_{s_{II}} = 10 \lg \left(4\pi \left(\frac{310}{1}\right)^2\right) = 60{,}8 \text{ dB},$$

$$\Delta L_{s_{III}} = 10 \lg \left(4\pi \left(\frac{292}{1}\right)^2\right) = 60{,}3 \text{ dB},$$

$\Delta L_B \approx 2$ dB (siehe S. 150); $\Delta L_{L_{500\,Hz}} \approx 0{,}5$ dB (siehe Gl. (6.23) und Tab. 6.3),

$\Delta L_{z_{500\,Hz}} \approx 0$ dB,

so daß

tagsüber: $L_{A_{II}} = 55{,}8$ dB (A); $L_{A_{III}} = 57{,}0$ dB (A),

nachts: $L_{A_{II}} = 51{,}4$ dB (A); $L_{A_{III}} = 52{,}6$ dB (A).

wird.

Einfluß des Abschnitts I:

Innerhalb des Abschnitts I wird die Autobahn durch den Bodeneinschnitt abgeschirmt. Die Abschirmung erfolgt an einem Böschungskeil mit dem Winkel 135°. Seine Flanken tragen leichten Bewuchs, so daß als Ersatz ein dünnwandiger Schirm endlicher Länge gewählt werden kann. Der ganze Abschnitt I wird in Teilabschnitte $l_{i_I} = 40$ m unterteilt. Diese Länge entspricht etwa dem Abstand der Autobahnachse von der Böschungskrone. Ein solcher Teilabschnitt besitzt den Schalleistungspegel

tagsüber: $L_{W_{A_{l_i}}} = 92{,}4 + 10 \lg 40/1 = 108{,}4$ dB (A),

nachts: $L_{W_{A_{l_i}}} = 88{,}0 + 10 \lg 40/1 = 104{,}0$ dB (A).

Diese Pegel lassen sich einer Punktschallquelle in der Mitte des Teilabschnitts zuordnen. Die so eingeführten Teilquellen 0 bis 3 werden einzeln behandelt. Die von jeder Strecke $l_i$ im Aufpunkt S hervorgerufenen Schalldruckpegel $L_{A_{l_i}}$ werden ermittelt, und die Ergebnisse sind in Tab. 6.7 zusammengestellt.

Das Abschirmmaß $\Delta L_z$ wird nach der Beziehung (6.37) über den Schirmwert z und für eine Frequenz von 500 Hz berechnet. Der Bewuchs zwischen Abschnitt I und dem Aufpunkt wird nicht berücksichtigt, da es sich um Laubbäume handelt.

Der Immissionspegel in S infolge des Autobahnverkehrs auf dem Abschnitt I hat dann die Größe

$$L_{A_I} = 10 \lg \Sigma\, 10^{\frac{L_{A_{l_i}}}{10}} .$$

Man erhält

tagsüber: $L_{A_I} = 39{,}8$ dB (A),

nachts: $L_{A_I} = 35{,}4$ dB (A).

Faßt man $L_{A_I}$, $L_{A_{II}}$ und $L_{A_{III}}$ zusammen, so erhält man den Gesamtimmissionspegel $L_A$ in S. Es ist

$$L_A = 10 \lg \sum_{i=I}^{III} 10^{\frac{L_{A_i}}{10}}$$

Daraus ergibt sich

tagsüber: $L_A = 59{,}5$ dB (A),

nachts: $L_A = 55{,}1$ dB (A).

Man erkennt ferner, daß der Abschnitt I praktisch keinen Einfluß auf $L_A$ ausübt. Weitere Anwendungsbeispiele für die Ermittlung von Verkehrsgeräuschen sind in DIN 18005, Teil 1 [12], angegeben.

**Tabelle 6.7** Zusammenstellung der Ergebnisse für den Abschnitt I (s. Bild 6.32)

| Strahl | $L_{W_{A_{l_i}}}$ dB (A) tagsüber | $L_{W_{A_{l_i}}}$ dB (A) nachts | $K_\Omega$ dB | $K_{Q_L}$ dB | $s_m$ m | $\Delta L_s$ dB | $\Delta L_B$ dB | $\Delta L_{L_{500\,Hz}}$ dB | z m | $\Delta L_z$ dB | $L_{A_{l_i}}$ dB (A) tagsüber | $L_{A_{l_i}}$ dB (A) nachts |
|---|---|---|---|---|---|---|---|---|---|---|---|---|
| 0 | 108,4 | 104,0 | 3 | 0 | 178 | 56,0 | 3 | ≈ 0 | 3,70 | 18,5 | 33,9 | 29,5 |
| 1 = 1′ | 108,4 | 104,0 | 3 | 0 | 184 | 56,3 | 3 | ≈ 0 | 3,40 | 18,3 | 33,8 | 29,4 |
| 2 = 2′ | 108,4 | 104,0 | 3 | 0 | 196 | 56,8 | 3 | ≈ 0 | 2,90 | 17,8 | 33,8 | 29,4 |
| 3 | 108,4 | 104,0 | 3 | 0 | 216 | 57,7 | 3 | ≈ 0 | 2,30 | 17,0 | 33,7 | 29,3 |

# 7 Schallausbreitung in geschlossenen Räumen

Im Gegensatz zur Schallausbreitung im Freien kommt es bei der Schallausbreitung in geschlossenen Räumen zu Reflexionserscheinungen an den Raumbegrenzungen. Auf diese Weise verstärkt sich das Schallfeld in geschlossenen Räumen und kann daher insbesondere am Arbeitsplatz besonders lästig werden. Ein Geräusch, das in einem geschlossenen Raum von einer Schallquelle ausgehend beim Empfänger eintrifft, besitzt zwei Anteile der Ausbreitung, nämlich den Direktschall wie bei Freifeldbedingungen und den vielfach reflektierten Schall. In der Nähe der Schallquelle überwiegt der Einfluß des Direktschalls, etwas weiter entfernt der Einfluß des reflektierten Schalls. Die Verhältnisse sind in Bild 7.1 dargestellt [1].

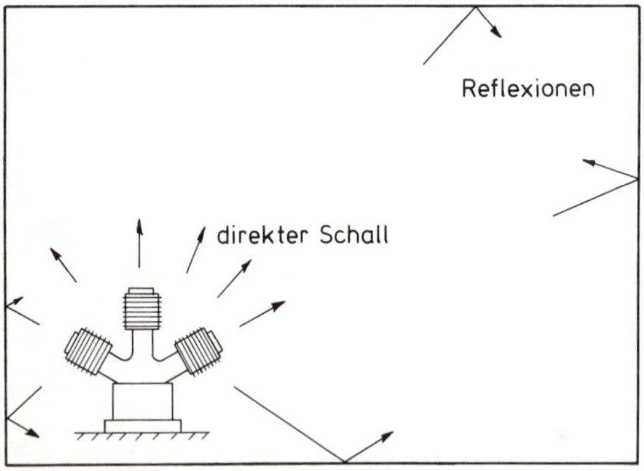


**Bild 7.1 a**
Schallausbreitung in geschlossenen Räumen

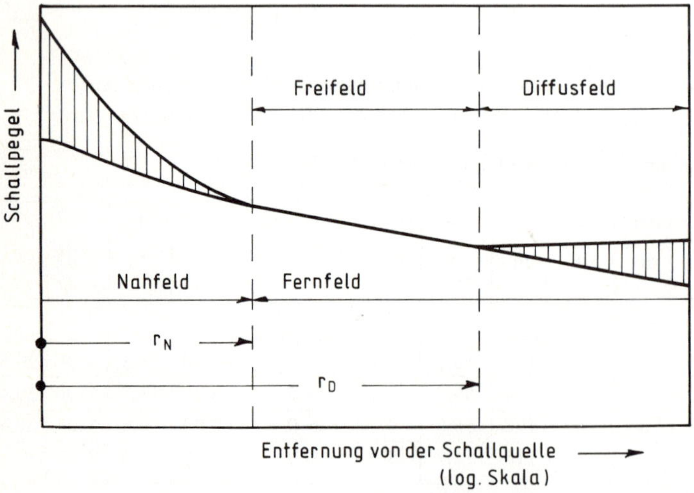


**Bild 7.1b** Schallpegel in Abhängigkeit von der Entfernung zur Schallquelle (qualitativ)

Unmittelbar um die Schallquelle, von der angenommen wird, daß sie den Charakter eines Kugelstrahlers 0-ter Ordnung hat, baut sich ein Nahfeld auf, das durch den Kugelradius $r_N$ begrenzt wird. Daran schließt sich die Freifeldzone an. In ihr fällt der Schalldruckpegel um 6 dB pro Abstandsverdoppelung ab, wohingegen im Nahfeld diese Änderung wegen der vorhandenen Phasendifferenz zwischen Druck und Schnelle größer sein muß.

Die Freifeldzone geht am Kugelradius $r_D$ in das sogenannte Diffusfeld über. Es stellt für den geschlossenen Raum das dominierende, charakteristische Schallfeld dar, in dem wegen der zahlreichen Reflexionen der Schalldruckpegel nahezu unabhängig vom Ort und größer sein wird, als er es unter reinen Freifeldbedingungen wäre. Werden die Raumabmessungen sehr klein und damit die Reflexionen sehr stark, bildet sich unter Umständen die Freifeldzone nicht mehr aus.

Im folgenden werden die wesentlichen akustischen Kenngrößen des geschlossenen Raumes dargestellt. Hier sind zu nennen: der Schalldruckpegel $L_p$ des Diffusfeldes, der Grenzradius $r_D$, auch Hallradius genannt, ferner der Zusammenhang zwischen dem Schallleistungspegel $L_W$ einer Geräuschquelle und dem Absorptionsvermögen des Raumes. Darüberhinaus ist der Anteil der in die Nachbarschaft weitergeleiteten Schallenergie und die Dämmwirkung der Raumbegrenzung von Bedeutung.

## 7.1 Eigenwerte, geometrische Reflexion, diffuses Schallfeld

Eine exakte Berechnung der Schallvorgänge in geschlossenen Räumen ist, abgesehen von einigen Sonderfällen, nicht möglich und für die im allgemeinen anstehenden Probleme auch gar nicht erforderlich. Wellentheoretisch ergibt sich für einen geschlossenen Luftraum, daß man im Falle einer periodischen Anregung mit der Frequenz f den Schalldruck p(x, y, z) mit Hilfe des Entwicklungssatzes inhomogener partieller Differentialgleichungen als Summe von Eigenfunktionen in der Form [2]:

$$p(x, y, z) = \sum_{n=1}^{\infty} \frac{\beta_n \varphi_n}{f^2 - f_n^2} \tag{7.1}$$

darstellen kann. Hierbei sind die $\varphi_n(x, y, z)$ die Eigenfunktionen des Raumes, abhängig von den Randbedingungen an den Raumgrenzen, die $f_n$ die zugehörigen Eigenwerte bzw. Eigenfrequenzen, die ebenfalls von den genannten Randbedingungen abhängen. Die $\beta_n$ sind die Anregungsfaktoren. Aus der Form des Nenners erkennt man noch, daß sich die Anregungsfrequenzen f um die jeweiligen Eigenfrequenzen $f_n$ herum stärker auswirken werden.

Die Ermittlung der Eigenfunktionen und der Eigenwerte ist im allgemeinen schwierig und nur für einfache Konfigurationen und Randbedingungen möglich. Grundlage ist die partielle Differentialgleichung des Geschwindigkeitspotentials

$$\Delta\tilde{\phi} = \frac{1}{c^2} \frac{\partial^2 \tilde{\phi}}{\partial t^2} .$$

Aus dem Bernoulli-Ansatz $\tilde{\phi} = \hat{\phi}(x, y, z) \cdot e^{j\omega t}$ ergibt sich die partielle Differentialgleichung für die zeitunabhängige Funktion $\hat{\phi}(x, y, z)$:

$$\Delta\hat{\phi}(x, y, z) + k^2 \phi(x, y, z) = 0. \tag{7.2}$$

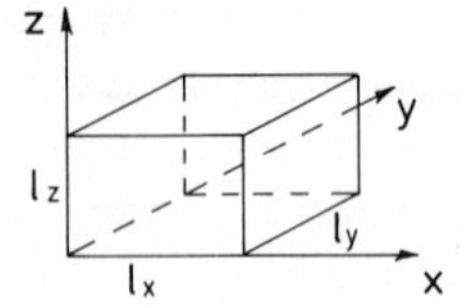


**Bild 7.2** Abmessungen eines quaderförmigen Raumes

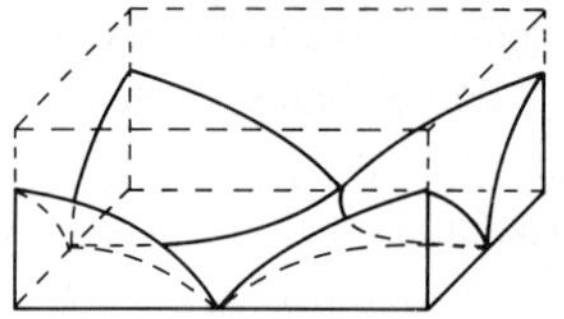

**Bild 7.3** Stehende Welle des Schalldrucks für die tiefste Eigenfrequenz eines quaderförmigen Raumes

Für den quaderförmigen Raum mit den Abmessungen $l_x$, $l_y$, $l_z$ (Bild 7.2) kann eine exakte Lösung angegeben werden. Für schallharte Begrenzungen ergibt sich folgender harmonischer Separationsansatz [3]

$$\hat{\phi} = \hat{\phi}_0 \left[\cos\left(n_x \frac{\pi}{l_x} x\right) \cdot \cos\left(n_y \frac{\pi}{l_y} y\right) \cdot \cos\left(n_z \frac{\pi}{l_z}\right)\right] . \tag{7.3}$$

Durch Einsetzen in Gl. (7.2) erhält man die Frequenzgleichung für die zugehörigen Eigenwerte $\omega_n = 2\pi f_n$:

$$\frac{n_x^2 \pi^2}{l_x^2} + \frac{n_y^2 \pi^2}{l_y^2} + \frac{n_z^2 \pi^2}{l_z^2} = \frac{\omega_{n_x,n_y,n_z}^2}{c^2} . \tag{7.4}$$

oder die Eigenfrequenzen

$$f_{n_x,n_y,n_z} = \frac{c}{2}\sqrt{\left(\frac{n_x}{l_x}\right)^2 + \left(\frac{n_y}{l_y}\right)^2 + \left(\frac{n_z}{l_z}\right)^2}; \quad n_x = 1, 2, 3, \ldots, \quad n_y = 1, 2, 3, \ldots, \quad n_z = 1, 2, 3, \ldots . \tag{7.5}$$

Dies sind auch die Eigenfrequenzen der stehenden Wellen des kubischen Raumes $l_x$, $l_y$, $l_z$. Die tiefste Eigenfrequenz hat den Wert

$$f_{1,1,1} = \frac{c}{2}\sqrt{\frac{1}{l_x^2} + \frac{1}{l_y^2} + \frac{1}{l_z^2}} ; \tag{7.6}$$

die zugehörige stehende Welle des Schalldrucks ist in Bild 7.3 dargestellt.

Reflektieren nur zwei gegenüberliegende Wände, so erfolgt die bekannte eindimensionale Schallausbreitung zwischen zwei schallharten Wänden mit den Eigenfrequenzen

$$f_{n_x} = \frac{c}{2}\frac{n_x}{l_x} ; \qquad n_x = 1, 2, 3, \ldots .$$

In einem kubischen Raum mit allseits schallharten Wänden stellt sich trotz der einfachen Konfiguration eine sehr große Anzahl von Eigenwerten und Eigenfunktionen ein. Dies bedeutet aber, daß bei der zumeist breitbandigen Anregung durch technische Geräusche in jedem Raumpunkt zahlreiche Eigenfunktionen wirksam werden. Es kommt zu einer statistischen, hinsichtlich Ort und Richtung ziemlich gleichmäßigen Schallverteilung im Raum.

Zu einem ähnlichen Ergebnis kommt man, wenn man die Methoden einer geometrischen Akustik heranzieht. Dabei wird die Schallausbreitung durch Schallstrahlen dargestellt.

Diese Strahlen fassen einen richtungsbegrenzten Teil der abgestrahlten Schallenergie zusammen. Die Strahlen pflanzen sich im Raum geradlinig und mit konstanter Geschwindigkeit, der Schallgeschwindigkeit des vorhandenen Mediums, fort. Wirken mehrere Schallstrahlen zusammen, so darf im Überlagerungsgebiet eine Intensitätsaddition durchgeführt werden.

An der Grenze zu einem akustisch unterschiedlichen Medium mit sprunghaft sich ändernder Impedanz werden die Schallstrahlen reflektiert. Diese Reflexion hat eine geometrische und eine energetische Komponente. Vom energetischen Standpunkt aus ist festzustellen, daß im allgemeinen nicht alle auftreffende Energie wieder zurückgeworfen wird. Grenzfälle sind in diesem Zusammenhang die vollkommene Reflexion und die vollkommene Absorption der auftreffenden Schallenergie. Bevor auf diese energetische Seite näher eingegangen wird, soll zunächst die geometrische Seite der Reflexion behandelt werden. Sie ist im übrigen Grundlage einer geometrischen Raumakustik.

Die geometrische Reflexion erfolgt nach dem bekannten Gesetz, wonach an einer glatten Wand der reflektierte und der einfallende Strahl mit der Wandnormalen den gleichen Winkel bilden und auch mit diesem zusammen in einer gemeinsamen Ebene liegen. Aus dieser Gesetzmäßigkeit ergibt sich die Methode, die Reflexionen der Wände durch mehrfache Spiegelungen zu beschreiben. Bild 7.4 läßt die Verhältnisse deutlich erkennen, wobei $P_{Q_1}$ die Spiegelquelle 1. Ordnung ist, von der aus der reflektierte Strahl seinen Ausgang nimmt [4].

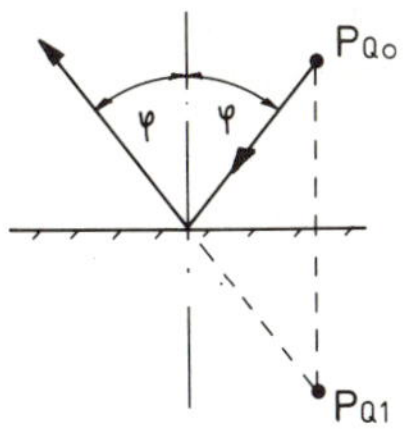


**Bild 7.4** Schallreflexion an einer schallharten Wand

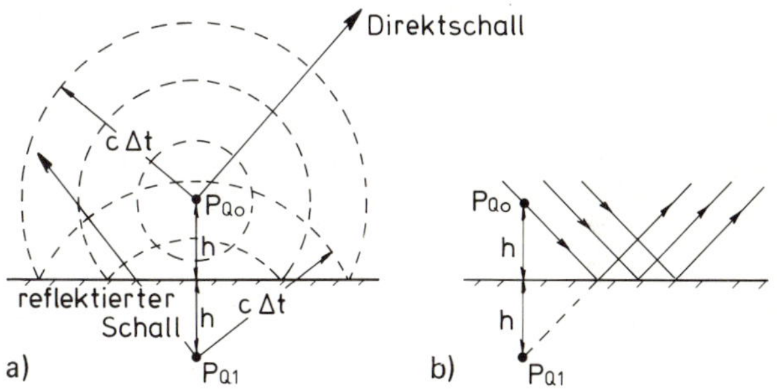


**Bild 7.5** Schallreflexion an einer schallharten Wand
a) Kugelwellen b) ebene Wellen

Ist die reflektierende Wand zudem eben, so bleibt nach der Reflexion ein Kugelwellenfeld als solches erhalten (Bild 7.5a), ebenso bleibt ein ebenes Wellenfeld eben (Bild 7.5b). Erfolgt die Reflexion an einer nicht glatten Fläche, und sind die Unebenheiten der Fläche größenordnungsmäßig mit den Wellenlängen der reflektierten Strahlen vergleichbar, so wird ein Teil der Strahlen diffus reflektiert.

An gekrümmten Flächen läßt sich die Geometrie der Reflexion mit den gleichen Methoden darstellen, so lange nur die Krümmungsradien der reflektierenden Flächen groß gegen die reflektierten Wellenlängen sind. So kann beispielsweise unter einer ellyptisch geformten und reflektierenden Fläche der vom ersten Brennpunkt ausgestrahlte Schall im zweiten Brennpunkt über größere Entfernungen konzentriert werden.

Wie bereits auf Seite 7 gezeigt wurde, führt die Reflexion an einer schallharten oder an einer schallweichen Wand durch Interferenz vor der Wand zum Aufbau einer stehenden Welle. Diese Feststellung leitet zum Problem der Schallausbreitung in begrenzten Räumen über. Der einfachste Fall einer solchen Begrenzung ist durch zwei ebene, einander im Abstand $l$ parallel gegenüberliegende Wände gegeben. Ein Strahl $\hat{p} \cdot e^{-jkx} \cdot e^{j\omega t}$ einer ebenen Welle, der auf eine der beiden Wände senkrecht auftrifft, wird dann abwechselnd hin und her geworfen (Bild 7.6). Durch Interferenz baut sich eine fortschreitende Druckwelle auf, im Falle der vollkommenen Reflexion von der Form [3]:

$$p(x, t) = \hat{p}\,[e^{-jkx} + e^{-jk(2l-x)} + e^{-jk(2l+x)} + e^{-jk(4l-x)} + e^{-jk(4l+x)} + \ldots]e^{j\omega t}. \quad (7.7)$$

Nimmt die Wellenzahl $k = \frac{2\pi}{\lambda} \equiv \frac{\omega}{c}$ bestimmte Werte, nämlich $\frac{2\pi}{2l}, \frac{2\pi}{l}, \ldots$ an, liegen also bestimmte Eigenkreisfrequenzen $\omega_n$ vor, so geht die fortschreitende Welle in eine stehende Welle zwischen den beiden Wänden über mit

$$p(x, t) = \hat{p}\left[e^{-jk_n x} + m\,\frac{e^{+jk_n x} + e^{-jk_n x}}{2}\right] \cdot e^{j\omega_n t} = \sum_n \bar{p}\cos(k_n x) \cdot e^{j\omega_n t}, \quad (7.8)$$

$$n = 1, 2, 3, \ldots .$$

Hierin sind $k_n = \frac{n \cdot \pi}{l}$ die Wellenzahlen, $\omega_n = \frac{n \cdot \pi \cdot c}{l}$ die Resonanzkreisfrequenzen. $\Sigma\bar{p}$ ist die Amplitude der stehenden Welle, die infolge der doch vorhandenen Energieverluste bei der Reflexion endlich bleibt.

Ist der Raum nunmehr allseitig begrenzt, z.B. durch 3 Paare einander parallel gegenüberliegender Wände, zwischen denen eine Schallquelle $P_{Q_0}$ Schall abstrahlt, so gewinnt man einen sehr guten Einblick in das im geschlossenen Raum sich aufbauende Schallfeld, wenn man die Methode der gespiegelten Schallquelle anwendet. Durch eine erste Spiegelung an

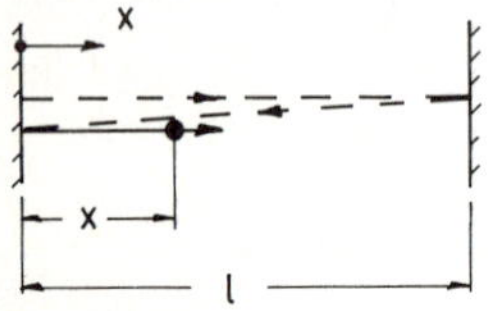


**Bild 7.6**
Schallreflexion zwischen zwei parallelen Wänden

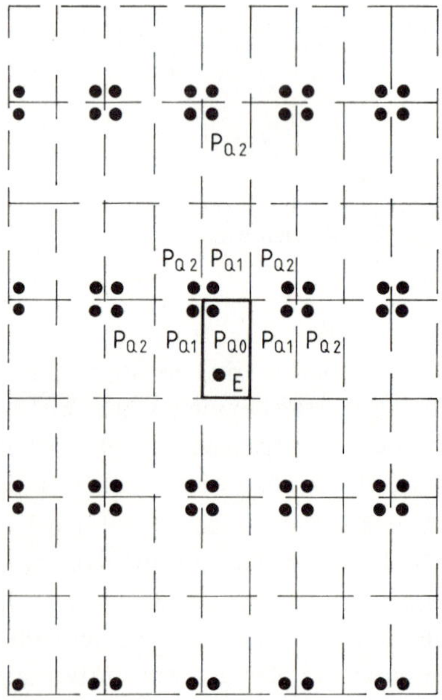


**Bild 7.7**
Spiegelschallquellen eines quaderförmigen Raumes

den 6 Begrenzungsflächen erhält man 6 Spiegelquellen $P_{Q_1}$ 1. Ordnung und durch deren Spiegelung wiederum eine Schar von Spiegelquellen $P_{Q_2}$ 2. Ordnung usw. Alle diese Quellen ordnen sich im Falle eines quaderförmigen Raumes um diesen in einem kubischen Rasterfeld an [3] (Bild 7.7). Sie werden alle für den reflektierten Schall zu Kugelwellensendern mit der Leistung $P_Q$, jedoch reduziert um die Verluste bei den Reflexionen.

Ein impulsartiges Geräusch kommt zunächst in der kürzesten Zeit als Direktschall beim Empfänger E an und dann sukzessive von den verschiedenen Spiegelquellen $P_{Q_i}$ entsprechend ihrer unterschiedlichen Entfernung von E. Sind seit Beginn der Schallausbreitung $\Delta t$ Sekunden verstrichen, so gehört zu diesem $\Delta t$ ein Kugelwellenradius $r = \Delta t \cdot c$. Es senden zu dieser Zeit $\Delta t$ gerade diejenigen Schallquellen $P_{Q_i}$ Energie in den Raum (E), die von diesem Raum den Abstand r haben. Die anfänglichen Schallrückwürfe in E ($\Delta t$ klein) sind stärker und auch noch gerichtet, während die späteren ($\Delta t$ größer) infolge der größeren Entfernung der $P_{Q_i}$ schwächer werden und in E auch aus den verschiedensten Richtungen eintreffen. Diese späteren Rückwürfe im Punkt E sind praktisch unabhängig von seiner Lage im Raum (Bild 7.8) [5].

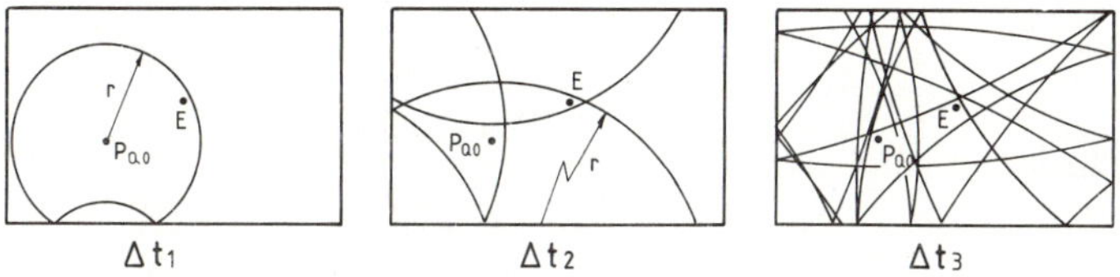


($\Delta t_1 < \Delta t_2 < \Delta t_3$)

**Bild 7.8** Aufbau eines Schallfeldes in einem geschlossenen Raum zu verschiedenen Zeitpunkten

Geht von $P_{Q_0}$ ein stationäres Geräusch aus, dann baut sich auch um jede der Spiegelschallquellen $P_{Q_i}$ ein stationäres Kugelwellenfeld auf, reduziert um die Verluste bei den Reflexionen. Daraus folgt, daß sich allein aufgrund der geometrischen Gesetzmäßigkeiten der Reflexion in geschlossenen Räumen ein akustischer Zustand einstellen wird, der dem eines diffusen Schallfeldes sehr nahe kommt. Dabei ist ein diffuses Schallfeld dadurch charakterisiert, daß in jedem Punkt im Mittel aus allen Raumrichtungen gleich viel Schallenergie einfällt. Dabei sollen keine festen Phasenbeziehungen zwischen den Anteilen bestehen. Die Energiedichte des Feldes ist konstant, die Intensitäten $I_\varphi$ der einzelnen Strahlungsrichtungen eines Punktes überlagern sich zur räumlich konstanten Intensität $I_D$ des diffusen Schallfeldes.

## 7.2 Energiebetrachtung bei der Schallreflexion, Anpassungsgesetz

Bei der Reflexion, beispielsweise an der Wand, wird ein Teil der Schallenergie zurückgeworfen, der andere Teil wird von der Wand aufgenommen. Von der absorbierten Energie wiederum wird ein Teil als Körperschall zur Erregung der Wand selbst abgezweigt, ein weiterer Teil wird durch die Wand hindurchgelassen und in den jenseits der Wand liegenden Luftraum abgestrahlt. Man spricht von transmittierter Energie, die unmittelbar mit der Schalldämmung der Wand zusammenhängt. Schließlich wird der restliche Teil der absorbierten Energie in der Wand vor allem von ihrem vorderen Teil geschluckt und in

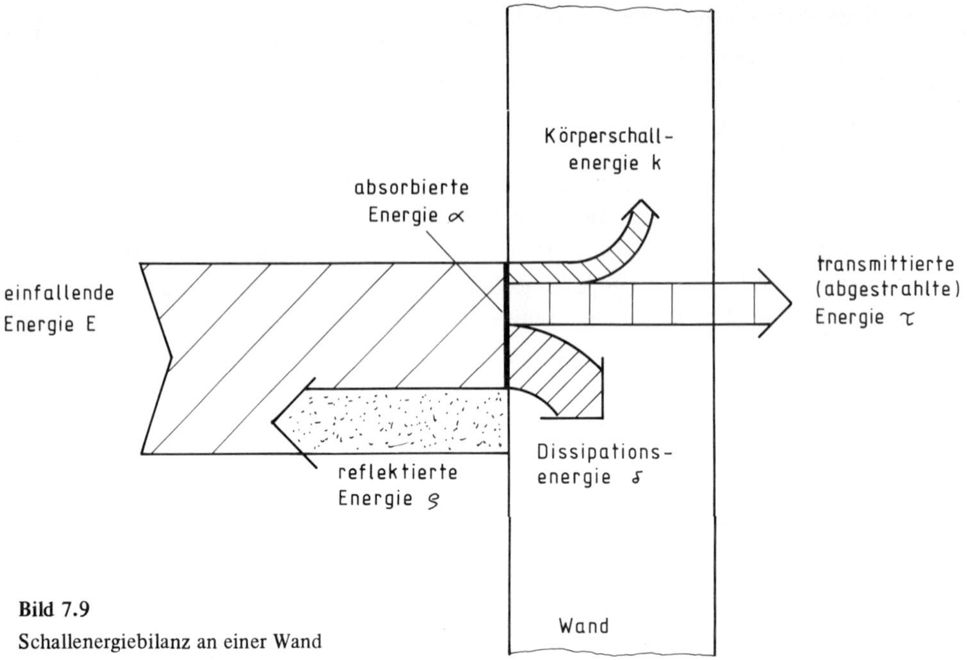


**Bild 7.9**
Schallenergiebilanz an einer Wand

Wärme umgewandelt. In diesem Fall spricht man von Energiedissipation oder Schalldämpfung in der Wand. Die Verhältnisse sind in Bild 7.9 dargestellt. Danach ist in der Gesamtbilanz die Körperschallenergie gering und meist vernachlässigbar. Das gleiche gilt im allgemeinen auch für die Transmissionsenergie. Trotzdem können beide Energien in den Nachbarräumen zu lästigen Schallpegeln führen.

Die Dissipationsenergie, die stark von der Art der Vorderseite der Wand abhängt, macht für den betroffenen Raum mit der einfallenden und der reflektierten Energie einen wesentlichen Anteil der Energiebilanz aus.

Zur quantitativen Behandlung dieses Problems werden an der reflektierenden Wand einige akustische Größen und Kennwerte eingeführt. Hier sind zunächst folgende Intensitäten zu nennen:

$I_\epsilon$ die Intensität des einfallenden Schalls,
$I_\rho$ die Intensität des reflektierten Schalls,
$I_\alpha$ die Intensität des absorbierten Schalls,
$I_\delta$ die Intensität des dissipativen Schalls,
$I_\tau$ die Intensität des transmittierten Schalls und
$I_\kappa$ die Intensität des Körperschalls.

Hieraus lassen sich folgende bezogene Größen ableiten [6]:

der Reflexionsgrad $\rho = I_\rho / I_\epsilon$,
der Absorptionsgrad $\alpha = I_\alpha / I_\epsilon$,
der Dissipationsgrad $\delta = I_\delta / I_\epsilon$,
der Transmissionsgrad $\tau = I_\tau / I_\epsilon$,

wobei gilt

$$\left.\begin{aligned} &\alpha + \rho = 1 \Rightarrow \alpha = 1 - \rho, \\ &\alpha \approx \delta + \tau \\ &\text{bzw.} \\ &\alpha \approx \delta. \end{aligned}\right\} \qquad (7.9)$$

Treffen ebene Schallwellen auf die Wand auf, so kommen zusätzliche Druckamplituden in Ansatz:

$\hat{p}_e$ Druckamplitude der einfallenden Welle,
$\hat{p}_r$ Druckamplitude der reflektierten Welle,
$\hat{p}_a$ Druckamplitude der absorbierten Welle,
$\hat{p}_d$ Druckamplitude der durchgelassenen (transmittierten) Welle.

Daraus lassen sich wieder bezogene Größen ableiten:

der Reflexionsfaktor $r = \hat{p}_r/\hat{p}_e$,
der Absorptionsfaktor $a = \hat{p}_a/\hat{p}_e$,
der Transmissionsfaktor $d = \hat{p}_d/\hat{p}_e$.

Zunächst wird die Reflexion quantitativ untersucht. Sie ist ein reines Grenzproblem. Es darf daher vereinfachend die Reflexion an der Grenze zweier unendlich ausgedehnter, akustisch unterschiedlicher Medien 1 und 2 untersucht werden, beispielsweise an der Grenze zwischen den Halbräumen Luft und Wasser. Das bedeutet auch, daß man hierbei die Vorgänge der absorbierten Schallenergie nicht zu berücksichtigen braucht. Die Schallkennimpedanzen der beiden Medien seien $Z_1 = \rho_1 \cdot c_1$ und $Z_2 = \rho_2 \cdot c_2$. Die Tab. 7.1 zeigt einige Zahlenwerte [7].

Vom Medium 1 treffe nun eine ebene Schallwelle auf die Begrenzung zum Medium 2, das vollkommen porenfrei aufgebaut sei (Bild 7.10). Unendliche Ausdehnung beider

**Tabelle 7.1** Schallkennimpedanz verschiedener Materialien

| Stoff | Schallkennimpedanz Z $\frac{\text{kg}}{\text{m}^2\,\text{s}}$ |
|---|---|
| Luft | $4{,}14 \cdot 10^2$ |
| Erdgas | $3{,}07 \cdot 10^2$ |
| Wasser | $1{,}45 \cdot 10^6$ |
| Stahl | $39{,}0 \cdot 10^6$ |
| Aluminium | $14{,}0 \cdot 10^6$ |
| Kupfer | $31{,}0 \cdot 10^6$ |
| Gummi | $0{,}04 \ldots 0{,}3 \cdot 10^6$ |
| Kork | $0{,}12 \cdot 10^6$ |
| Tannenholz (quer zur Faser) | $1{,}2 \cdot 10^6$ |
| Mauerwerk | $7{,}2 \cdot 10^6$ |
| Beton | $8{,}0 \cdot 10^6$ |

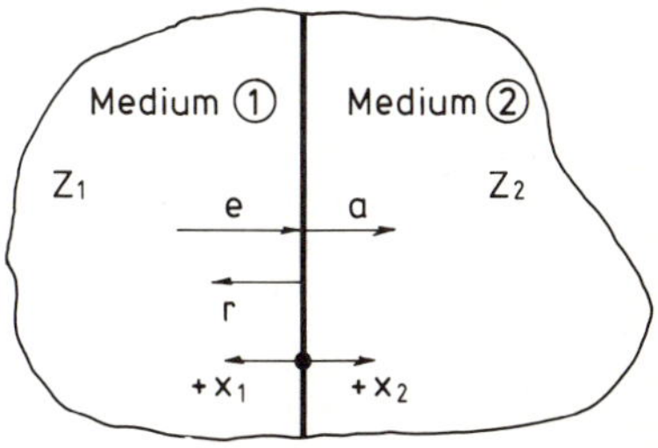


**Bild 7.10** Schallreflexion und -durchgang an der Grenze von zwei unterschiedlichen Medien

Medien vorausgesetzt, bedeutet, daß ihre Ausdehnung wesentlich größer ist als die Wellenlänge $\lambda$ der in ihnen fortschreitenden Welle. Die auftreffende Schallwelle induziert eine absorbierte Welle a und eine reflektierte Welle r. Für ihre Wechseldrücke und Schallschnelle ergeben sich folgende Gleichungen:

$$\left.\begin{aligned} \widetilde{p_e} &= \hat{p}_e \cdot e^{jk_1 x_1} \cdot e^{j\omega t}, \\ \widetilde{p_r} &= \hat{p}_r \cdot e^{-jk_1 x_1} \cdot e^{j\omega t}, \\ \widetilde{p_a} &= \hat{p}_a \cdot e^{-jk_2 x_2} \cdot e^{j\omega t}, \end{aligned}\right\} \tag{7.10}$$

$$\widetilde{v_e} = \frac{\widetilde{p_e}}{Z_1}; \quad \widetilde{v_r} = \frac{\widetilde{p_r}}{Z_1}; \quad \widetilde{v_a} = \frac{\widetilde{p_a}}{Z_2}. \tag{7.11}$$

Zunächst lassen sich die Schalldruckamplituden $\hat{p}_r$ und $\hat{p}_a$ durch $\hat{p}_e$ ausdrücken. Hierzu sind an der Grenze $x_1 = x_2 = 0$ das Kräftegleichgewicht und die Kontinuitätsbedingung zu erfüllen

$$\hat{p}_e + \hat{p}_r = \hat{p}_a, \tag{7.12}$$

$$\hat{v}_e - \hat{v}_r = \hat{v}_a, \tag{7.13}$$

$$\frac{\hat{p}_e}{Z_1} - \frac{\hat{p}_r}{Z_1} = \frac{\hat{p}_a}{Z_2}. \tag{7.14}$$

Mit diesen Gleichungen berechnet sich der Reflexionsfaktor r zu [8]

$$r = \frac{\hat{p}_r}{\hat{p}_e} = \frac{Z_2 - Z_1}{Z_2 + Z_1} = \frac{1 - \dfrac{Z_1}{Z_2}}{1 + \dfrac{Z_1}{Z_2}} \tag{7.15}$$

sowie der Absorptionsfaktor a zu

$$a = \frac{\hat{p}_a}{\hat{p}_e} = \frac{2 Z_2}{Z_1 + Z_2}. \tag{7.16}$$

Für die angenommenen ebenen Wellen gewinnt man hieraus die zugehörigen energetischen Größen, nämlich den Reflexionsgrad

$$\rho = \frac{I_\rho}{I_\epsilon} = \frac{(\hat{p}_r)^2}{(\hat{p}_e)^2} = r^2,$$

$$\rho = \left(\frac{Z_2 - Z_1}{Z_2 + Z_1}\right)^2 = \left(\frac{1 - \dfrac{Z_1}{Z_2}}{1 + \dfrac{Z_1}{Z_2}}\right)^2 \tag{7.17}$$

sowie den Absorptionsgrad

$$\alpha = 1 - \rho = 1 - \left(\frac{Z_2 - Z_1}{Z_2 + Z_1}\right)^2. \tag{7.18}$$

Die für die Reflexion wichtige Beziehung (7.15) wird auch das *Anpassungsgesetz* genannt. Vom Standpunkt des Raumes 1, in dem die Schallquelle liegt, ist die gewollte Unterdrückung der Reflexion optimal, wenn r $\approx$ 0, d.h., wenn $Z_2 \approx Z_1$ ist. Das Medium 2 ist dann vollkommen angepaßt. Der Reflexionsgrad $\rho$ nähert sich in ähnlicher Weise dem Wert 0.

Selbstverständlich ist in der Anpassung $Z_2 = Z_1$ auch die Trivialität enthalten, daß das Medium sich akustisch nicht ändert. Diese Trivialität führt aber zu der einfachen Feststellung, daß in einer Öffnung einer sonst geschlossenen Wandfläche der Reflexionsgrad $\rho$ ebenfalls gegen 0 oder der Absorptionsgrad $\alpha$ gegen 1 geht.

Umgekehrt liegt eine vollkommene Fehlanpassung vor, wenn r gegen 1 geht. Eine solche Fehlanpassung ist anzustreben, wenn man eine Weiterleitung von Schallenergie in das angrenzende Medium 2 verhindern will. Dies wird erreicht, wenn sich die Impedanzen $Z_1$ und $Z_2$ möglichst stark voneinander unterscheiden. Dabei geht $r \to +1$, wenn $Z_2 \gg Z_1$, und $r \to -1$, wenn $Z_1 \gg Z_2$ ist. Der Vorzeichenwechsel bei r hat für die Schallweiterleitung keine Bedeutung, was man unter Heranziehung der energetischen Kenngrößen leicht erkennt. Bei vollkommener Fehlanpassung geht der Reflexionsgrad $\rho$ eindeutig gegen + 1, der Absorptionsgrad $\alpha$ gegen 0. Typisch hierfür ist

1. der Übergang der Schallenergie von Luft in feste Materie, z.B. in Stahl- oder Mauerwerk mit $\rho \approx 1$, $\alpha \approx 0$, was einer optimalen Dämmung von Luft- in Körperschall entspricht,
2. der Übergang der Schallenergie von Wasser in Gummiwerkstoffe mit $\rho = 0{,}975$, $\alpha = 0{,}025$, was einer optimalen Dämmung beim Übergang von Flüssigkeits- in Körperschall entspricht,
3. der Übergang der Schallenergie von fester Materie, z.B. Stahl in Gummi mit $\rho \approx 0{,}99$ und $\alpha \approx 0{,}01$, was einer optimalen Dämmung bei der Weiterleitung von Körperschall entspricht.

Dagegen wird beim Übergang der Schallenergie von Wasser in feste Materie, z.B. Beton, keine optimale Dämmung erreicht, da $Z_{Wasser}$ und $Z_{Beton}$ nicht allzu verschieden sind. Man erhält mit $\rho = 0{,}69$ und $\alpha = 0{,}31$ auch entsprechend ungünstigere Werte.

Der Reflexion an einer vollkommen schallharten Wand entspricht ein Grenzwert $Z_2 \to \infty$, an einer vollkommen schallweichen Wand ein Grenzwert $Z_2 \to 0$. In beiden Fällen liegt eine vollkommene Fehlanpassung vor, die Reflexion ist vollständig.

Im Fall der schallharten Wand ist r = + 1, a = + 2. Daraus folgt, daß infolge der Reflexion der Schalldruck vor der Wand gegenüber dem Druck der einfallenden Welle sich verdoppelt, wie es in der stehenden Welle vor der Wand auf Seite 8 auch der Fall ist.

Bei der schallweichen Wand ist r = − 1, a = 0. Daraus folgt, daß infolge der Reflexion der Schalldruck vor der Wand gleich 0 wird, wie es ebenfalls für die stehende Welle auf Seite 8 zutrifft.

Abschließend sei noch festgestellt, daß die Reflexion von Luftschall an der Begrenzung von normalen Räumen, die nicht besonders akustisch ausgestaltet sind, relativ groß und damit die Absorption gering ist.

## 7.3 Luftschalldämmung an ebenen Wänden endlicher Dicke, Massengesetz

Hier wird nun der Fall der Wand endlicher Dicke betrachtet. Die Wanddicke sei h, die Kennimpedanz $Z_W$ sei $(\rho \cdot c)_W$ und die Materialstruktur porenfrei. Zusätzliche Kenngrößen der Wand sind die auf die Fläche bezogene Masse $m'' = \rho_W \cdot h$ und die Biegesteifigkeit.

$$B' = \frac{E\,h^3}{(1-\mu^2)\cdot 12}. \tag{7.19}$$

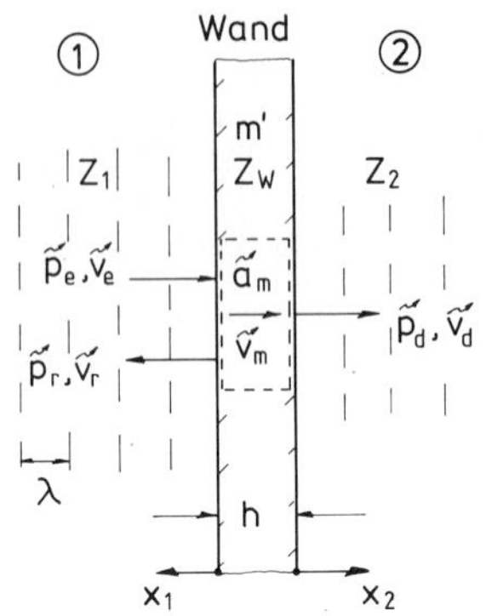


**Bild 7.11**

Schallreflexion und -durchgang an einer Wand

Die Kennimpedanz der Medien auf der Vorder- und Rückseite der Wand sei $Z_1$ bzw. $Z_2$ (Bild 7.11). An der Vorderseite der Wand treffe vom Medium 1 ausgehend eine ebene Welle mit $\tilde{p}_e$, $\tilde{v}_e$ auf. An dieser Vorderseite behalten die Ergebnisse des Anpassungsgesetzes voll ihre Gültigkeit. Dagegen spielen für diesen Wandaufbau die akustischen Vorgänge im rückseitigen Medium 2 eine zusätzliche und wesentliche Rolle. Die endlich dicke Wand und damit auch die Wandrückseite werden durch die an der Vorderseite auftreffende Welle in eine oszillierende Bewegung versetzt. Die Bewegung der Rückseite ihrerseits überträgt sich auf das Medium 2. Es wird also Schallenergie vom Medium 1 in das Medium 2 transmittiert.

In diesem Abschnitt wird nun versucht, die Transmissionsenergie und die mit ihr unmittelbar verknüpfte Dämmwirkung der Wand abzuschätzen. Hierzu wird zunächst die Wand in einem vereinfachten Modell als eine verhältnismäßig schwere und geschichtete Wand aufgefaßt, deren Biegesteifigkeit zu vernachlässigen ist, und deren einzelne Schichten als starre Elemente hin und her bewegt werden, etwa wie bei einer backsteingeschichteten Mauer. In diesem Fall führen Vorder- und Rückseite der Wand genau die gleiche Bewegung aus.

Der Einfall der auftreffenden Wellen wird sowohl senkrecht als auch schräg angenommen. In einer ersten Verfeinerung dieses Modells wird auch die in der Wand induzierte Körperschallenergie mit berücksichtigt, die wie bereits beim Anpassungsgesetz gezeigt, grundsätzlich klein ist. Sie gehört zu einem Körperschallfeld, das sich zusätzlich zwischen Vorder- und Rückseite der Wand aufbaut und Einfluß auf die dort vorhandenen Wandschnellen nimmt.

Schließlich muß bei relativ dünnen, biegeelastischen Wänden, deren Biegesteifigkeit nunmehr gegenüber der Trägheitsmasse stärker ins Gewicht fällt, die Biegesteife mit berücksichtigt werden. Zunächst wird das einfache Wandmodell der geschichteten und nur mit Masse belegten Wand behandelt. An ihr läßt sich am besten das wesentliche der Energietransmission und der Wanddämmung aufzeigen.

*a) Senkrechter Einfall der auftreffenden Welle*

Für die auftreffende Welle gilt

$$\tilde{p}_e = \hat{p}_e \cdot e^{j(\omega t - k_1 x_1)}; \quad \tilde{v}_e = \frac{\tilde{p}_e}{Z_1}, \tag{7.20}$$

für die reflektierte Welle

$$\tilde{p}_r = \hat{p}_r \cdot e^{j(\omega t + k_1 x_1)}; \quad \tilde{v}_r = \frac{\tilde{p}_r}{Z_1} \tag{7.21}$$

und die transmittierte Welle

$$\tilde{p}_d = \hat{p}_d \cdot e^{j(\omega t - k_2 \cdot x_2)}; \quad \tilde{v}_d = \frac{\tilde{p}_d}{Z_2}. \tag{7.22}$$

Die Wand hat die Schnelle

$$\tilde{v}_m = \hat{v}_m \cdot e^{j\omega t}. \tag{7.23}$$

Zur Berechnung der beiden Unbekannten $\hat{p}_r$ und $\hat{p}_d$ stehen zwei Gleichungen zur Verfügung, das Kräftegleichgewicht am System und die Kontinuitätsbedingung an den Stellen $x_1 = 0$ und $x_2 = 0$. Das Kräftegleichgewicht schließt dabei auch die auf die Fläche bezogene Trägheitskraft

$$m'' \tilde{a}_m = m'' \hat{a}_m \cdot e^{j\omega t} \tag{7.24}$$

der Wand ein. Es ist dann

$$\left.\begin{aligned} \hat{p}_e + \hat{p}_r &= \hat{p}_d + m'' \hat{a}_m, \\ \hat{v}_e - \hat{v}_r &= \hat{v}_m. \end{aligned}\right\} \tag{7.25}$$

Voraussetzungsgemäß ist $\tilde{v}_m = \tilde{v}_d$ und daher ist auch

$$\tilde{a}_m \equiv \dot{\tilde{v}}_m = \dot{\tilde{v}}_d = j\omega\, \tilde{v}_d.$$

Damit gewinnt man folgende Gleichungen

$$\left.\begin{aligned} \hat{p}_e + \hat{p}_r &= \hat{p}_d + j(m''\omega)\,\hat{v}_d, \\ 1 + \frac{\hat{p}_r}{\hat{p}_e} &= \frac{\hat{p}_d}{\hat{p}_e} + j\,\frac{m''\omega}{Z_2}\,\frac{\hat{p}_d}{\hat{p}_e}, \end{aligned}\right\} \tag{7.26a}$$

$$\left.\begin{aligned} \hat{v}_e - \hat{v}_r &= \hat{v}_d, \\ 1 - \frac{\hat{p}_r}{\hat{p}_e} &= \frac{\hat{p}_d}{\hat{p}_e}\,\frac{Z_1}{Z_2}. \end{aligned}\right\} \tag{7.26b}$$

Hieraus kann man vor allen Dingen den Transmissionsfaktor d berechnen.

$$d = \frac{\hat{p}_d}{\hat{p}_e} = \frac{1}{\dfrac{1 + \dfrac{Z_1}{Z_2}}{2} + j\,\dfrac{\omega\, m''}{2\, Z_2}}. \tag{7.27}$$

Für $Z_1 = Z_2 = Z$, also reine Luftschalldämmung, ergibt sich

$$d = \frac{1}{1 + j\,\dfrac{\omega m''}{2Z}}. \tag{7.28}$$

Wichtiger sind die daraus zu gewinnenden energetischen Größen. Zunächst gilt für den Transmissionsgrad

$$\tau = \frac{I_d}{I_e} = \left(\frac{\hat{p}_d}{\hat{p}_e}\right)^2 = d^2 = 1 - r^2, \tag{7.29}$$

$$\tau = \frac{1}{\left(\dfrac{1 + \dfrac{Z_1}{Z_2}}{2} + j\,\dfrac{\omega m''}{2 Z_2}\right)^2}, \tag{7.30a}$$

$$|\tau| = \frac{1}{\left(\dfrac{1 + \dfrac{Z_1}{Z_2}}{2}\right)^2 + \left(\dfrac{\omega m''}{2Z_2}\right)^2}. \tag{7.30b}$$

Mit dem Transmissionsgrad eng verknüpft ist der Begriff der Dämmung. Die Schalldämmung bzw. Luftschalldämmung der Wand ist groß, wenn die Transmission klein ist. Entsprechend ist die Schalldämmung oder das Schalldämmaß R der Wand definiert. Es ist ganz allgemein [3]

$$R = 10 \lg \frac{P_e}{P_d}, \qquad P_d = P_e \cdot 10^{-\frac{R}{10}}. \tag{7.31}$$

Mit $P_e = I_e A_W$ und $P_d = I_d A_W$ erhält man

$$R = 10 \lg \frac{I_e}{I_d} = 10 \lg \frac{1}{\tau} = 10 \lg \frac{1}{1 - r^2}, \tag{7.32}$$

$$R = 10 \lg \left(\frac{1 + \dfrac{Z_1}{Z_2}}{2} + j\,\frac{\omega m''}{2 Z_2}\right)^2, \tag{7.33a}$$

$$|R| = 10 \lg \left[\left(\frac{1 + \dfrac{Z_1}{Z_2}}{\phantom{2}}\right)^2 + \left(\frac{\omega m''}{2 Z_2}\right)^2\right]. \tag{7.33b}$$

Entsprechend ergibt sich für $Z_1 = Z_2 = Z$

$$\tau = \frac{1}{\left(1 + j\,\dfrac{\omega m''}{2Z}\right)^2}, \tag{7.34a}$$

$$|\tau| = \frac{1}{1 + \left(\frac{\omega\, m''}{2\,Z}\right)^2}\,, \qquad (7.34b)$$

$$R = 10 \lg \left(1 + j\,\frac{\omega\, m''}{2\,Z}\right)^2, \qquad (7.35a)$$

$$|R| = 10 \lg \left[1 + \left(\frac{\omega\, m''}{2\,Z}\right)^2\right]. \qquad (7.35b)$$

Für $m''\omega \gg Z$ gilt

$$|R| \approx 20 \lg \frac{m''\,\omega}{2\,Z}\,. \qquad (7.35c)$$

Aus den Gleichungen für $|\tau|$ und $|R|$ erkennt man vor allem, daß der Transmissionsgrad erwartungsgemäß mit steigender Massenbelegung der Wand und mit steigender Frequenz der auftreffenden Welle abnimmt und das Schalldämmaß zunimmt. Die Zunahme für $|R|$ beträgt bei reiner Luftschalldämmung etwa 6 dB pro Verdoppelung von $m''$ bzw. $\omega$. Es hat daher auch nur in Ausnahmefällen Sinn, ein über den ganzen Frequenzbereich gemitteltes Schalldämmaß anzugeben, vielmehr ist es zweckmäßig, $|R|_f$ frequenzabhängig darzustellen, beispielsweise über einer Terzleiter, wie im Bild 7.12 für $m_1'' = 20\ \mathrm{kg/m^2}$ bzw. $m_2'' = 40\ \mathrm{kg/m^2}$ und Luft ($Z \approx 400\ \mathrm{Ns/m^3}$) dargestellt.

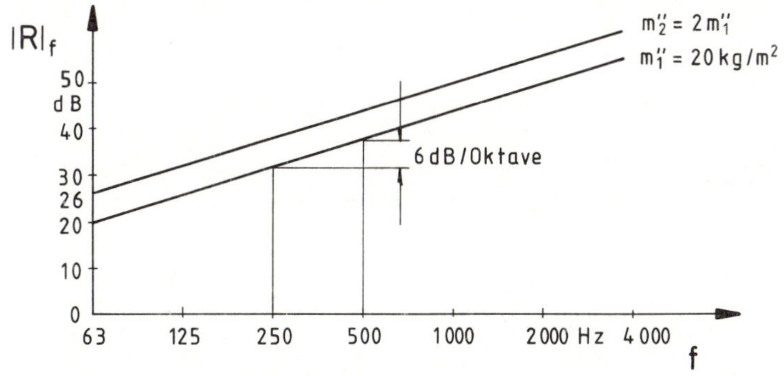


**Bild 7.12** Schalldämmaß von ebenen Wänden mit unterschiedlicher Massenbelegung in Abhängigkeit von der Frequenz bei senkrechtem Schalleinfall

Das Verhältnis der anregenden Druckdifferenz zur Schnelle an der Wand entspricht der Trennimpedanz $Z_T$ der Wand. Aus Gl. (7.26a) ergibt sich dann

$$\frac{(\hat{p}_e + \hat{p}_r) - \hat{p}_d}{\hat{v}_d} = j\omega m'' \mathrel{\hat{=}} \frac{\tilde{p}}{\tilde{v}}\,, \qquad (7.36)$$

$$\tilde{Z}_T = j\,\omega\, m''. \qquad (7.37)$$

Mit $\widetilde{Z}_\tau$ kann das Luftschalldämmaß auch folgendermaßen geschrieben werden

$$\left.\begin{aligned} R &= 10 \lg \left(1 + \frac{\widetilde{Z}_\tau}{2Z}\right)^2 \\ |R| &= 10 \lg \left[1 + \left(\frac{|Z_\tau|}{2Z}\right)^2\right]. \end{aligned}\right\} \tag{7.38}$$

*b) Schräger Einfall der auftreffenden Welle*

Die Welle treffe nunmehr schräg auf die Wand auf, ansonsten werden alle Voraussetzungen und Bezeichnungen von a) übernommen.

Die einfallende Welle $\widetilde{p}_e, \widetilde{v}_e$ und die reflektierte Welle $\widetilde{p}_r, \widetilde{v}_r$ bilden mit der Lotrechten den gleichen Winkel $\varphi$. Die transmittierte Welle $\widetilde{p}_d, \widetilde{v}_d$ verläuft in der gleichen Richtung wie die einfallende Welle weiter. Physikalisch folgt daraus, daß die Wandschichten senkrecht zur Wand weniger beschleunigt werden und damit die Wanddämmung kleiner wird.

Die Gleichgewichtsbedingung lautet wiederum

$$\hat{p}_e + \hat{p}_r = \hat{p}_d + m'' \hat{a}_m ,$$

für die Kontinuitätsbedingungen erhält man

$$\hat{v}_e \cos\varphi - \hat{v}_r \cos\varphi = \hat{v}_m ; \quad \hat{v}_m = \hat{v}_d \cos\varphi. \tag{7.39}$$

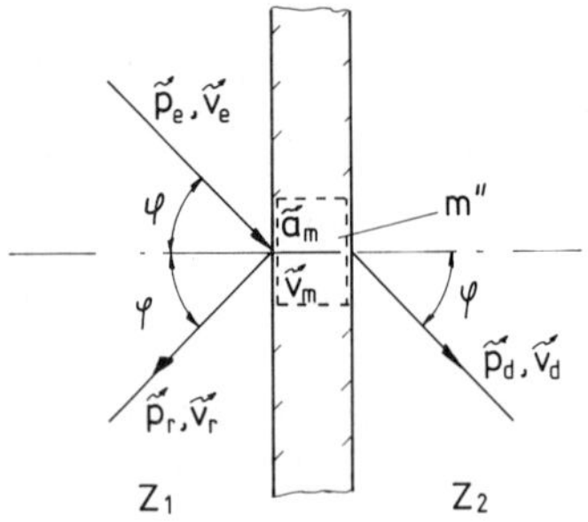


**Bild 7.13**
Schräger Schalleinfall auf eine Wand

Mit $\widetilde{a}_m = \dot{\widetilde{v}}_m = j\omega\widetilde{v}_d \cdot \cos\varphi$ wird schließlich

$$1 + \frac{\hat{p}_r}{\hat{p}_e} = \frac{\hat{p}_d}{\hat{p}_e} + j\,\frac{\omega m''}{Z_2}\,\frac{\hat{p}_d}{\hat{p}_e}\cos\varphi, \tag{7.40a}$$

$$1 - \frac{\hat{p}_r}{\hat{p}_e} = \frac{\hat{p}_d}{\hat{p}_e}\,\frac{Z_1}{Z_2} . \tag{7.40b}$$

Hieraus erhält man dann in der gleichen Weise wie unter a) das Schalldämmaß für den schrägen Einfall

$$R_\varphi = 10 \lg \left[\left(1 + \frac{\frac{Z_1}{Z_2}}{2}\right) + \left(j \cos\varphi \frac{\omega m''}{2 Z_2}\right)\right]^2, \tag{7.41a}$$

$$|R|_\varphi = 10 \lg \left[\left(1 + \frac{\frac{Z_1}{Z_2}}{2}\right)^2 + \cos^2\varphi \left(\frac{\omega m''}{2 Z_2}\right)^2\right]. \tag{7.41b}$$

Für $Z_1 = Z_2 = Z$ gilt wieder

$$R_\varphi = 10 \lg \left[1 + j \cos\varphi \frac{\omega m''}{2Z}\right]^2, \tag{7.41c}$$

$$|R|_\varphi = 10 \lg \left[1 + \cos^2\varphi \left(\frac{\omega m''}{2Z}\right)^2\right]. \tag{7.41d}$$

Hierin ist wiederum $j\omega m''$ die Trennimpedanz $\tilde{Z}_T$ der Wand.

$$R_\varphi = 10 \lg \left(1 + \tilde{Z}_T \frac{\cos\varphi}{2Z}\right)^2. \tag{7.42}$$

Man erkennt, daß $|R|$, wie erwartet, durch den schrägen Einfall reduziert wird. Bei senkrechtem Einfall ist $|R|$ am größten und nimmt mit wachsendem $\varphi$ stetig ab (Komponenteneffekt). Der Grenzfall $\varphi = 90°$ oder streifender Einfall, für den $|R|$ theoretisch gegen Null geht, hat keine Bedeutung. Für die Praxis ist besonders das diffuse Schallfeld, bei dem die Schallwellen gleichmäßig aus allen Richtungen auf die Wand auftreffen, von Interesse. Dabei ist es wünschenswert, in den einzelnen Frequenzbereichen eine über alle Einfallswinkel gemittelte Schalldämmung $|R|_f$ anzugeben. Hierzu läßt sich zunächst $|R|_\varphi$ für nicht zu kleine Dämmwerte ($R > 20$ dB) näherungsweise schreiben:

$$|R|_\varphi \approx 10 \lg \left(\frac{\omega m''}{2Z}\right)^2 + 10 \lg (\cos^2\varphi). \tag{7.43}$$

Ersetzt man den Ausdruck $10 \cdot \lg(\cos^2\varphi)$ durch den Mittelwert von $\varphi$ zwischen 0 und 90°, so erhält man das über alle Richtungen gemittelte Schalldämmaß $|R|_f$. Den Mittelwert erhält man in guter Näherung [3, 9]:

$$|R|_f \approx 20 \lg \frac{\omega m''}{2Z} - 3 \text{ dB}. \tag{7.44}$$

Das Schalldämmaß ist also für das diffuse Schallfeld gegenüber dem senkrechten Einfall um 3 dB reduziert. Ansonsten bleibt die Abhängigkeit von $m''$ und $\omega$ die gleiche wie unter a) festgestellt, insbesondere ist wiederum die Darstellung von $|R|_f$ über einer Terzleiter zweckmäßig (Bild 7.14). Das so gefundene Ergebnis stimmt unter bestimmten, noch näher zu beschreibenden Umständen, gut mit praktischen Messungen überein.

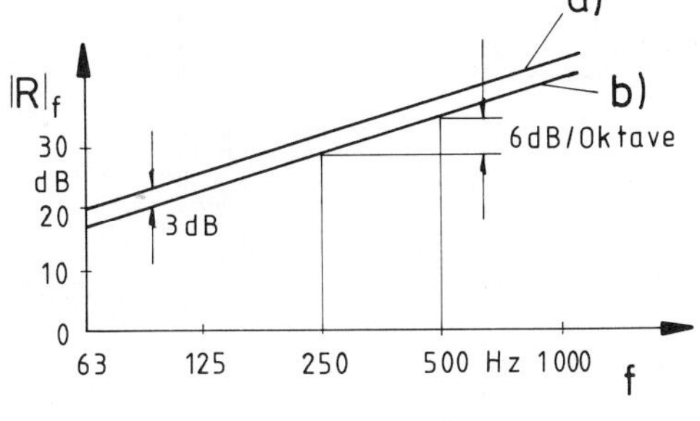


**Bild 7.14**

Schalldämmaß $|R|_f$ einer ebenen Wand ($m'' = 20$ kg/m²)

a) senkrechter Schalleinfall

b) diffuses Schallfeld

*Beispiele*

a) Eine 10 cm dicke, gemauerte Wand habe eine Massenbelegung $m'' = 180\ \mathrm{kg/m^2}$ und die Kennimpedanz $Z = 420\ \mathrm{Ns/m^3}$ für beidseitig angrenzende Luft. Für eine mittlere Frequenz $f_m = 500$ Hz ergibt sich

α) bei senkrechtem Schalleinfall das Schalldämmaß

$$|R|_{\varphi=0} = 10 \lg \left(1 + \left(\frac{2\pi \cdot 500 \cdot 180}{2 \cdot 420}\right)^2\right) \approx 20 \lg \frac{\pi\, 500 \cdot 180}{420} = 56{,}6 \text{ dB}$$

und der zugehörige Transmissionsgrad

$$|\tau| \approx \frac{1}{\left(\frac{\pi\, 500 \cdot 180}{420}\right)^2} \cdot 100\,\% \ll 1\,\%;$$

β) für ein diffuses Schallfeld das Schalldämmaß

$$|R|_f \approx 56{,}6 - 3 \text{ dB} = 53{,}6 \text{ dB}.$$

b) Ein 5 mm dickes Stahlblech habe die Massenbelegung $m'' = 40\ \mathrm{kg/m^2}$ mit der o.a. Kennimpedanz für beidseitig angrenzende Luft.

Damit ergibt sich für dieselbe mittlere Frequenz

α) bei senkrechtem Einfall

$$|R|_{\varphi=0} = 10 \lg \left(1 + \left(\frac{2\pi\, 500 \cdot 40}{2 \cdot 420}\right)^2\right) \approx 20 \lg \frac{\pi\, 500 \cdot 40}{420} = 43{,}5 \text{ dB},$$

$$|\tau| \approx \frac{1}{\left(\frac{\pi\, 500 \cdot 40}{420}\right)^2} \cdot 100\,\% < 1\,\%;$$

β) für ein diffuses Schallfeld

$$|R|_f \approx 43{,}5 - 3 \text{ dB} = 40{,}5 \text{ dB}.$$

An diesen Zahlenbeispielen wird zweierlei ersichtlich. Die aus einem geschlossenen Raum transmittierte Schallenergie ist bei den üblichen Raumbegrenzungen sehr klein und in der akustischen Bilanz des Raumes vernachlässigbar. Damit übereinstimmend ist erkennbar, daß die Dämmwerte der praktisch eingesetzten massiven Raumbegrenzungen verhältnismäßig hohe Pegelwerte besitzen.

### *c) Berücksichtigung des Körperschalls in der Wand*

Das zwischen Vorder- und Rückseite der Wand sich aufbauende Körperschallfeld wird mitberücksichtigt. Im übrigen wird senkrechter Einfall der auftreffenden Welle angenommen, und beidseitig mit dem Medium Luft (Z) gerechnet (Bild 7.15). Es gilt

$$Z_W = (\rho c)_W,$$

$$k_W = \frac{\omega}{c_W} = \frac{2\pi}{\lambda_W}.$$

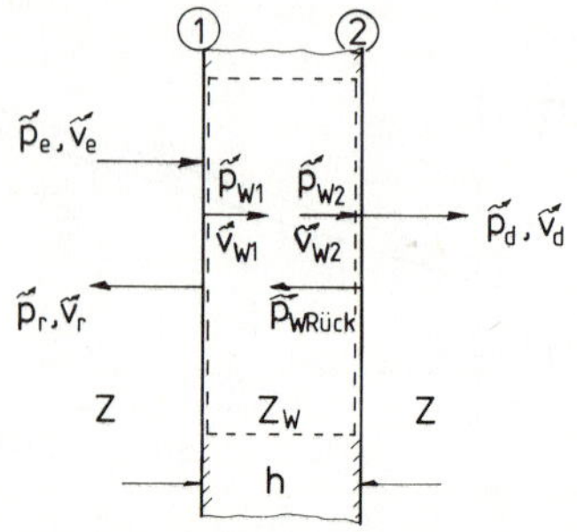


**Bild 7.15**
Schallreflexion an einer Wand unter Berücksichtigung des Körperschalls in der Wand

Die Annahme der starren, als Ganzes beschleunigten Wand wird aufgegeben, jedoch bleibt die Biegesteifigkeit weiter unberücksichtigt. In der Wand wird eine Körperschallwelle $\tilde{\breve{p}}_W, \tilde{\breve{v}}_W$ zwischen ihrer Vorder- und Rückseite hin und her reflektiert [4]. Kräftegleichgewicht und Erfüllung der Kontinuität an der Wandvorderseite ① ergeben:

$$\hat{p}_e + \hat{p}_r = \hat{p}_{W_1},$$

$$\hat{v}_e - \hat{v}_r = \hat{v}_{W_1},$$

$$\hat{p}_e - \hat{p}_r = \hat{p}_W \frac{Z_1}{Z_W},$$

$$\frac{\hat{p}_r}{\hat{p}_e} = \frac{Z_W - Z}{Z_W + Z},$$

$$\frac{\hat{p}_W}{\hat{p}_e} = \frac{2 Z_W}{Z_W + Z}. \tag{7.45}$$

Auf die Rückseite ② der Wand trifft dann die Körperschallwelle $\tilde{\breve{p}}_{W_2}$ auf. Für sie ist

$$\hat{p}_{W_2} = \hat{p}_{W_1} \cdot e^{-jk_W h} = \hat{p}_e \frac{2 Z_W}{Z_W + Z} \cdot e^{-jk_W h}. \tag{7.46}$$

Sie ruft ihrerseits eine in die angrenzende Luft transmittierte erste Welle $p_{d_1}$ sowie eine an der Rückseite reflektierte Körperschallwelle $p_{W_{Rück}}$ hervor. Ihr Zustandekommen an der Wandrückseite entspricht dem Vorgang an der Vorderseite. Man muß lediglich $Z_W$ und $Z$ vertauschen.
Es ist also

$$\left.\begin{aligned}
\hat{p}_{d_1} &= \hat{p}_{W_2} \frac{2 Z}{Z + Z_W} = \hat{p}_e \frac{4 Z Z_W}{(Z + Z_W)^2} \cdot e^{-jk_W h},\\
\hat{p}_{W_{Rück}} &= \hat{p}_{W_2} \frac{Z - Z_W}{Z + Z_W} = \hat{p}_e \frac{2 Z_W}{Z + Z_W} \frac{Z - Z_W}{Z + Z_W} \cdot e^{-jk_W h},\\
\hat{p}_{W_{Rück}} &= \hat{p}_{W_1} \frac{Z - Z_W}{Z + Z_W} \cdot e^{-jk_W h}.
\end{aligned}\right\} \tag{7.47}$$

Die an der Rückseite der Wand reflektierte Welle kommt wiederum nach Reflexion an der Vorderseite an der Rückseite an und ruft eine in die angrenzende Luft transmittierte zweite Welle $p_{d_2}$ hervor. Hierfür gilt dann, wenn man sonstige Verluste vernachlässigt

$$\left.\begin{aligned}
\hat{p}_{d_2} &= \hat{p}_{W_{Rück}} \frac{Z - Z_W}{Z + Z_W} \cdot e^{-jk_W h} \frac{2 Z}{Z + Z_W} \cdot e^{-jk_W h},\\
\hat{p}_{d_2} &= \hat{p}_{d_1} \left(\frac{Z - Z_W}{Z + Z_W}\right)^2 \cdot e^{-j2 k_W h},\\
\hat{p}_{d_3} &= \hat{p}_{d_2} \left(\frac{Z - Z_W}{Z + Z_W}\right)^2 \cdot e^{-j2 k_W h}.
\end{aligned}\right\} \tag{7.48}$$

Für die transmittierte Welle erhält man dann insgesamt

$$\hat{p}_d = \Sigma p_{d_i},$$

$$\hat{p}_d = \hat{p}_{d_1} \left[ 1 + \left( \frac{Z - Z_W}{Z + Z_W} \right)^2 e^{-j2k_W h} + \left( \frac{Z - Z_W}{Z + Z_W} \right)^4 e^{-j4k_W h} + \ldots \right]. \qquad (7.49)$$

Der Ausdruck in der eckigen Klammer stellt eine unendliche geometrische Reihe dar. Mit ihrer endlichen Summe und dem Ausdruck für $\hat{p}_{d_1}$ erhält man schließlich [4]

$$\hat{p}_d = \hat{p}_e \frac{4 Z Z_W}{(Z + Z_W)^2 e^{+jk_W h} - (Z - Z_W)^2 e^{-jk_W h}}. \qquad (7.50)$$

Drei Sonderfälle sind für $\hat{p}_d$ erkennbar:

1. $Z = Z_W$

Daraus folgt unmittelbar, daß

$$\hat{p}_d = \hat{p}_e \, e^{-jk_W h}$$

ist, d.h., daß eine totale Transmission vorliegt. Physikalisch bedeutet $Z = Z_W$, daß beidseitig vollkommene Anpassung mit reflexionsfreiem Eintritt in die Wand und Austritt aus der Wand gegeben ist.

2. $k_W \cdot h = n \cdot \pi; \quad n = 1, 2, 3, \ldots$

Das bedeutet zunächst formal, daß

$$e^{jk_W h} = e^{-jk_W h} = (-1)^n$$

ist, woraus weiter folgt, daß $|\hat{p}_d| = |\hat{p}_e|$ ist und ebenfalls eine totale Transmission vorliegt. Physikalisch bedeutet $k_W \cdot h = n \cdot \pi$, daß $\lambda_n = 2 \cdot h/n$ und $f_n = (n\,c_W)/(2\,h)$ ist. Das heißt aber, daß bei der Wellenfrequenz $f_n$ sich in der Wand stehende Körperschallwellen aufbauen, die zur sogenannten Dickenresonanz der Wand und damit zu einer totalen Transmission führen. Diese Frequenzen sind grundsätzlich hoch und liegen im allgemeinen über dem in der Akustik interessierenden Frequenzbereich. So ist für eine 10 mm dicke Stahlwand die niedrigste Resonanzfrequenz

$$f_1 = \frac{5100}{2 \cdot 0{,}01} \text{ Hz} \gg 16000 \text{ Hz}$$

und für eine 25 cm dicke Betonwand

$$f_1 = \frac{3500}{0{,}5} \text{ Hz} = 7000 \text{ Hz}.$$

3. $k_W \cdot h \ll 1$ (oder auch $h/\lambda \ll 1$)

In der Praxis ist $k_W \cdot h = \frac{\omega}{c} h$ eine kleine Größe. Sie liegt für eine mittlere Frequenz $f = 500$ Hz und für die vorgenannten Wandbeispiele zwischen 0,06 und 0,22. Setzt man daher $k_W \cdot h$ mathematisch als kleine Größe an, so kann näherungsweise geschrieben werden

$$e^{jk_W h} \approx 1 + j k_W h; \quad e^{-jk_W h} \approx 1 - j k_W h.$$

Hiermit folgt aus Gl. (7.50)

$$\hat{p}_d = \hat{p}_e \frac{4 Z Z_W}{4 Z Z_W + j\, 2 k_W h (Z^2 + Z_W^2)} . \tag{7.51}$$

Daraus läßt sich vor allem das Schallisolationsmaß

$$R = 10 \lg \frac{1}{\tau} = 10 \lg \frac{\hat{p}_e^2}{\hat{p}_d^2}$$

der Wand angeben. Es ist

$$\begin{aligned} R &= 10 \lg \left(1 + j \frac{1}{2} k_W h \frac{Z^2 + Z_W^2}{Z Z_W}\right)^2 , \\ |R| &= 10 \lg \left[1 + \frac{1}{4} (k_W h)^2 \left(\frac{Z}{Z_W} + \frac{Z_W}{Z}\right)^2\right] . \end{aligned} \tag{7.52}$$

Dies ist die Luftschalldämmung der Wand bei senkrechtem Einfall der auftreffenden Wellen unter Berücksichtigung des Körperschalls in der Wand.

Man erkennt, daß die Dämmung der Wand einerseits mit dem Produkt Frequenz mal Wanddicke zunimmt und daß sie andererseits um so größer wird, je stärker sich die Kennimpedanzen Z und $Z_W$ unterscheiden, d.h. je größer die Fehlanpassung ist. Dieses Ergebnis steht in Einklang mit dem Anpassungsgesetz.

Im speziellen Fall der Luftschalldämmung an einer massiven Wand liegt im allgemeinen eine solche starke Fehlanpassung vor. Es ist also $Z_W \gg Z$, so daß sich $|R|$ weiter vereinfachen läßt zu

$$|R| \approx 10 \lg \left(1 + \frac{1}{4} k_W^2 h^2 \frac{Z_W^2}{Z^2}\right). \tag{7.53}$$

Mit $k_W = \omega / c_W$, $Z_W = \rho_W \cdot c_W$ und $m'' = h \cdot \rho_W$ wird daraus

$$|R| \approx 10 \lg \left[1 + \left(\frac{\omega m''}{2 Z}\right)^2\right] . \tag{7.54}$$

Für die Dämmung ist dies die gleiche Beziehung, wie sie bereits unter Vernachlässigung des Körperschalls in der Wand gefunden wurde. Das heißt aber, daß bei Fehlanpassung der Wand und für $h/\lambda \ll 1$ ihre Dämmung in gleicher Weise von $\omega$ und $m''$ abhängig ist, wie dies in Bild 7.12 dargestellt wurde.

*d) Berücksichtigung der Biegesteifigkeit der Wand, schräger Einfall der auftreffenden Schallwellen*

Die Wand besitze die Biegesteifigkeit

$$B' = \frac{E h^3}{12 (1 - \mu^2)} .$$

Zur Diskussion steht hier eine relativ dünne Wand, so daß der Körperschalleffekt in der Wand vernachlässigt werden kann. Die Wand schwingt als Ganzes, Vorder- und Rückseite führen die gleiche Bewegung aus. Die Schnelle der Wand steht in einem einfachen Zusammenhang mit der Schnelle der angrenzenden Luft.

Auf die unendlich groß angenommene Wand treffe wiederum wie im Falle b) unter dem Winkel $\varphi$ die fortschreitende, ebene Welle des Wechseldruckes $\tilde{p}_e$, der Schnelle $\tilde{v}_e$, der Wellenlänge $\lambda$ und der Ausbreitungsgeschwindigkeit c. Zur Berücksichtigung der Biegesteifigkeit können die Bezeichnungen und Ansätze des Abschnitts b) übernommen werden.

Es müssen jetzt aber an der Wand außer den Massenkräften auch biegeelastische Rückstellwirkungen berücksichtigt werden [8, 11]. Die Wand wird durch den schrägen Einfall der fortschreitenden Schallwelle im Takt der Frequenz f verformt (Bild 7.16). Es entstehen in negativer y-Richtung fortschreitende Biegewellen mit der Wellenlänge $\lambda_{Ba} = \lambda/\sin\varphi$ und der Ausbreitungsgeschwindigkeit $c_{Ba}$. Letztere ist gleich der Spurgeschwindigkeit $c_{Sp}$ der Schallwelle auf der Wand, wobei $c_{Sp} = c/\sin\varphi$ ist [4].

Für die angeregten Biegewellen der Wand ergeben sich dann die Wandschnelle

$$\tilde{v}_m(y, t) = \hat{v}_m\, e^{j\frac{\omega}{c/\sin\varphi} y}\, e^{j\omega t} = \hat{v}_m \cdot e^{j\frac{\omega}{c_{Ba}} y} \cdot e^{j\omega t} \tag{7.55}$$

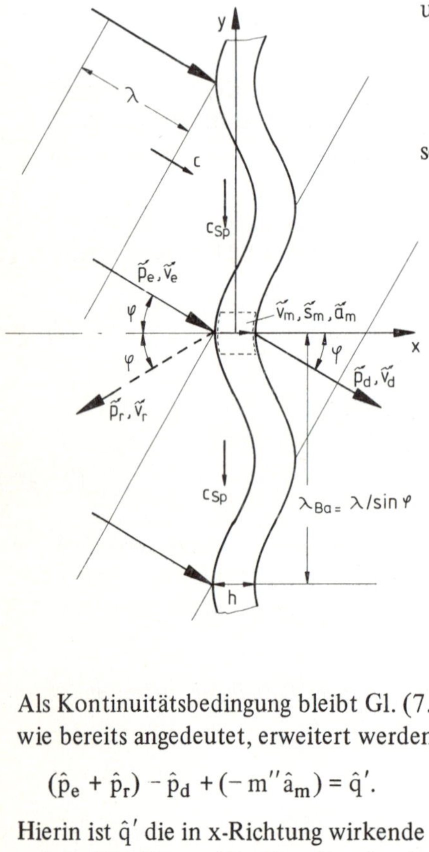


und die Auslenkung der Wand

$$\tilde{s}_m(y, t) = \frac{\hat{v}_m}{j\omega} \cdot e^{j\frac{\omega}{c/\sin\varphi} y} \cdot e^{j\omega t} \tag{7.56}$$

sowie die Wandbeschleunigung

$$\tilde{a}_m(y, t) = j\omega\hat{v}_m \cdot e^{j\frac{\omega}{c/\sin\varphi} y} \cdot e^{j\omega t}. \tag{7.57}$$

**Bild 7.16**
Schräger Schalleinfall auf eine zu Biegewellen angeregten Wand

Als Kontinuitätsbedingung bleibt Gl. (7.39) erhalten. Die Gleichgewichtsbedingung muß, wie bereits angedeutet, erweitert werden.

$$(\hat{p}_e + \hat{p}_r) - \hat{p}_d + (-m''\hat{a}_m) = \hat{q}'. \tag{7.58}$$

Hierin ist $\hat{q}'$ die in x-Richtung wirkende Amplitude der elastischen Streckenlast bezogen auf die Wandlänge. Für diese Streckenlast kann bekanntlich

$$\tilde{q}' = -\frac{d\tilde{Q}'}{dy} = -\frac{d^2\tilde{M}'_b}{dy^2} \tag{7.59}$$

geschrieben werden, wobei $Q'$ die Querkraft und $M_b'$ das Biegemoment der Verbiegung, bezogen auf die Länge, sind. Andererseits gilt für diese Verbiegung die Differentialgleichung der Biegelinie

$$B' \frac{d^2 \tilde{s}_m(y,t)}{dy^2} = -\tilde{M}_b', \tag{7.60}$$

so daß schließlich

$$\tilde{q}' = B' \frac{d^4 \tilde{s}_m(y,t)}{dy^4} = B' \frac{\hat{v}_m}{j\omega} \left(\frac{j\omega}{c/\sin\varphi}\right)^4 \cdot e^{j \frac{\omega}{c/\sin\varphi} y} \cdot e^{j\omega t}, \tag{7.61}$$

$$\hat{q}' = B' \frac{\hat{v}_m}{j} \frac{\omega^3}{c^4} \sin^4\varphi \tag{7.62}$$

wird. Mit $\hat{a}_m = j\omega\hat{v}_m$ wird dann die Gleichgewichtsbedingung

$$(\hat{p}_e + \hat{p}_r) - \hat{p}_d = \left(j\omega m'' + B' \frac{\omega^3}{j} \frac{\sin^4\varphi}{c^4}\right) \hat{v}_m . \tag{7.63}$$

Daraus leitet sich unmittelbar die Trennimpedanz $\tilde{Z}_\tau$ (siehe Gl. (7.36)) der Wand für den schrägen Schalleinfall $\varphi$ ab:

$$\tilde{Z}_{\tau\varphi} = \frac{(\hat{p}_e + \hat{p}_r) - \hat{p}_d}{\hat{v}_m} = j\left(\omega m'' - B' \omega^3 \frac{\sin^4\varphi}{c^4}\right). \tag{7.64}$$

Mit Gl. (7.42) ergibt sich dann das Schalldämmaß für den schrägen Schalleinfall

$$R_\varphi = 10 \lg \left(1 + \tilde{Z}_\tau \frac{\cos\varphi}{2Z}\right)^2 .$$

$$R_\varphi = 10 \lg \left(1 + j\left(\omega m'' - B'\omega^3 \frac{\sin^4\varphi}{c^4}\right) \frac{\cos\varphi}{2Z}\right)^2 , \tag{7.65}$$

$$|R|_\varphi = 10 \lg \left[1 + \left(\omega m'' - B'\omega^3 \frac{\sin^4\varphi}{c^4}\right)^2 \frac{\cos^2\varphi}{(2Z)^2}\right] \text{ dB.} \tag{7.66}$$

Man erkennt, daß die Trennimpedanz aus einem Masse- und einem Biegesteifeanteil besteht. Letzterer hat entgegengesetztes Vorzeichen und ist für streifenden Einfall am größten. Der Masseanteil ist proportional zur Frequenz, der Biegeanteil steigt mit der 3. Potenz der Frequenz. Daher wird es eine bestimmte Frequenz, die Grenzfrequenz $\omega_{g_\varphi}$ bzw. $f_{g_\varphi}$ geben, für die beide Anteile beim Einfallswinkel $\varphi$ gleich sind. Es ist [10]

$$\omega_{g_\varphi} = \sqrt{\frac{m''}{B'}} c^2 \frac{1}{\sin^2\varphi},$$

$$f_{g_\varphi} = \frac{1}{2\pi} \sqrt{\frac{m''}{B'}} c^2 \frac{1}{\sin^2\varphi} . \tag{7.67}$$

Für

$$f < \frac{1}{2\pi}\sqrt{\frac{m''}{B'}}\,c^2$$

ist in genügendem Abstand der Masseanteil für alle Einfallswinkel $\varphi$ dominierend. Dann gilt für den schrägen Schalleinfall

$$|R|_\varphi \approx 10 \lg \left[1 + \left(\frac{\omega m''}{2Z}\right)^2 \cos^2\varphi\right] \tag{7.68}$$

und für den diffusen Schalleinfall

$$|R|_f \approx 20 \lg \frac{\pi f m''}{Z} - 3 \quad \text{dB.} \tag{7.69}$$

Umgekehrt wird für $f > f_{g_\varphi}$ und in genügendem Abstand der Biegeanteil wesentlich. Bevor hierauf näher eingegangen wird, soll der Grenzfall, für den bei einem schrägen Einfall des Schalls die anregende Frequenz f gerade gleich $f_{g_\varphi}$ nach Gl. (7.67) ist, erörtert werden.

Der Grenzfall hat zur Folge, daß die Trennimpedanz der Wand und damit auch das Schalldämmaß R theoretisch Null werden. Dies kann physikalisch folgendermaßen erklärt werden. Wie bereits oben ausgeführt, besitzt die unter dem Winkel $\varphi$ auftreffende Schallwelle auf der Wand die Spurgeschwindigkeit $c_{Sp} = c/\sin\varphi$. Sie ist gleich der Fortpflanzungsgeschwindigkeit $c_{Ba}$ der in der Wand angeregten Biegewelle. Nun ist im Falle $f = f_{g_\varphi}$

$$\omega m'' = B'\omega^3 \frac{\sin^4\varphi}{c^4},$$

woraus folgt

$$c_{Sp} \equiv \frac{c}{\sin\varphi} = \sqrt[4]{\frac{B'}{m''}}\sqrt{\omega}.$$

Damit erhält man in diesem Fall die Fortpflanzungsgeschwindigkeit der Biegewelle in der Wand:

$$c_{Ba} = \sqrt[4]{\frac{B'}{m''}}\sqrt{\omega}.$$

Diese Gleichung entspricht der Fortpflanzungsgeschwindigkeit $c_B$ einer auf der Wand sich einstellenden, freien, fortschreitenden Biegewelle (vgl. Seite 15). Beide Wellen, die unter dem Winkel $\varphi$ auftreffende Schallwelle und die dadurch angeregte Biegewelle, sind in Koinzidenz, wenn $\omega = \omega_{g_\varphi}$. Diese Frequenz wird daher Koinzidenzfrequenz genannt [4]. Sie gehört zu einem Resonanzvorgang in der Wand, bei dem die Amplituden der Wand besonders groß werden und die Dämmung der Wand theoretisch gegen Null geht. Jedoch führt ein stets vorhandener Verlustfaktor in der Wand im Falle der Koinzidenz zu einer endlichen Restdämmung.

Zu jedem Winkel $\varphi$ einer schräg auftreffenden, ebenen Schallwelle gehört eine Koinzidenzfrequenz

$$f_{g_\varphi} = \frac{1}{2\pi}\sqrt{\frac{m''}{B'}}\,c^2\,\frac{1}{\sin^2\varphi}$$

mit minimaler Dämmung der Wand. Für $\varphi = 90^\circ$, also streifenden Einfall, ist diese Frequenz am kleinsten und gleich

$$f_{g_{90}} = \frac{1}{2\pi}\sqrt{\frac{m''}{B'}}\,c^2. \tag{7.70}$$

Sie wird dann die Koinzidenzgrenzfrequenz $f_g$ genannt. Sie ist die gleiche Frequenz, wie sie bei der totalen Schallabstrahlung körperschallerregter Wände ermittelt wurde (vgl. Abschnitt 2.2.5.1). Die Grenzfrequenz nimmt mit steigender Massenbelegung und kleiner werdender Steifigkeit zu. Bei Wänden aus homogenem Werkstoff wird dann die Wanddicke h zum wesentlichen Parameter für $f_g$, der Werkstoff selbst ist von geringerem Einfluß.
Man erkennt dies sehr gut, wenn man für $f_g = 0{,}551 \cdot c^2/(c_{De\,Pl} \cdot h)$ schreibt, eine Form, die bereits mit Gl. (2.135) abgeleitet wurde. Im Nenner erscheinen h und die Dehnwellengeschwindigkeit $c_{De\,Pl}$ der Wand. Letztere ändert sich nur wenig für die einzelnen Werkstoffe.
Für Winkel $\varphi < 90^\circ$ nimmt die Koinzidenzfrequenz $f_{g_\varphi}$ zu, für $\varphi = 45^\circ$ ist sie bereits $2 \cdot f_g$ und geht dann für $\varphi \to 0$ gegen unendlich (Bild 7.17). Umgekehrt gehört zu jeder Frequenz f einer schräg auftreffenden, ebenen Welle eine ausgezeichnete Richtung $\varphi_g$, für die bei dieser Frequenz die Wanddämmung minimal wird. Es ist

$$\sin^2\varphi_g = \frac{1}{2\pi}\sqrt{\frac{m''}{B'}}\,\frac{c^2}{f_{g_\varphi}}\ . \tag{7.71}$$

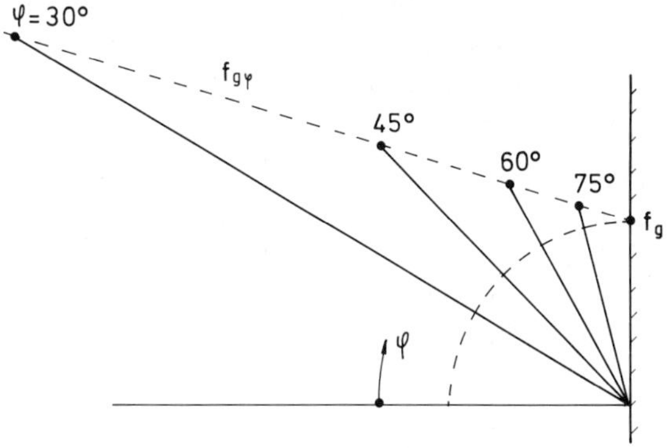


**Bild 7.17**
Koinzidenzfrequenz $f_{g\varphi}$ bei verschiedenen Schalleinfallswinkeln ebener Wellen

Mit Hilfe der Grenzfrequenz $f_{g_\varphi}$ läßt sich wiederum für nicht zu kleine Dämmwerte das Schalldämmaß $|R|_\varphi$ wie folgt sehr übersichtlich darstellen [4, 15]:

$$|R|_\varphi \approx 10\lg\left[\omega m''\frac{\cos\varphi}{2Z}\left(1-\left(\frac{f}{f_{g_\varphi}}\right)^2\right)\right]^2,$$

$$|R|_\varphi \approx 20\lg\omega m''\frac{\cos\varphi}{2Z} + 20\lg\left[1-\left(\frac{f}{f_{g_\varphi}}\right)^2\right] \quad \text{für} \quad f < f_{g_\varphi}, \tag{7.72a}$$

$$|R|_\varphi \approx 20\lg\omega m''\frac{\cos\varphi}{2Z} + 20\lg\left[\left(\frac{f}{f_{g_\varphi}}\right)^2 - 1\right] \quad \text{für} \quad f > f_{g_\varphi}. \tag{7.72b}$$

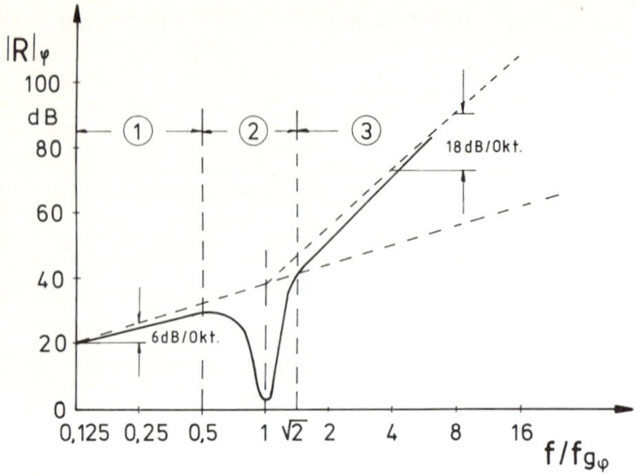


**Bild 7.18**
Schalldämmaß einer Wand bei schrägem Schalleinfall der ebenen Wellen in Abhängigkeit von $f/f_{g\varphi}$

Durch letztere Schreibweise wird das Schalldämmaß in zwei Anteile, nämlich in den Grundanteil der Massenwirkung und einen zusätzlichen, von der Biegesteifigkeit der Wand abhängenden Anteil aufgespalten.

Die Schreibweise gestattet auch, das Schalldämmaß über dem Frequenzverhältnis graphisch darzustellen (Bild 7.18). Aus diesem Bild lassen sich drei Frequenzbereiche ①, ② und ③ erkennen:

Bereich ① für $f < 0{,}5\ f_{g_\varphi}$, in dem $|R|_\varphi$ im wesentlichen der reinen Massenwirkung unterliegt;

Bereich ② für $0{,}5 \cdot f_{g_\varphi} < f < \sqrt{2} \cdot f_{g_\varphi}$, in dem die Wanddämmung durch die Koinzidenz zwischen Schall- und Biegewellen einen erheblichen Einbruch erfährt;

Bereich ③ für $f > \sqrt{2} \cdot f_{g_\varphi}$, in dem $|R|_\varphi$ gegenüber der reinen Massenwirkung durch die Biegesteifigkeit spürbar erhöht wird.

Nun sind aber die weitaus meisten auf eine dämmende Wand auftreffenden Schallwellen nicht einer bevorzugten Richtung $\varphi$ zugeordnet, sondern sie treffen aus allen Richtungen gleichzeitig auf die Wand. Dann wird der Dämmvorgang wesentlich komplexer, zumal auch noch die Frequenzverteilung eine wesentliche Rolle spielt. Hier sollen zunächst drei Frequenzen herausgegriffen werden (Bild 7.19). In allen Fällen wird die Frequenz f in den einzelnen Richtungen $\varphi$ mit der dort vorhandenen Koinzidenzfrequenz $f_{g_\varphi}$ verglichen. Man stellt fest, daß bei diffusem Schalleinfall, abgesehen von einem unteren Frequenzbereich $f < 0{,}5\ f_g$, in dem der Dämmbereich ① allein wirkt, stets der Bereich ② der verminderten Dämmwirkung vorhanden ist. Ferner ist zu erkennen, daß bei hohen Frequenzen neben dem Bereich ③ auch immer noch der Bereich ① wirksam ist. Dies hat zur Folge, daß sich im Frequenzgang der Wanddämmung bei diffusem Schalleinfall im Frequenzbereich über der Grenzfrequenz eine erhebliche Verschlechterung gegenüber der erhöhten Dämmwirkung des Bereiches ③ einstellt, daß aber andererseits der Einbruch in die Dämmwirkung im Bereich von $f_g$ nicht so ausgeprägt ist.

Es erscheint nun sinnvoll, diese theoretischen Überlegungen nicht mehr weiter auszubauen, sondern statt dessen das Luftschalldämmaß $|R|_f$ einer Wand bei diffusem Schalleinfall durch Messung zu ermitteln. Hierbei werden auch weitere Einflüsse wie Wandaus-

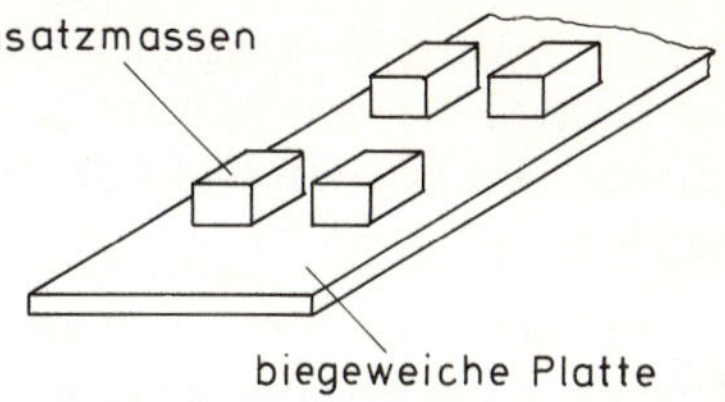


**Bild 7.20** Biegeweiche Platte mit diskreten Zusatzmassen

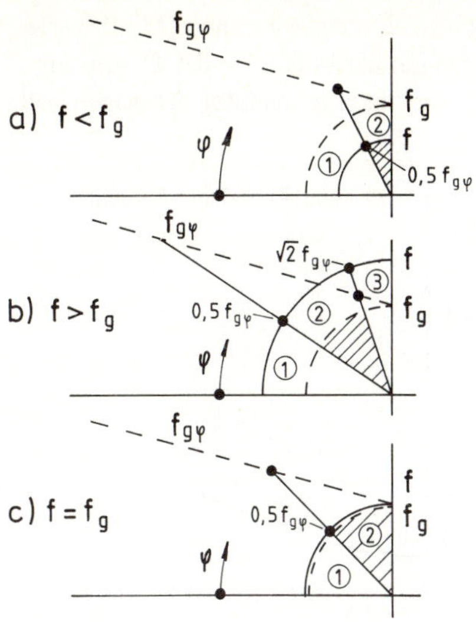


**Bild 7.19**
Schräger Schalleinfall bei unterschiedlichen Frequenzen

dehnung, Art der Wandeinspannung, Verlustfaktor der Wand und ähnliches erfaßt. Zusammenfassend kann gesagt werden, daß die Schalldämmung der Wand verbessert wird, wenn die beiden wesentlichen Parameter, die Massenbelegung m″ und die Grenzfrequenz $f_g$, hohe Werte aufweisen. Bei homogenem Wandmaterial sind beide Forderungen nicht gleichzeitig erfüllbar. So sind beispielsweise bei einer dicken Wand zwar m″ groß, aber gleichzeitig, wie bereits gezeigt, $f_g$ klein.

Dieser Tendenz kann man entgegenwirken, indem man Platten mit geringer Biegesteifigkeit und hohem Flächengewicht herstellt, wenn man beispielsweise auf dünnen, biegeweichen Platten diskrete Zusatzmassen aufbringt [10, 11] (Bild 7.20). Bei normalen Wänden ist es dann günstiger, wenn man die Lage von $f_g$ entweder sehr hoch oder sehr tief wählt. Sieht man einmal vom Werkstoff Blei ab, so lassen sich die verwendeten Wandmaterialien wie folgt einstufen:

- Hohe Grenzfrequenz: Bleche und Blechverkleidungen. Hierbei wird die Dämmwirkung in erster Linie durch Massenwirkung erreicht (s. Fall a) S. 181). Im Falle des diffusen Schallfeldes stellt sich keine nennenswerte Abminderung ein.
- Niedrige Grenzfrequenz: dickes Mauerwerk, z.B. 12 ... 25 cm dickes Ziegelmauerwerk oder Beton mit Grenzfrequenzen von 100 Hz bzw. 50 Hz. Hierbei wird die Dämmwirkung durch die Wandsteifigkeit begünstigt (s. Fall d) S. 189).
- Übergangsbereich: Hierbei haben die Wandmaterialien Grenzfrequenzen zwischen 1000 ... 2000 Hz, z.B. Gipskarton- und Sperrholzplatten, und 400 ... 600 Hz, z.B. Gasbeton. Liegen die maßgeblichen Frequenzen in diesem Bereich, so muß man mit einer schlechteren Dämmwirkung der Wand rechnen.

Im folgenden wird das Ergebnis der Messung des Schalldämmaßes $|R|_f$ für verschiedene Wände und Grenzfrequenzen in Oktavspektren graphisch dargestellt. Gleichzeitig werden in die Diagramme die Dämmwerte

$$|R|_f = 20 \lg \frac{\pi f m''}{Z} - 3 \quad \text{dB}$$

der reinen Massenwirkung mit eingezeichnet. Es ist sinnvoll, die gemessenen Dämmwerte mit dieser Grenzkurve zu vergleichen. Durch den Vergleich wird die Güte der Dämmung offensichtlich. Wie aus Bild 7.21 hervor geht, werden die zuvor gemachten Aussagen voll bestätigt.

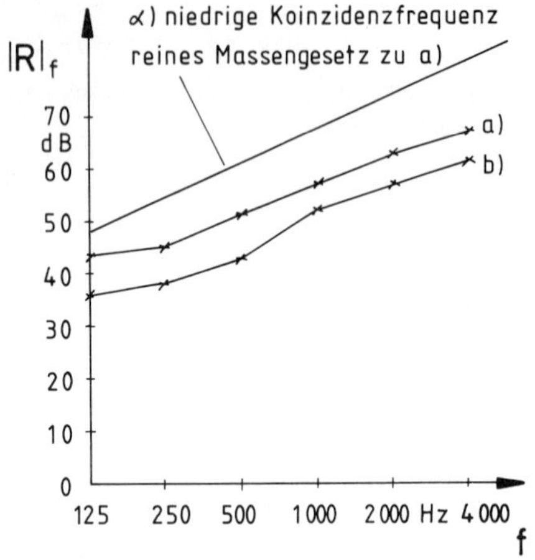


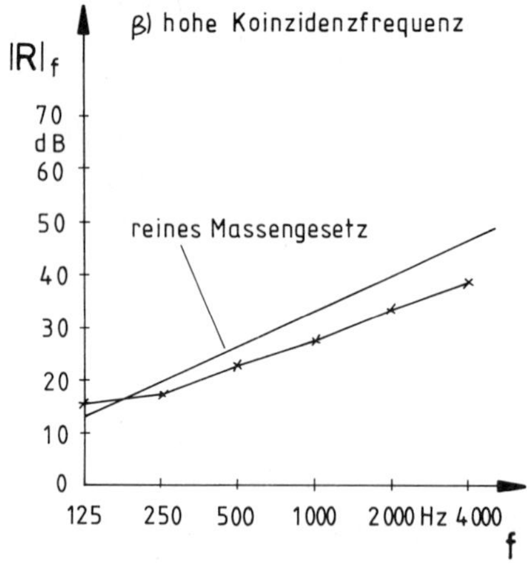


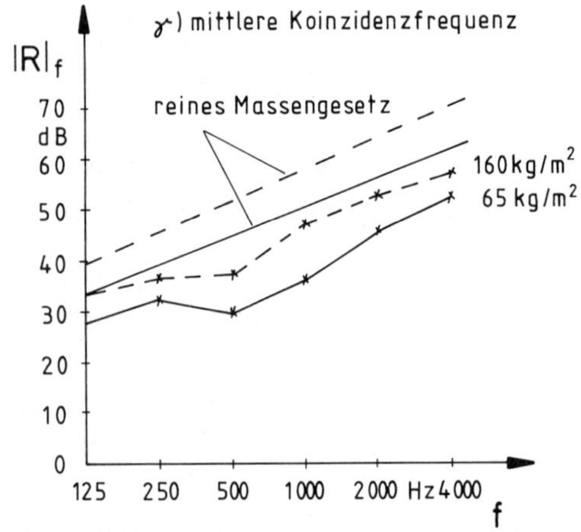


**Bild 7.21**

Gemessene Schalldämmaße $|R|_f$ in Abhängigkeit von der Frequenz im Vergleich zur Grenzkurve der reinen Massenwirkung

*e) Kleine biegesteife Platten* (Bild 7.22)

Eine Sonderstellung nehmen verhältnismäßig kleine Platten ein, deren erste Eigenfrequenz $f_0$ konstruktionsbedingt im unteren Frequenzbereich, etwa zwischen 100 Hz und 500 Hz, liegt und kleiner als $f_g$ ist. Eine solche Platte dämme ein diffuses, breitbandiges Luftschallfeld ab. Es wird breitbandig durch den Luftschall angeregt und schwingt daher vor allem konphas mit der ersten Eigenfrequenz.

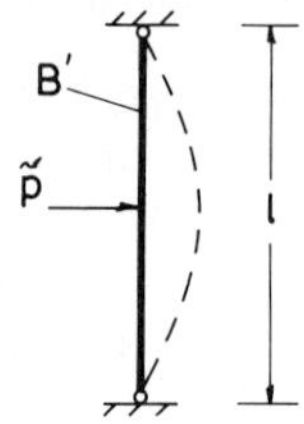


**Bild 7.22**

Schallabstrahlung einer Platte mit 1. Eigenfrequenz $f_0$ < Grenzfrequenz $f_g$

Das ganze Problem wird am besten als angeregter Schwingungsvorgang an einer Platte behandelt, wobei die Anfachung nach dem Entwicklungssatz (Entwicklung nach Eigenfunktion) dargestellt wird. Die Schallabstrahlung ihrerseits erfolgt dann entsprechend den Ausführungen auf Seite 74 in Form von Kugelwellen von einem Kugelstrahler 0. Ordnung ($l/\lambda \ll 1$).

## 7.4 Luftschalldämmung von Doppelwänden aus biegeweichen Schalen

Wie gezeigt, führt die unmittelbare Verdopplung der Dicke einer Wand und damit die Verdoppelung ihrer Massenbelegung zu einer Erhöhung der Dämmung um 6 dB. Bei schwereren Wänden bedeutet dies eine schlechte Ausnutzung des Materials. Kommt die Massenverdoppelung durch Hinzufügung einer zweiten Wand gleicher Dicke zustande, so müßte sich eigentlich die Luftschalldämmung gegenüber der einfachen Wand verdoppeln. Dies ist auch der Fall, nur müssen beide Wände vollkommen entkoppelt aufgestellt werden, d.h., zwischen den Wänden darf keine Körperschallbrücke vorhanden sein, und der Wandabstand muß groß gegen die Wellenlänge des zu dämmenden Luftschalls sein (diffuses Schallfeld). Solche großen Abstände sind aber alleine zur Verbesserung der Dämmung nicht praktikabel. Sie betragen üblicherweise 6 ... 8 cm, so daß der Abstand e klein gegen die Wellenlänge des Schallfeldes ist.

Die Dämmwerte solcher doppelschaliger Anordnungen liegen zwar innerhalb der oben genannten Grenzen, man kann jedoch auch mit kleineren Wandgewichten eine spürbare Verbesserung der Luftschalldämmung über das Massengesetz der einfachen Wand hinaus erreichen. Beide Wände sind von biegeweicher Struktur wie beispielsweise Holzwolle-Leichtbauplatten, Gipskartonplatten und mechanisch vollkommen entkoppelt. Der Luftzwischenraum e wirkt bei nicht zu hohen Frequenzen als elastische Feder. Der gleiche mechanische Zustand ist auch gegeben, wenn beide Wandschalen mit einer Dämmschicht vollflächig fest verbunden sind (Bild 7.23).

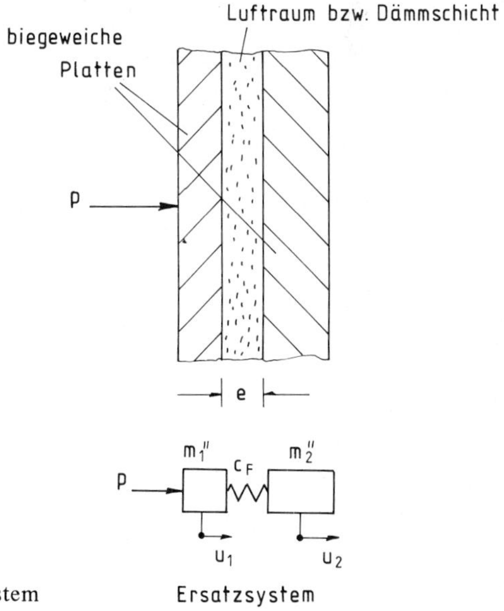


**Bild 7.23**
Doppelschalige Wand mit mechanischem Ersatzsystem

Das so beschriebene System stellt mechnisch ein Schwingungssystem dar mit den beiden auf die Fläche A bezogenen Massen $m_1''$ und $m_2''$ in $kg/m^2$, der Federkonstanten $c_F$ in N/m und dem relativen Freiheitsgrad $u_{Rel} = u_1 - u_2$.

Die Eigenkreisfrequenz dieses Systems läßt sich wie folgt berechnen

$$\omega_0 = \sqrt{\frac{c_F}{A\, m_W''}}\ , \tag{7.73}$$

wobei

$$m_W'' = \frac{m_1'' \cdot m_2''}{m_1'' + m_2''} \tag{7.74}$$

ist [3, 12]. Im Falle der periodischen Anregung von $m_2''$ mit $p = \hat{p} \cdot \sin \omega t$ ergibt sich der für die Schalldämmung maßgebende Schwingweg der Masse $m_2''$ (ohne Dämpfung)

$$u_2 = \frac{\hat{p}}{\omega^2} \frac{1}{m_1'' + m_2''} \frac{1}{1 - \beta^2} \sin(\omega t) \tag{7.75}$$

und die zugehörige Wandschnelle

$$\hat{v}_2 = \frac{\hat{p}}{\omega} \frac{1}{m_1'' + m_2''} \frac{1}{1 - \beta^2} \cos(\omega t). \tag{7.76}$$

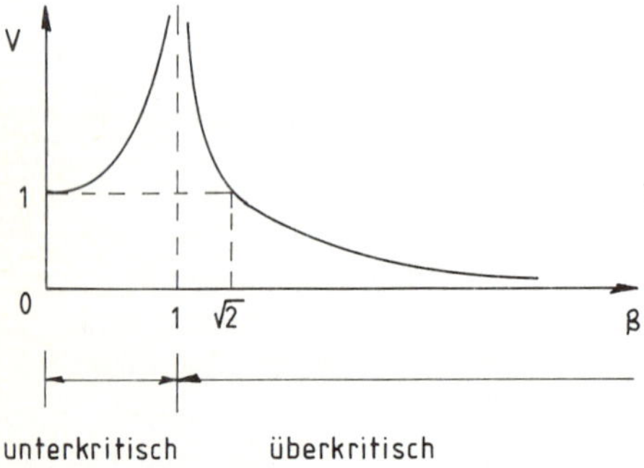


**Bild 7.24** Überhöhungsfaktor V in Abhängigkeit vom Frequenzverhältnis $\beta$

Wichtig ist darin der Überhöhungsfaktor $V = 1/(1 - \beta^2)$ mit dem Frequenzverhältnis $\beta = \omega/\omega_0$. Er bestimmt den Frequenzgang infolge der Resonanz und hat den hierfür typischen Verlauf mit $0 < \beta < 1$ im unterkritischen und $1 < \beta < \infty$ im überkritischen Bereich der Anregung (Bild 7.24).

Für $\beta \ll 1$ ist $\omega_0 \gg \omega$, die Federkonstante also sehr groß, und damit wird $u_2 \approx u_1$. Das System dämmt wie eine einschalige Wand der Masse $m_1'' + m_2''$.

Für $\beta \gg 1$ ist $\omega \gg \omega_0$, V und damit $v_2$ werden sehr klein, so daß in diesem Falle eine starke Erhöhung der Dämmwirkung zu erwarten ist. Das bedeutet auch, daß bei Frequenzen, die genügend oberhalb der Eigenkreisfrequenz $\omega_0$ der Doppelwand ($\beta > \sqrt{2}$) liegen, die Dämmwirkung günstiger ist als die der gleich schweren, einschaligen Wand. Insbesondere wird für $\beta \to 1$, also bei Anregung im Bereich der Eigenfrequenz, die Dämmung infolge Resonanzerhöhung besonders schlecht.

Die oben angegebene Beziehung für die Wandschnelle $v_2$ erlaubt nunmehr für den Fall $\beta \gg 1$ eine einfache Berechnung des Schalldämmaßes einer zweischaligen Wand für senkrechten Schalleinfall. Zunächst ist mit $\hat{p} = 2\, \hat{p}_e$ (Reflexionsfaktor $r \approx 1$)

$$\hat{v}_2 \approx \frac{2\, \hat{p}_e}{\omega} \frac{1}{m_1'' + m_2''} \frac{1}{\beta^2} = \frac{2\, \hat{p}_e}{\omega^3} \frac{c_F/A}{m_1'' m_2''}, \tag{7.77}$$

und mit

$$\hat{p}_d = Z\,\hat{v}_2$$

ergibt sich dann das Schalldämmaß R zu

$$R = 20\,\lg\frac{\hat{p}_e}{\hat{p}_d} \approx 20\,\lg\frac{\omega^3\,m_1''\cdot m_2''}{2(c_F/A)\,Z}\ \text{dB}. \tag{7.78}$$

Eine wichtige Größe ist hierin die Federkonstante $c_F$. Sie wird für die beiden maßgebenden Fälle angegeben, nämlich für eine Luftschicht e und eine zwischengelagerte Dämmschicht.

Im Falle der Luftfederung wird $c_F$ aus der adiabatischen Verdichtung und der Kontinuitätsbedingung abgeleitet. Mit der Beziehung für die Schallgeschwindigkeit $c^2 = dp/d\rho$ und $d\rho = -\frac{\rho}{e}\,de$ folgt

$$dp = -\left(c^2\,\frac{\rho}{e}\right) de, \qquad c_F \equiv A\,\frac{dp}{de} = +\,c^2\,\frac{\rho}{e}\,A. \tag{7.79}$$

Im Falle der Dämmschicht e ist

$$c_F = \frac{E_{dyn}\,A}{e}$$

$c_F/A$ wird die dynamische Steifigkeit s' der Dämmschicht genannt.

Die Federkonstante $c_F$ ist auch Ausgangsgröße für die Berechnung der Eigenfrequenz

$$f_0 = \frac{1}{2\pi}\sqrt{\frac{c_F}{A\,m_W''}}\,,$$

die den Frequenzbereich einer wirkungsvollen Dämmung durch Doppelwände markiert.

Für die Luftfederung ist dann

$$f_{0_L} = \frac{1}{2\pi}\sqrt{c^2\,\frac{\rho}{e}\,\frac{1}{m_W''}}\ . \tag{7.80}$$

Dabei muß der Raum für die Luftfederung durch Matten aus offenporigem Schluckmaterial ausgefüllt sein (Bild 7.25) [13, 14].

Für die Federung durch eine Dämmschicht ergibt sich

$$f_{0_D} = \frac{1}{2\pi}\sqrt{\frac{s'}{m_W''}} \tag{7.81}$$

Die Gln. (7.80) und (7.81) lassen sich noch für zwei wichtige Sonderfälle erweitern:

a) beide Schalen besitzen die gleiche Massenbelegung $m''$.
   Es ist also $m_W'' = m''/2$

$$f_{0_L} = \frac{1}{2\pi}\sqrt{2\,c^2\,\frac{\rho}{e}\,\frac{1}{m''}}\,, \tag{7.82}$$

$$f_{0_D} = \frac{1}{2\pi}\sqrt{2\,\frac{s'}{m''}}\ . \tag{7.83}$$

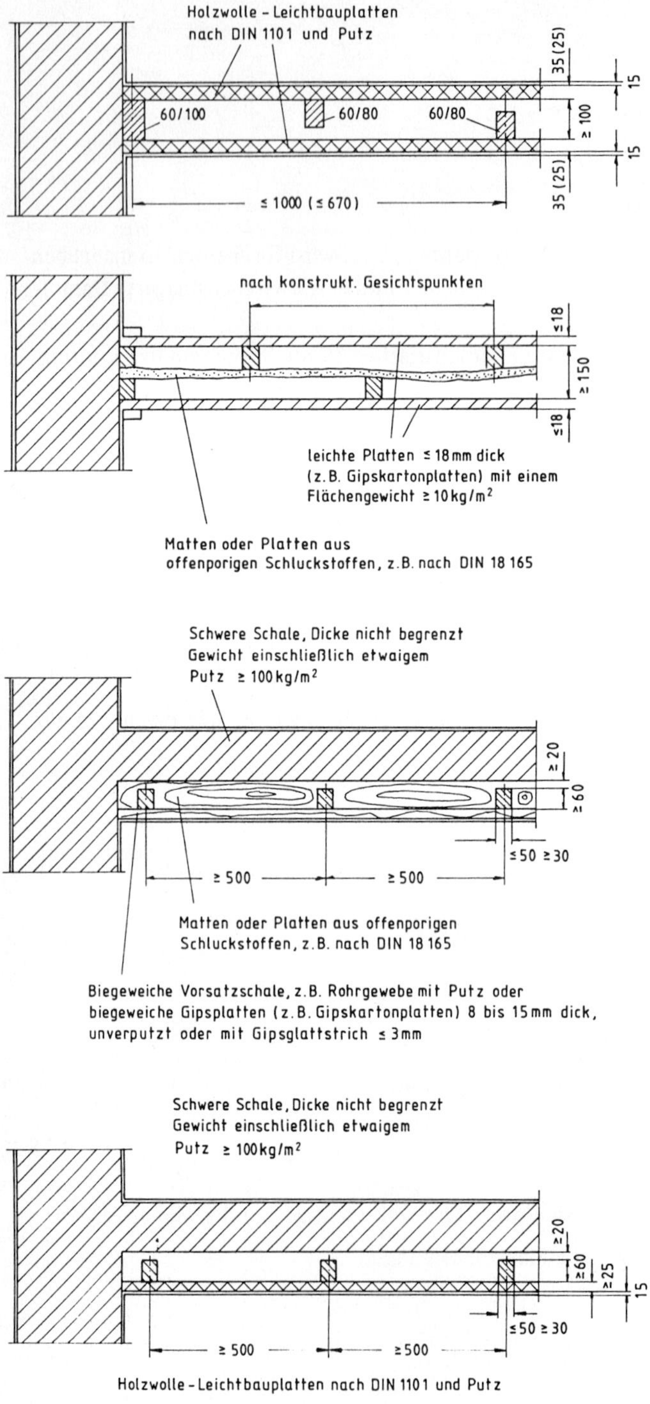


**Bild 7.25** Verschiedene Anordnungen doppelschaliger Schalldämmwände

b) Die Schale $m_2''$ wird zur Vorsatzschale einer schweren massiven Wand, deren nicht ausreichende Schalldämmung auf diese Weise nachträglich verbessert werden soll. Es ist also $m_2'' \ll m_1''$. Damit ist $m_W'' \approx m_2''$.

$$f_{0_L} = \frac{1}{2\pi} \sqrt{c^2 \frac{\rho}{e} \frac{1}{m_2''}}, \tag{7.84}$$

$$f_{0_D} = \frac{1}{2\pi} \sqrt{\frac{s'}{m_2''}}. \tag{7.85}$$

Im übrigen sollte die Vorsatzschale möglichst auf der der Schallquelle zugewandten Seite angeordnet sein, um die mögliche Weiterleitung von Körperschall zu unterbinden.

Das Schalldämmaß R ist durch die Gl. (7.78) gegeben. Zweckmäßigerweise spaltet man R entsprechend dem Massengesetz auf:

$$R = 20 \lg \left[ \frac{(m_1'' + m_2'')\omega}{2Z} \cdot \frac{m_1'' m_2''}{m_1'' + m_2''} \cdot \frac{\omega^2}{c_F/A} \right], \tag{7.86}$$

$$R = \underbrace{20 \lg \left( \frac{m_1'' + m_2''}{2Z} \omega \right)}_{\text{Massengesetz}} + \underbrace{40 \lg \frac{\omega}{\omega_0}}_{\Delta R}. \tag{7.87}$$

Damit erhält man die Luftschalldämmung der zweischaligen Wand für Frequenzen, die einen ausreichenden Abstand von der Eigenfrequenz des Systems haben. Das Dämmaß besteht hiernach aus zwei Anteilen, dem Anteil des reinen Massengesetzes, der auch alleine für Frequenzen mit ausreichendem Abstand unterhalb der Eigenfrequenz maßgebend ist, und einem Zusatz ΔR, der bei höheren Frequenzen eine beachtliche Vergrößerung der Dämmung bringt, nämlich 12 dB pro Frequenzverdoppelung. Insgesamt ergibt sich der in Bild 7.26 dargestellte Verlauf von R in Abhängigkeit von der Frequenz des zu dämmenden Luftschalls [4].

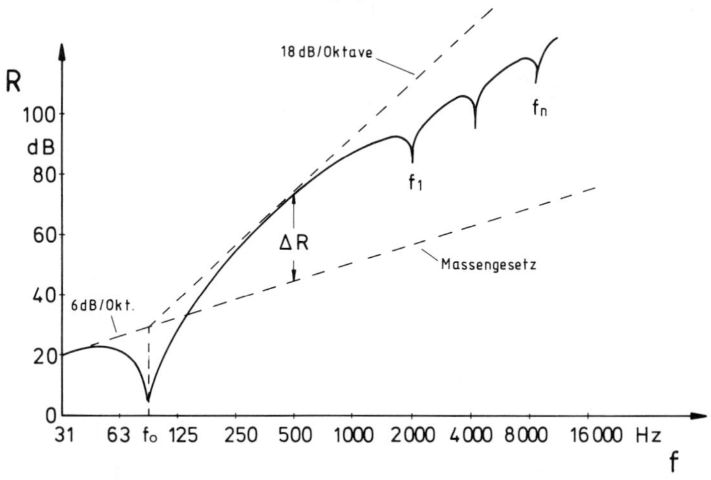


**Bild 7.26** Theoretischer Verlauf des Schalldämmaßes einer massiven Wand bei Vorhandensein einer Vorsatzschale für $f_0 = 100$ Hz, $m_1'' + m_2'' = 400$ kg/m$^2$

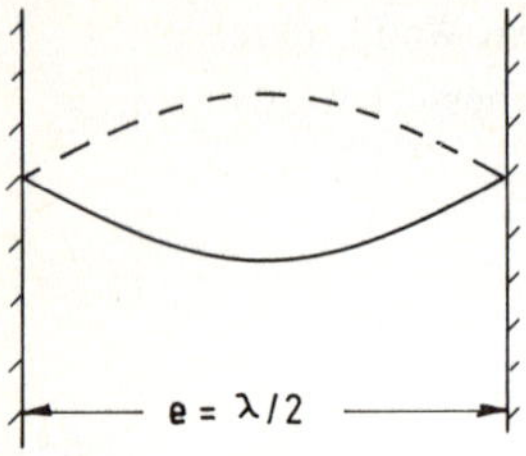


**Bild 7.27** Stehende Welle der 1. Dickenresonanz einer Vorsatzschale

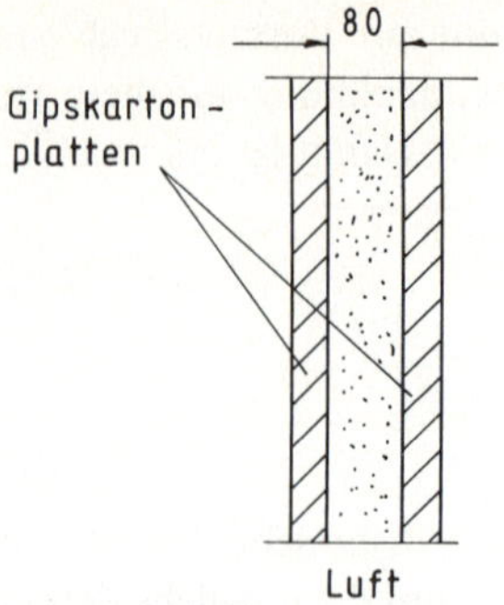


**Bild 7.28** Zweischalige Dämmwand aus Gipskartonplatten (Beispiel a)

Der gestrichelte Verlauf stellt eine obere Grenze dar, die durch verschiedene Einflüsse unterschritten wird. An erster Stelle steht der bereits zitierte Einbruch infolge Resonanzüberhöhung bei Anregung im Bereich der Eigenfrequenz $f_0$ des Wandsystems. Dieser Einbruch bleibt ohne Wirkung, wenn man die Eigenfrequenz entsprechend tief legt, so daß sie im praktischen Frequenzbereich nicht angeregt wird. Die Frequenz $f_0$ sollte daher $< 100$ Hz sein.

Weitere Einbrüche, allerdings in höheren Frequenzbereichen, können durch Dickenresonanzen im Luftraum e hervorgerufen werden. Die zugehörigen stehenden Wellen besitzen Eigenfrequenzen (Bild 7.27):

$$f_n = \frac{c}{2e}\, n; \quad n = 1, 2, 3, \ldots . \tag{7.88}$$

Beispielsweise beträgt beim Abstand e = 6 cm die erste Eigenfrequenz 2800 Hz, ist also bereits relativ hoch. Es läßt sich Abhilfe dadurch schaffen, daß man in den Luftraum e die bereits erwähnten Matten aus offenporigem Material locker gelagert einbringt.

Mit einer weiteren Reduzierung der Dämmwirkung ist durch den Koinzidenzeffekt zu rechnen, der sich auch bei weniger biegesteifen Wandschalen einstellen kann. Die zugehörigen Koinzidenzfrequenzen liegen wiederum höher. Die Wirkung läßt sich abschwächen, wenn besonders biegeweiche Wände und unterschiedliche Materialien in den beiden Wandschalen verwendet werden.

Schließlich ist mit einer weiteren Herabsetzung der Dämmwirkung zu rechnen, wenn sich im Wandsystem mechanische Schallbrücken nicht vermeiden lassen oder wenn Eigenfrequenzen von Teilen des Systems mit den Maxima des anregenden Frequenzbereiches zusammenfallen.

*Beispiele*

a) Zwei Schalen aus Gipskartonplatten mit der Massenbelegung $m'' = 15\ \text{kg/m}^2$ bilden einen Luftraum von 80 mm (Bild 7.28).

$$f_{0_L} = \frac{1}{2\pi} \sqrt{2 \cdot 340^2 \frac{1{,}25}{0{,}08} \frac{1}{15}}\ \text{Hz} = 78\ \text{Hz} < 100\ \text{Hz}.$$

Die Eigenfrequenz des Systems ist also ausreichend niedrig. Ein mittlerer Dämmwert bei f = 500 Hz hat den theoretischen Grenzwert

$$R_{500} = 20 \lg \frac{30 \cdot 2\pi \cdot 500}{2 \cdot 425} + 40 \lg \frac{500}{78} = 73{,}2 \quad \text{dB}$$

b) Vor einer Massivwand wird eine Schale aus Gipskartonplatten mit der Massenbelegung $m_2'' = 15\ \text{kg/m}^2$ in 80 mm Abstand vorgeschaltet (Bild 7.29).

$$f_{0_L} = \frac{1}{2\pi} \sqrt{340^2 \frac{1{,}25}{0{,}08} \frac{1}{15}}\ \text{Hz} = 55\ \text{Hz} < 100\ \text{Hz}.$$

Die Verbesserung der Wanddämmung beträgt bei 500 Hz maximal

$$\Delta R_{500} = 40 \lg \frac{500}{55} = 38{,}3 \quad \text{dB}.$$

## 7.5 Mittleres Schalldämmaß $\bar{R}$, bewertetes Schalldämmaß $R_W$

Die bisherigen Ausführungen haben gezeigt, daß das Schalldämmaß stark frequenzabhängig ist. Für viele Anwendungen kann jedoch eine Gesamtbewertung, die vor allem den interessierenden Frequenzbereich von etwa 100 ... 3200 Hz (entsprechend 16 Terzen) abdeckt, erwünscht sein. Es wäre naheliegend, hierzu das mittlere Schalldämmaß $\bar{R}$ heranzuziehen, wobei $\bar{R}$ das arithmetische Mittel der in Terzen oder Oktaven vorliegenden Dämmwerte darstellt. Jedoch kennzeichnet der so gefundene Mittelwert nur unvollkommen die Wirkung der Dämmung auf den Immissionsort, wenn auch in der Regel ein $\bar{R}$ von 50 dB eine gute Schalldämmung der betreffenden Trennfläche bedeutet.

Die Unvollkommenheit liegt darin, daß der in der A-Bewertung zum Ausdruck kommende Frequenzgang des Ohres nicht berücksichtigt ist. Eine qualifiziertere Einzahlbewertung ist daher in dem in DIN 52210, Teil 4, [16] eingeführten bewerteten Schalldämmaß $R_W$ gegeben. Bei diesen Einzahlbewertungen wird das in Terzbändern vorliegende Schalldämmaß in einem Dämmaß-Frequenzdiagramm mit einer zugehörigen Soll-Dämmkurve in Beziehung gebracht (Bild 7.30).

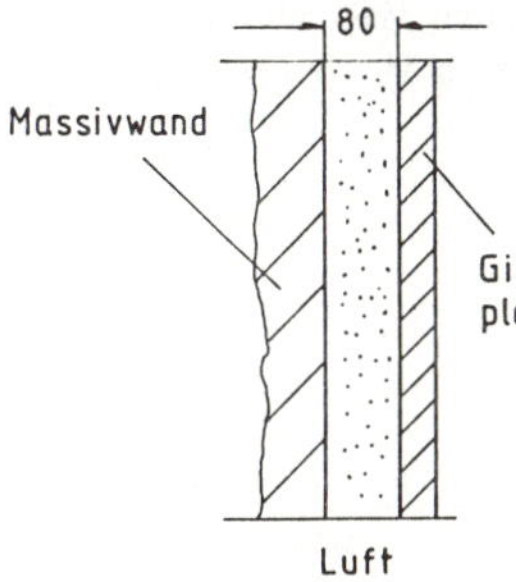


**Bild 7.29** Anordnung einer Vorsatzschale vor einer Massivwand (Beispiel b)

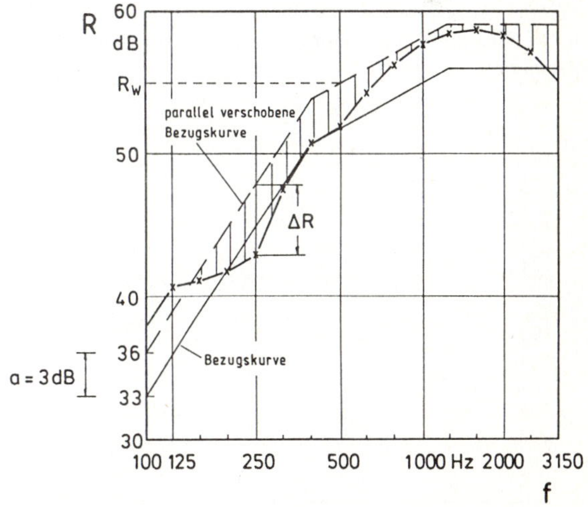


**Bild 7.30** Gemessenes Schalldämmaß einer 25 cm dicken Vollziegelwand und Bezugskurve

Diese Soll- oder Bezugskurve besitzt zum einen die Eigenschaft, daß ihre Frequenzabhängigkeit etwa der A-Bewertung entspricht, zum anderen verfügen Wände, bei denen das Terzspektrum des Schalldämmaßes mit den Werten der Sollkurve übereinstimmt, erfahrungsgemäß über eine ausreichende Luftschalldämmung. Das bewertete Schalldämmaß $R_W$ entspricht dem Ordinatenwert der Bezugskurve bei 500 Hz und beträgt nach DIN 52210 52 dB. Liegt das Frequenzband der Schalldämmung einer Schalldämmwand parallel zur Bezugskurve im Abstand ± a dB, so ist $R_W = 52 \pm a$ dB. Ist, wie allgemein zutreffend, das Frequenzband nicht parallel zur Bezugskurve, so ist letztere soweit parallel in Ordinatenrichtung (nach oben oder unten) zu verschieben, bis die mittlere Unterschreitung der Bezugskurve durch die gegebenen Dämmwerte nicht mehr als 2 dB beträgt. Bei der Bestimmung der mittleren Unterschreitung sind die Dämmwerte, die oberhalb der verschobenen Bezugskurve liegen, mit 0 dB-Abweichung einzusetzen. Bei Unterschreitung werden die Pegelunterschiede zwischen der verschobenen Bezugskurve und der Istkurve in dB ganz, evtl. vorhandene Unterschreitungen bei 100 Hz und 3150 Hz nur mit der halben Differenz berücksichtigt. Dann ist bei 16 vorliegenden Terz-Dämmwerten durch 16 − 1 = 15 zu dividieren. Das bewertete Schalldämmaß $R_W$ ist dann gleich dem Ordinatenwert der verschobenen Bezugskurve bei f = 500 Hz.

*Beispiel*

In Bild 7.30 sind die Dämmwerte $R_{Tz}$ einer 25 cm dicken, verputzten Vollziegelwand mit der Massenbelegung $m'' = 485$ kg/m² und die dazu passende, verschobene Bezugskurve (a = + 4 dB) eingetragen. Man liest folgende Werte ab

$$\Delta R = -\frac{0+0+1+3{,}5+5{,}5+4{,}0+4{,}0+3{,}5+2+1+1+0{,}5+0{,}5+1+1{,}5+\frac{4}{2}}{15}$$

$\Delta R \cong -2$ dB (zulässige Abweichung).

Damit wird $R_W = 52 + 4 = 56$ dB. Der zugehörige lineare Mittelwert $\bar{R}$ beträgt 52 dB.

Für annähernd homogene Wandelemente kann zu Überschlagszwecken $R_W$ Bild 7.31, in dem $R_W$ über der Massenbelegung $m''$ aufgetragen ist, entnommen werden [3, 20].

Für das soeben behandelte Beispiel der Vollziegelwand liest man bei einer Massenbelegung $m'' \approx 500$ kg/m² den Dämmwert $R_W = 54$ dB ab, der mit dem Dämmwert von 56 dB aus dem Terzdiagramm zu vergleichen ist.

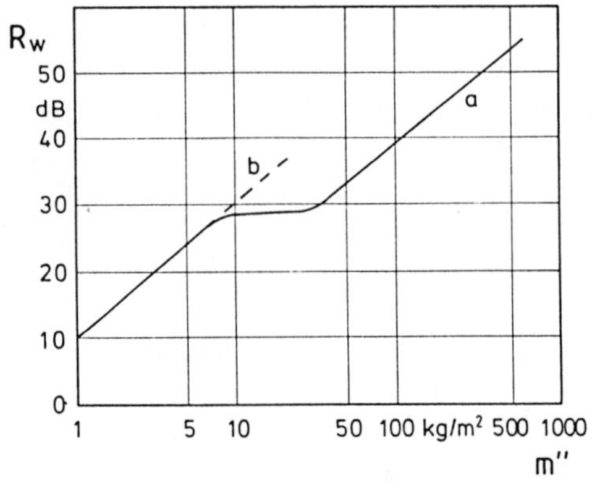


**Bild 7.31**
Bewertetes Schalldämmaß $R_W$ in Abhängigkeit der Massenbelegung (gültig nur für Überschlagsrechnungen)

## 7.6 Luftschalldämpfung an ebenen Wänden, Poren- und Resonanzabsorbern

Im Abschnitt 7.2 wurde der Nachweis erbracht, daß im Falle der Luftschallausbreitung in einem geschlossenen, durch massive Wände begrenzten Raum nur sehr wenig Schallenergie aus diesem Raum in das Körperschallfeld der Wandbegrenzung und somit auch wenig Luftschallenergie in die Nachbarschaft abgeleitet wird. Die akustische Energiebilanz an der Raumbegrenzung wird im wesentlichen durch die einfallende, die reflektierte und die dissipative Energie bestimmt. Daraus folgt auch, daß in einem geschlossenen Raum der Pegel des diffusen Schallfeldes niedriger gehalten werden kann, wenn von der einfallenden Energie möglichst wenig reflektiert, d.h. entsprechend viel absorbiert wird. Absorption ist dann aber gleichbedeutend mit Dissipation, der Dissipationsgrad $\delta$ ist praktisch dem Absorptionsgrad $\alpha$ gleichzusetzen.

### 7.6.1 Porenabsorber

Normale Wände besitzen eine recht schwache Dissipationswirkung, sie muß häufig nachträglich größer gemacht werden. Dabei erfolgt im Gegensatz zur freien Schallausbreitung die Umwandlung der Schallenergie in Wärme jetzt an den Grenzen des Schallfeldes. Hier sind es Reibungseffekte der hin- und herströmenden Luft, die besonders effizient sind, wenn die Begrenzung porige Struktur besitzt, wie beispielsweise bei Vorhängen, Polsterungen, Teppichen, Textilien aller Art, aber auch an Backsteinmauerwerk, Holzpaneelen usw.

Zur gezielten Verstärkung dieses Effektes sind sogenannte Schallschluckstoffe entwickelt worden. Dies sind hochporöse Stoffe, poröse Schallschlucker auf der Basis von Mineralfasern wie Glaswolle, Stein- oder Schlackenwolle oder auf der Basis von organischen Fasern wie Filze, Textilien, Holzfasern, neuerdings auch auf der Basis von Schaumgummi mit durchgehenden Poren. Alle Stoffe besitzen offene Poren, die regellos verlaufen und miteinander in Verbindung stehen. Meist sind sie zu Platten, den sogenannten Akustikplatten, verarbeitet. Sie können auch lose angelegt werden, müssen dann aber einen besonderen Oberflächenschutz erhalten.

Die auftreffenden Schallwellen dringen in die engen Poren des Schallschluckmaterials ein und lassen die Luft in diesen Poren hin- und herschwingen. Dadurch wird die sogenannte Zähigkeitsreibung in engen Kanälen hervorgerufen. Die Dissipationswirkung beruht also auf dem Strömungswiderstand des Porensystems. Kleiner Widerstand bedeutet kleine Geschwindigkeiten, also größere Poren. Großer Widerstand bedeutet große Geschwindigkeiten und kleine Poren. Nun kann aber der Widerstand auf diese Art nicht beliebig groß gemacht werden, weil dann die Schallwellen immer schwerer in das Porensystem eindringen können. Der reelle Teil der Kennimpedanz $Z_2$ des Schallschluckmaterials geht infolge seiner hohen Porosität zwar gegen die Kennimpedanz $Z_1$ der Luft, bedingt durch die vorhandene Dämpfung besitzt $Z_2$ jedoch einen großen imaginären Anteil, so daß der Reflexionsfaktor r sogar gegen 1 geht. Das heißt, daß vom Material her gesehen zur günstigsten Schallschluckung ein optimaler Strömungswiderstand gehört. Auf letzteren bezogen werden kleinere Geschwindigkeiten und damit niedrige Frequenzen schlechter, größere Geschwindigkeiten und damit höhere Frequenzen besser geschluckt.

Die Strömung ist grundsätzlich instationär, ihr Widerstand ist daher meßtechnisch schwer zu erfassen. Einfacher mißt man den Widerstand an einer stationären Luftströmung, ohne daß hierdurch die Aussagekraft des Meßergebnisses wesentlich eingeschränkt werden müßte. Der Widerstand wird als sogenannter äußerer Widerstand gemessen (auf die äußere Geschwindigkeit bezogen) und in der Einheit Rayl angegeben (1 Rayl = 10 $Ns/m^3$).

Eine poröse Schicht, die bei einem Druckunterschied $\Delta p$ zwischen Vorder- und Rückseite die Luft mit der äußeren Geschwindigkeit v durchtreten läßt, besitzt einen Strömungswiderstand $\Delta p/v$ mit der Einheit Rayl. In dieser Maßeinheit ausgedrückt besitzen dann poröse Stoffe eine optimale Schallschluckung bei ca. 60 ... 80 Rayl $\hat{=}$ 600 ... 800 $Ns/m^3$.

Oft wird der Strömungswiderstand schallschluckender Stoffe auch in Beziehung zur Schallkennimpedanz $Z_1 = p/v$ der Luft gebracht ($Z_1 \approx 410\ Ns/m^3$). Optimale Schallschluckung wird jetzt erreicht, wenn der Strömungswiderstand etwa 1,5 bis 2 mal so groß wie die Schallkennimpedanz der Luft ist.

Neben dem behandelten Strukturaufbau des schallschluckenden Materials spielt vor allem noch seine Dicke d eine wesentliche Rolle. Das kommt daher, daß an der vergleichsweise harten Wand unmittelbar hinter der Schluckschicht eine Reflexion stattfindet, die mit den einfallenden Wellen interferiert. Die daraus folgende Schnelleverteilung v(x) ist, wie bereits auf Seite 8 gezeigt, dadurch gekennzeichnet daß unmittelbar an der Wand v = 0 ist und bei $\lambda/4$ das Maximum auftritt. Die Schluckschicht hätte also ihre maximale Wirkung in der Ebene $\lambda/4$, d.h., je tiefer die Frequenzen sind, um so größer müßte die Schichtdicke d sein. Somit können dünne Schallschluckschichten nur hohe Frequenzen schlucken wie beispielsweise Teppiche, die ab 2000 ... 4000 Hz absorbieren.

Den Materialdicken sind natürlich wirtschaftliche Grenzen gesetzt. Tiefe Frequenzen müssen, wie noch gezeigt wird, durch andere Maßnahmen geschluckt werden. Jedoch wird das Schluckvermögen von porigem Material bei tieferen Frequenzen dadurch etwas günstiger, daß sich eine kleinere Wellenlänge im schallschluckenden Material einstellt als in der freien Luft, weil die Schallgeschwindigkeit in diesem Material kleiner ist (Bild 7.32).

Die effektive Dicke d des Schallschluckmaterials läßt sich noch in einfacher und wirtschaftlicher Weise erhöhen, indem man das Schallschluckmaterial nicht unmittelbar an der Begrenzungswand befestigt, sondern in einem bestimmten Abstand e auf einem Lattenrost vor der Wand anordnet (Bild 7.33).

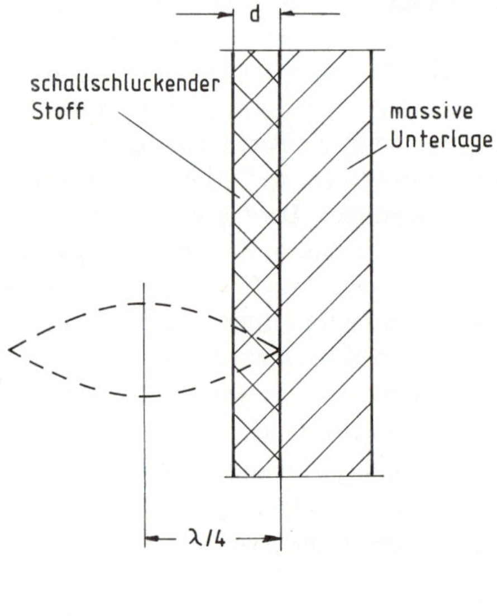


**Bild 7.32**
Schallschluckender Stoff vor einer Wand

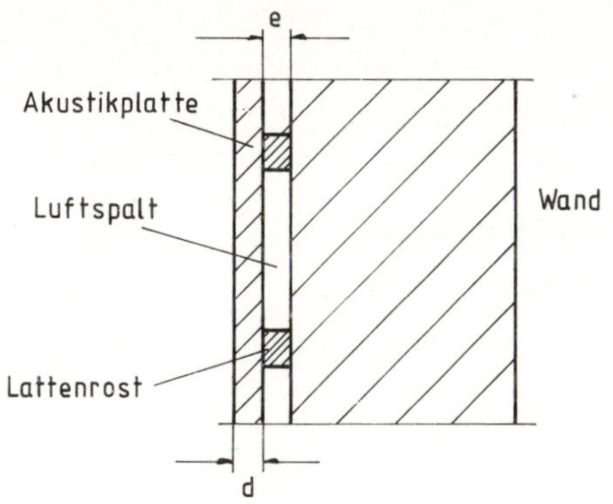


**Bild 7.33** Anordnung eines Schallschluckmaterials vor einer Wand

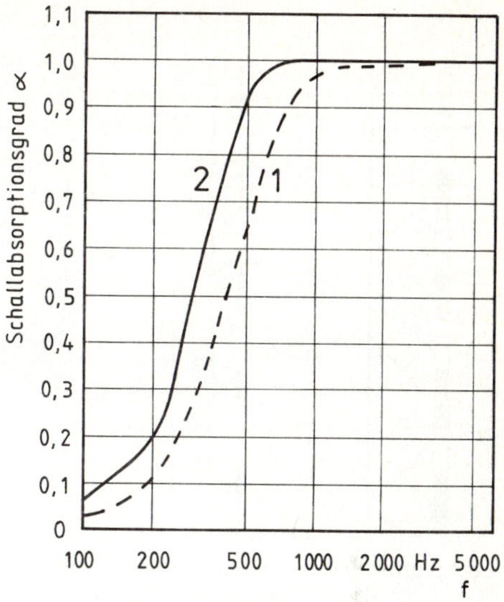


**Bild 7.34** Absorptionsgrad α einer 20 mm dicken Mineralfaserplatte
Kurve 1: ohne Wandabstand
Kurve 2: 22 mm Wandabstand

Für einen Luftspalt von e = 2 cm und eine Dämmschichtdicke d = 2,5 cm verschiebt sich das Maximum der Schallschluckung von ca. 1000 Hz ohne Luftspalt auf ca. 700 Hz mit Luftspalt.

Die maßgebliche Größe für die Kennzeichnung des Schluckvermögens ist der Absorptionsgrad $\alpha$. Bei einer maximalen Absorption wird $\alpha = 1$ erreicht. Im übrigen ist, wie gezeigt, der Absorptionsgrad eine Funktion des Materials selbst, seiner Dicke, ferner eine Funktion der Wellenlänge des Schallfeldes. In Bild 7.34 ist der typische Frequenzgang $\alpha = \alpha(f)$ für schallschluckendes Material dargestellt [11]. Man erkennt zum einen den Abfall von $\alpha$ zu tiefen Frequenzen hin je nach Dicke des Materials, zum anderen den konstant hohen Betrag $\alpha \approx 1$ im höheren Frequenzbereich, z.B. ab 1000 Hz ... 700 Hz.

Der praktische Einsatz von Schallschluckmaterial geschieht in verschiedener Weise. Am praktikabelsten ist die Verwendung der bereits genannten Akustikplatten, das ist mit Bindemitteln zu handelsüblichen Platten verarbeitetes Schallschluckmaterial, die in oben beschriebener Weise mit Abstand montiert werden. Sie werden vor allem eingesetzt, wenn die Wirkung der ohnehin vorhandenen Absorber eines Raumes nicht ausreicht.

Die Schallschluckstoffe können auch in loser Form oder in gesteppten Matten aufgelegt werden (Bild 7.35) [3]. Dann müssen sie aber einen Oberflächenschutz, den sog. Rieselschutz erhalten. Überhaupt muß man bei Schallschluckmaterial die Oberfläche mit besonderer Sorgfalt gestalten. Es muß, wie bereits erwähnt, dafür gesorgt werden, daß die Schallenergie auch in das Schallschluckmaterial eindringen kann. Zweckmäßig ist es, eine gelochte Abdeckung (Hartfasermaterial, Holz, Blech) mit Lochdurchmessern von ca. 3 mm zu verwenden.

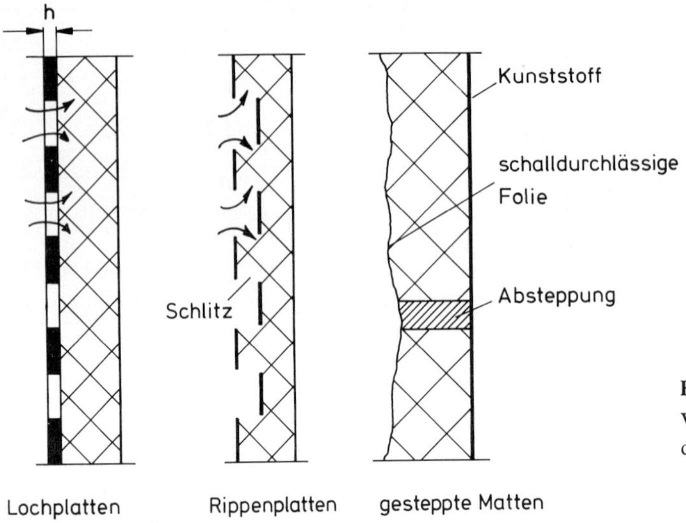


**Bild 7.35**
Verschiedene Möglichkeiten der Schallschluckung

Dabei muß der Lochflächenanteil mehr als 30 % der Oberfläche betragen, die wirksame Lochtiefe $h^* = h + 1{,}6 \cdot r$ sollte kleiner als $\lambda/4$ und der Lochabstand kleiner als $\lambda/2$ sein. Damit können stehende Wellen vermieden werden.

Mit Erfolg können auch gerippte Oberflächen mit analogen Eigenschaften in Anwendung kommen. Bei gesteppten Matten muß die Schutzfolie der Oberfläche so dünn sein, daß sie vollen Schalldurchgang gewährleistet. Dies trifft zu, wenn $\omega \cdot m''_{Folie} < Z$ ist, wobei Z die Schallkennimpedanz der Luft ist [11].

Neu entwickelte, mit durchgehenden Poren versehene Schaumstoffe können sogar einen Oberflächenschutz entbehren. Es sind Polyäther-Schaumstoffe mit Noppen oder Pyramiden, die in einem quadratischen Muster angeordnet sind. In Tab. 7.2 [6, 14] sind die Schallschluckgrade $\alpha$ verschiedener normaler Raumbegrenzungsflächen und verschiedener Schallschlucker in Abhängigkeit der Frequenz angegeben.

### 7.6.2 Resonanzabsorber

Wie man aus Tab. 7.2b) und auch aus Bild 7.34 erkennen kann, ist die Schallschluckung poröser Stoffe nur bis etwa 700 Hz herunter voll wirksam. Will man diese Grenze unterschreiten, kommt man mit den porösen Schallschluckern allein nicht aus. Hier werden vor allem die sog. Resonanzabsorber eingesetzt, die in zwei Versionen angeboten werden, nämlich als Loch- oder Mittelabsorber und als Platten- oder Tiefenabsorber.

In beiden Fällen handelt es sich um selektive Feder-Masse-Systeme, die zur Resonanz angeregt werden sollen und deren optimale Wirkung dann in diesem Resonanzbereich liegt. Die Wirkung ist also recht schmalbandig und beruht darauf, daß bei der Resonanz an den Schwingern erhöhte innere Verluste auftreten.

Grundsätzlich wirken bereits alle frei schwingenden, dünnen, biegeelastischen Platten einer Raumbegrenzung wie beispielsweise Fensterscheiben, dünne Holzplatten, Metallplatten, schallschluckend. Sie werden durch die auftreffenden Wellen zum Mitschwingen angeregt, und dabei wird Energie in Wärme umgewandelt. Nur werden diese Platten im

**Tabelle 7.2** Schallschluckgrade

*a) Schluckgrade α normaler Raumbegrenzungsflächen*

| | Mittenfrequenzen Hz | | | | | |
|---|---|---|---|---|---|---|
| | 125 | 250 | 500 | 1000 | 2000 | 4000 |
| Material | | | | | | |
| Sichtbeton, glattes Mauerwerk, Wasseroberfläche(Schwimmbad) | 0,01 | 0,01 | 0,02 | 0,02 | 0,03 | 0,04 |
| Putz auf Mauerwerk oder Beton | 0,02 | 0,02 | 0,03 | 0,04 | 0,05 | 0,05 |
| Betonfußboden mit Auflagen aus Linoleum, PVC oder Gummi | 0,02 | 0,03 | 0,04 | 0,05 | 0,05 | 0,1 |
| Abgehängte Putz- oder Gipsplatten-decke, Leichtbauweise | 0,25 | 0,2 | 0,1 | 0,05 | 0,05 | 0,1 |
| Decke aus Holzdielen (2,5 cm) | 0,24 | 0,2 | 0,14 | 0,12 | 0,1 | 0,12 |
| Holzfußboden auf Lagerhölzern (lackiert oder versiegelt) | 0,2 | 0,15 | 0,14 | 0,1 | 0,05 | 0,05 |
| Parkett auf Blindboden | 0,2 | 0,15 | 0,1 | 0,1 | 0,05 | 0,1 |
| Aufgeklebtes Parkett | 0,04 | 0,04 | 0,06 | 0,12 | 0,1 | 0,15 |
| Holztür | 0,2 | 0,15 | 0,1 | 0,08 | 0,09 | 0,11 |
| Geschlossene Fenster | 0,1 | 0,04 | 0,03 | 0,02 | 0,02 | 0,02 |
| Kokosläufer | 0,02 | 0,03 | 0,05 | 0,1 | 0,25 | 0,45 |
| Teppich (5 mm dick) | 0,05 | 0,05 | 0,2 | 0,3 | 0,5 | 0,55 |
| Velourteppich | 0,05 | 0,06 | 0,1 | 0,25 | 0,4 | 0,6 |
| Teppich (5 mm dick) mit Filz-unterlage (5 mm dick) | 0,07 | 0,2 | 0,55 | 0,65 | 0,8 | 0,7 |
| Baumwollstoff, bündig an Wand anliegend | 0,04 | 0,05 | 0,13 | 0,2 | 0,32 | 0,4 |
| Naturfilz (5 mm dick) | 0,09 | 0,12 | 0,18 | 0,3 | 0,55 | 0,6 |
| Glatter Stoffvorhang (mittel) | 0,1 | 0,15 | 0,2 | 0,3 | 0,4 | 0,5 |
| Faltiger, dicker Vorhang | 0,25 | 0,3 | 0,4 | 0,5 | 0,6 | 0,7 |
| Kino-Leinwand | 0,1 | 0,1 | 0,2 | 0,3 | 0,5 | 0,6 |
| Bühne ohne Vorhang (Richtwerte) | 0,2 | 0,2 | 0,25 | 0,3 | 0,4 | 0,5 |

*b) Schluckgrade α verschiedener Schallschlucker*

| | | | | | | |
|---|---|---|---|---|---|---|
| Akustikplatte (2 cm dick) auf Wand aufgeklebt | 0,05 | 0,15 | 0,55 | 0,9 | 1,0 | 1,0 |
| Akustikplatte (2 cm dick) mit 2 cm Wandabstand | 0,1 | 0,2 | 0,85 | 1,0 | 1,0 | 1,0 |
| Noppenschaumstoffplatte, Basis-dicke 3 cm, Noppentiefe 7 cm, Noppenabstand 7 cm | 0,25 | 0,65 | 0,83 | 0,85 | 0,93 | 1,0 |

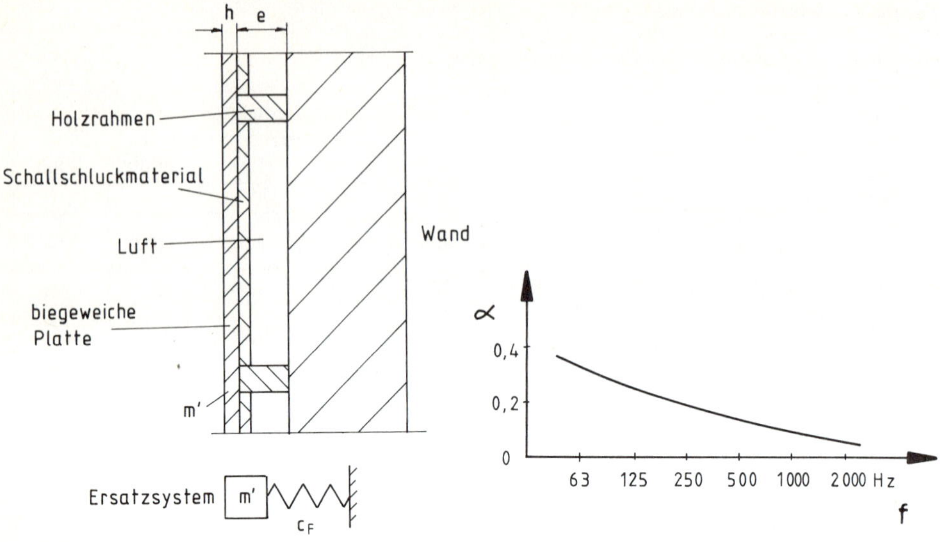


**Bild 7.36** Anordnung eines Plattenabsorbers vor einer Wand mit dem zugehörigen mittleren Absorptionsgrad in Abhängigkeit von der Frequenz

allgemeinen nicht in Resonanz angeregt, da ihre ersten Eigenfrequenzen tiefer als die akustischen Erregerfrequenzen liegen. Bild 7.36 zeigt den Frequenzgang für $\alpha$ an solchen Platten mit einem allmählichen Anstieg zu niedrigeren Frequenzen hin.

Bei den eigentlichen Plattenabsorbern schwingen dünne, biegeweiche und luftundurchlässige Platten (Sperrholz-, Hartfaser-, Gipskartonplatten) auf einem Lattenrost montiert vor massiven Wänden oder Decken im Abstand $e < \lambda$. Bei solchen biegeweichen Platten kann man die Federwirkung $c_F$ des Systems dem Luftpolster zwischen Platte und Wand zuordnen. Die zugehörige Masse der Wand ist $m'' = \rho_W \cdot h$. Die Eigenschwingung $f_0$ des Plattenabsorbers ist dann unter Vernachlässigung seiner Biegesteife

$$f_0 = \frac{1}{2\pi} \sqrt{\frac{c_F}{A\, m''}} \,. \tag{7.89}$$

Mit Gl. (7.79) erhält man

$$f_0 = \frac{1}{2\pi}\, c \sqrt{\frac{\rho}{\rho_W} \frac{1}{e\, h}} = \frac{1}{2\pi} \sqrt{\frac{Z\, c}{m'' e}} \,. \tag{7.90}$$

Hierin sind Z und c die Impedanz bzw. die Schallgeschwindigkeit in Luft.

*Beispiel:*

Für eine Sperrholzplatte mit der Massenbelegung
$m'' = 5\ \mathrm{kg/m^2}$ und dem Wandabstand $e = 4$ cm ergibt sich:
$f_0 = 135$ Hz (Tiefenabsorber).

In Bild 7.37, Kurve a, ist der Frequenzgang eines Plattenabsorbers dargestellt. Er zeigt die typische schmalbandige Resonanzüberhöhung im Bereich der Eigenfrequenz, die bei diesem Beispiel sehr niedrig anzusetzen ist [11].

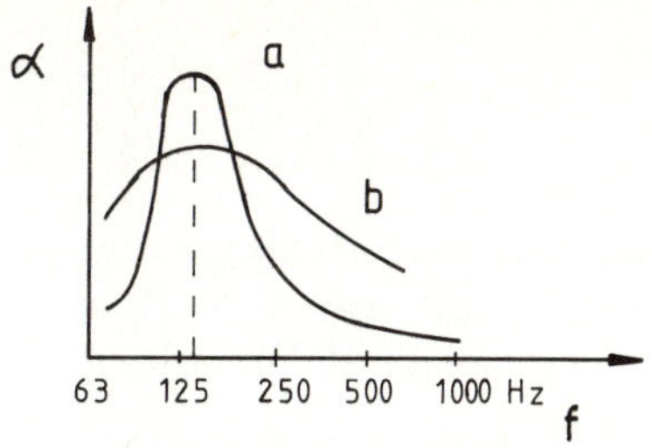


**Bild 7.37** Schematischer Frequenzgang des Absorptionsgrades eines Plattenabsorbers

a) ohne Hinterlegung von Schallschluckmaterial

b) mit Hinterlegung von Schallschluckmaterial

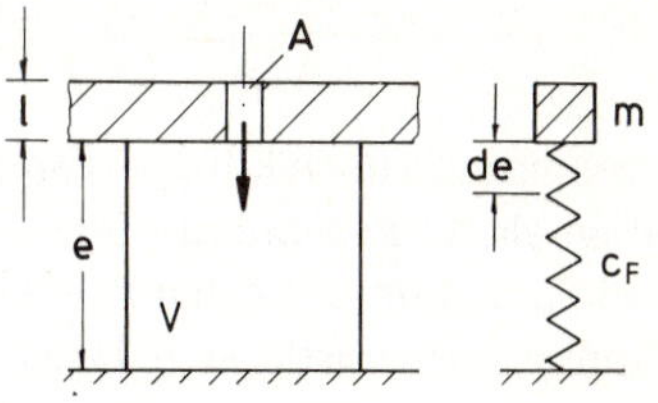


**Bild 7.38** Schematische Darstellung eines Lochabsorbers (Helmholtz-Resonator)

Die schmalbandige Wirkung des einfachen Plattensystems kann durch Hinterlegung der Platte mit zusätzlichem Schallschluckmaterial gemildert werden. Allerdings wird damit auch die Größe von $\alpha$ stärker beeinflußt. Eine Vergrößerung des Widerstandes setzt nämlich auch die Schwingamplituden und die Schnellen herab, so daß weniger Energie in Wärme umgewandelt werden kann. Es ergeben sich flachere Kurven b, die aber insgesamt für den Einsatz des Absorbers wegen der größeren Wirkungsbreite günstiger sind.

Schallenergie kann bei tieferen Frequenzen auch durch Lochabsorber umgewandelt werden. Diesen Lochabsorbern liegt das Prinzip des Helmholtz-Resonators zugrunde, ein Luft-Feder-System, gebildet aus einem Luftvolumen V in Verbindung mit einer halsartigen Verengung des Querschnitts A und der Länge $l$ (Bild 7.38).

Die Luft im Hals bildet die Masse, das Luftvolumen V die Feder des Resonators. Die maßgebliche Eigenfrequenz ist also

$$f_0 = \frac{1}{2\pi}\sqrt{\frac{c_F}{m}} \ . \tag{7.91}$$

Hierin ist $m = A\,l\,\rho$.

Für die Verdichtung findet man

$$dp = -c^2\rho\frac{dV}{V} \ .$$

Die Rückstellkraft ist damit

$$dp\,A = -c^2\rho\frac{dV}{V}A.$$

Setzt man hierin $dV = A \cdot de$, so wird die Rückstellkraft

$$dp\,A = -c^2\rho\frac{A^2}{V}de.$$

Folglich ergibt sich für die Federkonstante

$$c_F = \frac{dp\,A}{de} = c^2\rho\frac{A^2}{V} \ .$$

Somit erhält man

$$f_{0_{th}} = \frac{1}{2\pi} \sqrt{\frac{c^2 \rho A^2}{V A l \rho}} = \frac{c}{2\pi} \sqrt{\frac{A}{V l}}. \tag{7.92}$$

Das Ergebnis muß noch korrigiert werden, da praktisch im Resonatorhals eine größere Luftmasse als $A \cdot l \cdot \rho$ mitschwingt. Die wirkliche, äquivalente Luftmasse ist $A \cdot l^* \cdot \rho$, wobei für kreisförmige Löcher $l^* \approx l + 2 \cdot 0{,}8 \cdot r$ mit dem Lochradius r ist. Für nichtkreisförmige Löcher ist $l^*$ in [3] angegeben. Gl. (7.92) geht über in:

$$f_0 \approx \frac{c}{2\pi} \sqrt{\frac{A}{V l^*}} = \frac{c}{D}. \tag{7.93}$$

Der Wurzelausdruck entspricht dem Kehrwert einer charakteristischen Länge D. Führt man die sog. 'Helmholtzzahl' $He = \frac{D}{\lambda}$ ein, so kann man die Gl. (7.93) noch wie folgt darstellen [22]:

$$He = \frac{D}{\lambda} = 2\pi \frac{f}{c} \sqrt{\frac{V l^*}{A}}. \tag{7.93a}$$

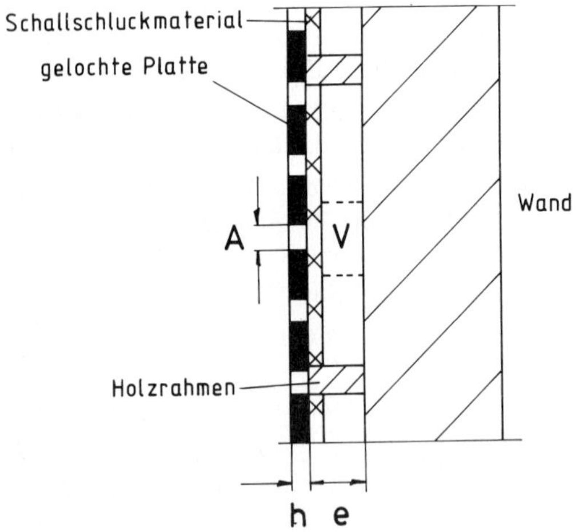


**Bild 7.39**
Anordnung eines flächenhaften Lochabsorbers vor einer Wand

Entspricht die Wellenlänge des ankommenden Luftschalles der Länge $D = 2\pi\sqrt{\frac{V \cdot l^*}{A}}$ (He = 1), so stellt sich ein Resonanzzustand ein, wodurch dem Schallfeld Energie entzogen wird.

Die realen, flächenhaften Lochabsorber (Bild 7.39) bestehen aus gelochten, dünnen Platten der Dicke h, die auf einem Lattenrost in einem festen Abstand e vor einer massiven Wand ($e < \lambda$) montiert sind. Jeder Öffnung A entspricht ein anteiliges Luftvolumen V; eine materielle Abgrenzung der einzelnen $V_i$ ist nicht erforderlich. Vielmehr schreibt man das Verhältnis $\frac{A}{V}$ unter der Wurzel in Gl. (7.93) um in $\psi/e$, wobei $\psi$ das Flächenverhältnis Lochfläche zur Gesamtfläche ist. Damit erhält man

$$f_0 \approx \frac{c}{2\pi} \sqrt{\frac{\psi}{e\, l^*}}. \tag{7.94}$$

Die Dämpfung erfolgt durch Reibungseffekte in den Löchern und kann zweckmäßigerweise wiederum durch Hinterlegung der Platte mit Schallschluckmaterial erhöht werden.

Dann muß allerdings das Flächenverhältnis $\psi$ etwas größer gewählt werden, als es ohne Schallschluckmaterial erforderlich wäre, d.h., es wird $\psi$ = 20 ... 30 % gewählt. Man gewinnt so den Mittelschlucker mit etwas größerer Wirkungsbreite gegenüber der schmalbandigen Wirkung ohne Schluckmaterial (vgl. Bild 7.37), hat aber einen kleineren Maximalwert für $\alpha$.

*Beispiel:*

e = 5 cm, $l$ = 5 mm, r = 2 cm; $\psi$ = 20 %

$$f_0 = \frac{340}{2\pi} \sqrt{\frac{0{,}2}{0{,}05 \cdot 0{,}037}} \text{ Hz} = 563 \text{ Hz (Mittelschlucker)}$$

Zum Abschluß soll noch kurz auf die Ermittlung der Absorptionsgrade $\alpha$ eingegangen werden. Die $\alpha$-Zahlen, die ja vom Materialaufbau, von der Materialdicke und der Schallfrequenz abhängen, werden auf meßtechnischem Wege gewonnen. Hierzu stehen zwei Verfahren zur Verfügung: Die meßtechnische Ermittlung im Kundtschen Rohr und die meßtechnische Ermittlung im Hallraum. Beide Meßverfahren sind in den DIN-Normen 52215 und 52212 [18,19] beschrieben und festgelegt.

Die Messung im Kundtschen Rohr ist die exaktere Methode, jedoch wird dabei nur die Wirkung der senkrecht einfallenden Schallwellen von Tönen erfaßt. In der Praxis der Akustik interessieren aber vor allem Absorptionsgrade in mehr diffusen Schallfeldern, in denen ja alle Richtungen an der Schallausbreitung beteiligt sind. Entsprechend hierzu wird die Absorption im diffusen Schallfeld des Hallraumes gemessen. Dieser Ermittlung von $\alpha$ im Hallraum kommt daher die größere praktische Bedeutung zu, auch wenn die Genauigkeit etwas geringer ist. Die in der Tab. 7.2 aufgeführten $\alpha$-Werte sind auf diese Weise gemessen worden.

## 7.7 Gesamtabsorption eines Raumes

Das Absorptionsvermögen eines geschlossenen Raumes setzt sich zusammen aus der Absorption der begrenzenden Wände, der Decke und des Bodens mit allem, was im Raum an weiteren Bauelementen enthalten ist. Es handelt sich dabei um flächenhafte Schallschlucker, die neben den natürlichen auch ggf. zusätzlich angeordnete Poren- oder Resonanzabsorber enthalten können. Ihr Absorptionsvermögen $\bar{A}_i$ hängt vom Absorptionsgrad $\alpha_i$ und der Fläche $A_i$ der einzelnen Flächenelemente ab. Dabei ist für jedes dieser Flächenelemente $A_i$ die Absorption

$$\bar{A}_i = \alpha_i A_i. \tag{7.95}$$

Die Absorption $\bar{A}_i$ hat die Einheit einer Fläche. $\bar{A}_i$ kann auch als äquivalente Ersatzfläche von $A_i$ aufgefaßt werden, für die $\alpha_i = 1$ ist. Für alle Flächenelemente zusammen ist

$$\bar{A}_R = \Sigma\, \alpha_i A_i. \tag{7.96}$$

$\bar{A}_R$ stellt dann die gesamte Ersatzschluckfläche des Raumes dar.

Befinden sich in den Räumen Einbauten und Menschen, so ist deren Absorptionsvermögen ebenfalls zu berücksichtigen. Bei flächenhaftem Charakter der Einbauten ist deren Einfluß in Gl. (7.96) zu erfassen. Oft hat es aber wenig Sinn, die Absorption auf die Oberfläche der Elemente zu beziehen, wenn nämlich letztere keine einfach zu be-

**Tabelle 7.3** Äquivalente Schluckfläche $\bar{A}$ von sitzenden Menschen und Stühlen in Abhängigkeit von der Frequenz

| Schluckelemente | Äquivalente Schluckfläche $\bar{A}$ m² | | | | | |
|---|---|---|---|---|---|---|
| | Mittenfrequenzen Hz | | | | | |
| | 125 | 250 | 500 | 1000 | 2000 | 4000 |
| Zuhörer auf Stuhl | 0,15 | 0,3 | 0,45 | 0,45 | 0,45 | 0,45 |
| Klappstuhl (Sperrholz) | 0,02 | 0,02 | 0,02 | 0,04 | 0,04 | 0,03 |
| Klappstuhl mit Kunstleder bezogen | 0,1 | 0,13 | 0,15 | 0,15 | 0,11 | 0,07 |
| Klappstuhl mit Velour bezogen | 0,15 | 0,3 | 0,3 | 0,3 | 0,35 | 0,35 |

**Tabelle 7.4** Schallschluckgrade verschiedener Räume

| Räumlichkeit | $\bar{\alpha}_{ges}$ |
|---|---|
| Leere Räume mit glatten Wänden aus verputztem Betonmauerwerk | 0,05 |
| Teilweise möblierte Räume mit glatten Wänden | 0,1 |
| Möblierte Räume, Maschinen- und Fabrikhallen | 0,15 ... 0,2 |
| Räume mit Polstereinrichtung, Maschinen- und Fabrikhallen mit teilweise schallschluckender Auskleidung | 0,3 |
| Räume mit schallschluckender Auskleidung | 0,4 |

stimmende Bezugsfläche besitzen. Dann wird das Schluckvermögen des ganzen Gegenstandes, d.h. seine äquivalente Schluckfläche $\bar{A}$ angegeben. Beispielsweise hat ein sitzender Mensch bei 250 Hz eine äquivalente Schluckfläche $\bar{A} = 0{,}3\ m^2$. Weitere Absorptionsgrade $\bar{A}$ sind in Tab. 7.3 aufgeführt [14].

Mit den Werten für $\alpha$, A und $\bar{A}$ kann nunmehr die Gesamtabsorption $\bar{A}_{ges}$ des Raumes angegeben werden. Es ist

$$\bar{A}_{ges} = \sum_{i=1}^{n} \alpha_i A_i + \sum_{j=1}^{m} \bar{A}_j. \qquad (7.97)$$

Die Gesamtabsorption wird meist frequenzabhängig in einem Oktavspektrum dargestellt. Sie kann aber auch als Mittelwert, an einer Frequenz von etwa 500 Hz orientiert, angegeben werden. In diesem Zusammenhang lassen sich dann zu Planungs- und Überschlagszwecken mittlere Schallschluckgrade $\bar{\alpha}_{ges} = \bar{A}_{ges}/\Sigma A_i$ ganzer Räume (Tab. 7.4) angeben.

Für die Beurteilung der Akustik eines Raumes kommt seiner Gesamtabsorption $\bar{A}_{ges}$ neben dem Raumvolumen selbst eine besondere Bedeutung zu. Wesentliche raumakustische Zusammenhänge lassen sich nur mit der Gesamtabsorption darstellen.

1. Für ein stationäres Geräusch in einem geschlossenen Raum ist es bei bekannter Schallleistung $P_Q$ möglich, den Schalldruckpegel $L_H$ des diffusen Schallfeldes zu berechnen.
2. Umgekehrt ist es in einem diffusen Schallfeld eines geschlossenen Raumes möglich, aus dem gemessenen Schalldruckpegel $L_H$ über die Größe $\overline{A}_{ges}$ die Schalleistung $P_Q$ der Schallquelle zu berechnen.
3. Die Größe des Direktfeldes einer Schallquelle im geschlossenen Raum kann rechnerisch erfaßt werden.
4. Möglichkeiten und Grenzen der Schallpegelminderung durch zusätzliches Anbringen von Schallschluckmaterial können angegeben werden.
5. Die für die Raumakustik wichtige Nachhallzeit T kann zu Planungs- und Überschlagszwecken rechnerisch ermittelt werden. Diese Nachhallzeit ist für die Beurteilung des Klangeindrucks von Sprache und Musik im Raum maßgebend, d.h. für die sogenannte Hörsamkeit des Raumes.

Der hierbei maßgebliche Zusammenhang zwischen $\overline{A}_{ges}$ und T erlaubt auch, umgekehrt aus der Messung der Nachhallzeit eines Raumes seine Gesamtabsorption zu berechnen. Dieser Möglichkeit kommt aber eine besondere Bedeutung zu, weil die nach Gl. (7.97) berechnete Gesamtabsorption nicht immer sicher zu erfassen ist. Unsicherheiten und größere Streuungen der $\alpha_i$-Werte, Ungenauigkeiten bei der Abschätzung der Absorption von Menschenansammlungen und aller sonstigen Schluckflächen führen dazu, daß der so berechnete Wert für $\overline{A}_{ges}$ nur als Schätzwert zu verwenden ist. Im Gegensatz dazu besitzt die Ermittlung von $\overline{A}_{ges}$ durch Messung der Nachhallzeit größere Genauigkeit.

Wie bereits gezeigt, kann das ganze Schluckvermögen des Raumes allein der fiktiven Fläche $\overline{A}_{ges}$ zugeordnet werden, etwa vergleichbar mit einer offenen Fensterfläche $\overline{A}_{ges}$, deren Schluckgrad $\alpha = 1$ ist, wohingegen die übrigen Begrenzungsflächen des Raumes voll reflektierend anzunehmen sind. Man spricht dann von der äquivalenten Schallabsorptionsfläche $\overline{A}_{äq}$. Diese Vereinfachung ist erlaubt, wenn das Schallfeld diffus ist, da in diesem Falle an allen Absorptionsflächen etwa gleiche Verhältnisse herrschen.

## 7.8 Schalldruckpegel des diffusen Schallfeldes

In einem geschlossenen Raum erzeuge eine Schallquelle mit der konstanten Schallleistung $P_Q$ ein stationäres und breitbandiges Geräusch. Außerhalb des Direktfeldes baut sich dann um die Schallquelle ein nahezu vollkommen diffuses Schallfeld mit konstanter Energiedichte w und Intensität I und mit einer über alle Richtungen gleichmäßig verteilten Energieausbreitung auf.

Als erstes läßt sich für den Grenzfall des vollkommen diffusen Schallfeldes die zugehörige Intensität $I_H$ rechnerisch ermitteln. Sie ist direkt gekoppelt an den Gleichgewichtszustand zwischen abgestrahlter Schalleistung $P_Q$ und der an der Raumbegrenzung pro Zeit absorbierten Energie $P_{abs}$. Dabei darf die absorbierte Energie, wie oben ausgeführt, mit der Gesamtabsorptionsfläche des Raumes verknüpft werden. Es ist also $P_Q = P_{abs}$. Weiterhin ist $P_{abs} = \overline{A}_{ges} \cdot \overline{I}$, wobei $\overline{I}$ die Intensität vor der Absorptionsfläche ist.

Die Intensität $I_H$ des diffusen Schallfeldes kann durch seine Energiedichte $w_H$ und seine in alle Richtungen wirksame Ausbreitungsgeschwindigkeit $c_H$ ausgedrückt werden. Es ist $I_H = w_H \cdot c_H$. Entsprechend ist dann in der Absorptionsfläche $\overline{I} = \overline{w} \cdot \overline{c}$, wobei jetzt

$\overline{w}$ die Energiedichte in dieser Fläche und $\overline{c}$ die mittlere Ausbreitungsgeschwindigkeit senkrecht zur Absorptionsfläche ist. Setzt man dies in die Beziehung für $P_{abs}$ ein, so erhält man für die abgestrahlte Schalleistung

$$P_Q = \overline{A}_{ges}\,\overline{w}\,\overline{c}. \tag{7.98}$$

Hierin lassen sich $\overline{w}$ und $\overline{c}$ durch $w_H$ und $c_H$ ausdrücken. Zunächst ist $\overline{w} = w_H/2$, da die Fläche $\overline{A}_{ges}$ nur halbseitig beaufschlagt wird, und somit die Hälfte aller im diffusen Schallfeld wirksamen Ausbreitungsrichtungen entfällt. Ebenso ist $\overline{c} = 1/2\ c_H$. Denn mit $c_\varphi = c_H \cos\varphi$ wird der Mittelwert über alle $c_\varphi$ ermittelt (Bild 7.40) [4].

$$\overline{c} = \frac{\int_0^{\pi/2} c_H \cos\varphi\, 2\pi r \sin\varphi\, r\, d\varphi}{2\pi r^2} = \frac{c_H}{2}.$$

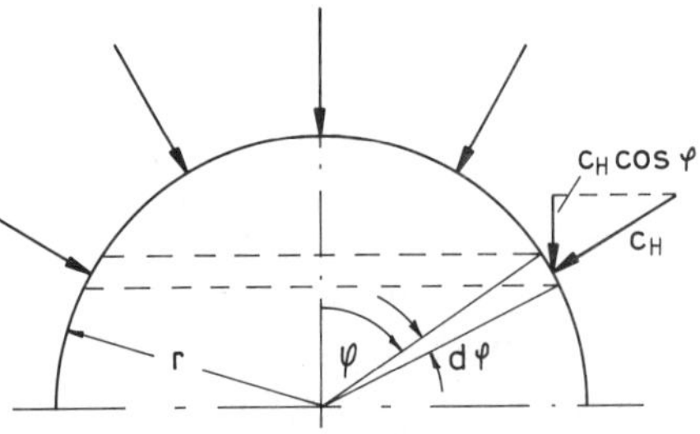


**Bild 7.40**
Geometrische Verhältnisse im Schallfeld bei der Bestimmung der mittleren Ausbreitungsgeschwindigkeit $\overline{c}$

Setzt man diese Ergebnisse für $\overline{w}$ und $\overline{c}$ in $P_Q = \overline{A}_{ges}\,\overline{w}\,\overline{c}$ ein, so erhält man

$$P_Q = \overline{A}_{ges}\,\frac{w_H\, c_H}{4} = \frac{1}{4}\, I_H\, \overline{A}_{ges}, \tag{7.99}$$

$$I_H = 4\,\frac{P_Q}{\overline{A}_{ges}}, \tag{7.100}$$

$$w_H = \frac{4\,P_Q}{\overline{A}_{ges}\, c_H}. \tag{7.101}$$

Gl. (7.99) bedarf noch einer Korrektur. Der Schluckgrad $\alpha$ in $\overline{A}_{ges}$ ist auf $I_\epsilon$ bezogen, es ist also $I_\delta = \alpha \cdot I_\epsilon > \alpha \cdot I_\rho$. Bezieht man, wie hier, auf $I_H$, wird $P_{abs}$ zu klein ermittelt. Man kann diesen Fehler ausgleichen, indem man für $\overline{A}_{ges}$ die Raumkonstante [6]

$$\overline{R} = \frac{1}{1-\overline{\alpha}}\,\overline{A}_{ges} \tag{7.102}$$

einführt. Hierin ist $\overline{\alpha}$ der mittlere Absorptionsgrad der Raumbegrenzung, der sich aus der Beziehung

$$\overline{\alpha} = \frac{\Sigma\,\alpha_i\, A_i}{\Sigma\, A_i}$$

errechnet ($\alpha_i$-Werte, vgl. Tab. 7.2). Jedoch ist festzustellen, daß in halligen Räumen, für die die hier verwendeten Beziehungen des Diffusfeldes nur Gültigkeit besitzen, der Unterschied zwischen $\bar{A}_{ges}$ und $\bar{R}$ wegen der kleinen $\bar{\alpha}$-Werte sehr klein ist, so daß nährungsweise gilt:

$$\bar{R} \approx \bar{A}_{ges}.$$

Führt man den Schalldruckpegel $L_H = 10 \cdot \lg I_H/I_0 - K_0$ (s. Gl. (1.158)) des diffusen Schallfeldes und den Schalleistungspegel $L_W = 10 \cdot \lg P_Q/P_0$ der Schallemission ein, folgt aus Gl. (7.99):

$$L_H = L_W - 10 \lg \frac{\bar{A}_{ges}}{A_0} + 6 - K_0 \quad \text{dB}, \tag{7.103}$$

$$A_0 = 1 \text{ m}^2.$$

Hierin ist $K_0 = -10 \lg \frac{Z}{Z_0}$ der Korrekturpegel für die Kennimpedanz. Mit Gl. (7.103) ist für das diffuse Schallfeld eines geschlossenen Raumes ein direkter Zusammenhang zwischen dem Schalldruckpegel $L_H$ am Immissionsort und dem Schalleistungspegel $L_W$ des Emissionsortes gefunden. Der Zusammenhang läßt sich auch in Frequenzbändern angeben. Es ist dann beispielsweise für Oktavbänder

$$L_{Okt} = L_{W_{Okt}} - 10 \lg \frac{\bar{A}_{ges_{Okt}}}{A_0} + 6 - K_0 \quad \text{dB}. \tag{7.104}$$

Aus dem Schalldruckspektrum kann nach der auf Seite 120 (Gln. (5.3) u. (5.4)) angegebenen Methode der A-bewertete Schalldruckpegel $L_A$ am Immissionsort berechnet werden. Voraussetzung hierzu ist die Kenntnis des Frequenzspektrums der $\bar{A}_{ges}$-Fläche und des Schalleistungsspektrums.

Zu Planungs- und Überschlagszwecken kann für den A-bewerteten Schalldruckpegel näherungsweise auch

$$L_A = L_{W_A} - 10 \lg \frac{\bar{A}_{ges_{500\,Hz}}}{A_0} + 6 \quad \text{dB(A)} \tag{7.105}$$

geschrieben werden, wobei $L_{W_A}$ der A-bewertete Schalleistungspegel am Emissionsort und $\bar{A}_{ges_{500\,Hz}}$ eine mittlere Absorptionsfläche ist.

Tab. 7.5 zeigt einige Anhaltswerte von Schalldruckpegeln $L_H$, wie sie z.B. in Werkshallen vorherrschen. Die Angabe erfolgt A-bewertet und in Oktavbändern [20].

Für den Fall, daß eine Wandfläche $A_Q$ durch Körperschall mit dem Schnellepegel $L_v = 10 \cdot \lg v_Q^2/v_0^2$ angeregt wird und daß sich vor der Wand ein diffuses Schallfeld aufbaut, ist wegen $P_Q = \sigma \cdot Z \cdot \tilde{v}_Q^2 \cdot A_Q$ der Druckpegel des diffusen Schallfeldes

$$L_H = L_v + \sigma' - 10 \lg \frac{\bar{A}_{ges}}{A_Q} + 6 \quad \text{dB}. \tag{7.106}$$

Auch dieser Zusammenhang läßt sich in Frequenzbändern anschreiben.

Im folgenden soll nun der Einfluß von $\bar{A}_{ges}$ auf den Schalldruckpegel $L_H$ untersucht werden. In allen Beziehungen für den Schalldruckpegel $L_H$ ist zu erkennen, daß die äquivalente Absorptionsfläche $\bar{A}_{ges}$ eine wesentliche Rolle spielt. Bei konstantem $P_Q$ bzw. $L_W$ nehmen Intensität $I_H$ und Pegel $L_H$ ebenso wie die Energiedichte $w_H$ mit größer werdender Absorptionsfläche ab.

**Tabelle 7.5** Anhaltswerte für Schalldruckpegel in Werkhallen unterschiedlicher Nutzung

| Schallquelle | Schalldruckpegel $L_H$ | | | | | | |
|---|---|---|---|---|---|---|---|
| | | Mittenfrequenz Hz | | | | | |
| | | 125 | 250 | 500 | 1000 | 2000 | 4000 |
| | dB(A) | dB | dB | dB | dB | dB | dB |
| Blechbearbeitung (Schleifen, Hämmern) | 105 | 85 | 90 | 100 | 100 | 100 | 95 |
| Blechbearbeitung (Feinblech-Stanzerei) | 95 | 80 | 85 | 90 | 80 | 85 | 80 |
| Rütteltisch für Formbetonteile | 105 | 100 | 100 | 100 | 95 | 90 | 85 |
| Gußputzerei | 95 | 85 | 90 | 90 | 90 | 85 | 85 |
| Kraftwerk (Maschinenhaus) | 90 | 90 | 85 | 85 | 85 | 85 | 85 |
| Druckerei (Rotationsdruck-maschinen) | 95 | 90 | 90 | 95 | 90 | 85 | 75 |
| kleine Druckerei | 85 | 75 | 80 | 80 | 80 | 75 | 70 |
| Mühlen (Prallmühlen für Kunststoff-zerkleinerung) | 105 | 90 | 95 | 100 | 105 | 95 | 95 |
| Schreinerei | 95 | 85 | 95 | 95 | 90 | 90 | 85 |
| Textilherstellung (Spinnmaschinen) | 90 | 85 | 85 | 90 | 85 | 85 | 80 |
| Websaal | 100 | 85 | 85 | 90 | 95 | 95 | 90 |
| Werkzeugschleiferei | 90 | 85 | 85 | 90 | 85 | 80 | 75 |

Dieser Einfluß soll noch etwas genauer dahingehend untersucht werden, wie stark man den Schalldruckpegel $L_H$ und damit auch die Lautstärke eines Geräusches in einem geschlossenen Raum durch nachträgliches Anbringen von Schallschluckmaterial an Decken und Wänden (z.B. Akustikplatten) herabsetzen kann.

Die Ausgangsabsorptionsfläche sei $\bar{A}_1$, die Vergrößerung $\Delta\bar{A}$. Die dadurch erreichte Reduzierung des Druckpegels $L_H$ ist

$$\Delta L = 10 \lg \left(1 + \frac{\Delta\bar{A}}{\bar{A}_1}\right). \qquad (7.107)$$

Ist diese Reduzierung $\geqslant 3$ dB, so wird die Lautstärke bereits spürbar herabgesetzt. Dabei bringt eine Verdopplung von $\bar{A}_1$ ($\Delta A_1 = \bar{A}_1$) gerade eine Reduzierung von 3 dB. Je nach Ausgangssituation, d.h. je nach vorhandener Ausgangsgröße $\bar{A}_1$, kann man unterschiedliche Wirkungen erreichen. Beispielsweise kann in Büroräumen mit normaler Akustik eine Herabsetzung von 3 dB, dagegen in mehr halligen Räumen eine Reduzierung bis zu 10 dB erzielt werden. In Bild 7.41 ist $\Delta L$ in Abhängigkeit von $\Delta A$ bei unterschiedlichen Ausgangswerten von $\bar{A}_1$ angegeben [14, 21].

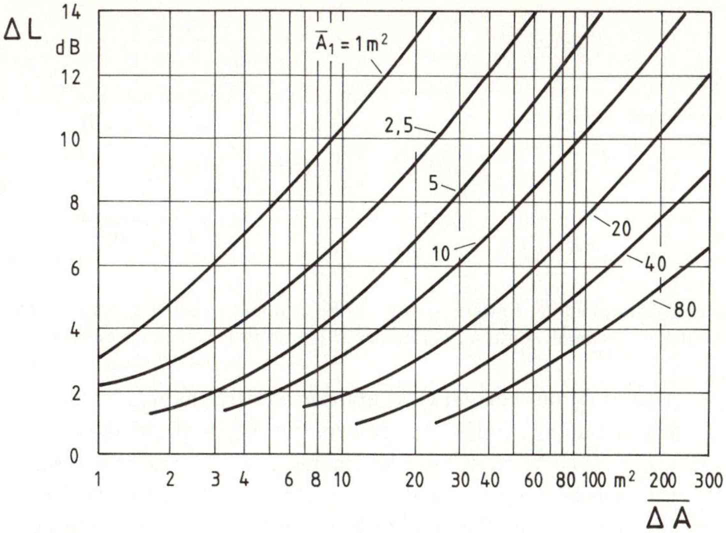


**Bild 7.41** Lärmänderung $\Delta L$ in Abhängigkeit von der äquivalenten Schallschluckfläche $\Delta\bar{A}$ für verschiedene Ausgangsabsorptionsflächen $\bar{A}_1$

*Beispiel* (Bild 7.41):

In einem 250 $m^3$ großen und leeren Raum mit $\bar{A}_1 = 10\ m^2$ erreicht man durch Anbringen einer zusätzlichen Absorptionsfläche $\Delta\bar{A} = 50\ m^2$ eine Lärmminderung $\Delta L = 8$ dB. Wäre $\bar{A}_1 = 40\ m^2$, betrüge $\Delta L$ nur noch 3,5 dB.

Diese Pegelminderungen $\Delta L$ wirken sich aber nur in Raumpunkten des diffusen Schallfeldes aus, dagegen ist im Bereich des Direktfeldes in der Nähe der Schallquelle durch Vergrößern von $\bar{A}_{ges}$ keine nennenswerte Wirkung zu erreichen. Hier läßt sich u.a. durch Abschirmung und Kapselung eine Pegelabsenkung herbeiführen.

## 7.9 Hallradius

Wie bereits ausgeführt, geht das im Abstand $r_D$ von einem Kugelstrahler 0. Ordnung abgestrahlte Direktfeld in das Diffusfeld über. Dieser Radius wird auch Hallradius $r_H$ genannt (Bild 7.42). Er läßt sich für den Grenzfall berechnen, daß die Kugelwellen dem bekannten Abfall der Intensität mit der Entfernung $I(r) \sim 1/r^2$ gehorchen (siehe Gl. (1.133)). Die Intensität des Diffusfeldes $I_H$ ist für $r > r_H$ konstant und durch Gl. (7.100) gegeben. An der Übergangsstelle, d.h. für $r = r_H$, sind aber beide Intensitäten einander gleich. Es ist also $I(r_H) = I_H$ oder

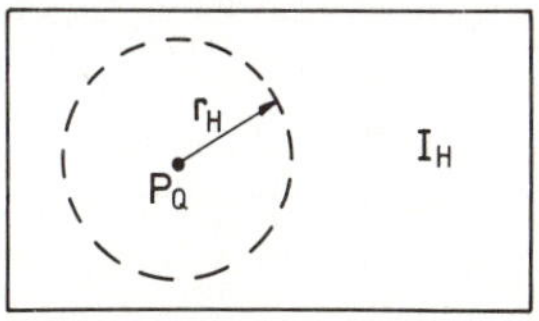


**Bild 7.42** Hallradius in einem geschlossenen Raum

$$\frac{P_Q}{4\pi r_H^2} = \frac{4 P_Q}{\bar{A}_{ges}},$$

woraus folgt:

$$r_H = 0{,}141\sqrt{\bar{A}_{ges}}\,. \tag{7.108}$$

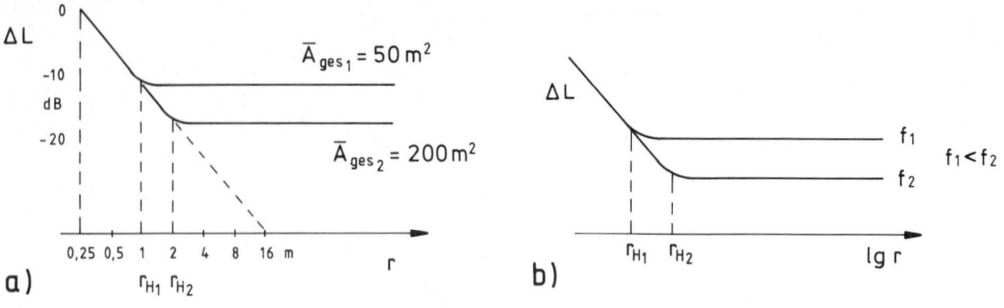


**Bild 7.43** Pegelabnahme in Abhängigkeit der Entfernung von der Schallquelle in einem geschlossenen Raum a) bei unterschiedlicher Gesamtabsorption des Raumes b) bei verschiedenen Frequenzen

Man erkennt, daß der Hallradius $r_H$ nur von der Gesamtabsorptionsfläche $\overline{A}_{ges}$ abhängt und mit der Wurzel aus dieser zunimmt. So ist beispielsweise für $\overline{A}_{ges} = 50\ m^2$ der Hallradius $r_H = 1$ m und für $\overline{A}_{ges} = 200\ m^2$ $r_H = 2$ m. Der Hallradius $r_H$ ist ebenso wie $\overline{A}_{ges}$ frequenzabhängig und wird auch in Frequenzbändern angegeben. Höhere Frequenzen werden stärker absorbiert, und $\overline{A}_{ges}$ und damit auch $r_H$ nehmen entsprechend zu (Bild 7.43).

## 7.10 Nachhallzeit

Ein Schallereignis, das plötzlich verstummt, klingt infolge der vielfältigen Reflexionen im Raum mehr oder weniger lang nach. Die ersten, innerhalb 40 ms eintreffenden Rückwürfe wirken noch verstärkend, da sie vom Ohr zeitlich nicht vom Primärschall unterschieden werden, während die danach eintreffenden Schalleindrücke bei sinkender Intensität den Eindruck des Nachhalls vermitteln.

Registriert man den Schalldruckpegel $L_p$ eines auf diese Weise verstummenden Geräusches über der Zeit, so ergibt sich eine fallende Gerade, wenn die Absorption etwa gleichmäßig über den Raum verteilt ist.

In Bild 7.44 erkennt man die Nachhallzeit T. Sie ist als die Zeit definiert, die nach dem Verstummen, bzw. Abschalten eines Geräusches vergeht, bis sein Pegel um 60 dB abgefallen ist, bis seine Intensität auf den millionsten Teil ihres Ausgangswertes abgesunken ist.

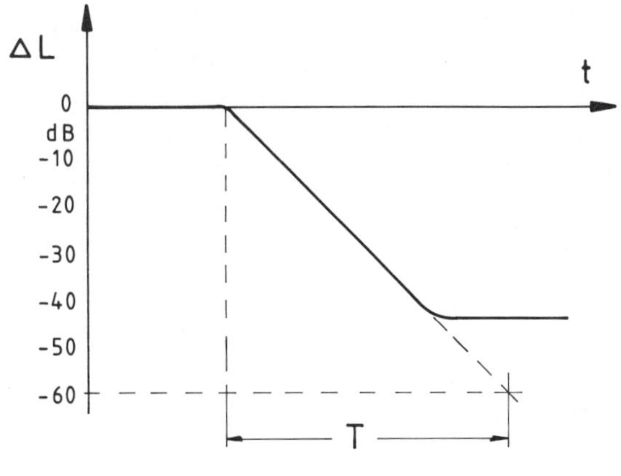


**Bild 7.44**
Definition der Nachhallzeit in einem Pegel-Zeit-Diagramm

Sicherlich ist die Nachhallzeit wesentlich durch die Gesamtabsorption $\bar{A}_{ges}$ bestimmt, denn geringere Absorption bedeutet mehr Reflexion und damit größere Nachhallzeit und umgekehrt. Aber auch das Raumvolumen wird in T eingehen, denn größeres V bedeutet im Mittel größere Schallwege und damit folgen die Reflexionen einander nicht so schnell wie in kleineren Räumen, d.h., insgesamt wird $T \sim V$ und $T \sim 1/\bar{A}_{ges}$ sein. Schließlich wird sich bei höheren Frequenzen auch die Luftdissipation bemerkbar machen und sich verkürzend auf die Nachhallzeit auswirken.

Im folgenden wird nun die Nachhallzeit T aufgrund einer einfachen Energiebetrachtung am diffusen Schallfeld abgeleitet. Nach Verstummen der Schallquelle nimmt die über das ganze Raumvolumen V verteilte Schallenergie W mit der Zeit stetig ab. Sie sinkt in der Zeit t von einem Anfangswert $W_a$ auf den Wert W(t) ab. Dabei ist die Energieabnahme mit der Zeit dW/dt auch gleich der von $\bar{A}_{ges}$ in der Zeit absorbierten Schalleistung $P_{abs}$. Es gilt also zunächst [3, 4]

$$\frac{dW}{dt} = -P_{abs}(t). \tag{7.109}$$

Für ein stationäres Geräusch gilt

$$P_{abs} = \frac{1}{4}\bar{A}_{ges}\, c_H\, w_H$$

bzw.

$$P_{abs}(t) = \frac{1}{4}\bar{A}_{ges}\, c_H\, w(t). \tag{7.110}$$

Mit der im diffusen Schallfeld räumlich konstanten Energiedichte w(t) kann man noch den Mittelwert W(t)/V bilden. Es ist dann

$$P_{abs}(t) = +\bar{A}_{ges}\,\frac{1}{4}\,c_H\,\frac{W(t)}{V}\ . \tag{7.111}$$

Hieraus gewinnt man nach Trennung der Veränderlichen, durch Integration und Berücksichtigung der Anfangsbedingung $W(0) = W_a$ zunächst

$$\ln\frac{W(t)}{W_a} = -\frac{c_H}{4}\,\frac{\bar{A}_{ges}}{V}\,t, \tag{7.112}$$

$$W(t) = W_a \cdot e^{-\frac{c_H}{4}\frac{\bar{A}_{ges}}{V}t}\ . \tag{7.113}$$

Eine Pegelabnahme von 60 dB führt zu

$$W(t) = W_a \cdot 10^{-\frac{60}{10}}\ .$$

Die dazugehörende Zeit, die Nachhallzeit T, gewinnt man dann aus der Beziehung

$$W_a \cdot 10^{-6} = W_a \cdot e^{-\frac{c_H}{4}\frac{\bar{A}_{ges}}{V}T}$$

zu

$$T = \frac{V}{\bar{A}_{ges}} \frac{4}{c_H} \cdot 13{,}82 \quad ,$$

woraus speziell für Luft ($c_H$ = 340 m/s) die folgende Nachhallzeit berechnet wird

$$T = T_S = 0{,}163 \frac{V}{\bar{A}_{ges}} \qquad (7.114)$$

(T in s, V in $m^3$, $\bar{A}_{ges}$ in $m^2$).

In dieser Form wird sie auch Sabinesche Nachhallzeit $T_S$ genannt. Man findet darin die eingangs erwähnten Zusammenhänge bestätigt.

Zusätzlich läßt sich noch die Luftdissipation berücksichtigen, die sich in geschlossenen Räumen vor allem bei höheren Frequenzen bemerkbar macht. Mit dem Dämpfungskoeffizienten $\alpha_L$ der Luft nimmt die Amplitude $\hat{I}$ der Intensität auf dem Weg $\Delta x$ nach der Exponentialbeziehung

$$I(x) = \hat{I} \cdot e^{-2\alpha_L \cdot \Delta x} \qquad (7.115)$$

ab. Führt man die Zeit t ein, so wird wegen $\Delta x = c \cdot t$

$$I(t) = \hat{I} \cdot e^{-2\alpha_L \cdot c \cdot t}. \qquad (7.116)$$

Dieser exponentielle Abfall von I(t) mit der Zeit kann sinngemäß auf die Abnahme der Schallenergie W(t) in Abhängigkeit von der Zeit übertragen werden. Es ist also

$$W(t) = \left( W_a \cdot e^{-\frac{c_H}{4}\frac{\bar{A}_{ges}}{V} t} \right) \cdot e^{-2\alpha_L \cdot c_H \cdot t} \qquad (7.117)$$

$$= W_a \cdot e^{-(\bar{A}_{ges} + 8\alpha_L V)\frac{t}{V}\frac{c_H}{4}}. \qquad (7.118)$$

Daraus folgt für eine Energieabnahme von 60 dB in Luft:

$$T = 0{,}163 \frac{V}{\bar{A}_{ges} + 8\alpha_L V} = \frac{T_S}{1 + \frac{8\alpha_L V}{\bar{A}_{ges}}}. \qquad (7.119)$$

Diese Beziehung für die Nachhallzeit stellt die erweiterte Sabinesche Formel dar. Man erkennt den zusätzlichen Einfluß der Luftdämpfung, der zu einer Verkürzung der Nachhallzeit führt. Die Reduzierung wird vor allem bei höheren Frequenzen spürbar, wie das folgende Beispiel gut erkennen läßt.

*Beispiel:*

$V = 1\,000\ m^3$, $\bar{A}_{ges} = 100\ m^2$

α) f = 500 Hz: $\frac{T}{T_S} = \frac{1}{1 + 8 \cdot 1{,}84 \cdot 10^{-4} \frac{1000}{100}} 100\,\% = 98{,}6\,\%$

$\alpha_L = 1{,}84 \cdot 10^{-4}$ (Tab. 6.3).

$$\beta)\ f = 8000\ \text{Hz}: \frac{T}{T_S} = \frac{1}{1 + 8 \cdot 86{,}3 \cdot 10^{-4}\,\dfrac{1000}{100}}\,100\,\% = 59\,\%$$

$$\alpha_L = 86{,}3 \cdot 10^{-4}.$$

Aus der Beziehung (7.112)

$$\ln \frac{W(t)}{W_a} = -\frac{c_H}{4}\,\frac{\bar{A}_{ges}}{V}\,t.$$

folgt noch, daß der Schalldruckpegel $L_p$ als eine logarithmische Größe ebenfalls linear mit der Zeit abfallen muß, denn es ist

$$\ln \frac{W(t)}{W_a} = \ln \frac{w(t)}{w_a} = \ln \frac{I(t)}{I_a} = 0{,}23\,L_p(t) - 0{,}23\,L_{p_a}.$$

Also ist

$$L_p(t) = L_{p_a} - \frac{c_H}{4 \cdot 0{,}23}\,\frac{\bar{A}_{ges}}{V}\,t. \tag{7.120}$$

Die Nachhallzeit T ist infolge ihres Zusammenhanges mit $\bar{A}_{ges}$ und $\alpha_L$ in stärkerem Maße frequenzabhängig. Man gewinnt eine Art mittlere Nachhallzeit $T_m$, wenn man den Pegelabfall beispielsweise nach einem Knall aufzeichnet. Solche mittleren Nachhallzeiten $T_m$ betragen für

| | | |
|---|---|---|
| Wohnzimmer | | 0,6 s |
| Hörsäle | | 0,8 s |
| Theater | | 1,5 s |
| Kirchen | bis | 5 s. |

Zweckmäßiger ist es, die Nachhallzeiten eines Raumes in Abhängigkeit von der Frequenz zu messen. Hierzu werden z.B. aus dem weißen Rauschen eines Rauschgenerators Oktav- oder Terzbänder herausgefiltert und von einem Lautsprecher in den Raum abgestrahlt. Der Schalldruckpegel wird ebenfalls gefiltert und nach dem Abschalten des Rauschgenerators mitgeschrieben. Eine solche Aufzeichnung ist in Bild 7.45 exemplarisch dargestellt. Der versetzte Verlauf der Abklingkurven ergibt sich aus dem fortlaufenden Vorschub eines zu einer Endlosschleife zusammengeklebten Papierstreifens geeigneter Länge.
Der Frequenz-Meßbereich ist etwa auf den Bereich 125 Hz < f < 4000 Hz eingeschränkt.

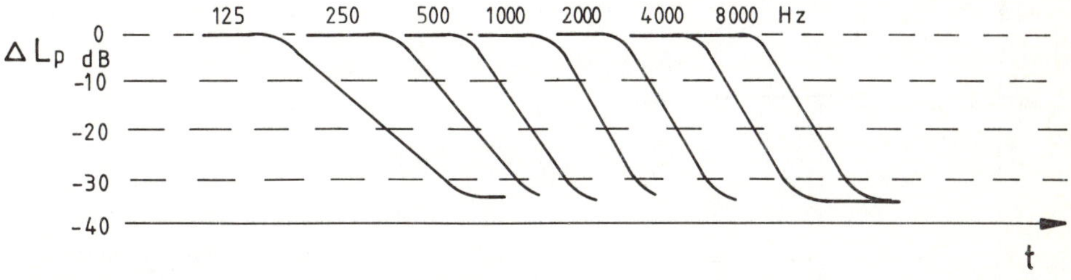


**Bild 7.45** Nachhallzeiten für verschiedene Oktavbänder

Die dabei gemessenen Nachhallzeiten entsprechen dann annähernd der Sabineschen Nachhallzeit $T_S$. Unter 125 Hz ist die Diffusität des Schallfeldes nicht immer gewährleistet, so daß die Kurve $L_p(t)$ nicht mehr einer Geraden folgt. Über 4000 Hz hat T keine ausschließliche Aussagekraft für den Raum, da wie oben gezeigt, die Dissipation der Luft wesentlich wird.

In Bild 7.46 ist $T_{Okt}$ für einen Raum über der Oktavleiter aufgetragen. Dabei entspricht die bei 500 Hz gemessene Nachhallzeit $T_{500}$ etwa der mittleren Nachhallzeit $T_m$.

Der einfache Zusammenhang zwischen der Sabineschen Nachhallzeit $T_S$ und der Gesamtabsorption $\bar{A}_{ges}$ eines Raumes ermöglicht es, in ebenso einfacher Weise $\bar{A}_{ges}$ als Funktion von $T_S$ darzustellen. Es ist

$$\bar{A}_{ges} = 0{,}163 \frac{V}{T_S} \quad . \tag{7.121}$$

Da auch die meßtechnische Ermittlung der Nachhallzeit verhältnismäßig einfach ist, läßt sich die Gesamtabsorption $\bar{A}_{ges}$ leicht über die Nachhallzeit bestimmen. Hinzu kommt, daß die auf diese Weise gefundene Gesamtabsorption gegenüber der aus den $\alpha_i$- und $\bar{A}_i$-Werten berechneten genauer ist, wie dies bereits auf Seite 214 (Gl. (7.97)) ausgeführt wurde.

Werden die Nachhallzeiten für Oktav- bzw. Terzbänder ermittelt, läßt sich die Gesamtabsorption des Raumes $\bar{A}_{ges}$ frequenzabhängig für Oktav- bzw. Terzbänder darstellen.

Man kann noch in allen bisherigen akustischen Beziehungen des Raumes, in denen die Größe $\bar{A}_{ges}$ enthalten ist, letztere durch $T_S$ ersetzen. Aus folgender Aufstellung geht hervor, daß die Nachhallzeit in der Raumakustik eine besondere Bedeutung hat.

$$P_Q = \frac{1}{24{,}6} I_H \frac{V}{T_S} , \tag{7.122}$$

$$I_H = 24{,}6 \frac{P_Q T_S}{V} , \tag{7.123}$$

$$L_H = L_W - 10 \lg \frac{V}{V_0} + 10 \lg \frac{T_S}{T_0} - K_0 + 14 \quad \text{dB}, \tag{7.124}$$

$$r_H = 0{,}057 \sqrt{\frac{V}{T_S}} , \tag{7.125}$$

($V$ in $m^3$, $T$ in s).

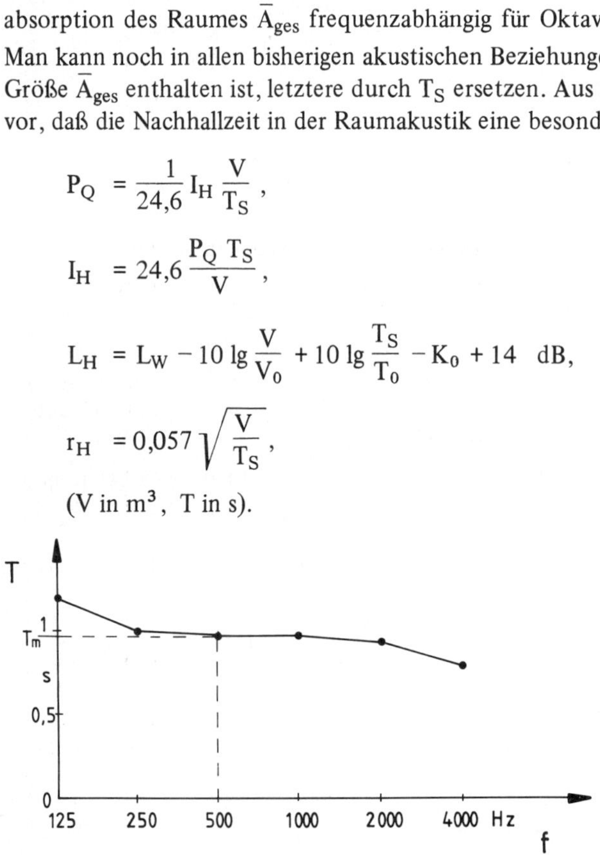


**Bild 7.46**
Oktav-Nachhallzeiten eines Raumes

Alle Größen der linken Seite sind frequenzabhängig und sind vor allem in Oktav- und Terzbändern darstellbar.

*Beispiel:*

Für einen Hörsaal ($V = 15 \cdot 10 \cdot 3{,}3\ m^3 = 495\ m^3$; $A \approx 470\ m^2$), in dem eine Schreckschußpistole abgefeuert wurde, ergab sich eine mittlere, gemessene Nachhallzeit

$$T_m = 0{,}85\ s.$$

Mit $K_0 \approx 0$ erhält man dann

$$\bar{A}_{ges} = 0{,}163 \frac{495}{0{,}85} m^2 = 94{,}9\ m^2,$$

$$L_H = L_W - 10 \lg \frac{495}{1} + 10 \lg \frac{0{,}85}{1} + 14\ dB = L_W - 13{,}7\ dB,$$

$$r_H = 0{,}057 \sqrt{\frac{495}{0{,}85}}\ m = 1{,}38\ m.$$

## 7.11 Hörsamkeit eines Raumes

Die Nachhallzeit spielt in der Raumakustik noch eine weitere wichtige Rolle. Sie charakterisiert auch das subjektiv wahrgenommene akustische Verhalten eines Raumes in seiner Gesamtheit oder, wie man sagt, sie beschreibt die Hörsamkeit eines Raumes im Hinblick auf die Wahrnehmung von Sprache und Musik. So klingt bei zu kurzer Nachhallzeit eines Raumes ein Schallereignis im Raum nahezu wie im Freien, Sprache und Musik erscheinen hart und stumpf, die Lautstärke nimmt mit dem Abstand sehr schnell ab. Umgekehrt sind die Höreindrücke bei zu langer Nachhallzeit verwaschen, Silben und Klänge gehen ineinander über und stören dadurch vor allem bei der Sprache. Es wird also zwischen zu kurzer und zu langer Nachhallzeit ein Optimum geben, wobei noch zu unterscheiden ist, ob gutem Musikempfang oder guter Sprachverständlichkeit der Vorzug gegeben werden soll.

Für gute Sprachverständlichkeit bei gleichzeitig niedrig gehaltenem Pegel der Nebengeräusche, existieren in kleineren bis mittelgroßen Räumen, beispielsweise in Sitzungszimmern, Versammlungsräumen, Hörsälen und ähnlichem, Optimalwerte der Nachhallzeit in Abhängigkeit vom Raumvolumen V (V liegt zwischen 125 $m^3$ und 500 $m^3$). Es sind Erfahrungswerte, die in DIN 18041 – Hörsamkeit in kleinen bis mittelgroßen Räumen – als Soll-Nachhallzeiten $T_{soll}$ über V angegeben sind. Die Werte für $T_{soll}$ bestimmen ihrerseits die Soll-Absorptionsflächen $\bar{A}_{ges_{soll}}$ nach Gl. (7.121)(Tab. 7.6).

**Tabelle 7.6** Soll-Nachhallzeiten, Soll-Absorptionsflächen, Personen-Absorptionsflächen in Abhängigkeit vom Raumvolumen für kleine bis mittelgroße Räume

| V | $m^3$ | 125 | 250 | 500 | 1000 |
|---|---|---|---|---|---|
| $T_{soll}$ | s | 0,6 | 0,7 | 0,8 | 0,9 |
| $\bar{A}_{ges_{soll}}$ | $m^2$ | 34 | 58 | 102 | 181 |
| $\bar{A}_P$ | $m^2$ | 12,5 | 25 | 50 | 100 |

Nun setzt sich die Gesamtabsorption eines Raumes aus zwei Komponenten zusammen, aus der Absorptionsfläche $\overline{A}_{leer}$ der leeren Räume (Absorption an der festen Begrenzung und an fest eingebauten Einrichtungen) und der Absorptionsfläche $\overline{A}_P$ der sich in den Räumen aufhaltenden Personen. Für $\overline{A}_P$ sind in DIN 18041 in Abhängigkeit vom Raumvolumen ebenfalls Richtwerte angegeben (siehe Tab. 7.6).

Sind die Personen teilweise verdeckt, müssen halbierte Werte verwendet werden.

Mit diesen Angaben und einer Nachhallzeitmessung $T_{leer}$ im leeren Raum läßt sich eine ggf. nachträglich anzubringende Absorptionsfläche $\Delta\overline{A}$ abschätzen. Es ist

$$\Delta\overline{A} = \overline{A}_{ges_{soll}} - (\overline{A}_{leer} + \overline{A}_P), \tag{7.126}$$

wobei gilt

$$\overline{A}_{leer} = 0{,}163 \frac{V}{T_{leer}} .$$

Wie eine optimale Nachhallzeit erreicht werden kann, soll am Beispiel eines Hörsaales erläutert werden. Dieser habe einen Rauminhalt $V = 500\ m^3$ und soll mit einer optimalen Absorptionsfläche ausgestattet werden. Seine Nachhallzeit $T_{leer}$ wurde mit 1,4 s gemessen. Hierzu gehört die Absorptionsfläche $\overline{A}_{leer} = 58\ m^2$. Daraus und mit den Werten aus Tab. 7.6 wird $\Delta\overline{A} \approx [100 - (58 + 50/2)]\ m^2 = 17\ m^2$, d.h., es ist im Hörsaal zusätzlich eine Absorptionsfläche von mindestens $17\ m^2$ anzubringen. Bei Verwendung handelsüblicher Akustikplatten in 2 cm Abstand von der Unterlage werden bei einem mittleren Schluckgrad $\alpha = 0{,}75$ hierzu $17/0{,}75 = 23\ m^2$ Plattenfläche benötigt. Es stellt sich nun die Frage, an welchen Stellen der Raumbegrenzung die Akustikplatten zweckmäßig anzubringen sind. Für die Beurteilung der Hörsamkeit spielt also nicht nur die Größe der Absorptionsfläche $\overline{A}_{ges}$ des Raumes eine Rolle, sondern auch ihre Verteilung an der Raumbegrenzung, und zwar vor allem die Verteilung der zusätzlichen Schluckfläche $\Delta\overline{A}$. Beim Auffinden der zweckmäßigen Verteilung kommt den bereits früher erwähnten ersten Reflexionen (vgl. S. 175) Bedeutung zu. Diese haben zur Folge, daß der reflektierte Schall einen etwas längeren Weg zurücklegt als der direkte Schall, so daß der reflektierte Schall entsprechend später am Ohr eintrifft. Der Zeitunterschied wird Laufzeitdifferenz genannt. Diese Laufzeitdifferenz hat Einfluß auf die Sprachverständlichkeit in einem geschlossenen Raum. Bei kleinerer Laufzeitdifferenz ist der Schalleindruck verstärkt, bei größerer Zeitdifferenz wird der Schalleindruck unklar, und bei besonders ungünstigen Verteilungen der Schallschluckflächen können sogar Echos entstehen. Man spricht demzufolge von einer nützlichen und einer schädlichen Wirkung der Laufzeitdifferenz. Die Erfahrung zeigt, daß etwa bei 50 ... 100 ms die Grenze zwischen nützlicher und schädlicher Wirkung liegt. Diese Zeit entspricht dann einem zu akzeptierenden Umweg des reflektierten Schalls von ca. 16 ... 32 m. Aus dem gleichen Grund bezeichnet man reflektierende Flächen, die beim Empfänger Laufwegdifferenzen gegenüber dem direkten Schall von mehr als 16 ... 32 m hervorrufen, als reflexionsschädliche Flächen. Ihr Einfluß muß unterbunden werden. Hierzu einige Beispiele:

*a) Vermeidung schädlicher Rückwandreflexionen*

In längeren Räumen wird die Sprachverständlichkeit im vorderen Hörbereich durch schädliche Reflexionen an einer schallharten Rückwand wesentlich beeinträchtigt. Der Grund

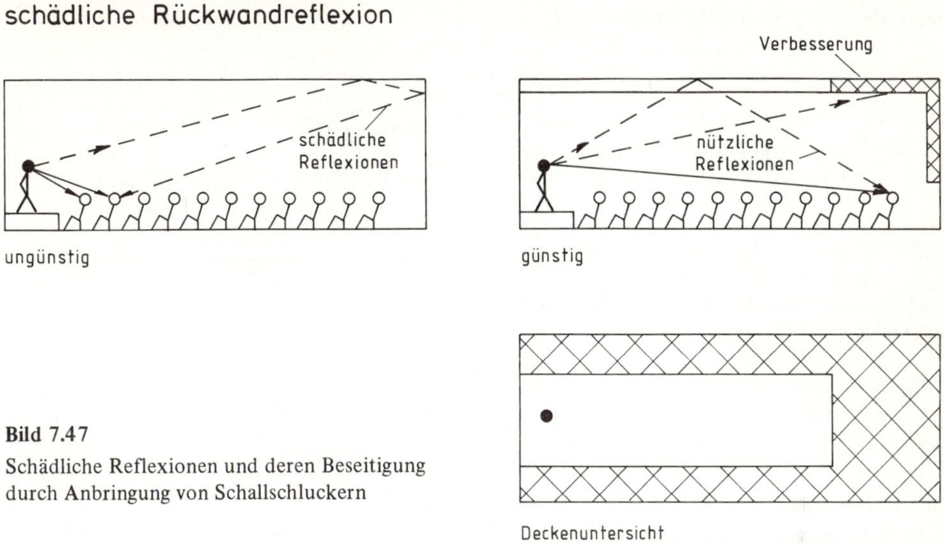


**Bild 7.47**
Schädliche Reflexionen und deren Beseitigung durch Anbringung von Schallschluckern

hierfür ist, daß die Laufzeitdifferenz zwischen reflektiertem und direktem Schall zu groß ist. Man beseitigt diesen Mangel, indem man die Rückwand in ihrem oberen Teil und einen angrenzenden Deckenstreifen mit Schallschluckmaterial abdeckt (Bild 7.47) [14].

*b) Vermeidung schädlicher Deckenreflexionen*

In höheren Räumen tritt im vorderen Hörbereich eine ähnliche Verschlechterung der Sprachverständlichkeit auf. Sie wird durch schädliche Reflexionen an der vorderen schallharten Decke hervorgerufen. Auch diesen Mangel kann man beseitigen, indem man die vordere Decke mit schallschluckendem Material verkleidet und darüberhinaus das Hörergestühl ansteigen läßt (Bild 7.48).

*c) Vermeidung von Flatterecho*

Sehr ungünstige akustische Verhältnisse können auftreten, wenn ein Raum durch Paare zueinander paralleler Flächen mit verhältnismäßig schallharter Oberfläche begrenzt ist. Solche Zuordnungen können Decke-Fußboden, die beiden Seitenwände sowie Vorder- und Rückwand sein, deren Oberfläche ohne natürliches oder zusätzliches Schallschluckmaterial ausgestattet ist. Die vielfältig möglichen und streng gerichteten Reflexionen zwischen solchen parallelen Wänden können zu stehenden Schallwellen bzw. periodischen Reflexionen und damit zu dem gefürchteten Flatterecho führen [4, 11]. Man unterdrückt diese lästige Erscheinung, indem man eine der beiden parallelen Flächen wenigstens partiell schallschluckend verkleidet. Die Verkleidung kann beispielsweise auch Vorhangstoff sein (Bild 7.49).

*d) Nützliche Reflexionsflächen*

Neben den als schädlich erkannten Reflexionsflächen sind in den Beispielen a) bis c) auch nützliche Reflexionen festzustellen. Letztere sind vor allem dann in größeren Räumen

**Bild 7.48**
Schädliche Deckenreflexionen und deren Vermeidung in höheren Räumen durch Anordnung von Schallschluckmaterialien und ansteigende Sitzreihen

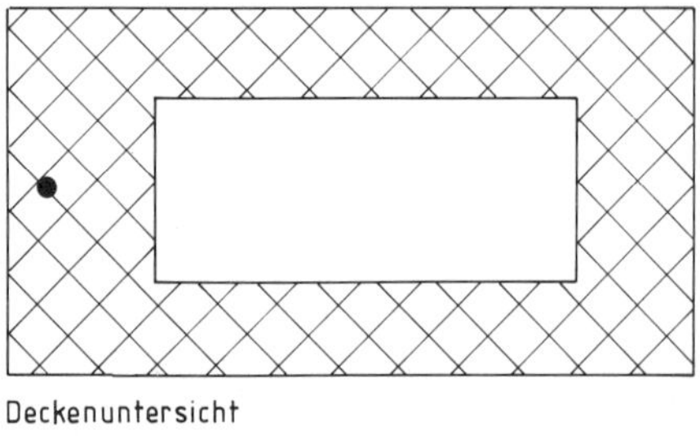


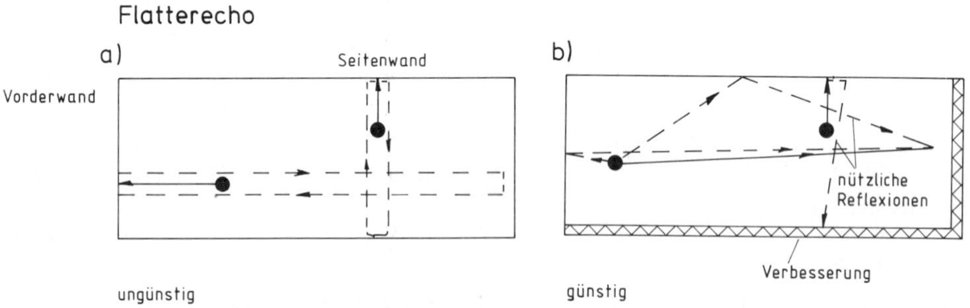


**Bild 7.49** a) Ausbildung von stehenden Schallwellen (Flatterecho) an parallelen Wänden b) Vermeidung von Flatterecho durch Anordnung von Schallschluckmaterialien

unverzichtbar, wenn für eine gute Sprachverständlichkeit verhältnismäßig viel Schallschluckmaterial verwendet wird. Unabhängig davon erwartet man in größerer Entfernung eine ausreichende Lautstärke. Diese wird vor allem durch Reflexionen im mittleren Bereich der Decke erreicht, den man daher stets frei von schallschluckenden Elementen halten muß. Reflexionen am Mittelteil einer Seitenwand oder auch an der Vorderwand, wenn diese auch zumeist hinter dem Sprecher liegt und damit weniger Energie reflektiert, wirken ebenfalls nützlich.

Ganz anders liegen die akustischen Verhältnisse bei dem sog. Großraumbüro. Hier sollen sich die zahlreichen Arbeitsplätze nicht gegenseitig akustisch stören, der Luftschall soll also eine geringe Ausbreitung erfahren. Die Decke wird jetzt zur schädlichen Reflexionsfläche. Daher werden an der Deckenunterseite Akustikplatten angeordnet, ebenso wird der Fußboden mit schallschluckendem Bodenbelag ausgelegt. In Sonderfällen wird der Großraum durch Stellwände und Ähnliches in kleinere Untergruppen unterteilt. Allerdings ist hierbei dafür zu sorgen, daß der Grundpegel nicht so niedrig wird, daß die Arbeitsgeräusche zu starke Pegeländerungen bewirken. In solchen Fällen haben sich elektroakustisch erzeugte Hintergrundgeräusche bewährt.

Abschließend muß noch darauf hingewiesen werden, daß neben der Größe der Nachhallzeit und der Art, wie die Absorptionsfläche $\bar{A}_{ges}$ über den Raum verteilt ist, weitere Parameter Einfluß auf die Hörsamkeit haben, wie beispielsweise die Form des Raumes, die Lage der Schallquelle im Raum und der Standort des Empfängers darin. Doch werden alle diese Einflüsse von untergeordneter Bedeutung, wenn das Schallfeld im Raum eine ausreichende Diffusität besitzt. Ausreichende Diffusität ist daher eine notwendige Voraussetzung für gute Hörsamkeit. Wird diese Voraussetzung erfüllt, steht gute Hörsamkeit meistens in Übereinstimmung mit optimaler Nachhallzeit.

## 7.12 Schallabstrahlung eines diffusen Feldes

An der Begrenzung des Diffusfeldes eines geschlossenen Raumes kommt es auch zur Schallabstrahlung nach außen. Für diese Schallabstrahlung ist neben dem Schalldruckpegel $L_H$ des Diffusfeldes das Dämmverhalten der Raumbegrenzung maßgeblich. Als Beispiel hierzu sei das diffuse Schallfeld in einer Fabrikhalle angeführt, deren Arbeitslärm durch Wände und Dachfläche nach außen dringt.

Zur Beurteilung einer möglichen Lärmbelästigung der Nachbarschaft kann es dann erforderlich werden, die Stärke dieser Schallabstrahlung zu kennen bzw. abzuschätzen. Sie soll zunächst an einer einfachen, ebenen Wand ermittelt werden.

Wird eine solche ebene Wandfläche $A_W$ auf der Innenseite eines geschlossenen Raumes (1) durch das diffuse Luftschallfeld der Intensität $I_{H\,1}$ angeregt, so läßt sich die an der Außenseite der Wand abgestrahlte Schalleistung bzw. deren Schalleistungspegel $L_{W_a}$ angeben. Hierzu ist noch die Kenntnis des frequenzabhängigen Schalldämmaßes R der Wand erforderlich.

Die Abstrahlung erfolge dann weiter im Freifeld oder Diffusfeld. Ausgang ist die auf die Wandfläche $A_W$ auftreffende Schalleistung $P_e$ (Bild 7.50). Entsprechend der Beziehung

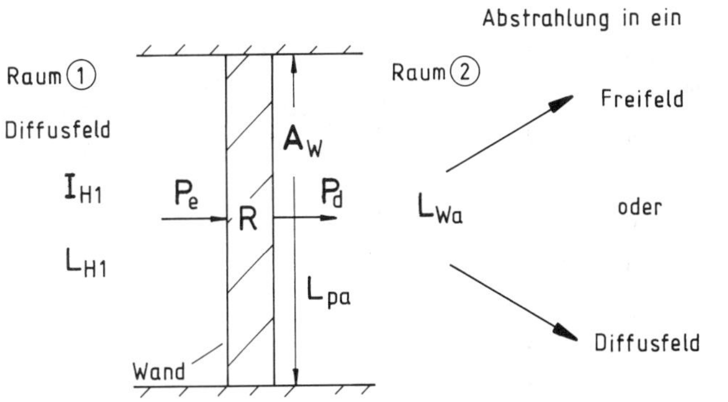


**Bild 7.50**
Schallabstrahlung eines Diffusfeldes (Raum (1)) nach außen (Diffus- oder Freifeld)

$P_{abs} = \frac{1}{4}\bar{A}_{ges} w_H c_H$ (s. Gl. (7.110)) ist $P_e = A_W \frac{I_{H_1}}{4}$. Andererseits ist das Luftschalldämmaß $R = 10 \cdot \lg P_e/P_d$, so daß für die durch die Wand transmittierte Schalleistung geschrieben werden kann (s. Gl. (7.32)):

$$P_d = P_e \cdot 10^{-R/10} = A_W \frac{I_{H_1}}{4} 10^{-R/10}. \qquad (7.127)$$

Der zugehörige Schalleistungspegel ist dann

$$L_{W_a} = 10 \lg \frac{P_d}{P_0} = L_{H_1} - R + 10 \lg \frac{A_W}{A_0} - 6 + K_{0_1} \quad \text{dB}. \qquad (7.128)$$

Das Ergebnis wird zweckmäßig in Oktav- bzw. Terzbändern dargestellt, d.h., es kann damit das Leistungsspektrum der Schallabstrahlung angegeben werden. Beispielsweise ist

$$L_{W_{a_{Tz}}} = L_{H_{1_{Tz}}} - R_{Tz} + 10 \lg \frac{A_W}{A_0} + K_{0_1} - 6 \quad \text{dB}. \qquad (7.129)$$

Man kann auch für den A-bewerteten Schalleistungspegel der Abstrahlung schreiben

$$L_{W_{a_A}} = L_{A_1} - R_W + 10 \lg \frac{A_W}{A_0} + K_{0_1} - 4 \quad \text{dB(A)}. \qquad (7.130)$$

Hierin ist $R_W$ das bewertete Schalldämmaß. Statt 6 dB werden dann 4 dB in Abzug gebracht [20].

Die so gefundenen Schalleistungspegel $L_{W_a}$, $L_{W_{a_{Tz}}}$, $L_{W_{a_A}}$ können ihrerseits als Emissionspegel Ausgangsgrößen für die Ermittlung von Immissionspegeln in einem sich anschließenden Frei- oder Diffusfeld sein.

*a) Abstrahlung in den Halbraum* (Bild 7.51)

Im Halbraum dominiert in nicht zu kleinem Abstand r vom Schwerpunkt der abstrahlenden Fläche $A_W = l \cdot b$ $(l > b)$ etwa ab $r \approx 0.5 \cdot l$ das Kugelwellenfeld mit dem bekannten Pegelabfall von 6 dB pro Abstandsverdopplung, d.h., ab $r \approx 0,5 \cdot l$ ist $K_{Q_F} \approx 0$ (s. Gl. (6.28) und Bild 6.10).

**Bild 7.51**
Schallabstrahlung eines Diffusfeldes in einen Halbraum

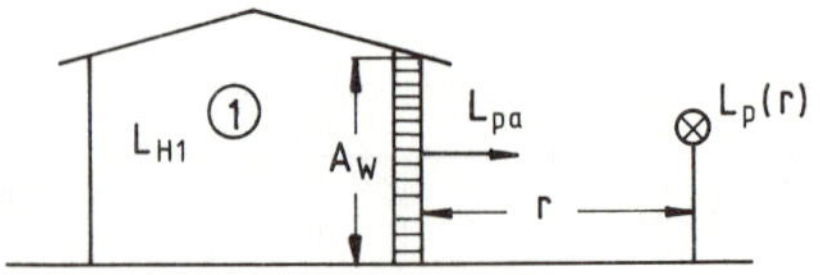


Man erhält daher für den Halbraum die Immissionspegel

$$L_p(r) = L_{H_1} - R + 10 \lg \frac{A_W}{A_0} - 20 \lg \frac{r}{s_0} + K_0' - 14 \quad \text{dB}, \qquad (7.131)$$

$$L_p(r) = L_{H_1} - R - 20 \lg \frac{r}{\sqrt{A_W}} + K_0' - 14 \quad \text{dB}. \qquad (7.132)$$

In Terzbändern und A-bewertet ergibt sich

$$L_{p_{Tz}} = L_{H_{1_{Tz}}} - R_{Tz} - 20 \lg \frac{r}{\sqrt{A_W}} + K_0' - 14 \quad dB, \tag{7.133}$$

$$L_{p_A} = L_{A_1} - R_W - 20 \lg \frac{r}{\sqrt{A_W}} + K_0' - 12 \, dB(A). \tag{7.134}$$

Hierbei ist $K_0' = K_{0_1} - K_{0_2}$ der Korrekturpegel, wenn die Kennimpedanz des Raumes ① ($K_{0_1}$) sich von der im Halbraum ② ($K_{0_2}$) unterscheidet.

Interessiert man sich dagegen für den Schalldruckpegel $L_{p_a}$ unmittelbar an der Außenwand, so kann man im Falle der breitbandigen Abstrahlung, bei der die wesentlichen Energieanteile über der Grenzfrequenz $f_{gr}$ der Wand liegen, den Druckpegel $L_{p_a}$ bei dickeren Wänden gut abschätzen. Es werden dann ebene Wellen in alle Richtungen abgestrahlt. Für den Abstrahlwinkel $\varphi$ ist die Wellenquerschnittsfläche $A_W \cdot \cos\varphi$, also kleiner als $A_W$ (Bild 7.52).

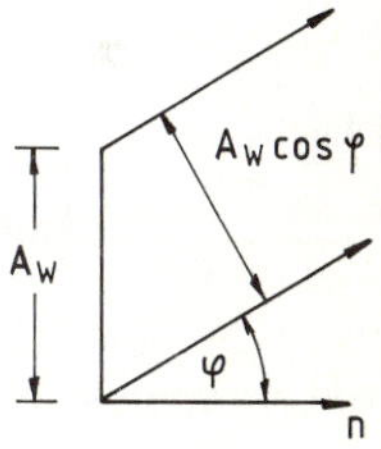


**Bild 7.52**
Wellenquerschnitt unmittelbar vor einer schallabstrahlenden Außenwand

Im Mittel ergibt sich eine reduzierte Querschnittsfläche der Abstrahlung

$$\bar{A}_W = \frac{1}{\pi/2} \int_0^{\pi/2} A_W \cos\varphi \, d\varphi = A_W \frac{2}{\pi}. \tag{7.135}$$

Für den Schalldruckpegel an der Außenwand erhält man

$$L_{p_a} = (L_{H_1} - R - 6) + 10 \lg \frac{\pi}{2} \quad dB = L_{H_1} - R - 4 \quad dB, \tag{7.136}$$

$$L_{p_{a_A}} = (L_{A_1} - R_W - 4) + 10 \lg \frac{\pi}{2} \; dB(A) = L_{A_1} - R_W - 2 \quad dB(A). \tag{7.137}$$

Der gesamte Verlauf des im Nah- und Fernfeld sich aufbauenden Schalldruckpegels $L_p(r)$ ist in Bild 7.53 dargestellt. Man muß dabei zwischen einer Fläche von annähernd quadratischer und einer Fläche von mehr langgestreckter Form unterscheiden. Im ersten Fall geht der Pegel $L_{p_a}$ in den Pegel $L_p(r)$ des Kugelwellenfeldes über, der Übergang findet etwa bei $r = 0{,}32 \cdot \sqrt{A_W}$ statt. Im zweiten Fall baut sich in der Nähe der langgestreckten Rechteckfläche ein Zylinderwellenfeld mit einem Pegelabfall von 3 dB pro Abstandsverdopplung auf, das bei $r \approx 0{,}5 \cdot l$ in das Kugelwellenfeld übergeht. Der Übergang zwischen dem Nahfeld und dem Zylinderwellenfeld liegt näher an der Wand, etwa bei einen Abstand von 20 % der Wandhöhe.

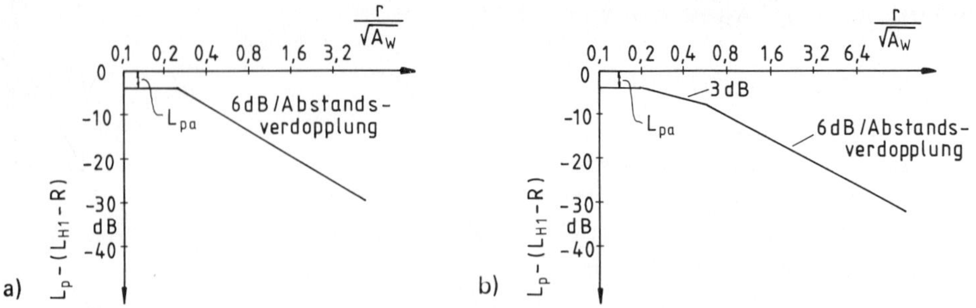


**Bild 7.53** Schalldruckpegelverteilung im Halbraum außerhalb eines Raumes mit Diffusfeldcharakter in Abhängigkeit der Entfernung von der Außenwand

a) quadratische Außenwand b) rechteckige Außenwand

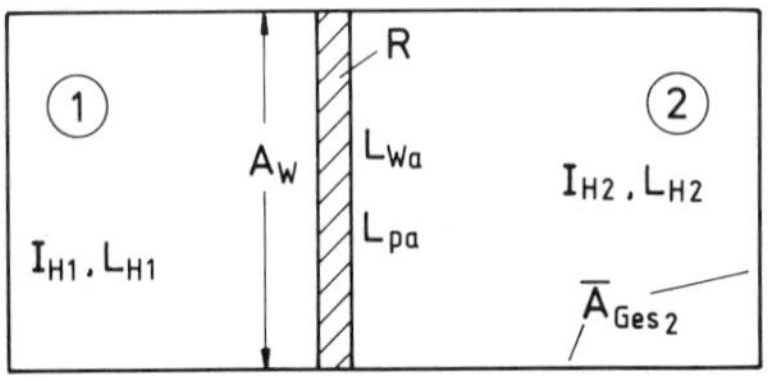


**Bild 7.54**

Schallabstrahlung eines Diffusfeldes (Raum ①) in ein anderes Diffusfeld (Raum ②)

*b) Abstrahlung in das Diffusfeld*

Erfolgt dagegen die Abstrahlung in das Diffusfeld eines angrenzenden Raumes ② (Bild 7.54), so baut sich in diesem Raum die Intensität $I_{H_2}$ und der Schalldruckpegel $L_{H_2}$ auf. Diese Größen werden durch den Schalleistungspegel $L_{W_a}$ und die Absorptionsfläche $\bar{A}_{ges_2}$ des Raumes ② bestimmt. Für das Diffusfeld ② ist dann:

$$L_{H_2} = L_{W_a} - 10 \lg \frac{\bar{A}_{ges_2}}{A_0} - K_{0_2} + 6 \quad \text{dB}. \tag{7.138}$$

Mit den Gln. (7.128) und (7.129a) erhält man in Terzbändern

$$L_{H_{2_{Tz}}} = L_{H_{1_{Tz}}} + 10 \lg \frac{A_W}{\bar{A}_{ges_{2_{Tz}}}} - R_{Tz} + K_0' \quad \text{dB}, \tag{7.139}$$

wobei $K_0' = K_{0_1} - K_{0_2}$ ist. Mit

$$L_{W_{a_A}} = L_{A_1} - R_W + 10 \lg \frac{A_W}{A_0} - 4 \quad \text{dB} \tag{7.140}$$

erhält man A-bewertet

$$L_{A_2} \approx L_{A_1} + 10 \lg \frac{A_W}{\bar{A}_{ges_{2\,500\,Hz}}} - R_W + 2 \quad \text{dB}. \tag{7.141}$$

Gl. (7.139) läßt sich auch nach R auflösen, so daß man erhält

$$R_{Tz} = (L_{H_1} - L_{H_2})_{Tz} + 10 \lg \frac{A_W}{\bar{A}_{ges_2 Tz}} \quad dB. \tag{7.142}$$

Diese Gleichung kann zur Ermittlung des Schalldämmaßes einer Fläche $A_W$ dienen, beispielsweise in Terzbändern. Dazu muß die Schalldruckpegeldifferenz $(L_{H_1} - L_{H_2})_{Tz}$ von Terzbändern bestimmt werden, die im Raum (1) abgestrahlt und dort sowie im Raum (2) gemessen werden.

Die Verteilung des Schalldruckpegels nimmt im Raum (2) etwa den in Bild 7.55 dargestellten Verlauf an.

Der Pegel $L_{p_a}$ in Wandnähe, d.h. im Bereich des Direktfeldes gemäß Bild 7.53, bzw. Gl. (7.137) geht in den konstanten Schalldruckpegel $L_{H_2}$ über. Der Übergang ist bei $r = 0{,}2 \cdot \sqrt{\bar{A}_{ges_2}}$, dort also, wo der Direktfeldpegel dem Diffusfeldpegel gleich ist.

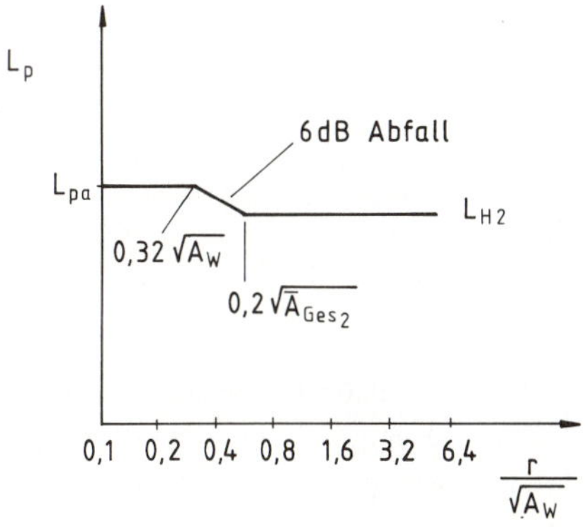


**Bild 7.55** Qualitative Verteilung des Schalldruckpegels im Raum (2) (s. Bild 7.54)

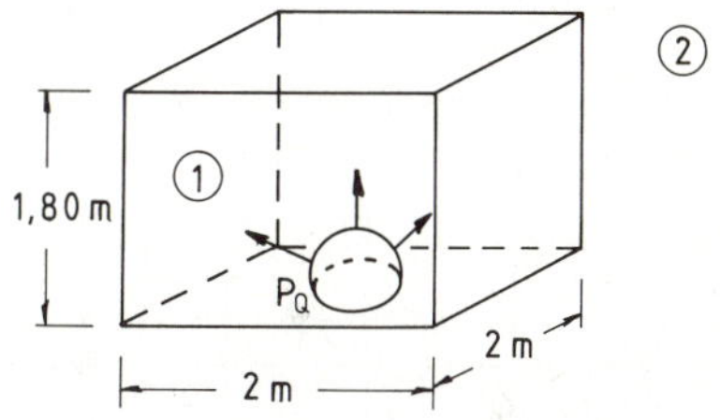


**Bild 7.56** Schallabstrahlung aus einem geschlossenen Raum mit der Schallquelle $P_Q$ (Beispiel a))

*Beispiele:*

a) Eine Schallquelle der Leistung $P_Q$ ist durch 4 Seitenwände und eine Dachfläche aus Gasbeton mit einer Massenbelegung der Wände $m'' = 65$ kg/m² und der Dachfläche $m'' = 160$ kg/m² (Bild 7.56) umschlossen, wobei $Z \approx Z_0$ und $K_{0_1} = K_{0_2} = 0$.

Das Schallfeld innerhalb der Umschließung sei annähernd diffus mit Pegeln in Tab. 7.7 für den Schalldruck $L_{H_1} \equiv L_{p_1}$.

Das Schalldämmaß $R_f \equiv R$ der Wände und Decke weist die Pegel in Tab. 7.8 auf (vgl. Bild 7.20).

**Tabelle 7.7** Oktavspektrum des Schalldruckpegels im Raum (1) (Beispiel a)

| $f_{m_{Okt}}$ | Hz | 125 | 250 | 500 | 1000 | 2000 | 4000 |
|---|---|---|---|---|---|---|---|
| $L_{H\,1_{Okt}}$ | dB | 90 | 90 | 95 | 90 | 85 | 75 |

$L_{H_1} = 98{,}2$ dB (linear); $L_{A_1} = 95{,}5$ dB (A)

**Tabelle 7.8** Oktavspektrum der Schalldämmaße für Wände und Decke

| $f_{m_{Okt}}$ | Hz | 125 | 250 | 500 | 1000 | 2000 | 4000 |
|---|---|---|---|---|---|---|---|
| $R_{Wand_{Okt}}$ | dB | 28 | 32 | 30 | 36 | 46 | 54 |
| $R_{Decke_{Okt}}$ | dB | 33 | 37 | 38 | 47 | 53 | 57 |

$R_{W_{Wand}} = 36$ dB; $R_{W_{Decke}} = 45$ dB

Die vier Wände und die Decke dämmen nach außen gegen einen größeren Raum frei ab. Sein Volumen sei $V = 1000\ m^3$. Gefragt wird nach dem bewerteten Schalldruckpegel $L_{A_2}$, der sich unter der Voraussetzung eines diffusen Schallfeldes in diesem Raum einstellt. Auf die Wirkung irgendwelcher Öffnungen in der Umschließung soll hier nicht eingegangen werden.

Im Raum ② sind hierzu oktavbezogene Nachhallzeiten $T_S$ gemessen worden, aus denen sich in bekannter Weise (Gl. (7.121)) die äquivalente, oktavbezogene Absorptionsfläche $\bar{A}_{ges}$ des Raumes berechnen läßt (Tab. 7.9).

Zunächst wird der Schalleistungspegel $L_{W_a}$ der Abstrahlung der vier Wände und der Decke, und zwar für jede Fläche einzeln, ermittelt.

$$L_{W_{a_{Okt}}} = L_{H_{1_{Okt}}} - R_{Okt} + \underbrace{10 \lg \frac{A_W}{A_0}}_{\substack{5{,}6 \text{ für die Wände} \\ 6{,}0 \text{ für die Decke}}} - 6 \quad dB. \tag{7.143}$$

**Tabelle 7.9** Oktavspektrum der Nachhallzeiten und adäquaten Absorptionsflächen

| $f_{m_{Okt}}$ | Hz | 125 | 250 | 500 | 1000 | 2000 | 4000 |
|---|---|---|---|---|---|---|---|
| $T_{S_{Okt}}$ | s | 1,5 | 1,2 | 1,1 | 1,1 | 1,0 | 0,8 |
| $\bar{A}_{ges_{Okt}}$ | $m^2$ | 109 | 136 | 148 | 148 | 163 | 204 |

Die Ergebnisse sind in Tab. 7.10 zusammengestellt.

Mit diesen Einzelpegeln wird dann der Summenpegel $L_{\Sigma W_a}$ der Abstrahlung zusammen für alle vier Wände ($\Delta L = 10 \lg 4 = 6$ dB) einschließlich Decke gebildet (Tab. 7.11).

Der Summenpegel ist Ausgang für die Abstrahlung in den Raum ② . Mit Gl. (7.138) und den Korrekturpegeln der A-Bewertung nach Tab. 5.2 erhält man den A-Luftschallpegel der Oktavbänder im Raum ② (Tab. 7.12).

**Tabelle 7.10** Oktav-Schalleistungspegel

| $f_{m_{Okt}}$ | Hz | 125 | 250 | 500 | 1000 | 2000 | 4000 |
|---|---|---|---|---|---|---|---|
| $L_{W_{a_{Okt}}}$ (Wand) | dB | 61,6 | 57,6 | 64,6 | 53,6 | 38,6 | 20,6 |
| $L_{W_{a_{Okt}}}$ (Decke) | dB | 57 | 53 | 57 | 43 | 32 | 18 |

**Tabelle 7.11** Oktav-Summenpegel

| $f_{m_{Okt}}$ | Hz | 125 | 250 | 500 | 1000 | 2000 | 4000 |
|---|---|---|---|---|---|---|---|
| $L_{\Sigma W_{a_{Okt}}}$ | dB | 68 | 64 | 70,8 | 59,7 | 44,8 | 27,2 |

**Tabelle 7.12** Oktav-Luftschallpegel

| $f_{m_{Okt}}$ | Hz | 125 | 250 | 500 | 1000 | 2000 | 4000 |
|---|---|---|---|---|---|---|---|
| $L_{H_{2_{Okt}}}$ | dB | 53,6 | 48,7 | 55,1 | 44,0 | 28,6 | 10,1 |
| $\Delta L$ (A-Bew.) | dB | −16,1 | −8,6 | −3,2 | 0 | +1,2 | +1,0 |
| $L_{A_{2_{Okt}}}$ | dB | 37,5 | 40,1 | 51,9 | 44,0 | 29,8 | 11,1 |

Aus der letzten Zeile in Tab. 7.12 erhält man durch Bildung des Summenpegels das Endresultat

$$L_{A_2} = 52{,}9 \quad \text{dB(A)}.$$

**b)** Das wiederum durch eine Umhüllung begrenzte Schallfeld soll nunmehr in das Freifeld eines Halbraumes abstrahlen. Ist dabei der Abstand des Aufpunktes groß gegen die Abmessungen der Begrenzung, so läßt sich die Ermittlung des Schalldruckpegels im Aufpunkt in analoger Weise durchführen wie im Beispiel a.

Erfolgt dagegen die Abstrahlung durch größere Begrenzungsflächen, beispielsweise aus einer Fabrikhalle heraus, so muß man ggf. unter Berücksichtigung von Abschirmeffekten den Einfluß der Begrenzungsflächen einzeln berücksichtigen. Letztere lassen sich dabei fast immer durch eine Punktschallquelle im Flächenschwerpunkt ersetzen. Bild 7.57 zeigt eine solche Fabrikhalle, die ihren Arbeitslärm in den Halbraum der Nachbarschaft abstrahlt. Im Aufpunkt A, der ca. 80 m von der Vorderseite der Halle entfernt ist, wird der bewertete Immissionspegel $L_A$ gesucht. Zwischen der Halle und dem Aufpunkt liegt kein weiteres Hindernis, auch finden keine zusätzlichen Reflexionen statt.

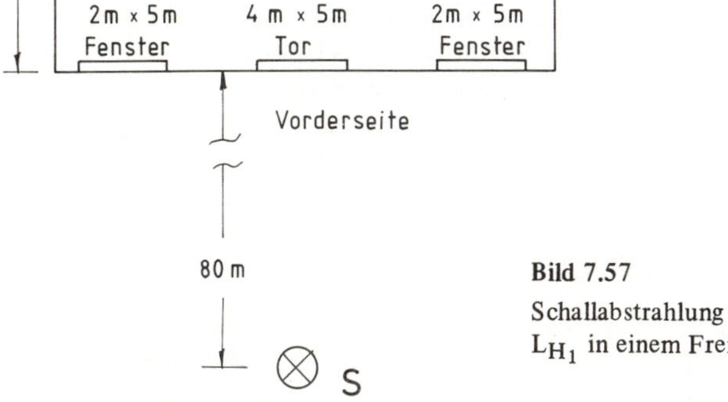


**Bild 7.57**
Schallabstrahlung einer Fabrikhalle mit dem Diffusfeld $L_{H_1}$ in einem Freiraum (Beispiel b))

Der bewertete Schalldruckpegel in der Halle sei $L_{A_1}$ = 95 dB (A). Die Beschaffenheit der Halle ist durch folgende Angaben bekannt:

Umfassungswände in Hohlblocksteinen, verputzt, m'' = 270 kg/m²;
Fenster, fest verglast, 3 mm einfach, m'' = 7 kg/m²;
Tor, 3 mm Stahlblech, m'' = 24 kg/m²;
Dach, Holzkonstruktion, versteift, m'' = 14,5 kg/m².

Für die Ermittlung des A-bewerteten Schalldruckpegels $L_A$ im Aufpunkt S wird diesmal das vereinfachte Berechnungsverfahren verwendet. Der Einfluß der einzelnen Flächen auf den Aufpunkt kann dann durch folgende Beziehung erfaßt werden

$$L_{A_i} = L_{A_1} - R_{W_i} - \left(20 \lg \frac{r}{\sqrt{A_{W_i}}} + 12\right) + K_\Omega - \Delta L_{z_{500\,Hz}} \quad dB(A). \tag{7.144}$$

Hierin ist $K_\Omega$ ein Richtwirkungsmaß gegenüber der Abstrahlung in den Halbraum. Bei einer Abstrahlung von einer zur Unterlage senkrechten Fläche ist dann $K_\Omega$ = + 3 dB. Die Pegelgröße $\Delta L_z$ berücksichtigt die Abschirmwirkung von Wänden. Danach ist für die Flächen der Vorderseite $\Delta L_z = 0$. Für die Giebel- und Dachfläche ist $\Delta L_z \approx 5$ dB und für die Flächen in der Rückseite ist für f = 500 Hz, z = 6,3 m das Abschirm-Maß $\Delta L_z$ = 25 dB.

Schließlich werden die Teilpegel $L_{A_i}$ zum Summenpegel $L_\Sigma \equiv L_A$ zusammengefaßt. Die Ergebnisse sind in Tab. 7.13 zusammengefaßt.

**Tabelle 7.13** Zusammenstellung der Ergebnisse von Beispiel b

| | Einheit | Vorderwand | 2 × Fenster in Vorderwand | Tor in Vorderwand | Giebelwand 2 × | Dachfläche | Rückwand | Fenster in Rückwand |
|---|---|---|---|---|---|---|---|---|
| Fläche $A_W$ | m² | 260 | 10 | 20 | 150 | 450 | 270 | 30 |
| Abstand r | m | 80 | 80 | 80 | 87,5 | 87,5 | 95 | 95 |
| $r/\sqrt{A_W}$ | – | 4,95 | 25,3 | 17,9 | 7,14 | 4,12 | 5,78 | 17,34 |
| $L_{A_1}$ | dB(A) | 95 | 95 | 95 | 95 | 95 | 95 | 95 |
| Bewertetes Schalldämmaß $R_W$ | dB(A) | 50 | 29 | 20 | 50 | 28 | 50 | 29 |
| $20 \lg(r/\sqrt{A_W}) + 12$ | dB | 25,9 | 40,2 | 37,0 | 29,2 | 24,4 | 27,4 | 36,8 |
| $K_\Omega$ | dB | 3 | 3 | 3 | 3 | 0 | 3 | 3 |
| $\Delta L_z$ | dB | 0 | 0 | 0 | 5 | 5 | 25 | 25 |
| $L_{A_i}$ | dB(A) | 22,1 | 28,2 | 41 | 13,8 | 37,6 | 0 | 7,2 |

*Anmerkung zu Tab. 7.13:*

Ein Tor hat normalerweise keine nennenswerte Schalldämmung. Die bewerteten Schalldämmaße $R_W$ solcher Bauteile liegen auch bei höheren m'' nur zwischen 15 und 30 dB(A). Für normale Fenster, Türen und Tore ergeben sich typische Werte von etwa 20 dB(A) (siehe VDI 2571).

Die letzte Zeile von Tab. 7.13 liefert den Summenpegel $L_\Sigma \equiv L_A$ = 42,8 dB(A).

Man erkennt, daß die Schallimmission im wesentlichen durch die Dach- und Torabstrahlung bestimmt wird.

## 7.13 Semi-Diffusfeld, Bezugsschallquelle

Alle für den geschlossenen Raum hergeleiteten Hallraumbeziehungen setzen das Vorhandensein eines vollkommen diffusen Schallfeldes außerhalb des Hallradius voraus. Diese Voraussetzung ist nicht immer erfüllt wie beispielsweise in weiten Fabrikhallen. Es werden demzufolge reflektierter Schall des diffusen Feldes und Direktschall des Freifeldes zusammenwirken. Im folgenden wird versucht, auch ein solches Schallfeld, das sog. Semi-Diffusfeld, zu beschreiben und insbesondere den Zusammenhang zwischen Schalleistungspegel und Schalldruckpegel herzuleiten.

Es werden also direkter und diffuser Schall separiert, d.h. in einem beliebigen Punkt des halbdiffusen Feldes ist im Abstand r von der Schallquelle $P_Q$ die vorhandene Intensität I aus dem Direktschall $I_F$ und dem reflektierten Schall $I_H$ zu überlagern. Dabei gilt

$$I_F = \frac{P_Q}{2\pi r^2} \text{ (Halbraum).} \tag{7.145}$$

$$I_H = \frac{4 P_Q}{\bar{A}_{ges}} = \frac{4 P_Q}{\bar{R}} \quad . \tag{7.146}$$

Wegen der geringeren Halligkeit des Semi-Diffusfeldes wird an die Stelle von $\bar{A}_{ges}$ die Raumkonstante $\bar{R}$ gesetzt. Damit erhält man in einem Raumpunkt im Abstand r von der Schallquelle für die Intensität

$$I(r) = \Sigma I = \frac{P_Q}{2\pi r^2}\left[1 + \frac{8\pi r^2}{\bar{R}}\right] \quad . \tag{7.147}$$

In Pegelschreibweise folgt hieraus

$$L_p(r) = \underbrace{\left(L_W - 20 \lg \frac{r}{s_0} - 8\right)}_{I} + 10 \lg \underbrace{\left(1 + \frac{8\pi r^2}{\bar{R}}\right)}_{II} - K_0 \quad \text{dB.} \tag{7.148}$$

Teil I gibt den Direktschall, Teil II den reflektierten Schall an. Die Raumkonstante nach Gl. (7.102) ist wie $\bar{A}_{ges}$ grundsätzlich frequenzabhängig. Man erhält näherungsweise den A-bewerteten Schalldruckpegel $L_A(r)$, wenn man in der Beziehung für $L_p(r)$ den A-Leistungspegel $L_{W_A}$ und die Raumkonstante $\bar{R}_{500\,Hz}$ einführt. Es ist dann

$$L_A(r) = \left(L_{W_A} - 20 \lg \frac{r}{s_0} - 8\right) + 10 \lg \left(1 + \frac{8\pi r^2}{\bar{R}_{500\,Hz}}\right) - K_0 \quad \text{dB(A).} \tag{7.149}$$

Genauer läßt sich $L_p(r)$ in Frequenzbändern angeben.

$$L_p(r)_{Tz} = \left(L_{W_{Tz}} - 20 \lg \frac{r}{s_0} - 8\right) + 10 \lg \left(1 + \frac{8\pi r^2}{\bar{R}_{Tz}}\right) - K_0 \quad \text{dB.} \tag{7.150}$$

Daraus läßt sich dann $L_A(r)$ berechnen. Aus den Gln. (7.149) und (7.150) erkennt man, daß im Gegensatz zum reinen Diffusfeld außerhalb des Hallradius der Immissionspegel nunmehr mit zunehmendem Abstand zur Schallquelle abnimmt. Bei einer Abstandsvergrößerung von $r_1$ auf $r_2$ erhält man

$$\Delta L_p = 20 \lg \frac{r_2}{r_1} - 10 \lg \frac{1 + \dfrac{8\pi r_2^2}{\bar{R}}}{1 + \dfrac{8\pi r_1^2}{\bar{R}}} \quad . \tag{7.151}$$

Nimmt man $r_1 = 1$ m an, so ergibt sich

$$\Delta L_{p_1} = 20 \lg \frac{r}{1} - 10 \lg \frac{1 + \frac{8 \pi r^2}{\overline{R}}}{1 + \frac{8 \pi 1}{\overline{R}}} . \qquad (7.152)$$

Dieser Zusammenhang ist in Bild 7.58 dargestellt.

Gegenüber dem Freifeld ist die Pegelabnahme kleiner. Sie strebt mit $r \to \infty$ dem Grenzwert

$$10 \lg \left(1 + \frac{\overline{R}}{8 \pi}\right)$$

zu. Für $\overline{R} = 100\ m^2$ ist beispielsweise $\Delta L_{p\,1} = 7$ dB. Ein besonderes Problem stellt noch die Ermittlung der Raumkonstanten $\overline{R}$ dar. Natürlich läßt sich $\overline{R}$ aus der Beziehung $\overline{R} = \overline{A}_{ges}/(1 - \overline{\alpha})$ berechnen. In Tab. 7.14 sind die $\overline{\alpha}_i$-Werte verschiedener Materialien zusammengestellt.

Die rechnerische Ermittlung aus Tab. 7.14 hat aber die bereits früher genannten Schwächen. Daher sollte man diese Größen sinnvollerweise experimentell bestimmen. Dazu verwendet man am besten eine Bezugsschallquelle, auch Vergleichsschallquelle genannt. Dabei handelt es sich um eine kalibrierte Schallquelle, die ein lautes und breitbandiges Geräusch von zeitlich konstanter Schalleistung abstrahlt, ohne eine ausgeprägte Richtcharakteristik zu besitzen. Die Schwankungen dürfen höchstens 0,5 dB betragen. Die Schallquelle soll möglichst klein, d.h. ihre Abmessungen kleiner 0,5 m sein.

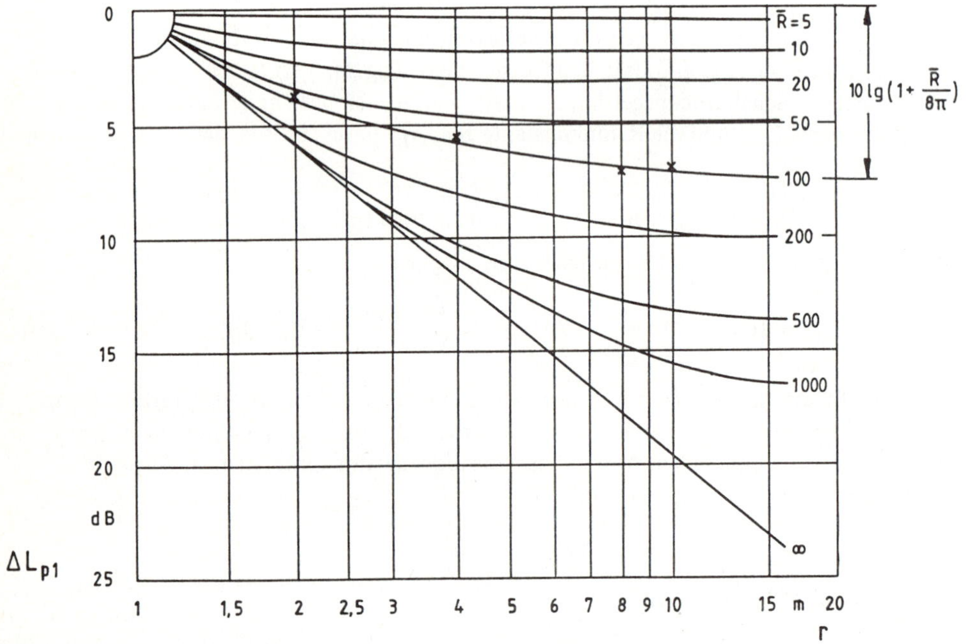


**Bild 7.58** Grafische Darstellung der Gl. (7.152) mit $\overline{R}$ als Parameter

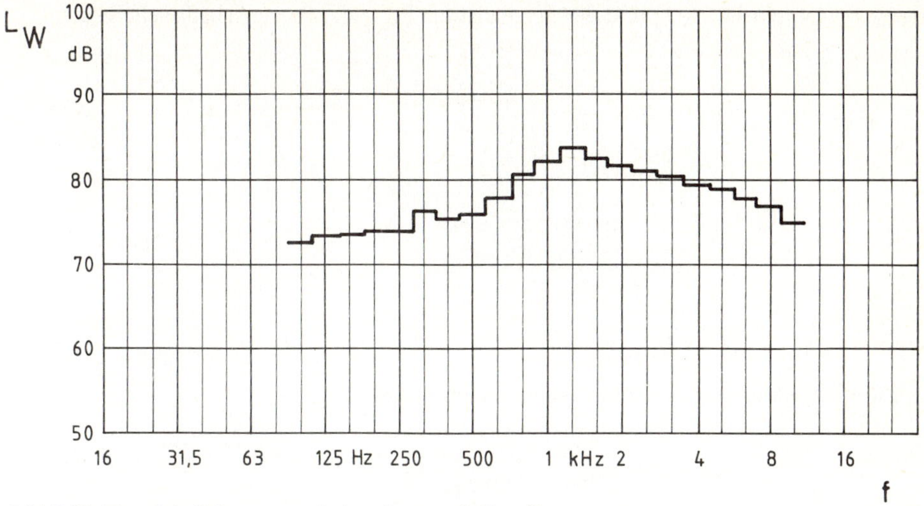


**Bild 7.59** Terz-Schalleistungspegel einer Bezugsschallquelle

Ein geeichtes Schalleistungsspektrum in Terz- oder Oktavbändern muß vorliegen, und der Unterschied benachbarter Terzen soll kleiner als 5 dB sein. Als Beispiel ist eine Bezugsschallquelle zu nennen, deren Leistungsspektrum in Bild 7.59 dargestellt ist [1]. In dem zu beurteilenden Raum wird nunmehr auf der Halbkugelfläche r um eine geräuschabstrahlende Bezugsschallquelle anstatt einer vorgegebenen Emissionsquelle der räumlich gemittelte Schalldruckpegel $\bar{L}_{pV_{Tz}}$ in Terzbändern gemessen. Zwischen der

**Tabelle 7.14** Absorptionsgrad $\bar{\alpha}_i$ verschiedener Materialien

| Baumaterial | Absorptionsgrad $\bar{\alpha}_i$ |
|---|---|
| Betonsteine, roh | 0,36 |
| Betonsteine, gestrichen | 0,07 |
| Ziegel, roh | 0,04 |
| Ziegel, gestrichen | 0,02 |
| Gipsplatte | 0,07 |
| Glasfaserplatten, 25 cm dick | 0,75 |
| gewöhnliches Fensterglas | 0,16 |
| schwere, große Glasplatte | 0,04 |
| Holz | 0,09 |
| Holzparkett auf Asphalt oder Beton | 0,06 |
| Linoleum, Asphalt, Gummi oder Korkbelag auf Beton | 0,03 |
| Metallplatte | 0,03 |
| Schallschluckplatte | 0,42 |
| schwere Vorhänge | 0,65 |

zugehörigen Intensität $I_{V_{Tz}}$ und der Schalleistung $P_{V_{Tz}}$ der Bezugsschallquelle besteht folgender Zusammenhang

$$P_{V_{Tz}} = I_{V_{Tz}} \, 2\pi r^2 \frac{1}{1 + \dfrac{8\pi r^2}{\bar{R}_{Tz}}} . \tag{7.153}$$

Hieraus ergibt sich für die Raumkonstante

$$R_{Tz} = 8\pi r^2 \frac{1}{2\pi r^2 \dfrac{I_{V_{Tz}}}{P_{V_{Tz}}} - 1} \tag{7.154}$$

oder unter Verwendung der entsprechenden Pegelgrößen

$$\bar{R}_{Tz} = 8\pi r^2 \frac{1}{\dfrac{2\pi r^2}{A_0} \dfrac{Z_0}{Z} \cdot 10^{(L_{pV_{Tz}} - L_{WV_{Tz}})/10} - 1} . \tag{7.155}$$

Für einen stark halligen Raum mit reinem Diffusfeldcharakter entfällt die 1 im Nenner. Für $\bar{R}$, das dann in $\bar{A}_{ges}$ übergeht, erhält man dann in logarithmischer Schreibweise.

$$10 \lg \frac{\bar{A}_{ges_{Tz}}}{A_0} = L_{WV_{Tz}} - L_{pV_{Tz}} + 6 - K_0 \quad \text{dB}. \tag{7.156}$$

Hierin ist $L_{pV_{Tz}}$ noch nahezu von r unabhängig. Das heißt aber, man hat neben der Ermittlung der Nachhallzeit durch Verwendung der Bezugsschallquelle eine zweite Möglichkeit, im Diffusfeld eines geschlossenen Raumes die äquivalente Absorptionsfläche in Frequenzbändern zu ermitteln.

Der Einsatz einer Bezugsschallquelle ermöglicht es aber auch, den Immissionspegel $L_p(r)$ einer Schallquelle, deren Schalleistungspegel $L_W$ bekannt ist, ohne Kenntnis der akustischen Eigenschaften des Raumes im voraus zu ermitteln. Hierzu wird die Gleichung für $L_p(r)$ in die vereinfachte Form

$$L_p(r) = L_W + \Delta L \quad \text{dB}$$

umgeschrieben, wobei

$$\Delta L = -20 \lg \frac{r}{s_0} - 8 + 10 \lg \left(1 + \frac{8\pi r^2}{\bar{R}}\right) - K_0 \quad \text{dB}$$

eine Funktion des Abstandes r und der Raumkonstanten $\bar{R}$ ist (s. Gl. (7.148)). Bringt man jetzt am Emissionsort statt der Schallquelle $P_Q$ die Bezugsschallquelle $P_V$ ($L_{W_V}$) zur Abstrahlung und mißt am gleichen Immissionsort r den zugehörigen Druckpegel $L_{pV}(r)$, so gilt

$$L_{pV}(r) = L_{W_V} + \Delta L \quad \text{dB},$$

wobei $\Delta L$ die gleiche Pegelgröße wie oben ist. Es ist

$$\Delta L = L_{pV}(r) - L_{W_V} \quad \text{dB}.$$

Man erhält für den Immissionspegel

$$L_p(r) = (L_W - L_{W_V}) + L_{pV}(r) \quad \text{dB}. \tag{7.157}$$

In Frequenzbändern ergibt sich

$$L_p(r)_{Tz} = (L_{W_{Tz}} - L_{W_{V_{Tz}}}) + L_{pV}(r)_{Tz} \quad \text{dB}. \tag{7.158}$$

Diese Methode läßt sich sowohl im Semi-Diffusfeld als auch im Diffusfeld anwenden.

In Bild 7.58 sind die Schalldruckpegel $\Delta L_{p_1}$ als Ergebnis einer Messung in einem verhältnismäßig halligen Raum im Abstand 2 m, 4 m, 8 m und 10 m von einer Bezugsschallquelle eingetragen. Mit dieser Schallquelle wurde auch durch eine Rundummessung auf einer Kugeloberfläche r = 6 m nach dem oben angegebenen Verfahren die Raumkonstante zu $\bar{R}_{500\,Hz} = 100\ m^2$ ermittelt. Man erkennt, daß die Meßpunkte sich gut auf der zugehörigen $\bar{R}$-Kurve einordnen.

## 7.14 Akustische Meßräume

In der Akustik sind vielfältige Meßaufgaben durchzuführen. Sie lassen sich in zwei Gruppen aufteilen, in die sog. Feldmessungen 'vor Ort' an den jeweils zu untersuchenden akustischen Störquellen und in die Labormessungen. Letztere werden in besonders dafür hergerichteten Räumen, die nahezu ideale akustische Eigenschaften besitzen, durchgeführt. Dabei unterscheidet man nach Räumen mit reinem Freifeldcharakter und Räumen mit reinem Diffusfeldcharakter.

### 7.14.1 Reflexionsarme Schallmeßräume

Die Meßräume mit reinem Freifeldcharakter werden reflexionsarme Schallmeßräume, gelegentlich auch als schalltote Zellen, bezeichnet. An sie werden besonders hohe akustische Anforderungen gestellt, nämlich volle Reflexionsfreiheit ab einer bestimmten Grenzfrequenz aufwärts, sowie nach Möglichkeit ein Raum-Ruhepegel von 10 ... 15 dB. Die untere Grenze der Reflexionsfreiheit wird durch eine ausreichende lichte Raumgröße bei etwa kubischen Abmessungen (etwa 6 × 6 × 4 m und größer) durch eine allseitig aufgeklebte hochabsorbierende Auskleidung von Wänden, Decke und Fußboden mit keilförmigen Elementen aus Mineralwolle erreicht, deren Länge sich nach der unteren Grenzfrequenz richtet. Zur Begehbarkeit des Raumes wird normalerweise ein Drahtseilnetz aufgespannt, dessen Reflexionen vernachlässigbar sind.

Der niedrige Ruhepegel wird durch eine hohe Luftschall- und Körperschalldämmung des Raumes erreicht. Hierzu sind ausreichend dicke, selbsttragende Stahlbetonwände (30 ... 40 cm dick), die noch auf tieffrequent abgestimmten Schraubendruckfedern ruhen sollten (ca. 5 Hz Eigenfrequenz), zu wählen. In Bild 7.60 ist ein reflexionsarmer Raum schematisch dargestellt.

Die akustischen Meßaufgaben und Untersuchungen, die in solchen reflexionsarmen Räumen durchgeführt werden können, sind vielfältiger Natur. Die zu untersuchenden Geräusche können sowohl schmalbandig als auch breitbandig sein. Die Räume dienen u.a. zur Feststellung der Richtwirkung von Schallsendern aller Art, der Ermittlung des Einflusses verschiedener gerichteter Schallfelder an akustischen Objekten, der Lokalisierung einzelner Störherde an schallabstrahlenden Maschinen, der akustischen Untersuchungen

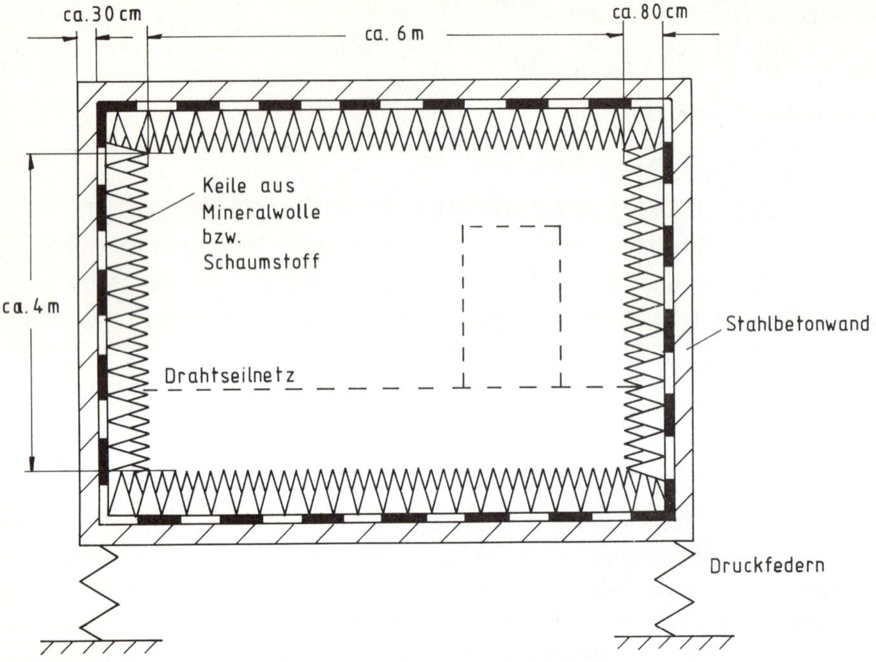


**Bild 7.60** Schematische Darstellung eines reflexionsfreien Raumes

an verhältnismäßig leisen Geräuschquellen, der Entwicklung elektro-akustischer Wandler, der Ermittlung der Schalleistung einschließlich ihrer Richtungsverteilung von mobilen Geräuschquellen. Auf letztere Möglichkeit wird im folgenden Kapitel noch genauer eingegangen.

### 7.14.2 Hallräume

Völlig gegensätzlich sind die Meßräume mit Diffusfeldcharakter. Sie werden treffenderweise als Hallräume bezeichnet. Die an sie gestellten akustischen Anforderungen sind nicht ganz so hoch, wenn man sich auf die Untersuchung stationärer breitbandiger Geräusche beschränkt.

Zu einer optimalen Diffusität gehört notwendigerweise eine hohe Halligkeit des Raumes mit entsprechend großen Nachhallzeiten. Zur Erzielung solcher Zeiten ist eine schallharte Raumbegrenzung erforderlich, bei der Wände, Decke und Fußboden mit hartem, porendichtem Zement einschließlich Spezialanstrich abgedeckt sind. Um auch bei tieferen Frequenzen noch ausreichende Diffusität zu erreichen, ist bei annähernd kubischen Konfigurationen des Raumes eine Mindestgröße seines Volumens einzuhalten. Sie errechnet sich aus der Beziehung [3, 19]

$$\sqrt[3]{V} > \frac{1000}{f_{Gr}}, \qquad (7.159)$$

aus der sich bei einer üblichen Volumengröße von ca. 200 m³ eine Grenzfrequenz $f_{Gr}$ = 170 Hz ableitet. Unter dieser Frequenz sollten dann keine Messungen mehr durchgeführt werden. Darüberhinaus läßt sich die mögliche Bildung von stehenden Wellen in diesem niedrigen Frequenzbereich, die ja immer zu einer Störung der Diffusität führen, unterdrücken, wenn man die Wandflächen einschließlich Decke etwas schiefwinklig zueinander anordnet.

Schließlich wird die Diffusität des Schallfeldes durch das Anbringen von sog. Diffusoren verbessert, vor allem dann, wenn der Hallraum vorübergehend akustisch unsymmetrisch wird, beispielsweise durch den Einbau von größeren Proben aus Schallschluckmaterial. Dabei sind die Diffusoren leicht gekrümmte, steife Platten der Größe 1 ... 2 m² aus schallhartem Material, die im Raum statistisch verteilt werden. Die Summe aller reflektierenden Flächen kann dabei etwa 25 % der Oberfläche des Hallraumes betragen. Wie beim reflexionsarmen Raum ist auch der Hallraum ausreichend luft- und körperschallgedämmt auszuführen, wie Bild 7.61 zeigt.

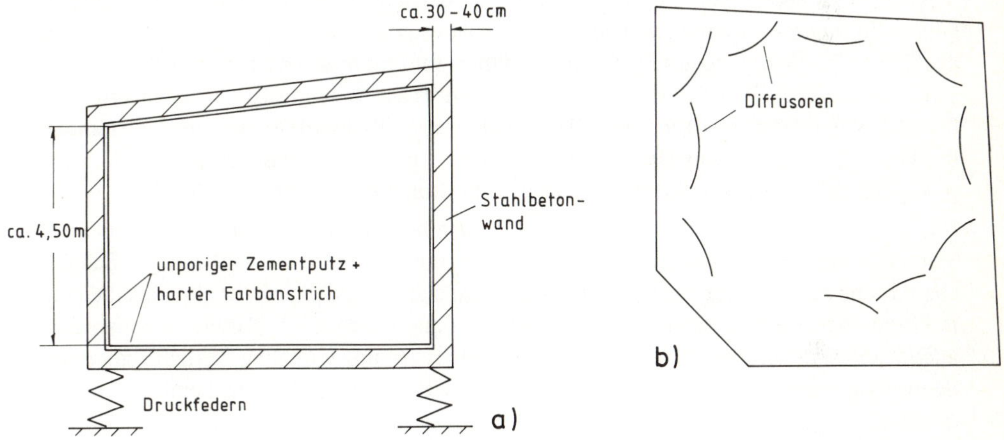


**Bild 7.61** Schematische Darstellung eines Hallraumes a) Längsschnitt b) Grundriß

# 8 Schalleistung

## 8.1 Schalleistung, eine invariante Größe

Die von einer Schallquelle abgestrahlte Schalleistung $P_Q$ und der zugehörige Schallleistungspegel $L_W = 10 \lg P_Q/P_0$, bezogen auf $10^{-12}$ W, standen bisher häufiger im Mittelpunkt der Betrachtung. Zusammenfassend läßt sich feststellen, daß die Schalleistung, d.h. die pro Zeit von einer Schallquelle in jeden Raumwinkel ihrer Umgebung abgestrahlte Schallenergie, eine akustisch invariante Kenngröße der Schallquelle darstellt, da sie unabhängig von Rückwirkungen des abgestrahlten Schallfeldes ist. Daher stellen die Schalleistung oder der Schalleistungspegel $L_W$ die kennzeichnende Größe in der Beurteilung der Schallemission einer Geräuschquelle dar. Diese Feststellung ist vor allem auch auf Maschinen zu übertragen, die unter definierten Betriebs- und Aufstellungsbedingungen Geräusche in ihre Umgebung abstrahlen. Dabei ist es noch erforderlich, den Schalleistungspegel dem Frequenzgang des menschlichen Ohres (am Immissionsort) anzupassen, indem der Linearpegel einer A-Bewertung unterzogen wird. Das Ergebnis ist der A-bewertete, oder kurz, der A-Schalleistungspegel $L_{W_A} = 10 \lg P_{Q_A}/P_0$ in dB(A). Bei der Beurteilung der Geräuschemission von Maschinen stellt er die spezifische, maschineneigene Kenngröße dar, vergleichbar mit der mechanischen Leistungsabgabe der Maschine.

Die Aussagekraft des Schalleistungspegels läßt sich noch in verschiedener Weise ergänzen. Vor allem kann es nützlich sein, die spektrale Verteilung der meist breitbandigen Schallabstrahlung zu kennen, etwa in Form eines Schalleistungsspektrums, das im allgemeinen in Oktav- oder Terzbändern ($L_{W_{Okt}}$ oder $L_{W_{Tz}}$) angegeben wird. Darüber hinaus wird auch die Feststellung einer evtl. vorhandenen Richtwirkung und einer zeitlich stärkeren Schwankung der Schallabstrahlung eine genauere Beurteilung der Schallemission ermöglichen.

Sind alle diese mit der Schalleistung verknüpften akustischen Kenngrößen bekannt, lassen sich u.a. folgende Probleme lösen:

- Abschätzung der Schallimmission bei gegebenem Abstand des Aufpunktes und gegebenem akustischen Umfeld der Geräuschquelle, insbesondere ob Freifeld-, Diffusfeld- oder Semidiffusfeldbedingungen vorliegen. Zu berechnen sind dann mit den in den Kapiteln 6 und 7 erarbeiteten Methoden vor allem der A-bewertete Schalldruckpegel $L_A$, das Schalldruckspektrum ($L_{p_{Okt}}$, $L_{p_{Tz}}$) und falls erforderlich der für die Schallimmission bedeutsame Beurteilungspegel $L_r$.
- Objektiver Vergleich der Geräuschabstrahlung von Maschinen ähnlicher, aber auch sehr unterschiedlicher Bauart.
- Abklärung der Schallimmission in größerer Entfernung beim Zusammenwirken mehrerer Geräuschquellen oder Maschinenaggregate durch Addition der Einzelschalleistungen.
- Festlegung von Schalleistungsgrenzwerten und Überprüfung ihrer Einhaltung.
- Objektive Nachprüfung der Wirksamkeit von Geräuschminderungsmaßnahmen an Maschinen.

Leider läßt sich die für die Emission so wichtige Schalleistung nicht direkt ermitteln. Man ist daher auf indirekte Methoden angewiesen, bei denen in einem einfach zubebeschreibendem Schallfeld die Schalldruckpegel $L_p$, $L_A$, $L_{p_{Okt}}$, $L_{p_{Tz}}$ nach einem bestimmten Verfahren gemessen werden. Die zugehörigen Schalleistungspegel gewinnt man hieraus durch Rechnung. Im folgenden werden die einzelnen Verfahren behandelt.[1])

## 8.2 Ermittlung des Schalleistungspegels nach dem Hüllflächenverfahren

### 8.2.1 Messung unter Freifeldbedingungen

Die Ermittlung der Schalleistung erfolgt durch eine Rundummessung im reflexionsfreien Raum ($\Omega = 4\pi$), wie er in Abschnitt 7.14.1 beschrieben wurde, oder im Freien über schallharter Unterlage, d.h. im Halbraum ($\Omega = 2\pi$). Allerdings kann es dann erforderlich werden, durch eine Kontrollmessung die Existenz eines solchen idealen Schallfeldes nachzuweisen.

Legt man in einem solchen Freifeld in einem hinreichend großen Abstand von der Oberfläche einer Schallquelle eine geschlossene Fläche A um die Quelle, so erhält man durch Integration über diese Fläche, wie bereits in Abschnitt 1.5 angegeben, für die Schallleistung der Schallquelle die Beziehung:

$$P_Q = \oint_A I \cos\varphi \, dA. \tag{8.1}$$

Im Falle eines quasiebenen Kugel- oder Zylinderwellenfeldes gilt dann:

$$P_Q = \oint_A \frac{\tilde{p}^2}{Z} (\cos\varphi \, dA). \tag{8.2}$$

Die gleiche Beziehung gewinnt man, wenn man im Halbraum um die Schallquelle eine entsprechende Fläche legt, die an der schallharten Unterlage endet (Bild 8.1).
Führt man das Flächenelement $dA_\perp$ senkrecht zur Schallausbreitungsrichtung ein, so wird

$$P_Q = \oint_A \frac{\tilde{p}^2}{Z} \, dA_\perp. \tag{8.3}$$

Zweckmäßigerweise legt man die Integrationsfläche so, daß das Flächenelement dA direkt durch $dA_\perp$ ersetzt werden kann, d.h., daß $\cos\varphi$ möglichst nahe bei 1 liegt. Man bezeichnet

---

1) Neuerdings werden auch Schallintensitätsmeßgeräte angeboten, mit deren Hilfe unmittelbar die Schallintensität einer Geräuschquelle bestimmt werden kann. Hierbei werden die Schalldrücke an zwei in einer bestimmten Entfernung zueinander angeordneten Stellen gemessen und daraus die Schallintensität an jedem beliebigen Punkt des Schallfeldes durch eine geeignete Verarbeitung der Meßsignale ermittelt. Man kann dann auch durch entsprechende Rechenprogramme die Schallleistung bzw. den Schalleistungspegel angeben. Allerdings sind der gerätetechnische Aufwand und die damit verbundenen Kosten noch relativ hoch. Darüber hinaus hat diese Meßmethode bisher keinen Eingang in die Normen gefunden [6].

die so entstandene Fläche als sog. Hüllfläche oder auch Meßfläche. Unter dem Integral ist noch $\widetilde{p}^2$ das Quadrat des Effektivwertes vom Schalldruck auf der Hüllfläche (i.a. über A veränderlich); $Z = \rho \cdot c$ ist die Schallkennimpedanz des Luftraumes um die Schallquelle. Mit $P_0 = (p_0^2/Z_0) \cdot A_0 = 10^{-12}$ W folgt aus Gl. (8.3):

$$\frac{P_Q}{P_0} = \frac{Z_0}{Z} \frac{A}{A_0} \frac{1}{A} \oint_A \frac{\widetilde{p}^2}{p_0^2} \, dA_\perp . \tag{8.4}$$

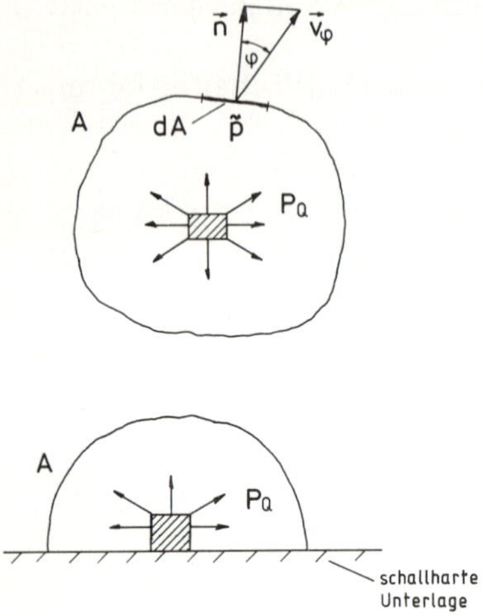


**Bild 8.1**
Integrationsfläche (Hüllfläche) um eine Schallquelle für die Bestimmung der Schalleistung

In logarithmischer Schreibweise ergibt sich dann:

$$10 \lg \frac{P_Q}{P_0} = 10 \lg \frac{1}{A} \oint_A \frac{\widetilde{p}^2}{p_0^2} \, dA_\perp + 10 \lg \frac{A}{A_0} - 10 \lg \frac{Z}{Z_0} \quad \text{dB}. \tag{8.5}$$

Bei endlicher Summierung über die Hüllfläche folgt aus Gl. (8.5) in guter Näherung:

$$10 \lg \frac{P_Q}{P_0} \cong 10 \lg \left[ \frac{1}{A} \sum_{i=1}^{n} \frac{\widetilde{p}_i^2}{p_0^2} \Delta A_i \right] + 10 \lg \frac{A}{A_0} - 10 \lg \frac{Z}{Z_0} \quad \text{dB} \tag{8.6}$$

bzw.

$$L_W = \overline{L}_p + L_S + K_0 \quad \text{dB} \tag{8.7}$$

mit

$$\overline{L}_p = 10 \lg \left[ \frac{1}{A} \sum_{i=1}^{n} \frac{\widetilde{p}_i^2}{p_0^2} \Delta A_i \right] = 10 \lg \left[ \frac{1}{A} \sum_{i=1}^{n} 10^{\frac{L_{p_i}}{10}} \Delta A_i \right] \quad \text{dB}. \tag{8.8}$$

Hierin sind:

| | |
|---|---|
| $L_W = 10 \lg P_Q/P_0$ dB ($P_0 = 10^{-12}$ Watt) | der Schalleistungspegel, |
| $L_S = 10 \lg A/A_0$ dB ($A_0 = 1\ m^2$) | das sog. Meßflächenmaß der Hüllfläche, |
| $K_0 = -10 \lg Z/Z_0$ dB ($Z_0 = 400\ Ns/m^3$) | das bereits eingeführte Luftdruck- und Temperatur-Korrekturglied (s. Gl. (1.161)), |
| $\overline{L}_p$ | der sog. mittlere Meßflächenschalldruckpegel, mit dem Schalldruckpegel $L_{p_i} = 10 \lg \widetilde{p}_i^2/p_0^2$ an der Teilfläche $\Delta A_i$ ($p_0 = 2 \cdot 10^{-5}\ N/m^2$). |

Im Sonderfall n gleicher Teilfächen $\Delta A_i = \frac{A}{n}$ ist $\overline{L}_p$ gleich dem quadratischen Mittelwert der auf den Teilflächen $\Delta A_i$ ermittelten Pegel $L_{p_i}$. Für $\overline{L}_p$ folgt dann nach Gl. (1.177):

$$\overline{L}_p = L_\Sigma - 10 \lg n = 10 \lg \sum_{i=1}^{n} 10^{\frac{L_{p_i}}{10}} - 10 \lg n \quad \text{dB}. \tag{8.9}$$

Unterscheiden sich in einem weiteren Sonderfall die Einzelpegel $L_{p_i}$ um weniger als 5 dB, so darf in guter Näherung $\overline{L}_p$ dem arithmetischen Mittel der Pegel $L_{p_i}$ gleichgesetzt werden, es ist dann:

$$\overline{L}_p \approx \frac{1}{n} \sum_{i=1}^{n} L_{p_i} \quad \text{dB}. \tag{8.10}$$

Die Gl. (8.6) läßt sich auch wie folgt umformen [1]:

$$L_W = 10 \lg \frac{P_Q}{P_0} = 10 \lg \sum_{i=1}^{n} 10^{\frac{L_{W_i}}{10}} \quad \text{dB}, \tag{8.11}$$

$$L_{W_i} = L_{p_i} + 10 \lg \frac{A_i}{A_0} + K_0 \quad \text{dB}. \tag{8.12}$$

Ersetzt man in den Gln. (8.8), (8.9), (8.10) und (8.12) den Schalldruckpegel $L_{p_i}$ durch den A-bewerteten Teilpegel $L_{p_{A_i}}$, so erhält man entsprechend der hier beschriebenen Verfahren den sog. A-Schalleistungspegel:

$$L_{W_A} = \overline{L}_{p_A} + L_S + K_0 \quad \text{dB(A)}, \tag{8.13a}$$

$$L_{W_A} = 10 \lg \sum_{i=1}^{n} 10^{\frac{L_{W_{A_i}}}{10}} \quad \text{dB(A)}. \tag{8.13b}$$

Hierin sind $L_{p_A}$ der A-bewertete Meßflächenschalldruckpegel, $L_{W_{A_i}}$ der A-bewertete Teilschalleistungspegel.

Werden schließlich die Teilpegel in Frequenzbändern, beispielsweise in Terzen, ermittelt, so erhält man hierfür

$$L_{W_{Tz}} = \overline{L_{p_{Tz}}} + L_S + K_0 \quad \text{dB}, \tag{8.14a}$$

$$L_{W_{Tz}} = 10 \lg \sum_{i=1}^{n} 10^{\frac{L_{W_{Tz_i}}}{10}} \quad \text{dB}. \tag{8.14b}$$

Aus diesen Gleichungen kann man natürlich auch mit Hilfe der Gln. (5.3) und (5.4) den A-Leistungspegel berechnen.

Im folgenden werden einige Ergänzungen zur praktischen Durchführung des Verfahrens angefügt.

Die Hüllfläche wird i.a. äquidistant zur Schallquellenoberfläche gewählt, so daß für die Teilflächen in guter Näherung $\cos\varphi_i \approx 1$ eingesetzt werden kann. Der Meßabstand wird in der Regel $\geqslant 1$ m gewählt, er kann u.a. auch kleiner (jedoch nicht kleiner als 0,25 m) gewählt werden [2], falls noch nicht die Grenze des Nahfeldes erreicht ist. Die Konfiguration dieser äquidistanten Fläche darf dann noch zu einem oberflächengleichen Quader, Zylinder oder Halbzylinder, einer Kugel oder Halbkugel vereinfacht werden, wenn die Oberfläche der Quelle selbst eine zu unregelmäßige Form hat. Dabei kann man recht großzügig sein, denn erst ein Flächenfehler von 25 % ändert das zugehörige Meßflächenmaß $L_S$ um ca. 1 dB (10 lg 1,25).

Besitzt die Schallquelle eine mehr kubische Form, beispielsweise wie ein Verbrennungsmotor, so wird man als Hüllfläche einen Quader wählen (Bild 8.2).

Im Halbraum folgt für $L_S$:

$$L_S = 10 \lg (2 \cdot 2b \cdot c + 2 \cdot 2a \cdot c + 2a \cdot 2b) \quad \text{dB}.$$

Besitzt die Schallquelle eine längliche, zylindrische Form, wie etwa ein Getriebemotor, so ist als Hüllfläche im Halbraum eine Halbzylinderfläche zweckmäßig (Bild 8.3).

Beachtet man, daß die Schallabstrahlung im wesentlichen senkrecht zur Längsachse a – a erfolgt, so ist nach Bild 8.3 die Hüllfläche im Halbraum $A = \frac{1}{2}\left(2\frac{b+c}{2}\ \pi\, 2a\right)$, ihr Meßflächenmaß:

$$L_S = 10 \lg (\pi \cdot a(b + c)) \quad \text{dB}.$$

Bei verhältnismäßig gleichmäßiger Abstrahlung kann es auch genügen, eine Rundum-Messung auf einem sog. Meßpfad durchzuführen. Der Meßpfad ist dann ein geschlossenes Rechteck oder ein geschlossener Kreis.

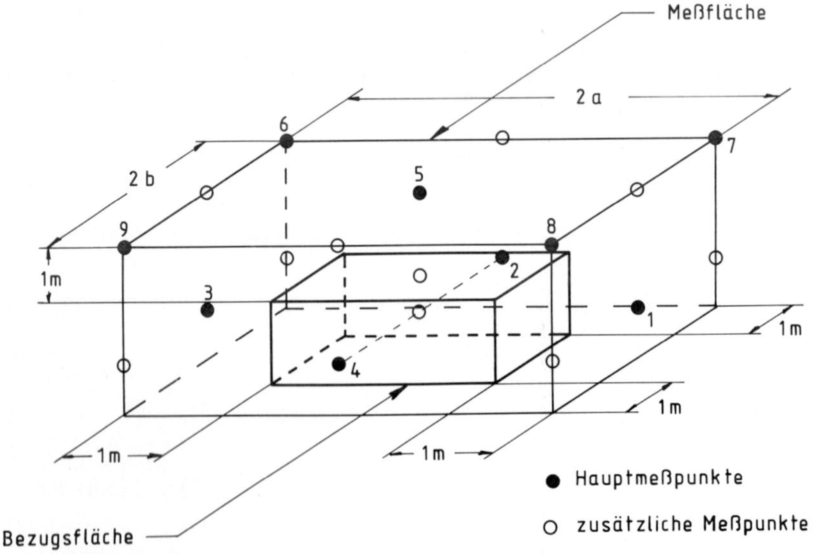


**Bild 8.2** Meß- oder Hüllfläche mit Anordnung von Meßpunkten für eine quaderförmige Schallquelle

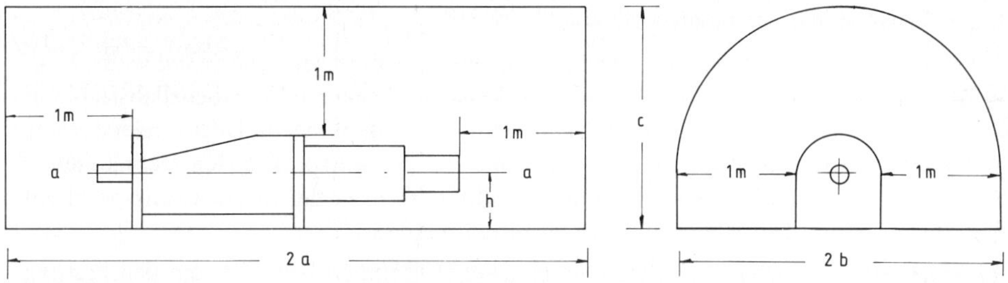


**Bild 8.3** Meß- oder Hüllfläche für eine zylinderförmige Schallquelle

Weisen die auf der Hüllfläche gemessenen Schalldruckpegel stärkere Unterschiede (10 dB und mehr) auf, dann ist die Schallabstrahlung gerichtet. Die zugehörige Richtcharakteristik ist durch das Richtmaß $D_i$ wie folgt definiert [1]:

$$D_i = L_{p_i} - \overline{L}_p \quad \text{dB}, \tag{8.15}$$

$$D_{A_i} = L_{p_{A_i}} - \overline{L}_{p_A} \quad \text{dB(A)}. \tag{8.16}$$

Eine stärkere zeitliche Schwankung gegenüber einer stationären bzw. quasistationären Geräuschabstrahlung ist zu berücksichtigen. Dabei läßt sich für eine quasistationäre Geräuschabstrahlung bereits eine zeitliche Mittlung, die sich etwa über eine Sekunde erstreckt, durch die Stellung 'slow' des Schallpegelmessers durchführen. Das zugehörige Meßergebnis ist z.B. der A-Schalldruckpegel $L_{A_S}$. Daher sollen auch bei der Ermittlung des Schalleistungspegels Messungen grundsätzlich in dieser Stellung durchgeführt werden.

Bei impulsartigen Schwankungen ($< 1$ s) wird mit dem Impulsschallpegelmesser zusätzlich in der Stellung 'Impuls' der Pegel $L_{A_I}$ gemessen. Hieraus wird in der gleichen Weise wie bisher der Mittlungspegel $\overline{L_{A_I}}$ ermittelt und mit dem Mittlungspegel $\overline{L_{A_S}}$ verglichen. Beträgt die Differenz mehr als 5 dB, so liegt eine spürbare Impulshaltigkeit in der Schalleistungsabgabe vor, die dann auch in Form dieser Pegeldifferenz anzugeben ist.

*Korrektur zur Berücksichtigung eines Fremdgeräusches*

Zusammen mit dem Geräusch der zu beurteilenden Schallquelle kann ein nicht zu eliminierendes Fremd- oder Störgeräusch den Meßwert beeinflußen. Dann muß der Meßflächenschalldruckpegel $\overline{L}_p$ störpegelbereinigt werden, falls nach Abschalten des Prüflings der Störpegel $L_F$ um weniger als 10 dB unter dem gemessenen Teilpegel $L_{G_i}$ liegt, der ja als Summenpegel erfaßt wird.

Dies geschieht dadurch, daß von jedem gemessenen Teilpegel $L_{G_i}$ der Korrekturpegel $\Delta L_K$ abgezogen wird. Es ist dann:

$$L_{p_i} = L_{G_i} - \Delta L_K. \tag{8.17}$$

Der Korrekturpegel $\Delta L_K$ läßt sich nach Gl. (1.168) bzw. Bild 1.45 ermitteln. Hierbei wird anstelle $L_1 - L_2$ der Pegelunterschied $L_{G_i} - L_F$ eingesetzt. Die Korrektur erfolgt in gleicher Weise, unabhängig davon, ob linear, A-bewertet oder in Frequenzbändern gemessen wird, und zwar für jeden Meßpunkt gesondert.

### 8.2.2 Messung in geschlossenen Räumen

Stationäre und bedingt mobile Schallquellen, insbesondere geräuschabstrahlende Maschinen, haben ihren Standort meist in geschlossenen Räumen. Ihre Schallabstrahlung ist daher i.a. nicht mit den idealen Schallfeldern des vollkommenen Diffus- oder Freifeldes verknüpft. Da sie auch in der Regel nicht in den entsprechenden Meßräumen untergebracht werden können, muß die Schalleistung bzw. der Schalleistungspegel vor Ort, d.h. in nicht idealen Schallfeldern, ermittelt werden.

In akustisch nicht genau definierten geschlossenen Räumen baut sich um den Prüfling i.a. ein semidiffuses Schallfeld auf. Grundlage für die Ermittlung des Schalleistungspegels bleibt das Hüllflächenverfahren nach Abschnitt 8.2.1. Bedingt durch immer vorhandene Reflexionen in geschlossenen Räumen sind die ermittelten Schalleistungspegel nach 8.2.1 unter Freifeldbedingungen grundsätzlich höher als der tatsächliche Wert. Der abgestrahlte Schalleistungspegel wird dann durch Abzug eines sog. Raumkorrekturbeiwertes $K_2$ wie folgt berechnet:

$$L_W = \overline{L}_p + L_S + K_0 - K_2 \quad \text{dB}. \tag{8.18}$$

Hierbei haben die Pegelgrößen $L_W$, $\overline{L}_p$, $L_S$ und $K_0$ die gleiche Bedeutung wie in Abschnitt 8.2.1 angegeben. Der Korrekturbeiwert $K_2$ berücksichtigt das akustische Umfeld des Prüflings und ist außerdem frequenzabhängig. Aus diesem Grunde läßt sich der Schalleistungspegel korrekterweise nur in Frequenzbändern angeben. Es ist also beispielsweise:

$$L_{W_{Tz}} = \overline{L}_{p_{Tz}} + L_S + K_0 - K_{2_{Tz}} \quad \text{dB}. \tag{8.19}$$

Der A-Schalleistungspegel wird hieraus mit Hilfe der Gln. (5.3) und (5.4) ermittelt.

Mit der Gl. (8.19) ist eine allgemeinere Beziehung für das Hüllflächenverfahren gefunden worden. Alle Pegelgrößen, bis auf den Korrekturbeiwert $K_2$, können nach Abschnitt 8.2.1 ermittelt werden. Der Raumkorrekturbeiwert $K_2$ kann je nach verwendetem Meßraum wie folgt berechnet werden

$K_2 = 0 \quad \text{dB}$ — vollkommenes Freifeld

$K_2 = 10 \lg (4A/\overline{A}_{ges}) \quad \text{dB}$ — vollkommenes Diffusfeld (siehe Gl. (7.99))

$$K_2 \approx 10 \lg \left(1 + \frac{4}{\overline{A}_{ges}/A}\right) \text{dB}$$

bzw.

$$K_2 \approx 10 \lg \left(1 + 24{,}5 \frac{T_S}{V/A}\right) \text{dB}$$

} Meßräume mit halbhalliger Struktur [1, 3] (siehe Bild 8.4)

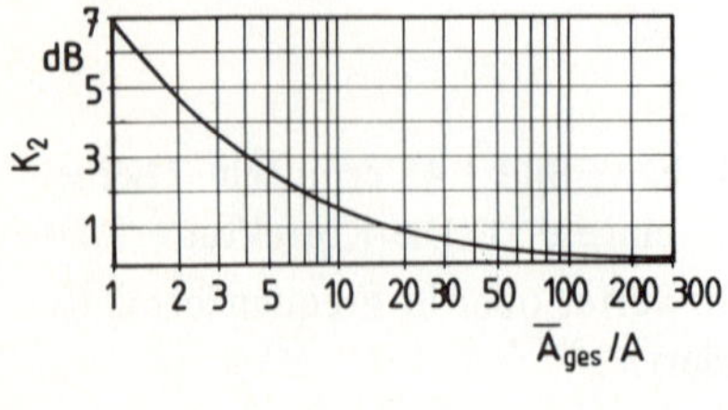


**Bild 8.4**
Raumkorrekturbeiwert $K_2$ in Abhängigkeit vom Verhältnis $\overline{A}_{ges}/A$

Hierbei sind:

A Hüllfläche, Meßfläche in $m^2$,

$\bar{A}_{ges}$ äquivalente Absorptionsfläche des Meßraumes in $m^2$,

V Raumvolumen in $m^3$,

$T_S$ Nachhallzeit des Meßraumes in s.

Eine weitere Möglichkeit der Abschätzung von $K_2$ aufgrund typischer Raummerkmale ist in DIN 45635, Teil 1, gegeben [1].

Der Korrekturbeiwert $K_2$ kann auch mit Hilfe einer Bezugsschallquelle nach der Methode des absoluten Vergleichtests [1, 4] bestimmt werden (s. Abschnitt 7.13). Hierbei wird nach dem Hüllflächenverfahren der Hüllflächenschalldruckpegel $\overline{L_p}$ für den Prüfling bestimmt. Für den gesuchten Schalleistungspegel erhält man entsprechend der Gl. (8.18):

$$L_W = \bar{L}_p + (L_S + K_0 - K_2) \text{ dB.} \tag{8.20}$$

Anschließend wird anstelle des Prüflings die Bezugsschallquelle (mit bekanntem Schallleistungsspektrum) installiert. Auf der gleichen Hüllfläche wird dann der Meßflächenschalldruckpegel $\bar{L}_{pV}$ der Bezugsschallquelle ermittelt.

Der Schalleistungspegel der Bezugsschallquelle läßt sich dann wie folgt berechnen:

$$L_{W_V} = \bar{L}_{pV} + (L_S + K_0 - K_2) \text{ dB.} \tag{8.21}$$

Die Pegelgrößen in der Klammer stellen die gleichen Größen dar wie in Gl. (8.20). Da andererseits neben $\bar{L}_{pV}$ auch $L_{W_V}$ der Bezugsschallquelle bekannt ist, läßt sich der Pegelwert dieser Klammer angeben:

$$(L_S + K_0 - K_2) = L_{W_V} - \bar{L}_{pV} . \tag{8.22}$$

Nach Einsetzen in Gl. 8.20 erhält man schließlich für den gesuchten Schalleistungspegel des Prüflings:

$$L_W = L_{W_V} + (\bar{L}_p - \bar{L}_{pV}) \text{ dB.} \tag{8.23}$$

Hiermit ist eine sehr einfache und übersichtliche Beziehung gefunden, die den großen Vorteil besitzt, daß sie keinerlei Korrekturpegel mehr enthält, auch nicht den Beiwert $K_2$. Interessiert man sich aber doch für $K_2$, so findet man mittels der Bezugsschallquelle

$$K_2 = (\bar{L}_{pV} - L_{W_V}) + L_S + K_0 \text{ dB.} \tag{8.24}$$

Naturgemäß sind die so gefundenen Pegelgrößen für $L_W$ und $K_2$ ebenfalls frequenzabhängig und vorzugsweise in Frequenzbändern anzugeben:

$$L_{W_{Tz}} = L_{W_{V_{Tz}}} + (\bar{L}_{p_{Tz}} - \bar{L}_{pV_{Tz}}) \text{ dB.} \tag{8.25}$$

Die durch Messung ermittelten Meßflächenschalldruckpegel $\bar{L}_p$ und $\overline{L_{pV}}$ müssen, falls erforderlich, störpegelbereinigt bestimmt werden (s. Abschnitt 8.2.1).

Der A-Schalleistungspegel läßt sich wiederum mit Hilfe der Gln. (5.3) und (5.4) ermitteln.

Da der Schalleistungspegel die wesentliche Größe bei der Beurteilung von Maschinengeräuschen darstellt, sind in DIN 45635, Teil 1, [1, 2], die genauen Meß- und Auswertebedingungen für das Hüllflächenverfahren festgelegt. Außerdem sind in zahlreichen Folgeblättern, die noch ständig erweitert und ergänzt werden, maschinenspezifische Richtlinien vorgeschrieben, die bei der Ermittlung der Schalleistungspegel zu beachten sind.

## 8.3 Ermittlung des Schalleistungspegels nach dem Hallraumverfahren

Die Ermittlung des Schalleistungspegels erfolgt hierbei durch Messung im Diffusfeld, d.h. in einem Hallraum, wie er im Abschnitt 7.14.2 beschrieben wurde. Dabei wird außerhalb des Hallradius $r_H$ der Schalldruckpegel $L_H$ des sich im Hallraum aufbauenden Diffusfeldes gemessen. Die Messung erfolgt zweckmäßigerweise auf einem geschlossenen Meßpfad rund um die Schallquelle. Aus den einzelnen Meßwerten $L_{H_i}$ errechnet sich dann der räumliche Mittelwert $\overline{L}_H$ als einfacher quadratischer Mittelwert zu:

$$\overline{L}_H = L_\Sigma - 10 \lg n = 10 \lg \sum_{i=1}^{n} 10^{\frac{L_{H_i}}{10}} - 10 \lg n \quad \text{dB}. \tag{8.26}$$

Eine Messung der Richtwirkung der Schallquelle ist wegen der mehrfachen Reflexionen des Hallraumes nicht möglich.

Erfüllt der Meßraum nur geringere akustische Anforderungen, so muß man die Ermittlung der Schalleistung auf breitbandige und stationäre Geräusche beschränken. Das genaue Meßverfahren verläuft dann allerdings auch etwas einfacher als bei dem Hüllflächenverfahren, insbesondere entfällt der Einfluß der geometrischen Gestalt des Prüflings, so lange sein Volumen kleiner als 1 % des Hallraumvolumens ist.

Grundlage für die Berechnung der Schalleistung $P_Q$ bzw. des Schalleistungspegels $L_W$ aus der Meßgröße $\overline{L}_H$ sind die in Abschnitt 7.8 gefundenen Beziehungen des Diffusfeldes. Danach ist:

$$L_W = \overline{L}_H + 10 \lg \frac{\overline{A}_{ges}}{A_0} - 6 + K_0 \quad \text{dB}. \tag{8.27}$$

Für die genauere Ermittlung des Schalleistungspegels müssen die nach Gl. (8.27) gerechneten Werte wie folgt korrigiert werden [4, 5]

$$L_W = \overline{L}_H + 10 \lg \frac{\overline{A}_{ges}}{A_0} - 6 + K_{00} + K_{01} \quad \text{dB}. \tag{8.28}$$

Hierbei ist eine Verbesserung vor allem durch Hinzufügen des sog. Waterhouse-Terms $K_{01}$ erreicht worden. Er berücksichtigt die Tatsache, daß sich im Bereich der Wände nur ein unvollständiges Hallfeld ausbildet. Die Korrekturgrößen $K_{00}$ und $K_{01}$ lassen sich wie folgt berechnen:

$$K_{00} = 10 \lg \frac{B}{1000}$$

$$K_{01} = 10 \lg \left(1 + \frac{A_H\, c}{8\, V_H\, f_m}\right) \quad \text{dB}. \tag{8.29}$$

Hierbei sind:

$A_H$ Oberfläche des Hallraumes in $m^2$,

$V_H$ Volumen des Hallraumes in $m^3$,

c Schallgeschwindigkeit der Hallraumluft während der Messung in m/s,

$f_m$ Mittenfrequenz des betrachteten Frequenzbandes,

B barometrischer Druck in mbar.

Führt man anstelle der äquivalenten Absorptionsfläche des Hallraumes $\bar{A}_{ges}$ die handlichere Nachhallzeit $T_S$ ein, so ergibt sich mit Gl. (7.114) für die Gl. (8.28)

$$L_W = \bar{L}_H + 10 \lg \frac{V}{V_0} - 10 \lg \frac{T_S}{T_0} - 14 + K_{00} + K_{01} \quad \text{dB}, \tag{8.30}$$

$$V_0 = 1 \text{ m}^3, \quad T_0 = 1 \text{ s}.$$

Nun sind in beiden Beziehungen (8.28) und (8.30) für $L_W$ die Größen $\bar{A}_{ges}$ und $T_S$, aber auch die Korrekturgröße $K_{01}$ frequenzabhängig. Daraus folgt aber, daß man den Schalleistungspegel nach dem Hallraumverfahren nur in Frequenzbändern ermitteln kann. Es ist also beispielsweise:

$$L_{W_{Tz}} = \bar{L}_{H_{Tz}} + 10 \lg \frac{V}{V_0} - 10 \lg \frac{T_{S_{Tz}}}{T_0} - 14 + K_{00} + K_{01_{Tz}} \quad \text{dB}. \tag{8.31}$$

Dieses Leistungsspektrum kennzeichnet ausführlich die Schallemission des Prüflings, man kann aber auch wiederum mit Hilfe der Gln. (5.3) und (5.4) den A-bewerteten Schalleistungspegel $L_{W_A}$ berechnen, um zu einer Einwert-Darstellung zu gelangen.

# 9 Rohrleitungsgeräusche

## 9.1 Einleitung

In Rohrleitungssystemen werden Gase (Luft, Erdgas), Dämpfe (Wasserdampf), Flüssigkeiten (Wasser) transportiert. Die Rohrsysteme bestehen aus der Leitung selbst mit geraden und gekrümmten Teilabschnitten sowie aus Übergangs-, Verzweigungs- und Umlenkungsstücken. Außerdem können die Rohrsysteme Armaturen und Stellglieder beinhalten, wie Absperr- und Entspannungsorgane, Meß- und Regelungsgeräte, die auch in die Rohrleitung eingebaut sein können [1].

In solchen fluiddurchströmten Rohrleitungssystemen entstehen Geräusche, die im strömenden Medium selbst als Fluidschall und in der Rohrwand als Körperschall weitergeleitet werden. Als weitere Geräuschquelle bei durchströmten Rohrleitungen sind die in und an der turbulenten Grenzschicht entstehenden Fluid- und Körperschallgeräusche zu nennen. Diese Geräusche werden als Grundgeräusche entlang der ganzen Leitung erzeugt. Diesem Grundgeräusch können sich örtlich erzeugte Geräusche vor allem als Fluidschall, in geringerem Maße auch als Körperschall, überlagern.

Die Geräuschentstehung bei durchströmten Rohrsystemen wird in erster Linie durch Wirbelablösung beim An- und Umströmen von Einbauten aller Art oder durch Verwirbelung an scharfen Innenkanten und Vorsprüngen, an schroffen Übergängen, an Umlenkungen und Verzweigungen verursacht. Des weiteren können Geräusche durch expandierende Freistrahlen in Rohrsystemen vor allem durch einen kurzzeitigen Zerfall von Wirbeln verschiedener Größe, z.B. in Entspannungsorganen, verursacht werden [2]. Schließlich wird beim freien Austritt des strömenden Mediums aus der Leitung Fluidschall, in geringerem Maße auch Körperschall, erzeugt. Alle bisher genannten Geräusche sind bei höheren Reynolds-Zahlen, wie sie in der Regel bei technischen Strömungen vorhanden sind, breitbandig. Im Gegensatz dazu können in der Rohrleitung örtlich auch schmalbandige Geräuschanteile erzeugt werden, wenn beispielsweise in akustisch engen Blindstücken ($d \ll \lambda$) eine Längs-Eigenschwingung oder in verhältnismäßig breiten Rechteckkanälen eine der Quer-Eigenschwingungen angeregt wird. Schmalbandige Geräusche können auch entstehen, wenn Teile von Einbauten, die mechanische Schwingungen ausführen können, in Resonanz versetzt werden [3].

Die örtlich verursachten Geräusche werden von ihrem Entstehungsort aus, im allgemeinen in beiden Richtungen weitergeleitet, im strömenden Medium mit der Schallgeschwindigkeit des Fluids, in der Rohrwand mit der Körperschallgeschwindigkeit. Falls jedoch am Entstehungsort des Geräusches im Fluid örtlich die Schallgeschwindigkeit erreicht wird, wie beispielsweise im engsten Querschnitt der Entspannungsorgane, erfolgt die Weiterleitung im wesentlichen nur in Richtung der Strömung. Schließlich kann auch Fluid- und Körperschall in das Rohrleitungssystem von externen, dem System zugeordneten Schallquellen eingeleitet werden, etwa von Ventilatoren, Verdichtern, Pumpen, Turbinen. Auch diese Geräusche werden dann als Fluid- und Körperschall weitergeleitet. Es ist noch anzumerken, daß bei vielen Rohrleitungsgeräuschen in der Regel der Anteil der Körperschallerzeugung und -weiterleitung geringer ist als der Anteil der Erzeugung und Weiterleitung von Fluidschall. Es ist auch die Wechselwirkung zwischen Schallausbreitung im Medium und der Rohrwand gering und kann in den meisten Fällen vernachlässigt werden. Im folgenden wird daher nur noch der Fluidschall und zwar speziell der Luftschall behandelt.

Das entlang der ganzen Leitung verteilte Grundgeräusch (Grenzschichtgeräusch) wird auch entlang der ganzen Rohrwand in der Umgebung der Leitung abgestrahlt[1]). Die örtlich erzeugten Geräusche werden einerseits am Entstehungsort abgestrahlt, andererseits in dem angeschlossenen Rohrsystem weitergeleitet und können dann neben der unmittelbar anschließenden Leitung auch weiter abgelegene Leitungsabschnitte und Einbauten zu Schallabstrahlung in ihrer Umgebung anregen. In Extremfällen kann es sogar zu einer so starken mechanischen Schwingungsanregung kommen, daß die Dauerfestigkeit der angeregten Rohrabschnitte gefährdet wird.

## 9.2 Mathematische Behandlung der Rohrströmung

Um alle diese Begriffe und auch die zwischen ihnen bestehenden Zusammenhänge besser erläutern zu können, bedarf es zunächst eines kürzeren theoretischen Abrisses der Schallausbreitung in Rohrleitungen. Die Rohrleitung sei unendlich lang, das Fluid in der Leitung sei ungedämpft, der Querschnitt zunächst ein Rechteck. Die zugehörige partielle Differentialgleichung (s. Abschnitt 1.2.1, Gl. (1.16)) lautet:

$$\Delta\widetilde{\phi} = \frac{1}{c^2}\,\frac{\partial^2\widetilde{\phi}}{\partial t^2}\,. \tag{9.1}$$

Mit Hilfe des Bernoulli-Ansatzes für das räumliche Geschwindigkeitspotential $\widetilde{\phi}(x, y, z, t)$

$$\widetilde{\phi} = \hat{\phi}\,(x, y, z)\cdot e^{j\omega t} \tag{9.2}$$

gewinnt man die partielle Differentialgleichung

$$\Delta\hat{\phi}\,(x, y, z) + k^2\,\hat{\phi}\,(x, y, z) = 0. \tag{9.3}$$

Diese zeitunabhängige Funktion läßt sich an die Schallausbreitung in der Längsrichtung der Leitung durch den Ansatz [4, 5]

$$\hat{\phi}\,(x, y, z) = \hat{\phi}_x(y, z)\cdot e^{-jk'x} \tag{9.4}$$

anpassen. Dieser Ansatz entspricht der Schallausbreitung in x-Richtung mit der Wellenzahl $k' = \omega/c' \neq k$, bzw. der Phasengeschwindigkeit $c' \neq c$ und der Querverteilungsfunktion $\hat{\phi}_x\,(x, z)$ des Geschwindigkeitspotentials über das Rechteck a–b (Bild 9.1).

---

1) In diesem Kapitel werden im wesentlichen die Weiterleitung und Abstrahlung solcher Geräusche behandelt, die dem Grundgeräusch überlagert sind. Bezüglich der Entstehungsmechanismen örtlich erzeugter Geräusche wird hier nur auf die Literatur [1, 6, 8, 16, 17] hingewiesen.

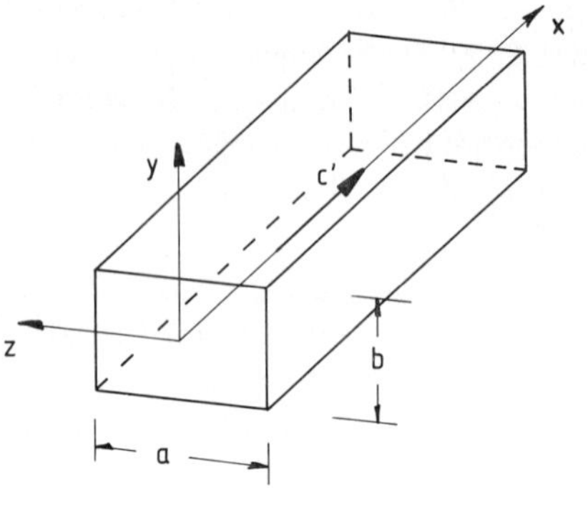


Bild 9.1 Rechteckkanal

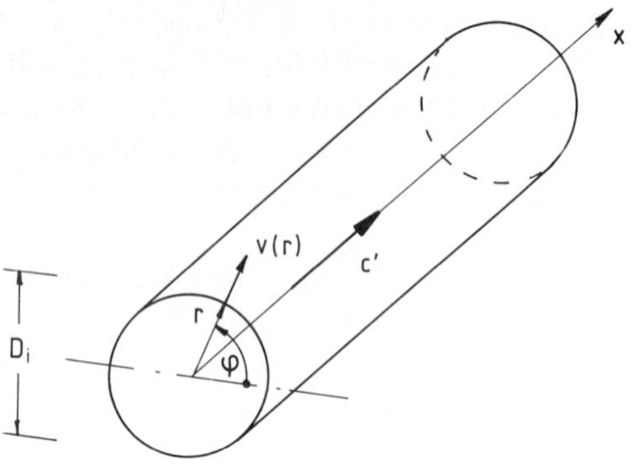


Bild 9.2 Kreiszylinderförmige Rohrleitung

Setzt man Gl. (9.4) in Gl. (9.3) ein, so erhält man die partielle Differentialgleichung:

$$\frac{\partial^2 \hat{\phi}_x(y,z)}{\partial y^2} + \frac{\partial^2 \hat{\phi}_x(y,z)}{\partial z^2} + \gamma^2 \hat{\phi}_x(y,z) = 0 \tag{9.5}$$

mit

$$\gamma^2 = k^2 + k'^2 . \tag{9.6}$$

Die Lösungen der Gl. (9.5) werden für den Rechteck-Querschnitt durch den Separationsansatz:

$$\hat{\phi}_x(y,z) = \hat{\phi}_0 \cos(\gamma_n \cdot y) \cdot \cos(\gamma_p \cdot z) \tag{9.6a}$$

bzw.

$$\hat{\phi}_x(y,z) = \hat{\phi}_0 \sin(\gamma_n \cdot y) \cdot \sin(\gamma_p \cdot z) \tag{9.6b}$$

gewonnen. Hierin sind die $\gamma_n$, $\gamma_p$ die Eigenwerte der Differentialgleichung, die zu den Eigenfunktionen $\hat{\phi}_x(y,z)$ gehören. n, p werden auch Moden genannt. Für den Rechteckquerschnitt ist:

$$\gamma_n = \frac{\pi n}{a} , \tag{9.7a}$$

$$\gamma_p = \frac{\pi p}{b} , \tag{9.7b}$$

$$n, p = 0, 1, 2, 3, \ldots .$$

Ein entsprechender Rechengang läßt sich in Zylinderkoordinaten r, $\varphi$, x für eine kreiszylinderförmige Rohrleitung (Bild 9.2) durchführen.

Mit dem Ansatz

$$\hat{\phi}(r, \varphi, x) = \hat{\phi}_x(r, \varphi) \cdot e^{-jk'x} \tag{9.8}$$

erhält man für die Funktion $\hat{\phi}_x(r, \varphi)$ der Querverteilung die Lösung [5, 6]:

$$\hat{\phi}_x(r, \varphi) = \hat{\phi}_0 \cdot \cos(n\,\varphi) \cdot J_n(\gamma_{n,p} \cdot r). \tag{9.9}$$

Sie ist aufgebaut auf der Besselschen Funktion $J_n$ der n-ten Ordnung mit dem Argument $(\gamma_{n,p} \cdot r)$, wo die $\gamma_{n,p}$ wiederum die Eigenwerte der Differentialgleichung sind. Sie gehören zu den Eigenfunktionen $\hat{\phi}_x(r, \varphi)$. Wesentlich ist die Berechnung der Eigenwerte $\gamma_{n,p}$, denn über $\gamma_{n,p}$ findet man durch die Beziehung (9.6) die für die Schallausbreitung in der Längsrichtung x wichtige Phasengeschwindigkeit $c'$. Man erhält:

$$c'_{n,p} = \frac{c}{\sqrt{1 - \frac{\gamma_{n,p}^2}{(\omega/c)^2}}}. \tag{9.10}$$

Die zugehörige Wellenzahl lautet dann:

$$k'_{n,p} = k \sqrt{1 - \frac{\gamma_{n,p}^2}{k^2}}. \tag{9.11}$$

Aus beiden Ausdrücken erkennt man vor allem, daß für $\omega/c < \gamma_{n,p}$ die Größen $k'_{n,p}$ und $c'_{n,p}$ imaginär werden. Daraus läßt sich die sogenannte Grenzfrequenz $f_{g_{n,p}}$ wie folgt ableiten:

$$f_{g_{n,p}} = \frac{c}{2\pi} \gamma_{n,p}. \tag{9.12}$$

Bevor auf die physikalische Bedeutung der Grenzfrequenz näher eingegangen wird, müssen die hierzu benötigten Eigenwerte ermittelt werden. Diese gewinnt man durch die Erfüllung homogener Randbedingungen an der Rohrströmung. Diese Randbedingungen lassen sich in zwei extremen Fällen zusammenfassen:

a) die schallharte Rohrwand, z.B. eine Stahlrohrleitung,
b) die schallweiche Rohrwand, z.B. ein weicher Gummischlauch.

*a) Die schallharte Rohrleitung*

Bei ihr ist die Radialgeschwindigkeit $v_r$ am Innenradius $r = R_i$ der Rohrwand gleich null. Diese Geschwindigkeit $v_r$ erhält man bekanntlich aus dem Geschwindigkeitspotential $\phi(r, \varphi, x)$ durch differenzieren nach r. Es ist

$$v_r = \frac{\partial \phi}{\partial r} = \hat{\phi}_0 \cdot \cos(n\varphi) \cdot J'_n(\gamma_{n,p} \cdot r) \cdot e^{-jkx}. \tag{9.13}$$

Mit der Randbedingung $v_r = 0$ erhält man die Bestimmungsgleichung für die Eigenwerte $\gamma_{n,p}$:

$$J'_n(\gamma_{n,p} \cdot R_i) = 0. \tag{9.14}$$

Der Index n entspricht der Anzahl der Knotendurchmesser, der Index p der Anzahl der Knotenkreise der Mode n, p. Für die 0-Mode ist $\gamma_{0,0} = 0$. Damit ist $c' = c$, also gleich der Phasengeschwindigkeit des nicht begrenzten Fluids. Die Querverteilung enthält keine Knotenlinie und -kreise, $J'(0) = 1$. Im Rohr breitet sich für den ganzen Frequenzbereich eine ebene, ungedämpfte Welle mit der konstanten Phasengeschwindigkeit c aus. Diese Mode ist dominierend im Rohr mit schallharter Wandbegrenzung.

Für die 1,0-Mode ist:

$$\gamma_{1,0} = \frac{0{,}586\,\pi}{R_i}\,, \tag{9.15}$$

$$k'_{1,0} = k\,\sqrt{1 - \left(\frac{0{,}586\,c}{D_i\,f}\right)^2}\,, \tag{9.16}$$

$$c'_{1,0} = \frac{c}{\sqrt{1 - \left(\frac{0{,}586\,c}{D_i\,f}\right)^2}}\,. \tag{9.17}$$

Man erkennt hieraus, daß die zur 1,0-Mode gehörende Grenzfrequenz die Größe

$$f_{g_{1,0}} = \frac{0{,}586\,c}{D_i} \tag{9.18}$$

besitzt. Unterhalb dieser Grenzfrequenz sind die Größen $k'_{1,0}$ und $c'_{1,0}$ rein imaginär. Imaginäre Größen bedeuten hier, daß die Wellenmode 1,0 entsprechend der jetzt reellen Funktion $e^{-k' \cdot x}$ gedämpft ist [7]; die Dämpfungskonstante beträgt

$$\alpha'_{L_{1,0}} = k'_{1,0} = k\,\sqrt{\left(\frac{0{,}586\,c}{D_i\,f}\right)^2 - 1}\,. \tag{9.19}$$

Man erkennt, daß die Dämpfung um so größer ist, je kleiner die Frequenz f wird. Daraus folgt, daß unterhalb der Grenzfrequenz $f_{g\,1,0}$ die Wellenmode nur noch wenig in Erscheinung tritt, um so weniger, je mehr die Frequenzen absinken. Dagegen kann sich oberhalb dieser Grenzfrequenz die Mode ungedämpft ausbreiten, jedoch ist das zugehörige Schallfeld nicht mehr eben, auch liegt für seine Ausbreitungsgeschwindigkeit Frequenzdispersion vor.

Für ein Rohr mit Rechteckquerschnitt ist:

$$f_{g_{1,0}} = \frac{0{,}5\,c}{a_i}\,. \tag{9.20}$$

Hierbei ist $a_i$ die größere Rechteckseite.

Für höhere Moden sind analoge Grenzfrequenzen berechenbar, deren Betrag mit steigenden Indizes der Moden zunimmt. In gleicher Weise, wie bei der 1,0-Mode gezeigt wurde, nehmen auch die Dämpfungen bei den Eigenfrequenzen unterhalb der jeweiligen Grenzfrequenz zu. Die Wirksamkeit der höheren Moden wird immer geringer, ihre Ausbreitung weicht von der ebenen Ausbreitung immer stärker ab.

Bei einem breitbandigen Geräusch in einer glatten, starren Rohrleitung spielt vor allem die erste Grenzfrequenz $f_{g_{1,0}}$ eine wesentliche Rolle. Bei Frequenzen unterhalb dieser Grenzfrequenz breitet sich ein nahezu ebenes Wellenfeld aus, das bei höheren Frequenzen durch Interferenzen infolge der Wandreflexionen zunehmend gestört wird. Liegt also wie bei einem Stahlrohr mit kleinerem Durchmesser $D_i$ die Grenzfrequenz $f_{g_{1,0}}$ hoch – für $D_i$ = 50 mm beträgt sie bereits ca. 4000 Hz –, so erfolgt die Schallausbreitung im wesentlichen in ebenen Längswellen. Ist umgekehrt die Grenzfrequenz klein, wie bei einem Stahlrohr größeren Durchmessers – für $D_i = 200$ mm beträgt sie nur noch ca. 1000 Hz –, so sind an der Schallausbreitung neben ebenen Wellen auch höhere Moden beteiligt.

Diese Sachverhalte lassen sich noch etwas deutlicher ausdrücken, wenn man statt der Frequenz f die Wellenlänge λ einführt. Aus der Bedingung

$$f \leqslant f_{g_{1,0}}$$

folgt dann für die Wellenlängen:

$$\lambda \geqslant 1{,}72 \cdot D_i = \lambda_{g_{1,0}} \qquad \text{Rohre mit Kreisquerschnitt}$$

$$\lambda \geqslant 2a_i = \lambda_{g_{1,0}} \qquad \text{Rechteckrohr}$$

Hieraus folgt, daß für Wellenlängen $\lambda > 1{,}72 \cdot D_i$ bzw. $\lambda > 2a_i$ die Ausbreitung im wesentlichen in ebenen Wellen erfolgt. Man spricht in diesem Falle von akustisch engen Rohren. Im Falle $\lambda < 1{,}72 \cdot D_i$ bzw. $\lambda < 2a_i$ beteiligen sich an der Ausbreitung neben ebenen Wellen noch solche, bei denen der Schalldruck auch in radialer Richtung vom Ort abhängt. Durch verstärkte Reflexionen an der Rohrwand nimmt schließlich die Ausbreitung immer mehr diffusen Charakter an. In der Tab. 9.1 ist das Verhältnis $\lambda/D_i$ für die verschiedenen Moden einer zylindrischen Rohrleitung zusammengestellt [6]. Der dimensionslose Ausdruck $\lambda/D_i$ entspricht auch dem Kehrwert der Helmholtzzahl He [16].

*b) die schallweiche Rohrleitung*

Bei ihr geht der Wechseldruck an der Wand ($r = R_i$) gegen null. Den Wechseldruck erhält man bekanntlich aus dem Geschwindigkeitspotential $\phi(r, \varphi, x, t)$ durch Differenzieren nach der Zeit. Es ist:

$$\tilde{p}(r) = -\rho \frac{\partial \tilde{\phi}}{\partial t} = -j\omega\hat{\phi}_0 \cdot \cos(n\varphi)\, J_n(\gamma_{n,p} \cdot r) \cdot e^{-jk'x} \cdot e^{j\omega t}. \tag{9.21}$$

**Tabelle 9.1** $\lambda/D_i$-Werte für verschiedene Moden einer zylindrischen Rohrleitung

| Mode n, p | $\lambda/D_i$ |
|---|---|
| 0 0 | ∞ |
| 1 0 | 1,706 |
| 2 0 | 1,029 |
| 0 1 | 0,820 |
| 1 1 | 0,589 |
| 2 1 | 0,468 |
| 0 2 | 0,448 |
| 1 2 | 0,368 |
| 2 2 | 0,315 |
| 0 3 | 0,309 |
| 1 3 | 0,268 |
| 2 3 | 0,239 |
| 0 4 | 0,235 |
| 1 4 | 0,211 |
| 2 4 | 0,192 |

Die Randbedingung $p(R_i) = 0$ wird demnach erfüllt, wenn die Besselfunktion für das Argument $(\gamma_{n,p} \cdot R_i)$ verschwindet. Man erhält also mit

$$J_n(\gamma_{n,p} \cdot R_i) = 0 \tag{9.22}$$

wiederum eine Bedingungsgleichung zur Berechnung der Eigenwerte $\gamma_{n,p}$. Die 0,0-Mode existiert nicht und somit auch keine Ausbreitung ebener Wellen. Die wichtigste Mode ist die 0,1-Mode, zu der auch die niedrigste Grenzfrequenz gehört. Sie hat die Größe:

$$f_{g0,1} = 0{,}765 \frac{c}{D_i} \ . \tag{9.23}$$

Die höheren Moden führen auch zu höheren Grenzfrequenzen. Daraus folgt, daß das schallweich begrenzte Rohr für alle Moden Hochpaß-Filterwirkung besitzt und sich daher auch als akustisches Sperrelement verwenden läßt. Die Wirkung beginnt ab $f > 0{,}765 \cdot c/D_i$. Bei einer Schallgeschwindigkeit von 340 m/s entspricht dies einer normierten Wellenlänge $\lambda/D_i < 1{,}31$.

## 9.3 Innere Schalleistung

Im folgenden wird die Betrachtung auf die schallhart begrenzte Rohrleitung beschränkt. Die darin stattfindende Schallweiterleitung und Abstrahlung haben ihre Ursache in der inneren Schalleistung $P_{Q_i}$ bzw. dem zugehörigen Schalleistungspegel $L_{W_i}$

$$L_{W_i} = 10 \lg \frac{P_{Q_i}}{P_0} \quad \text{dB}, \tag{9.24}$$

$$(P_0 = 10^{-12}\,\text{W})$$

des Grundgeräusches und aller eingangs dieses Kapitels genannten örtlichen Störquellen. Zur Ermittlung dieser Leistungsgrößen liegen verschiedene Theorien oder auch experimentelle Untersuchungen vor, auf die aber hier nicht näher eingegangen werden soll.

Für die praktische Handhabung ist es oft zweckmäßiger, die innere Schalleistung durch Messung des zugehörigen, inneren Schalldruckpegels

$$L_{p_i} = 20 \lg \frac{\tilde{p}_i}{p_0} \quad \text{dB} \tag{9.25}$$

zu ermitteln. Hierbei ist $\tilde{p}_i$ der Effektivwert des Schalldrucks innerhalb der Rohrleitung. Der innere Schalleistungspegel läßt sich dann wie folgt angeben [6, 8]:

$$L_{W_i} = L_{p_i} + 10 \lg \frac{A_S}{A_0} + K_0 - K_D \quad \text{dB} \tag{9.26}$$

oder in Frequenzbändern, z.B. Terzen:

$$L_{W_{i_{Tz}}} = L_{p_{i_{Tz}}} + 10 \lg \frac{A_S}{A_0} + K_{0_i} - K_{D_{Tz}} \quad \text{dB}. \tag{9.27}$$

Die Gln. (9.26) und (9.27) sind in ihrem Aufbau den Gln. (8.18) und (8.19) (Schallleistungsbestimmung in geschlossenen Räumen) ähnlich. Bei schallharter Begrenzung sind die Durchtrittsfläche und die Absorptionsfläche innerhalb der Rohrleitung identisch. $A_S$

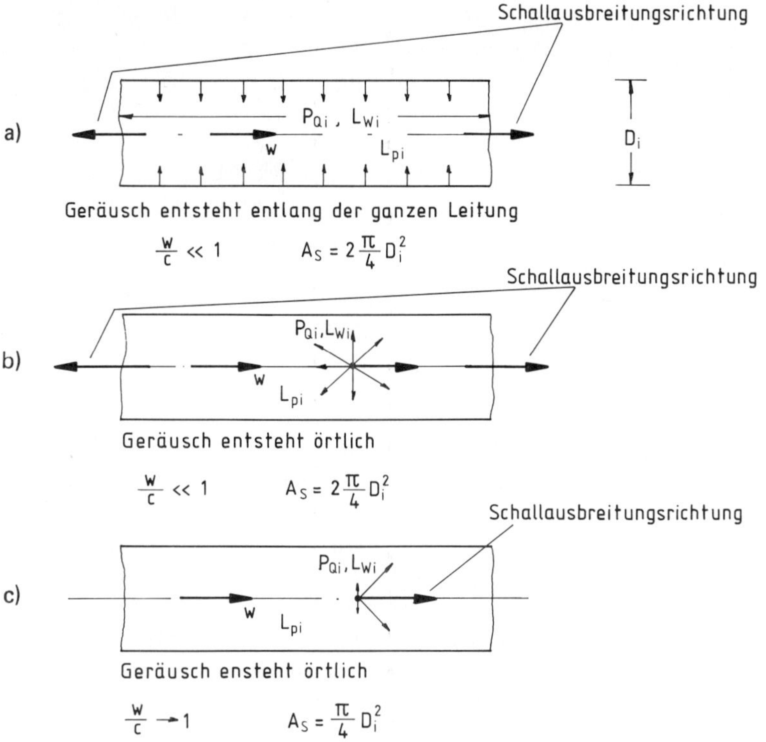


**Bild 9.3** Schallausbreitungsmöglichkeiten in einer Rohrleitung für verschiedene Strömungsgeschwindigkeiten

ist die Durchtrittsfläche senkrecht zur Schallausbreitungsrichtung. Sie ist in Bild 9.3 für verschiedene Schallausbreitungsmöglichkeiten angegeben.

$K_{0_i} = -10 \lg (Z_i/Z_0)$ ist ein Korrekturglied für den Fall, daß die Impedanz des im Rohr befindlichen Mediums $Z_i$ nicht gleich der Bezugsimpedanz $Z_0 = 400$ Ns/m$^3$ ist.

Die Pegelgrößen $K_D$ bzw. $K_{D_{Tz}}$ hängen vom Charakter des Schallfeldes im Rohr ab. Im rein ebenen Feld ist $K_D = 0$ dB, im rein diffusen Feld ist $K_D = 6$ dB[1]). Die Art des Schallfeldes läßt sich entsprechend den Ausführungen von Abschnitt 9.2 am geeignetsten durch den Parameter $\lambda/D_i$ darstellen (Bild 9.4). Wie bereits gezeigt, ist das Schallfeld bis zur ersten Grenzfrequenz $f_{g_{1,0}}$ eben (schallharte Begrenzung).

Experimentelle Untersuchungen [6] haben gezeigt, daß erst oberhalb der Frequenz $f_{g_{2,0}}$, d.h. $\lambda/D_i \leqslant 1$, das Schallfeld so weit vom ebenen Schallfeld abweicht, daß eine meßbare Erhöhung des Druckpegels infolge Querreflexionen zustande kommt. Mit steigender

---

1) Für das reine Diffusfeld entspricht $K_D$, ähnlich wie bei der Schallausbreitung in geschlossenen Räumen, dem Korrekturbeiwert $K_2 = 10 \lg (4A/\bar{A}_{ges})$ (s. S. 250). Für $A = A_S = \bar{A}_{ges}$ ist $K_D = 10 \lg 4 = 6$ dB.

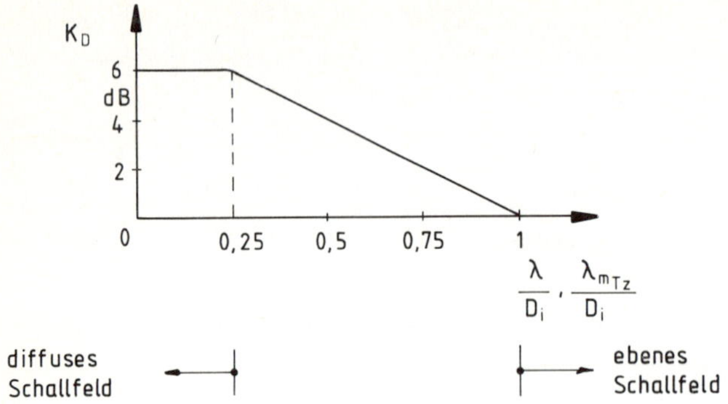


**Bild 9.4**
Pegelgröße $K_D$ in Abhängigkeit vom Verhältnis $\frac{\lambda}{D_i}$

Frequenz nimmt die Anzahl der Moden, die sich im Rohr ausbilden können, stark zu, so daß das Schallfeld immer mehr vom ebenen Wellenfeld abweicht. Bei genügender Anzahl von Reflexionen hat das Schallfeld im Rohr überwiegend diffusen Charakter. Es wird angenommen, daß das Schallfeld im Rohr ab $\lambda/D_i \leqslant 0{,}25$ diffus ist. Für den Übergangsbereich $0{,}25 < \lambda/D_i < 1$ ist das Schallfeld nicht eindeutig definiert. Einfachheitshalber wird für diesen Bereich eine lineare Pegelerhöhung zwischen 0 dB und 6 dB vorausgesetzt. Das Korrekturglied $K_D$ ist in Bild 9.4 in Abhängigkeit vom Verhältnis der Wellenlänge der im Rohr vorhandenen Frequenzen zum Rohrinnendurchmesser $D_i$ dargestellt [6, 8, 12]. Arbeitet man mit Frequenzbändern (z.B. Terzen), dann kann die Wellenlänge aus der Mittenfrequenz des interessierenden Frequenzbandes berechnet werden.

*Beispiel:*

Für eine luftgefüllte Stahlrohrleitung, $D_i = 200\ \phi$ mm, $c = 340$ m/s ergibt sich z.B.:

a) für die Terz mit $f_m = 500$ Hz
$\lambda/D_i = 2{,}27$ und $K_D = 0$,

b) für die Terz mit $f_m = 2000$ Hz ist $\lambda/D_i = 0{,}57$ und $K_D \approx 3{,}5$ dB.

## 9.4 Dämmung der Rohrwand

Das im Innern der zylindrischen Rohrleitung sich aufbauende stationäre Schallfeld wird durch die Zylinderwand gegen die umgebende Luft gedämmt. Gesucht ist das zugehörige Luftschalldämm-Maß R:

$$R = 10 \lg \frac{P_e}{P_d} \text{ dB}. \tag{9.28}$$

Hierin sind:

$P_e$ die auf die Rohrinnenwand auftreffende Schalleistung,

$P_d$ die zur Abstrahlung gelangende Luftschalleistung oder die äußere Schalleistung.

Dieses Luftschalldämmaß kann i.a. nicht dem einer ebenen Wandplatte gleichen Materials und gleicher Wanddicke gleichgesetzt werden. Es ist grundsätzlich kleiner, da die durch die Krümmung der Zylinderwand bedingte Dehnsteife der Trägheit der Wand entgegenwirkt.

Zunächst wird ein Ringelement gleichen Materials vom mittleren Durchmesser D und der Wanddicke h betrachtet, an dem innen der Druck $p_1$ und außen der Druck $p_2$ angreift (Bild 9.5). Sind die beiden Drücke statischer Natur, so läßt sich die zugehörige radiale Verschiebung wie folgt angeben

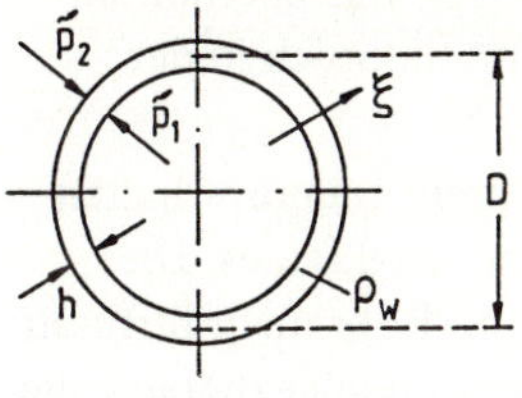


Bild 9.5 Ringelement

$$\xi = \frac{\sigma}{E}\frac{D}{2} = \frac{p_1 - p_2}{4E}\frac{D^2}{h}\,. \tag{9.29}$$

Im Falle einer periodischen Anregung sind diesen Druckwirkungen die radial gerichteten Massenkräfte $(-\rho_W \cdot h \cdot \ddot{\xi})$ hinzuzufügen. Man erhält dann unter Vernachlässigung der Dämpfung für $\xi$ folgende inhomogene Differentialgleichung:

$$(\tilde{p}_1 - \tilde{p}_2) + (-\rho_W\, h \cdot \ddot{\tilde{\xi}}) = \frac{4\,E\,h}{D^2}\,\tilde{\xi}$$

bzw.

$$\rho_W\, h\, \ddot{\tilde{\xi}} + \frac{4\,E\,h}{D^2}\,\tilde{\xi} = \tilde{p}_1 - \tilde{p}_2\,. \tag{9.30}$$

Im Falle einer harmonischen Anregung $(\hat{p}_1 - \hat{p}_2)\, e^{j\omega t}$ ergibt sich für $\xi$ die Lösung:

$$\tilde{\xi} = \hat{\xi}\, e^{j\omega t}$$

mit

$$\hat{\xi} = \frac{\hat{p}_1 - \hat{p}_2}{\frac{4\,E\,h}{D^2} - \rho_W\, h\, \omega^2} = \frac{\hat{p}_1 - \hat{p}_2}{m''}\,\frac{1}{\omega_R^2 - \omega^2}\,. \tag{9.31}$$

Hierin sind $m''$ die Massenbelegung des Ringes und $\omega_R$ die sog. Ringdehnkreisfrequenz [9].

$$\omega_R = 2\,\pi\, f_R = \frac{\sqrt{\frac{E}{\rho_W}}}{\frac{D}{2}} = \frac{c_{De}}{\frac{D}{2}}\,. \tag{9.32}$$

$f_R$ ist die zugehörige, bereits im Abschnitt 2.1.1.3 angeführte Ringdehnfrequenz. Sie ist eine Eigenfrequenz des Ringes. Hierbei ist der Ringumfang $D \cdot \pi$ gerade gleich der Wellenlänge $\lambda_{De}$ der Dehnwelle. Für Stahl ist $f_R = 5150/(\pi \cdot D)$. Sie ist i.a. hoch und erreicht für D = 200 mm ca. 8200 Hz.

Erfolgt die Anregung des Ringes mit $\omega = \omega_R$, so liegt ein Resonanzfall vor, bei dem die Amplituden $\hat{\xi}$ entsprechend groß werden, wie auch aus der Gl. (9.31) zu erkennen ist (wegen nichtberücksichtigter Dämpfung geht dort für $\omega = \omega_R$ $\hat{\xi} \to \infty$).

Denkt man sich einen mit Luft gefüllten Hohlzylinder im Bereich der Ringdehnfrequenz ($\lambda \approx 0{,}2$ D) als eine Schar lose nebeneinander liegender Ringe gleicher Größe, dann kann man die Ergebnisse für die Ringdehnfrequenz auch auf den dünnwandigen Hohlzylinder übertragen. D.h., auch beim Zylinder muß man bei einer Anregung durch ein im Innern wirksames Schallfeld im Bereich der Ringdehnfrequenz $f_R$ mit überhöhten Schwingungen am Zylindermantel rechnen. Dies führt zu einem Einbruch in der Dämmung der Zylinderwand bei der Ringdehnfrequenz.

Bei hohen Frequenzen $f > f_R$ nähert sich die Zylinderschale in ihrem Dämmverhalten immer mehr einer ebenen Platte unter der Wirkung eines diffusen Schallfeldes. Dies kommt daher, daß einerseits bei hohen Frequenzen das Schallfeld im Rohr mehr diffusen Charakter annimmt (s. Abschnitt 9.3), und andererseits ist in diesem Frequenzbereich die Biegewellenlänge der Rohrwand klein gegen den Krümmungsradius D/2.[1])

Bei Wellenlängen, die im Vergleich zum Zylinderdurchmesser $D_i$ groß sind, liegt der andere Extremfall der Anregung vor. Wie bereits gezeigt, nähert sich für $\lambda > 1{,}72 \cdot D_i$ das Schallfeld mehr einem ebenen Feld, dessen Wellenfronten sich senkrecht zur Zylinderachse bewegen. In diesem Fall kann die Dämmwirkung im wesentlichen nur durch die Dehnsteife des Zylinders erfolgen.

Es sei hier erwähnt, daß bei tiefen Frequenzen ($\lambda > 2\,D_i$) das Schalldämmaß der Rohrwand, entgegengesetzt zu dem sonst üblichen Frequenzverhalten, mit abnehmender Frequenz zunimmt. Die Bestimmung der absoluten Größe von R ist in diesem niedrigen Frequenzbereich problematisch und noch stärkeren Schwankungen unterworfen, da u.a. auch die Wirkung der Schallquelle selbst sowie ihrer Schwingungsformen das Schalldämmaß beeinflussen können.

Es bleibt noch ein mittlerer Frequenzbereich, etwa zwischen $f = c/(2\,D_i)$ an der unteren und $f = 2\,c_{De}/(\pi \cdot D_i)$ an der oberen Grenze. Die Berechnung des Schalldämmaßes in diesem Bereich ist schwierig und wurde von Cremer und Heckl [10, 11] durchgeführt. In diesem Bereich sind die höheren Moden des Schallfeldes für die Beurteilung der Schalldämmung maßgebend. In jeder dieser Moden ist die Ausbreitungsgeschwindigkeit frequenzabhängig (Dispersion). Sie treten daher in eine Wechselwirkung mit dem Zylindermantel, die vergleichbar mit dem Koinzidenzeffekt an ebenen Platten ist. Die entsprechenden Trennimpedanzen sind stark frequenzabhängig. Sie besitzen an einigen Stellen, den sog. Durchlaßfrequenzen $f_{D_n}$, Nullstellen. Das bedeutet, daß die Dämmwerte entsprechende Einbrüche bei diesen Frequenzen erfahren. Die Durchlaßfrequenzen lassen sich wie folgt berechnen [11, 12]:

$$f_{D_n} = \frac{X_n\,c}{\pi\,D_i} \tag{9.33}$$

mit

| n | 1 | 2 | 3 | 4 | 5 | 6 |
|---|---|---|---|---|---|---|
| $X_n$ | 1,84 | 3,05 | 3,83 | 4,70 | 5,33 | 6,71 |

---

1) Die Biegewellenlänge der Rohrwand läßt sich mit Hilfe der Gln. (1.60) und (9.32) wie folgt angeben:

$\lambda_B \approx 2{,}39 \cdot \sqrt{h \cdot D \cdot f_R/f}$. Für $f = 2\,f_R$, D = 300 mm, h = 5 mm ist $\lambda_B \approx 65$ mm $< D/2 = 150$ mm.

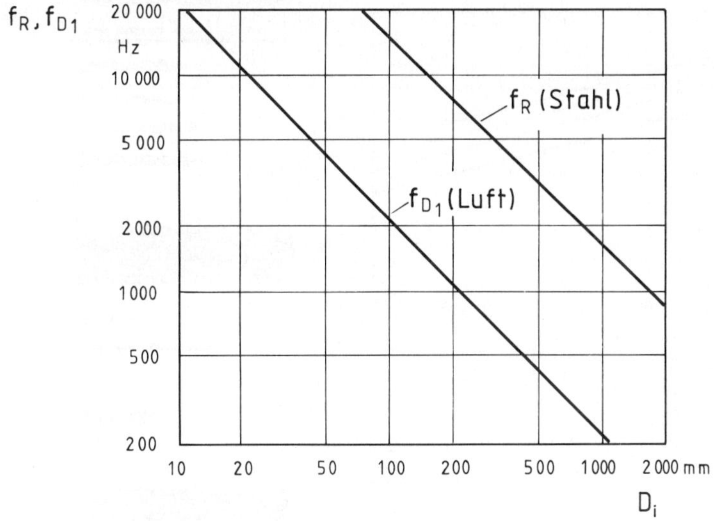


**Bild 9.6** Durchlaßfrequenz $f_{D_1}$ und Ringdehnfrequenz $f_R$ in Abhängigkeit vom Rohrdurchmesser $D_i$

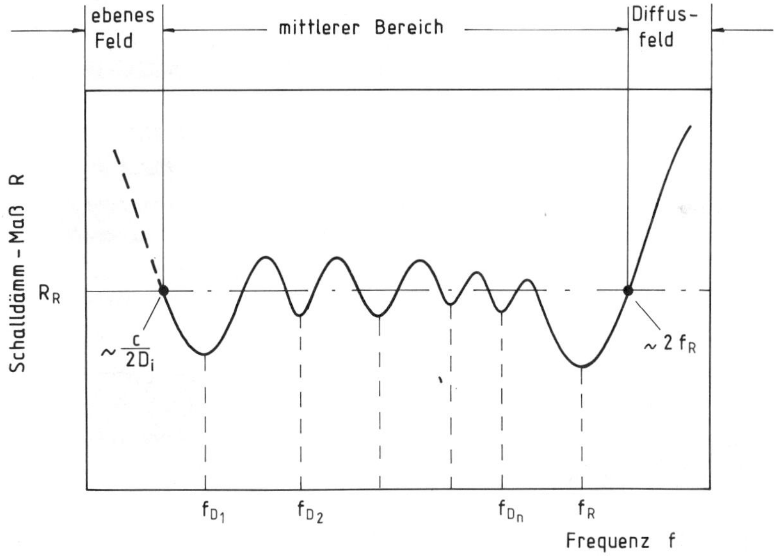


**Bild 9.7** Prinzipieller Verlauf des Schalldämmaßes von zylindrischen, gasgefüllten Schalen

In Bild 9.6 sind für luftgefüllte zylindrische Stahlrohre Zahlenwerte von $f_{D_1}$, $f_R$ in Abhängigkeit vom Durchmesser angegeben. Bild 9.7 zeigt den prinzipiellen Verlauf des Schalldämmaßes in schmalbandiger Darstellung [12].

Die im Diagramm eingezeichneten Durchlaßfrequenzen $f_{D_n}$ treten dann nicht in Erscheinung, wenn das zu dämmende Geräusch breitbandig ist. Wenn dagegen im Schallfeld des Rohres ausgeprägte schmalbandige Anteile vorhanden sind, werden sie für die Dämmung relevant. Falls sie in der Nähe der Durchlaßfrequenzen liegen, insbesondere von $f_{D_1}$ und $f_R$, muß mit entsprechend starken Einbrüchen gerechnet werden.

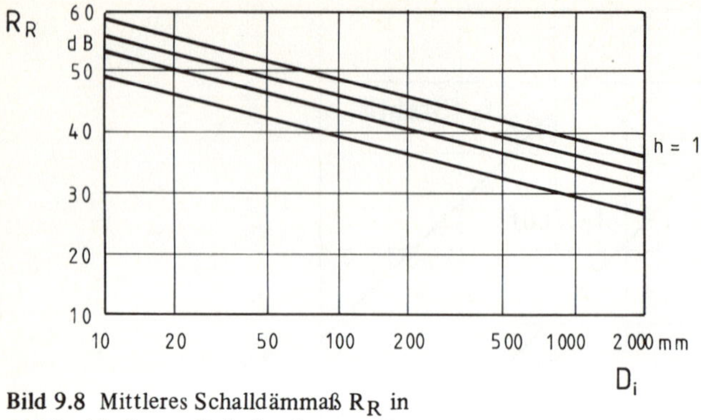


**Bild 9.8** Mittleres Schalldämmaß $R_R$ in Abhängigkeit vom Rohrdurchmesser D für verschiedene Wanddicken h

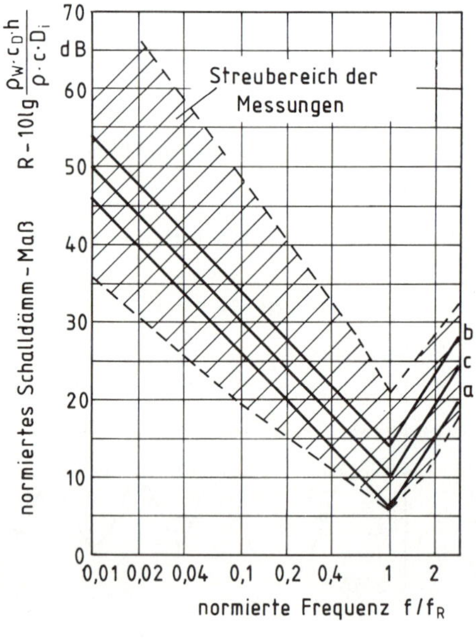


**Bild 9.9**

Normiertes Schalldämmaß als Funktion der normierten Frequenz $f/f_R$

a) [13] b) [6] c) [12]

Das Schalldämmaß $R_R$ für den mittleren Frequenzbereich bei dünnwandigen Rohren läßt sich nach Heckl wie folgt angeben [11]:

$$R_R = 9 + 10\,\lg \frac{c_{De}\, m''}{(\rho\, c) \cdot D_i} \text{ dB.} \tag{9.34}$$

Das nach Gl. (9.34) berechnete Schalldämmaß kann in erster Linie für eine frequenzunabhängige Überschlagsrechnung des Schalldämmaßes zugrunde gelegt werden. In Bild 9.8 ist das mittlere Schalldämmaß nach der Gl. (9.34) für luftgefüllte Stahlrohre in Abhängigkeit vom Rohrdurchmesser und von der Wanddicke dargestellt. Für genauere Rechnungen benötigt man das frequenzabhängige Schalldämmaß.

In Bild 9.9 ist das normierte Schalldämmaß $R - 10\,\lg \frac{c_{De} \cdot \rho_W \cdot h}{c \cdot \rho \cdot D_i}$ als Funktion der normierten Frequenz $f/f_R$ bei breitbandiger Anregung angegeben. Diese Ergebnisse sind vor allem auf experimentelle Untersuchungen (Messungen in Terz- und Oktavbandbreite) bei Luft und Erdgas zurückzuführen. Die Berechnungsformel für das frequenzabhängige Schalldämmaß lautet [6, 13]:

$$\left.\begin{aligned} R_f &= 10 \lg \frac{c_{De}\, \rho_W\, h}{c\, \rho\, D_i} + K_f + K \quad \text{dB}, \\ K_f &= -20 \lg \frac{f}{f_R} \quad \text{dB} \quad (f \leqslant f_R), \\ K_f &= 30 \lg \frac{f}{f_R} \quad \text{dB} \quad (f \geqslant f_R). \end{aligned}\right\} \tag{9.35}$$

Über die Größe K liegen keine gesicherten Werte vor. Die vorliegenden Ergebnisse[1]) deuten darauf hin, daß die Größe K keine Konstante darstellt und höchstwahrscheinlich eine Funktion der Rohrabmessungen, insbesondere des Rohrdurchmessers, ist. In der VDI-Richtlinie 3733 [12] wird für die praktische Anwendung eine mittlere Größe von K = 10 dB empfohlen.

## 9.5 Schallweiterleitung in der Rohrleitung

Die örtlich erzeugten inneren Geräusche $P_{Q_i}$ in der Rohrleitung werden sowohl örtlich abgestrahlt als auch weitergeleitet. Die örtliche Abstrahlung wird maßgeblich durch die örtlich vorhandene Dämmung (s. Bilder 9.8 und 9.9) beeinflußt.

Bei den üblicherweise großen Zahlenwerten der Dämmung wird i.a. nur ein sehr kleiner Anteil von $P_{Q_i}$ abgestrahlt. Der wesentliche Anteil von $P_{Q_i}$wird weitergleitet. Nährungsweise kann hierfür die ganze Leistung $P_{Q_i}$ in Ansatz gebracht werden. Diese Weiterleitung von Schalleistung in Rohrsystemen ist, wie jede Schallausbreitung, gedämpft. Die Dämpfung geschieht an geraden Rohrstrecken (konstanter Querschnitt), an eingebauten Formelementen wie Umleitungen, Querschnittsänderungen, an Rohrverzweigungen, an Austrittsöffnungen.

Bei den geraden Rohrstrecken erfolgt die Dämpfung durch Dissipation und Querdämmung an der Rohrwand. An Umlenkungen, Querschnittsänderungen und Austrittsöffnungen ist in erster Linie die Reflexion für die Dämpfung verantwortlich, es handelt sich also um eine Längsdämmung. An den Rohrverzweigungen wird die innere Schalleistung aufgeteilt.

Die Dämpfung wird durch das Verhältnis der inneren Schalleistungen ausgedrückt. Man versteht unter der Dämpfung der Schalleistung zwischen zwei Querschnitten $A_I$ und $A_{II}$ (Bild 9.10) der Rohrleitung die Pegeldifferenz:

$$\Delta L_{W_{I-II}} = 10 \lg \frac{P_{Q_{i_I}}}{P_{Q_{i_{II}}}} \quad \text{dB}, \tag{9.36}$$

$$\Delta L_{W_{I-II}} = L_{W_{i_I}} - L_{W_{i_{II}}} \quad \text{dB}. \tag{9.37}$$

[1]) Nach [13] ist K = 6 dB,
nach [6] ist K = 14 dB.

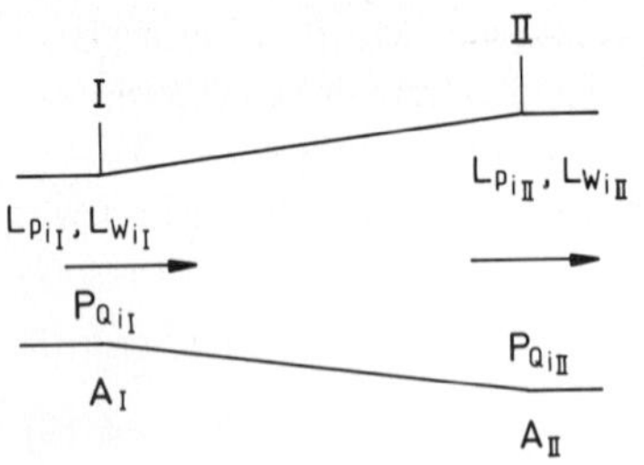


**Bild 9.10** Rohrerweiterung

Setzt man voraus, daß die Schallfelder an den Stellen I und II gleich sind, so kann man die Gl. (9.36) wie folgt umschreiben:

$$\Delta L_{W\,I-II} = 10 \lg \frac{A_I\, I_{i_I}}{A_{II}\, I_{i_{II}}} = 10 \lg \frac{p_{i_I}^2}{p_{i_{II}}^2} + 10 \lg \frac{A_I}{A_{II}} \quad \text{dB.} \tag{9.38}$$

$$= \Delta L_{p_{i_{I-II}}} + 10 \lg m \quad \text{dB.}$$

$\Delta L_{p_{i_{I-II}}} = L_{p_{i_I}} - L_{p_{i_{II}}}$ dB innere Schalldruckpegeldifferenz zwischen zwei Querschnitten I und II,

$m = \frac{A_I}{A_{II}}$ Querschnittsverhältnis.

### 9.5.1 Dämpfung in geraden Rohrstrecken

*a) Dissipative Dämpfung*

Auch in einer geraden Rohrstrecke führt die dissipative Dämpfung zu einer Umwandlung von mechanischer Energie in Wärme. Diese Dämpfung kann durch Einbau von schallschluckendem Material, wie es beispielsweise in Absorptionsschalldämpfern geschieht, vergrößert werden. Für mittlere Frequenzen läßt sich in guter Näherung die Dämpfung wie folgt berechnen [9, 17]:

$$\Delta L_W \approx 1{,}5\, \alpha \frac{U}{A} \frac{\text{dB}}{\text{m}} . \tag{9.39}$$

Hierin sind:

$\alpha$ der Absorptionsgrad der Kanalauskleidung,
U der schallabsorbierende Umfang in m,
A der freie Kanalquerschnitt in $m^2$.

Man erreicht je nach Querschnittsgröße und Frequenzbereich Dämpfungswerte in der Größenordnung von 10 ... 20 dB/m. Bei tiefen Frequenzen können sich auch größere Dämpfungswerte als Gl. (9.39) einstellen, wenn bei dünnen, biegeweichen Wänden (Wanddicke < 1 mm) durch Kopplung zwischen Schallwellen und Wandschwingungen im Resonanzfall dem Medium verstärkt Energie entzogen wird.

Im folgenden werden biegesteife Rohre, insbesondere Stahlrohre (konstanter Querschnitt), mit verhältnismäßig glatter Oberfläche des Rohrinnern behandelt. Die Ausbreitungsdämpfung in solchen Rohren ist vernachlässigbar. Es werden demzufolge auch wesentlich kleinere Dämpfungspegel zu erwarten sein. Sie haben ihre Ursache in der Zähigkeit und Art des Mediums sowie in den im Rohr vorhandenen Turbulenzen. Diese Einflüsse wirken sich vor allem in der Wandnähe aus. Wesentliche Parameter sind die Zähigkeit des Mediums, der Rohrdurchmesser $D_i$, die Rauhigkeit der Wand, die Frequenz f und die Machzahl Ma, deren Einfluß jedoch für kleinere Machzahlen, wie sie üblicherweise bei technischen Strömungen vorkommen, zu vernachlässigen ist. Der Abfall der Amplitude $\hat{p}_i(x)$ des Schalldrucks mit der Entfernung läßt sich im Medium mit Dämpfung wie folgt beschreiben:

$$\hat{p}_i(x) = \hat{p}_{i_0} \cdot e^{-\alpha' \cdot \Delta x}, \qquad (9.40)$$

$\hat{p}_{i_0}$ die Ausgangsamplitude,
$\alpha'$ die Dämpfungszahl, bzw. der Dämpfungskoeffizient.

Aus der Gl. (9.40) folgt dann für den Intensitätsverlauf:

$$\hat{I}_i(x) = \hat{I}_{i_0} \cdot e^{-\frac{2(\alpha' D_i)}{D_i} \Delta x}. \qquad (9.41)$$

Daraus ergibt sich für den konstanten Querschnitt die auf die Länge $\Delta x = 1$ m bezogene dissipative Pegelabnahme, die spezifische Rohrdämpfung (siehe Gl. (9.38)) [2, 8]:

$$\Delta L^*_{W_\alpha} = 8{,}69 \frac{(\alpha' D_i)}{D_i} = \frac{(\alpha \cdot D_i)}{D_i} \quad \frac{\text{dB}}{\text{m}}. \qquad (9.42)$$

In Gl. (9.42) ist der Ausdruck $(\alpha \cdot D_i)$ für kleine Machzahlen (Ma $< 0{,}2$) unabhängig von $D_i$. Er ist in Bild 9.11 für ein glattes Rohr über der Frequenz f aufgetragen. Mit diesen Werten $(\alpha \cdot D_i)$ ist exemplarisch für zwei Durchmesser $D_i = 60$ mm und $D_i = 150$ mm der Frequenzgang der spezifischen Dämpfung $\Delta L^*_{W_\alpha}$ ermittelt und in Bild 9.12 dargestellt. Man erkennt, daß die Pegel bei tiefen Frequenzen kleine Werte aufweisen. Sie werden größer mit zunehmender Frequenz und abnehmendem Durchmesser.

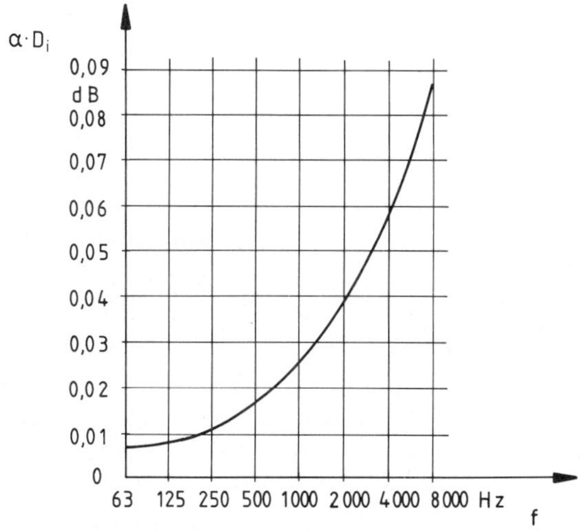


**Bild 9.11**
Dämpfungsgröße $(\alpha \cdot D_i)$ in Abhängigkeit von der Frequenz für kleine Machzahlen (Ma $< 0{,}2$) und glatte Rohre

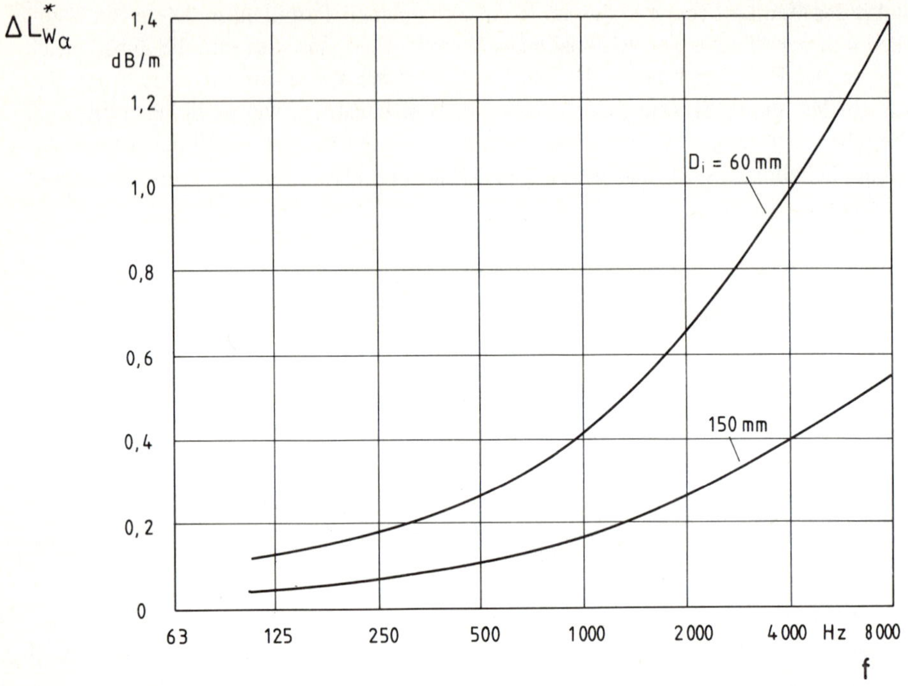


**Bild 9.12** Spezifische Dämpfung $\Delta L_{W^*_\alpha}$ in Abhängigkeit von der Frequenz (Ma < 0,2, glattes Rohr)

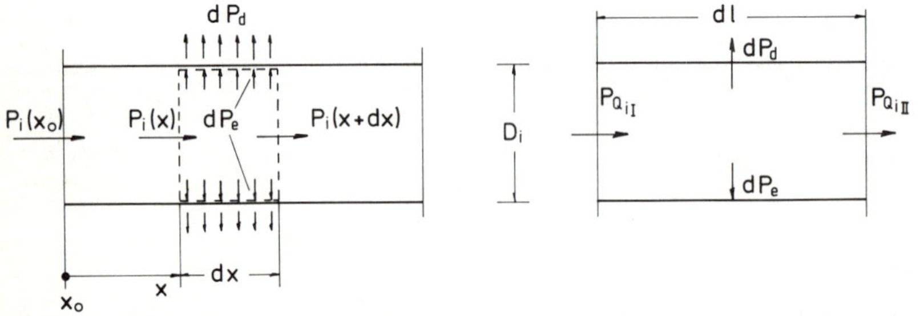


**Bild 9.13** Unvollständige Dämmung an einer Rohrwand

*b) Dämpfung durch Querdämmung*

Die Pegelminderung durch unvollständige Dämmung an der Rohrwand läßt sich an dem geraden Rohrelement dx wie folgt abschätzen (Bild 9.13):

$$P_i(x) - P_i(x + dx) = dP_d\,, \tag{9.43}$$

$$-\frac{\partial P_i(x)}{\partial x}\,dx = dP_e \cdot 10^{-\frac{R}{10}}\,. \tag{9.44}$$

Unter der Annahme, daß die Schallintensität innerhalb der Länge dx konstant ist, ergibt sich für die innere Schalleistung an einer beliebigen Stelle [6]:

$$P_i(x) = P_i(x_0) \cdot e^{-\frac{4}{D_i} \cdot 10^{-\frac{R}{10}} \cdot x} \quad . \tag{9.45}$$

Die spezifische Dämpfung (Scheindämpfung) infolge Querdämmung läßt sich dann wie folgt angeben:

$$\Delta L^*_{W_R} = 17{,}37 \frac{1}{D_i} \; 10^{-\frac{R}{10}} \; \frac{dB}{m} . \tag{9.46}$$

Die infolge Querdämmung verursachte Pegelminderung ist im Vergleich zu der dissipativen Dämpfung grundsätzlich klein und kann für biegesteife Rohrleitungen vernachlässigt werden. So sind beispielsweise für ein Stahlrohr mit einem Durchmesser $D_i$ = 150 mm $\phi$ und der Wanddicke h = 3 mm die mittlere Rohrdämmung $R_R \approx 42$ dB (siehe Bild 9.8) und die spezifische Dämpfung $L^*_{W_R} \approx 0{,}0077$ dB/m. Dies kann im Vergleich zur dissipativen Dämpfung, siehe Bild 9.12, vernachlässigt werden.

### 9.5.2 Dämpfung (Dämmung) an Formelementen

Die Dämpfung an Querschnittsprüngen der Rohrleitung ist gleichbedeutend mit einer Längsdämmung, charakterisiert durch das Schalldämmaß $R_L$ des Querschnittssprunges. In folgenden Ableitungen wird vorausgesetzt, daß die Störung sich am Querschnittssprung von $A_1$ nach $A_2$ fortpflanzt. Das Querschnittsverhältnis $A_1/A_2$ = m ist im Falle einer Querschnittsverengung > 1, im Falle einer Erweiterung < 1 (Bild 9.14).

An beiden Querschnittsänderungen sind wie bei der Dämmung an einer ebenen Wand (vgl. Abschnitt 7.3) einfallender (e), reflektierter (r) und durchgelassener (d) Schall zu betrachten. Das Schalldämmaß ist dann definiert:

$$R_L = 10 \frac{P_e}{P_d} = 10 \lg \frac{I_e \, A_1}{I_d \, A_2} \approx 10 \lg \left[ \left( \frac{\hat{p}_e}{\hat{p}_d} \right)^2 m \right] . \tag{9.47}$$

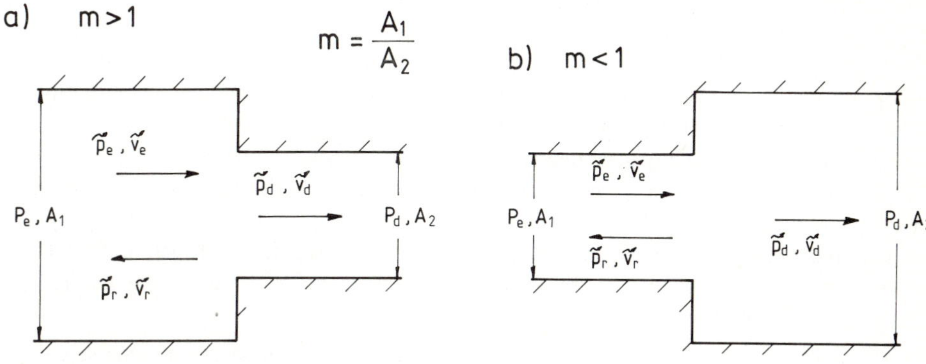


**Bild 9.14** Pegelminderung an a) Querschnittsverengung b) Querschnittserweiterung

Das Verhältnis der Druckamplituden $\hat{p}_e/\hat{p}_d$ in der Gl. (9.47) wird durch die Erfüllung der Bedingung des Kräftegleichgewichtes und der Kontinuität am Querschnittssprung wie folgt bestimmt:

$$(\hat{p}_e - \hat{p}_r)\,A_2 = \hat{p}_d\,A_2\,,$$
$$(\hat{v}_e - \hat{v}_r)\,A_1 = \hat{v}_d\,A_2\,.$$

Unter der Voraussetzung des ebenen Wellenfeldes ($\hat{v} = \hat{p}/\rho \cdot c$) gewinnt man hieraus das Verhältnis der Drücke:

$$\frac{\hat{p}_e}{\hat{p}_d} = \frac{1}{2}\,\frac{m+1}{m}\,. \qquad (9.48)$$

Mit der Gl. (9.48) folgt aus der Gl. (9.47):

$$R_L = 10\,\lg\frac{(m+1)^2}{4\,m}\,. \qquad (9.49)$$

$m > 1$ Querschnittsverengung,
$m < 1$ Querschnittserweiterung.

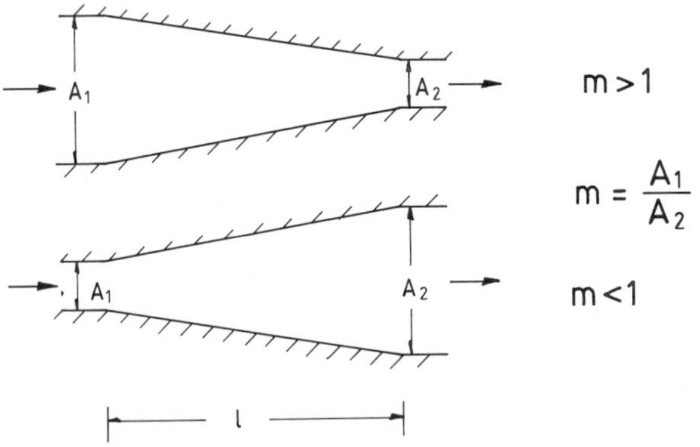


**Bild 9.15**
Verengung und Erweiterung des Strömungsquerschnitts

Der so gefundene Ausdruck für $R_L$ darf nur dann verwendet werden, wenn λ groß gegen die Querabmessung der Rohrleitung (ebenes Wellenfeld) ist, d.h., wenn sich der Luftschall in der Leitung im unteren Frequenzbereich ausbreitet. Dies gilt vor allem bei der Querschnittserweiterung. Die auftretende dissipative Dämpfung an den Querschnittsänderungen, besonders bei hohen Strömungsgeschwindigkeiten, müssen gesondert berücksichtigt werden. Die Beziehungen für die dämmende Wirkung bei plötzlichen Querschnittsänderungen können auch auf die allmählichen Querschnittsänderungen, insbesondere solche durch konische Übergänge, übertragen werden. Voraussetzung hierzu ist, daß die Wellenlänge λ groß gegen die Länge *l* des Übergangsstückes ist (siehe Bild 9.15). Akustisch wirkt sich in diesem Falle, d.h. im unteren Frequenzbereich, der allmähliche Übergang wie eine plötzliche Querschnittsänderung aus, so daß das abgeleitete Ergebnis für Gl. (9.49) übernommen werden kann. Ist dagegen λ klein gegen *l*, so ist an dem allmählichen Übergang die Dämmung zu vernachlässigen.

Abschließend werden in Bild 9.16 Zahlenwerte für das Schalldämmaß $R_L$ an Querschnittssprüngen in Abhängigkeit von m bzw. 1/m graphisch dargestellt [14].

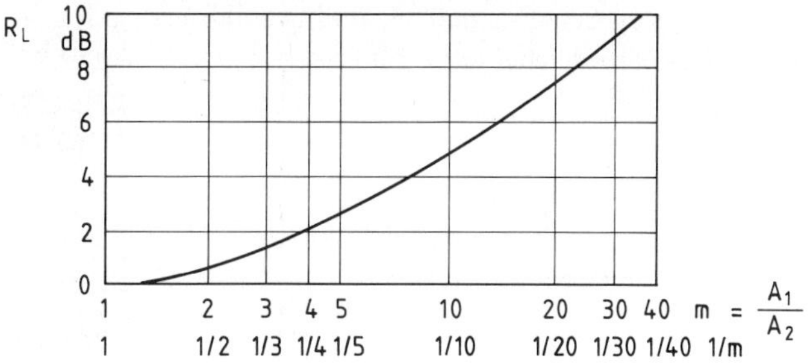


**Bild 9.16**
Schalldämmaß $R_L$ (Längsdämmung) in Abhängigkeit von $m = \frac{A_1}{A_2}$ bzw. $\frac{1}{m} = \frac{A_2}{A_1}$

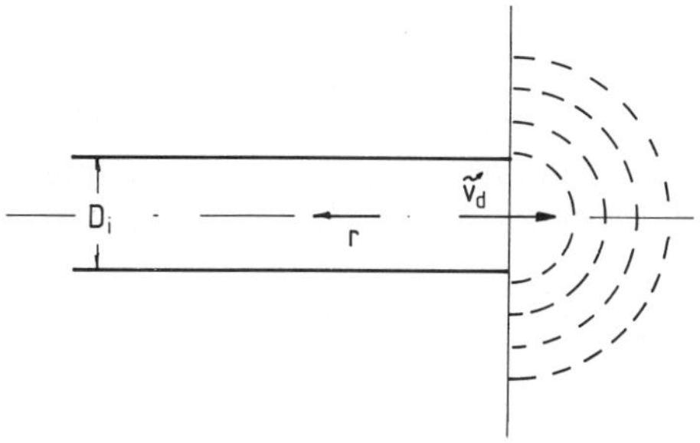


**Bild 9.17**
Schallabstrahlung an einer Austrittsöffnung

### 9.5.3 Dämpfung (Dämmung) an der Austrittsöffnung

An der Austrittsöffnung einer Rohrleitung tritt, ähnlich wie an einer plötzlichen Querschnittserweiterung, eine Dämpfung durch Reflexion, die sog. Mündungsreflexion, in Erscheinung. Für den Fall, daß die Wellenlängen λ im Rohr größer sind als der Rohrdurchmesser $D_i$, sind die Reflexionen stärker, im anderen Falle schwächer. Im ersten Fall ($\lambda > D_i$) wird dann die Abstrahlung in den Austrittsraum gut durch einen Kugelstrahler 0. Ordnung gleichen Schallflusses (Produkt aus Schallschnelle und Fläche) wiedergegeben (Bild 9.17). Bekanntlich ist seine Abstrahlung gering, wenn $\pi \cdot d_0/\lambda \ll 1$ ist (s. Abschnitt 2.2.1). Dagegen ist die Dämpfung durch Reflexion groß. Am Mündungsquerschnitt gilt wiederum:

$$\tilde{p}_e + \tilde{p}_r = \tilde{p}_d,$$
$$\tilde{v}_e - \tilde{v}_r = \tilde{v}_d,$$

oder

$$\tilde{p}_d = \tilde{p}_e\,(1 + r),$$
$$\tilde{v}_d = \tilde{v}_e\,(1 - r),$$
$$\frac{\tilde{p}_d}{\tilde{v}_d} = \frac{\tilde{p}_e}{\tilde{v}_e}\,\frac{1 + r}{1 - r}. \tag{9.50}$$

Hierbei ist $\tilde{p}_e/\tilde{v}_e = Z$ die (reelle) Schallkennimpedanz ($\rho \cdot c$) des Fluids in der Leitung (ebene Welle). Setzt man das Verhältnis von Schallschnelle $\tilde{v}_d$ und Schalldruck $\tilde{p}_d$ an der

Austrittsöffnung der Leitung gleich dem von Schallschnelle $\tilde{v}_S$ und Schalldruck $\tilde{p}_S$ des Kugelstrahlers 0. Ordnung an seiner Kugeloberfläche, dann gilt:

$$\frac{\tilde{p}_d}{\tilde{v}_d} = \frac{\tilde{p}_S}{\tilde{v}_S} . \qquad (9.51)$$

Dieses Verhältnis ist aber mit der Feldimpedanz $\tilde{Z}_S$ des Kugelstrahlers identisch. Sie ist komplex und besitzt nach der Gl. (2.58) die Größe:

$$\tilde{Z}_S = j(\rho c) \frac{\frac{\pi d_0}{\lambda}}{1 + j\frac{\pi d_0}{\lambda}} .$$

Der Schallaustritt unterliegt demnach einer plötzlichen Impedanzänderung von Z nach $Z_S$. Aufgrund dieser Änderung, d.h. einer Fehlanpassung am Mündungsquerschnitt, erfolgt nach dem Anpassungsgesetz (vgl. Abschnitt 7.2) eine Reflexion mit dem Reflexionsfaktor:

$$\tilde{r} = \frac{\frac{\tilde{Z}_S}{Z} - 1}{\frac{\tilde{Z}_S}{Z} + 1} .$$

Durch Einsetzen von $\tilde{Z}_S$ und Z ergibt sich hieraus der komplexe Reflexionsfaktor

$$\tilde{r} = -\frac{1}{1 + j\frac{2\pi d_0}{\lambda}} . \qquad (9.52)$$

In diesem Ausdruck ist noch der Durchmesser $d_0$ des Kugelstrahlers unbekannt. Er läßt sich durch Gleichsetzen des Schallflusses am Mündungsquerschnitt und an der Kugeloberfläche berechnen. Es ist also:

$$A\,\tilde{v}_e = \Omega \frac{d_0^2}{4} \tilde{v}_S .$$

Setzt man noch $\tilde{v}_e$ gleich $\tilde{v}_S$, so ergibt sich dann:

$$d_0 = \sqrt{\frac{4A}{\Omega}} . \qquad (9.53)$$

Hierbei ist $\Omega = 4\pi$ bei Austritt in einer Raummitte, $\Omega = 2\pi$ bei Austritt in einer Wandmitte und $\Omega = \pi$ bei Austritt in einer Raumkante (Bild 9.18).

Nach Einsetzen in die Gl. (9.52) wird dann:

$$\tilde{r} = -\frac{1}{1 + j\frac{2\pi}{\sqrt{\Omega}}\frac{\sqrt{4A}}{\lambda}} , \qquad (9.54)$$

bzw.

$$|\tilde{r}| = \frac{1}{\sqrt{1 + \frac{4\pi}{\Omega}\frac{4A}{\lambda^2}}} . \qquad (9.55)$$

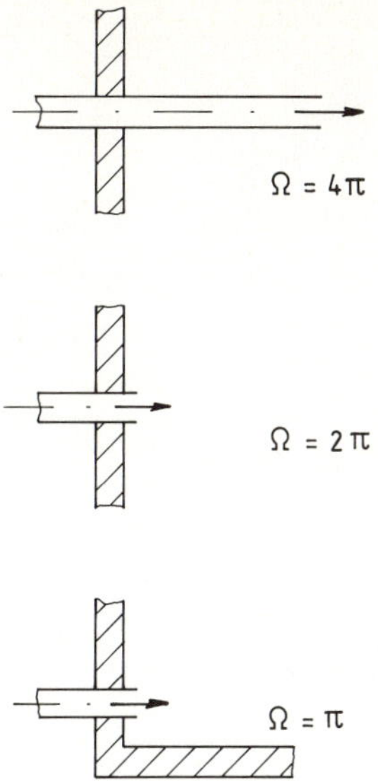


**Bild 9.18**
Ω für verschiedene Durchgänge der Rohrleitung in einem Raum

Für den Betrag des Schalldämmaßes folgt dann (siehe Abschnitt 7.3):

$$|\tilde{R}_L| = 10 \lg \frac{1}{1 - |\tilde{r}|^2} = 10 \lg \left(1 + \frac{1}{\frac{4\pi}{\Omega} \frac{4A}{\lambda^2}}\right) \quad \text{dB}. \tag{9.56}$$

Für kreisförmige Querschnitte $A = \frac{\pi D_i^2}{4}$ und sehr kleine Werte von $D_i/\lambda$, also tiefe Frequenzen, erhält man für $|\tilde{R}_L|$ in guter Näherung:

$$|\tilde{R}_L| = -20 \lg \frac{D_i}{\lambda} + 10 \lg \Omega - 21 \quad \text{dB}. \tag{9.57}$$

Es handelt sich also hierbei um eine über $\lg(D_i/\lambda)$ fallende Gerade mit einem Abfall von 6 dB bei Verdoppelung von $D_i/\lambda$. Beim Übergang von $\Omega = \pi$ nach $\Omega = 2\pi$ und nach $4\pi$ verschiebt sich die Gerade um jeweils 3 dB nach oben. In Bild 9.19 ist das allgemeine Schalldämmaß $|\tilde{R}_L|$ nach Gl. (9.56) über $\lg(D_i/\lambda)$ mit $\Omega$ als Parameter aufgetragen. Die mit steigendem $D_i/\lambda$ fallenden Funktionskurven nähern sich für kleine $D_i/\lambda$ asymptotisch den Geraden nach Gl. (9.57).

Hieraus ist, wie zu erwarten war, gut zu erkennen, daß sich bei kleinem Verhältnis $D_i/\lambda$ eine große Dämpfung einstellt, die dann allerdings mit steigender Frequenz rasch kleiner wird und für $D_i/\lambda = 1$ kleiner 1 dB ist. Diese Eigenschaft beim Schallaustritt aus einer Mündung, die aus der Praxis wohl bekannt ist, wird also gut durch einen Kugelstrahler beschrieben. Eine genauere, vor allem einen größeren $D_i/\lambda$-Bereich erfassende Berechnung bringt daher nur noch kleinere Korrekturen.

Dagegen kann sich eine stärkere Richtcharakteristik beim Austritt der Schallwellen in den Raum bemerkbar machen, wenn die Frequenzen höher werden, so daß die Wellenlängen mit $D_i$ vergleichbar sind. Für niedrigere Frequenzen erfolgt die Abstrahlung unge-

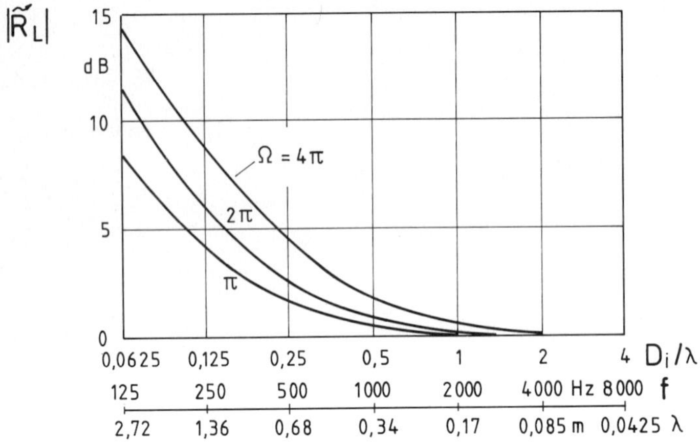


**Bild 9.19** Schalldämmaß $R_L$ der Austrittsöffnung in Abhängigkeit von $\frac{D_i}{\lambda}$ mit $\Omega$ als Parameter

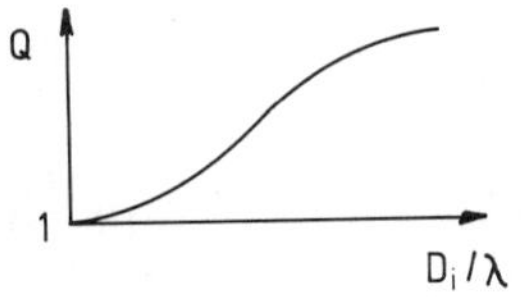


**Bild 9.20** Qualitativer Verlauf des Richtungsfaktors Q in Abhängigkeit von $\frac{D_i}{\lambda}$

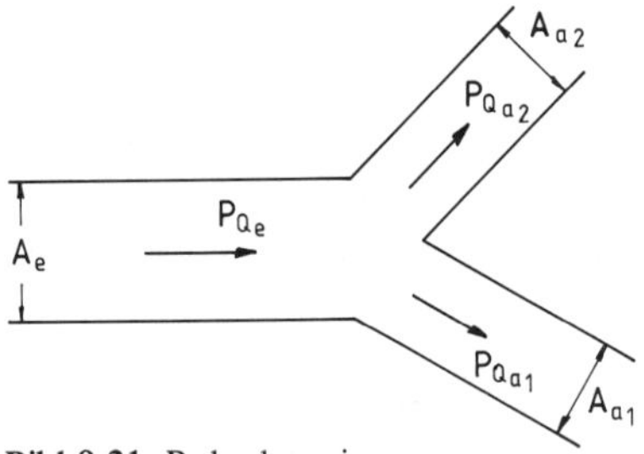


**Bild 9.21** Rohrabzweigung

richtet als Kugelwellen. Es läßt sich dann ein Richtungsfaktor Q einführen, der das Verhältnis der tatsächlichen Schallintensität zur Schallintensität des Kugelstrahlers gleicher Leistung in dem betreffenden Raumpunkt angibt, wobei $Q > 1$ ist. Ein qualitativer Verlauf von Q über $D_i/\lambda$ ist in Bild 9.20 angegeben. Weitere Angaben über den Richtungsfaktor befinden sich in [14].

### 9.5.4 Dämpfung (Aufteilung) an Rohrverzweigungen

Dämpfung an Rohrverzweigungen geschieht im wesentlichen durch Aufteilung der inneren Schalleistung in die abgehenden Äste proportional zu deren Querschnittsflächen. Danach hat die Dämpfung z.B. im Ast $A_{a_1}$ die Größe (Bild 9.21):

$$\Delta L_{W_{e-a_1}} = 10 \lg \frac{P_{Q_e}}{P_{Q_{a_1}}} \text{ dB.} \tag{9.58}$$

Zu ihrer Berechnung stehen zwei Gleichungen zur Verfügung.

$$P_{Q_e} = P_{Q_{a_1}} + P_{Q_{a_2}}$$

und wegen I = konst.

$$\frac{P_{Q_{a_1}}}{P_{Q_{a_2}}} = \frac{A_{a_1}}{A_{a_2}}.$$

Hiermit erhält man:

$$\Delta L_{W_{e-a_1}} = 10 \lg \left(1 + \frac{A_{a_2}}{A_{a_1}}\right) \text{ dB,} \tag{9.59a}$$

$$\Delta L_{W_{e-a_2}} = 10 \lg \left(1 + \frac{A_{a_1}}{A_{a_2}}\right) \text{ dB.} \tag{9.59b}$$

Für eine allgemeine Abzweigung folgt daraus:

$$\Delta L_{W_{e-a_k}} = 10 \lg \frac{\Sigma A_{a_i}}{A_{a_k}} \text{ dB.} \tag{9.60}$$

Für den Sonderfall der Durchgangsabzweigung (Bild 9.22a) ergibt sich:

$$\Delta L_{W_{e-a_1}} = 10 \lg \left(1 + \frac{A_e}{A_{a_1}}\right) \text{ dB,} \tag{9.61a}$$

$$\Delta L_{W_{e-a_2}} = 10 \lg \left(1 + \frac{A_{a_1}}{A_e}\right) \text{ dB} \tag{9.61b}$$

und für den weiteren Sonderfall $A_{a_1} \ll A_e$ wird:

$$\Delta L_{W_{e-a_1}} \approx 10 \lg \frac{A_e}{A_{a_1}} \text{ dB.} \tag{9.62}$$

In diesem Ausdruck muß man, besonders bei hohen Frequenzen, noch zusätzlich den Einfluß der Reflexion berücksichtigen (s. Tabelle 9.2).

Die Ergebnisse der Dämpfung $\Delta L_{W_{e-a}}$ von Formelementen sind zur besseren Übersicht in der Tab. 9.2 zusammengestellt [2, 12]. Zusätzlich sind die zu diesen Dämpfungen gehörenden Schalldruckpegeländerungen $\Delta L_{p_{e-a}}$ mit angegeben. Es kann nützlich sein, diese zu kennen, da sie im Falle von Querschnittsänderungen nicht mehr mit den Dämpfungspegeln $\Delta L_{W_{e-a}}$ übereinstimmen. Der Zusammenhang zwischen beiden Pegelgrößen ist durch die Beziehung (9.47) gegeben.

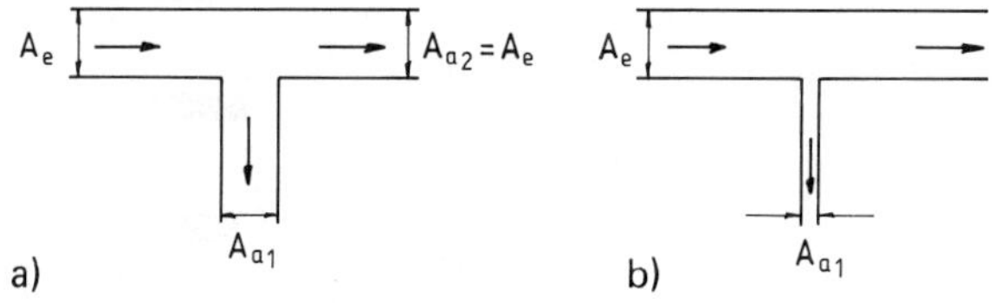


**Bild 9.22**
Rechtwinklige Rohrverzweigung
a) $A_{a_1} < A_e$
b) $A_{a_1} \ll A_e$

**Tabelle 9.2** Zusammenstellung der Pegelminderungen an verschiedenen Formelementen

| Formelement | Einfluß von $\lambda, f$ | $\Delta L_{W_{e-a}}$ dB | $\Delta L_{\tilde{p}_{e-a}}$ dB | Formelement | Einfluß von $\lambda, f$ | $\Delta L_{W_{e-a}}$ dB | $\Delta L_{\tilde{p}_{e-a}}$ dB |
|---|---|---|---|---|---|---|---|
| 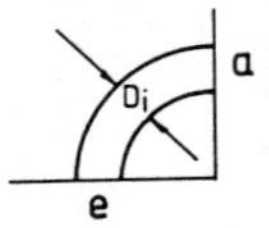 | $\lambda/D_i$<br>$>2{,}8$<br>$1{,}4-2{,}8$<br>$0{,}7-1{,}4$<br>$<0{,}7$ | <br>0<br>1<br>2<br>3 | <br>0<br>1<br>2<br>3 | 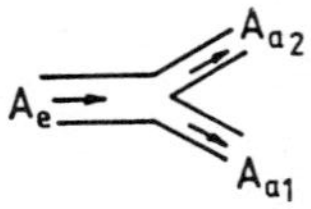 | kein Einfluß | [Pfeil ↘] $10 \lg \left(1 + \frac{A_{a_2}}{A_{a_1}}\right)$<br>[Pfeil ↗] $10 \lg \left(1 + \frac{A_{a_1}}{A_{a_2}}\right)$ | [Pfeile ↘ ↗]<br>$10 \lg \frac{\Sigma A_{a_i}}{A_e}$ |
| 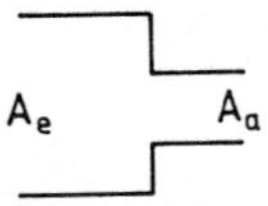 | kein Einfluß | $10 \lg \frac{(m+1)^2}{4\,m}$<br>$\left(m = \frac{A_e}{A_a}\right)$ | $10 \lg \frac{(m+1)^2}{4\,m^2}$ | 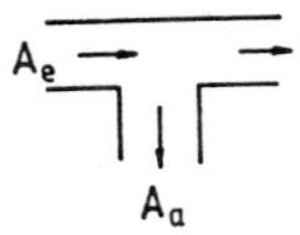 | kein Einfluß | [Pfeil ↓] $10 \lg \left(1 + \frac{A_e}{A_a}\right)$<br>[Pfeil →] $10 \lg \left(1 + \frac{A_a}{A_e}\right)$ | [Pfeile ↓ →]<br>$10 \lg \left(1 + \frac{A_a}{A_e}\right)$ |
| 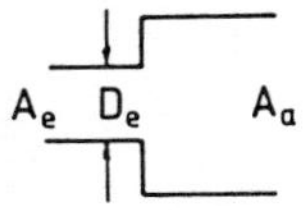 | $\lambda > D_e$<br><br>$\lambda < D_e$ | $10 \lg \frac{(m+1)^2}{4\,m}$<br><br>$\approx 0$ | $10 \lg \frac{(m+1)^2}{4\,m^2}$<br><br>$\approx 0$ | 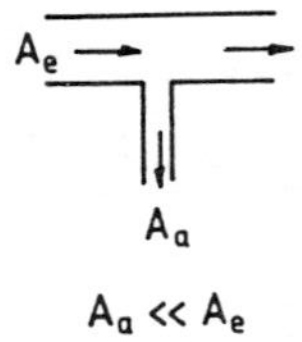 | <br>125 Hz | [Pfeil →] $\approx 0$<br>[Pfeil ↓] $\approx 10 \lg \frac{A_e}{A_a}$ | [Pfeil →] $\approx 0$<br>[Pfeil ↓] 0 |
| 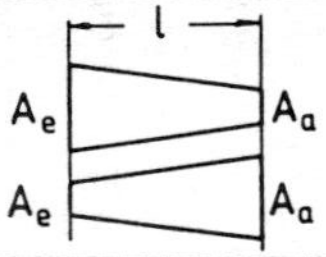 | $\lambda > 1$ | $10 \lg \frac{(m+1)^2}{4\,m}$ | $10 \lg \frac{(m+1)^2}{4\,m}$ | | 250 Hz<br>500 Hz<br>1000 Hz | $\approx 10 \lg \frac{A_e}{A_a}$<br>$10 \lg \frac{A_e}{A_a} + 2$<br>$10 \lg (A_e/A_a) + 3$ | 0<br>2<br>3 |

## 9.6 Schallabstrahlung an der Rohrwand, äußere Schalleistung

Die äußere Schalleistung $P_d$ bzw. der zugehörige Schalleistungspegel $L_{W_a}$ einer Rohrleitung von der Länge $l$ sind Ausgangsgrößen für die Geräuschabstrahlung der Leitung in ihrer unmittelbaren Umgebung. Die äußere Schalleistung hängt vor allem von der inneren Schalleistung $P_{Q_i}$ und der Dämmung R der Rohrwand ab. Da wegen der Dämpfung in der Strömung längs der Rohrlänge $l$ die innere Schalleistung abnimmt, wird vereinfachend mit einer mittleren, inneren Schalleistung und damit auch mit einer mittleren, äußeren Schalleistung gerechnet. Beide Mittelwerte werden an der halben Rohrlänge festgestellt. Die nachfolgend durchgeführte Berechnung ist daher eine Näherung. Der Fehler ist klein bei kleinen Rohrlängen $l$ und üblicher Dämpfung in der Leitung. Aus $P_d = P_e \cdot 10^{-R/10}$ und $P_e/P_{Q_i} = \frac{\pi \cdot D_i \cdot l}{\pi \cdot D_i^2/4}$ (Bild 9.23) folgt:

$$L_{W_{a_l}} = 10 \lg \frac{P_d}{P_0} = 10 \lg \frac{P_{Q_i}}{P_0} - R + 10 \lg \frac{l}{D_i} + 10 \lg 4 \quad dB$$

oder

$$L_{W_{a_l}} = L_{W_{i_m}} - R + 10 \lg \frac{l}{D_i} + 6 \quad dB. \tag{9.63}$$

Berücksichtigt man die Dämpfung längs der Rohrlänge (Gln. (9.42) und (9.46)), muß die Gl. (9.63) wie folgt korrigiert werden [6]:

$$L_{W_{a_l}} = L_{W_{i_m}} - R + 10 \lg \frac{l}{D_i} + 6 + K_\alpha \quad dB. \tag{9.64}$$

Für das Frequenzspektrum, z.B. Terzspektrum, des äußeren Schalleistungspegels ergibt sich dann bei der Mittenfrequenz f

$$L_{W_{a_{l_f}}} = L_{W_{i_{m_f}}} - R_f + K_{\alpha_f} + 10 \lg \frac{l}{D_i} + 6 \quad dB. \tag{9.65}$$

$K_{\alpha_f} = 10 \lg \frac{\sinh B}{B}$ dB Korrekturglied zur Berücksichtigung nichtlinearer Schalleistungsabnahme innerhalb der Rohrleitungslänge $l$ bei der Mittenfrequenz f

$$B = \frac{l}{D_i} \left( 2 \cdot 10^{-\frac{R}{10}} + \frac{\alpha \cdot D_i}{8{,}69} \right) .$$

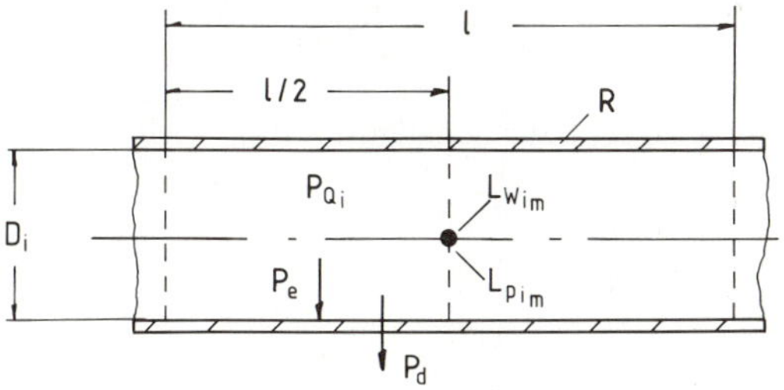


**Bild 9.23**
Schemaskizze für die Bestimmung des äußeren Schalleistungspegels an einem Rohrleitungsstück der Länge $l$

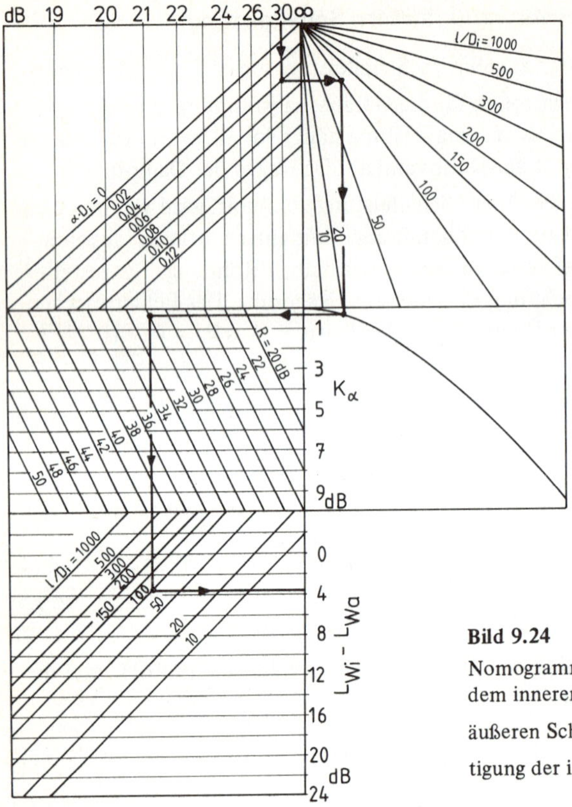


**Bild 9.24**
Nomogramm zur Ermittlung der Differenz zwischen dem inneren Schalleistungspegel $L_{W_{i_m}}$ und dem äußeren Schalleistungspegel $L_{W_{a_l}}$ unter Berücksichtigung der inneren Dämpfung

$K_\alpha$ ist in vielen praktischen Fällen (besonders bei Stahlrohrleitungen mit $l/D_i < 100$) sehr klein und kann vernachlässigt werden. Für eine einfache Handhabung kann man die Differenz zwischen $L_{W_{i_m}} - L_{W_{a_l}}$ aus der Gl. (9.65) bzw. das Korrekturglied $K_\alpha$ dem Nomogramm in Bild 9.24 entnehmen [12]. Bezieht man den äußeren Schalleistungspegel auf den inneren Schalldruckpegel $L_{p_{i_m}}$, so ergibt sich mit den Gln. (9.26) bzw. (9.27):

$$L_{W_{a_l}} = L_{p_{i_m}} - R + 10 \lg \frac{A_S}{A_0} + 10 \lg \frac{4l}{D_i} + K_\alpha + K_{0_i} - K_D \quad \text{dB} \tag{9.66}$$

oder in Terzbändern

$$L_{W_{a_{Tz}}} = L_{p_{i_{m_{Tz}}}} - R_{Tz} + 10 \lg \frac{A_S}{A_0} + 10 \lg \frac{4l}{D_i} + K_{\alpha_{Tz}} + K_{0_i} - K_{D\,Tz} \quad \text{dB.} \tag{9.67}$$

$A_S$ Durchtrittsfläche senkrecht zur Schallausbreitungsrichtung (s. Bild 9.3),

$K_{0_i} = -10 \lg \dfrac{\rho_i\, c_i}{\rho_0\, c_0}$ Korrekturpegel.

Benötigt man noch die auf $l$ bezogene äußere Schalleistung bzw. den zugehörigen Schallleistungspegel $L_{W'_a}$, so wird:

$$L_{W'_a} = L_{W_{i_m}} - R + 10 \lg \frac{1}{D_i} + 6 \quad dB, \tag{9.68}$$

$$L_{W'_a} = L_{p_{i_m}} - R + 10 \lg \frac{A_S}{A_0} + 10 \lg \frac{1}{D_i} + K_{0_i} - K_D + K_\alpha + 6 \quad dB. \tag{9.69}$$

Mit Hilfe der Pegelgrößen $L_{W_a}$ und $L_{W'_a}$ kann auch der Immissionspegel im Aufstellungsraum der Rohrleitung berechnet werden. Hierzu muß man die akustischen Eigenschaften des Aufstellungsraumes zusammen mit dem besonderen Abstrahlverhalten der Rohrleitungen (Linienstrahler) berücksichtigen, z.B. freie Schallausbreitung (s. Abschnitt 6.2) oder Diffus – bzw. Semi-Diffusfeld (s. Abschnitte 7.12 und 7.13).

## 9.7 Rechenbeispiel

In einer Versorgungsleitung (Bild 9.25) wird ein komprimierter Luftstrom in einem Druckregelgerät von 1 bar Überdruck auf 20 mbar entspannt. Die mittlere Strömungsgeschwindigkeit $w_1$ in der Niederdruckleitung beträgt ca. 15 m/s; die Temperatur $t_1 = 8\,°C$. Das Entspannungsorgan verursacht örtlich einen hohen Geräuschpegel, dessen Schalldruckspektrum $L_{p_i}$ durch Messung in Punkt 1 in der Strömung ermittelt worden ist. Diese Störung pflanzt sich im angeschlossenen Rohrsystem fort.

Gesucht wird der A-bewertete Luftschalldruckpegel $L_{A_R}$, der im Raum R durch Schallabstrahlung an einer nachgeschalteten Abzweigleitung, Durchmesser 60 mm, hervorgerufen wird. Hierzu ist es erforderlich, daß die Rechnungen in Frequenzbändern, z.B. Oktaven, durchgeführt werden. Der im folgenden angebene Index f charakterisiert die Mittenfrequenz des interessierenden Frequenzbandes.

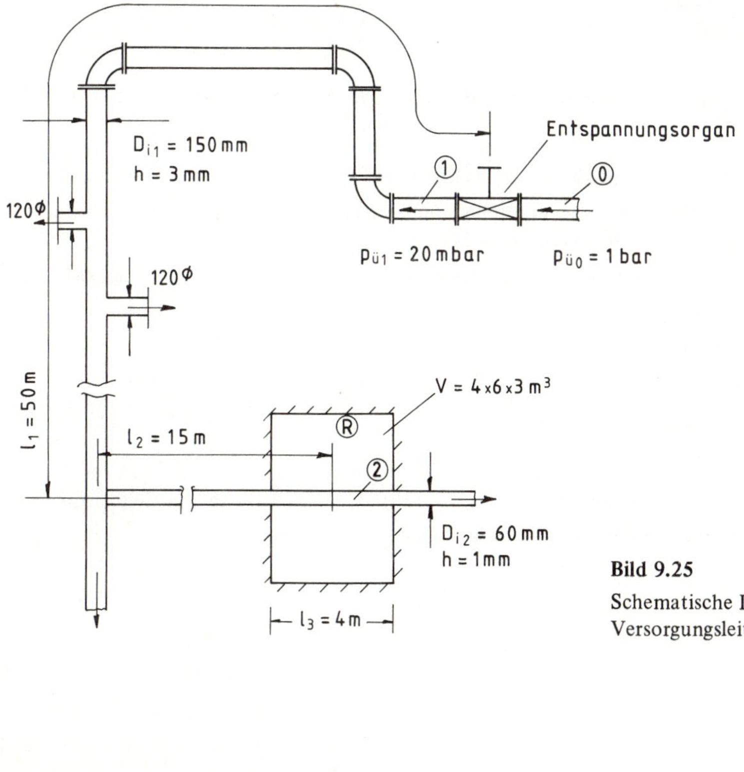


**Bild 9.25**
Schematische Darstellung einer Versorgungsleitung (Rechenbeispiel)

Für die bessere Überschaubarkeit empfiehlt es sich, die Rechnungen in folgenden Schritten vorzunehmen:

*Schritt I:*

Als erstes wird der innere Schalleistungspegel $L_{W_i}$ an der Stelle ① der Störung bzw. dessen Frequenzband ermittelt, siehe Gl. (9.26). Es ist:

$$L_{W_{if}}^{①} = L_{p_{if}}^{①} + 10 \lg \frac{\frac{\pi}{4} D_i^2}{A_0} - K_{D_f} \text{ dB.} \tag{9.70}$$

Hierin sind:

$L_{p_{if}}^{①}$ innerer Schalldruckpegel an der Stelle ① bei der Mittenfrequenz f; in der Regel kann dieser durch Messungen ermittelt werden,

$K_{D_f}$ Korrekturgröße nach Bild 9.4.

Bei der Berechnung des inneren Schalleistungspegels wird angenommen, daß die entstehenden Geräusche bei der Entspannung sich nur in Richtung der Strömung fortpflanzen, d.h. $A_S = \frac{\pi}{4} \cdot D_i^2$ (s. Bild 9.3.c). Weiterhin wird vorausgesetzt, daß $\rho_i c_i \approx \rho_a c_a \approx \rho_0 c_0$ ist, d.h. $K_{0_i} \approx K_{0_a} \approx 0$.

*Schritt II:*

Hierbei wird das Frequenzspektrum des inneren Schalleistungspegels $L_{W_{if}}^{②}$ in der Leitungsmitte des Raumes R berechnet:

$$\begin{aligned} L_{W_{i_{mf}}}^{②} &= L_{W_{if}}^{①} - \Sigma \Delta L_{W_{\text{Krüm.f}}} - \Sigma \Delta L_{W_{\text{Verzweig.f}}} \\ &\quad - (\Delta \overset{*}{L}_{W_\alpha} + \Delta \overset{*}{L}_{W_R})\, l_1 - (\Delta \overset{*}{L}_{W_\alpha} + \Delta \overset{*}{L}_{W_R})\, l_2 \text{ dB} \\ &= L_{W_{if}}^{①} - \Delta L_{W_i}^{①-②}. \end{aligned} \tag{9.71}$$

Hierbei sind:

$\Sigma \Delta L_{W_{\text{Krüm.f}}}$ Summe der Schalleistungspegelminderungen an den Krümmern bei der Mittenfrequenz f.

Dies kann aus der Tab. 9.2 in Abhängigkeit von $\frac{\lambda}{D_i}$ entnommen werden. Es muß hier noch erwähnt werden, daß bei mehreren Krümmern, die unmittelbar hintereinander geschaltet sind, maximal eine Pegelminderung von ca. 5 dB erreicht werden kann [12].

$\Sigma \Delta L_{W_{\text{Verzweig.f}}}$ Summe der Schalleistungspegelminderungen an den Ab- bzw. Verzweigungen bei der Mittenfrequenz f.

Dies kann ebenfalls nach der Tab. 9.2 bzw. Abschnitt 9.5.2 berechnet werden.

$(\Delta \overset{*}{L}_{W_\alpha} + \Delta \overset{*}{L}_{W_R})_f \cdot l$ Pegelminderung bei der Mittenfrequenz f an geraden Rohrstrecken der Länge $l$, sowohl durch dissipative Dämpfung als auch durch unvollständige Dämmung an der Rohrwand.

Siehe hierzu Abschnitt 9.5.1 (Gln. (9.42) und (9.46)). Wegen hoher Dämmwerte der Stahlrohre kann einfachheitshalber für die Berechnung von $\Delta \overset{*}{L}_{W_R}$ das Schalldämmaß R durch den frequenzunabhängigen Mittelwert $R_R$ (Gl. (9.34), bzw. Bild 9.8) ersetzt werden.

*Schritt III:*

Hierbei wird das Frequenzspektrum des äußeren Schalleistungspegels $\overset{②}{L}_{W_{a_l}}$ im Raum R berechnet. Es ist:

$$\overset{②}{L}_{W_{a_{l_f}}} = \overset{②}{L}_{W_{i_{m_f}}} - R_f + 10 \lg \frac{l_3}{D_{i_2}} + K_{\alpha_f} + 6 \quad \text{dB}. \tag{9.72}$$

Hierbei sind:

$\overset{②}{L}_{W_{i_{m_f}}}$ innere Schalleistungspegel in der Mitte der Rohrleitung im Raum R, berechnet nach Schritt II,

$R_f$ frequenzabhängiges Schalldämmaß nach Gl. (9.35) bzw. Bild 9.9.

Für die Berechnung wird hier K = 10 dB angenommen.

$K_{\alpha_f}$ Korrekturgröße, siehe Nomogramm in Bild 9.34.

Für das hier vorliegende Rechenbeispiel $\left(D_{i_2} = 60 \text{ mm}, \frac{l}{D_{i_2}} = 66{,}7 \text{ und } R > 40 \text{ dB}\right)$ ist $K_{\alpha_f} \approx 0$.

*Schritt IV:*

Berechnung des A-bewerteten Luftschallpegels im Raum R. Es wird ein diffuses Schallfeld vorausgesetzt, bei dem das Frequenzband der Nachhallzeit bekannt ist. Damit ergibt sich (s. Gl. (7.124)):

$$L_{A_R} = 10 \lg \Sigma\, 10^{\frac{L_{p_{R_f}} - \Delta L_f}{10}}, \tag{9.73}$$

$$L_{p_{R_f}} = L_{W_{a_{l_f}}} + 10 \lg \frac{T_f}{T_0} - 10 \lg \frac{V}{V_0} + 14 \quad \text{dB}. \tag{9.74}$$

Hierin sind:

$L_{A_R}$ A-bewertete Luftschallpegel im Raum R (Gl. (5.3)),

$\Delta L_f$ frequenzabhängige Dämpfungswerte der A-Bewertung. (s. Bild 5.2),

$L_{p_{R_f}}$ frequenzabhängiges Spektrum des Luftschallpegels im Raum R außerhalb des Hallradius,

$T_f$ frequenzabhängige Nachhallzeit, die in der Regel durch Messungen ermittelt werden muß,

V Raumvolumen.

In der Tab. 9.3 sind die Zahlenwerte des Rechenbeispiels von Bild 9.25 zusammengestellt. Einfachheitshalber sind die Rechnungen in Oktavschritten durchgeführt worden. Für schmalbandige Rechnungen empfiehlt es sich, einen Rechner einzusetzen.

Tabelle 9.3 Zusammenstellung der Ergebnisse des Rechenbeispiels (Bild 9.25)

| Größe | Einheit | Zahlenwerte in Oktavbändern Bemerkungen | | | | | | | Bemerkungen |
|---|---|---|---|---|---|---|---|---|---|
| Frequenz | Hz | 125 | 250 | 500 | 1000 | 2000 | 4000 | 8000 | |
| $\lambda = \frac{340}{f}$ | m | 2,72 | 1,36 | 0,68 | 0,34 | 0,17 | 0,08 | 0,04 | |
| $L_{p_i}^{①}$ | dB | 125 | 127 | 133 | 142 | 144 | 138 | 135 | Messung |
| $10 \lg \frac{\pi D_{i1}^2}{4}$ | dB | −17,5 | −17,5 | −17,5 | −17,5 | −17,5 | −17,5 | −17,5 | $D_{i_1}$ = 150 mm ∅ |
| $\lambda / D_{i_1}$ | – | 18,13 | 9,07 | 4,53 | 2,27 | 1,13 | 0,53 | 0,27 | |
| $K_D$ | dB | 0 | 0 | 0 | 0 | 0 | 3,8 | 5,8 | |
| $L_{W_i}^{①}$ | dB | 107,5 | 109,5 | 115,5 | 124,5 | 126,5 | 116,7 | 111,7 | Gl. (9.70) |
| $(\alpha \cdot D_i)\, 10^3$ | dB | 8,5 | 10,5 | 16,7 | 25,2 | 39,6 | 59,5 | 85,5 | Bild 9.11 |
| $\frac{(\alpha \cdot D_i)}{D_{i_1}} l_1$ | dB | 2,8 | 3,5 | 5,6 | 8,4 | 13,2 | 19,8 | 28,5 | $l_1$ = 50 m |
| $\frac{(\alpha \cdot D_i)}{D_{i_2}} l_2$ | dB | 2,1 | 2,6 | 4,2 | 6,3 | 9,9 | 14,9 | 21,4 | $l_2$ = 15 m<br>$D_{i_2}$ = 60 mm ∅ |
| $\frac{17{,}37}{D_{i_1}} 10^{-\frac{R_R}{10}} \cdot l_1$ | dB | 0,4 | 0,4 | 0,4 | 0,4 | 0,4 | 0,4 | 0,4 | $R_R \approx 42$ dB |
| $\frac{17{,}37}{D_{i_2}} 10^{-\frac{R_R}{10}} \cdot l_2$ | dB | 0,3 | 0,3 | 0,3 | 0,3 | 0,3 | 0,3 | 0,3 | $R_R \approx 42$ dB |
| $\Sigma \Delta L_{W_{Krüm.}}$ | dB | 0 | 0 | 0 | 3 | 5 | 5 | 5 | Tab. 9.2 |
| $\Sigma \Delta L_{W_{Verzweig.}}$ | dB | 5,1 | 5,1 | 5,1 | 5,1 | 5,1 | 5,1 | 5,1 | ∅ 120 mm, Tab. 9.2 |
| $\Sigma \Delta L_{W_{Verzweig.}}$ | dB | 5,4 | 5,4 | 5,4 | 5,4 | 5,4 | 5,4 | 5,4 | ∅ 60 mm, Tab. 9.2 |
| $\Delta L_{W_i}^{①-②}$ | dB | 16,1 | 17,3 | 21,0 | 28,9 | 39,3 | 50,9 | 66,1 | Gl. (9.71) |
| $L_{W_{i_m}}^{②}$ | dB | 91,4 | 92,2 | 94,5 | 95,6 | 87,2 | 65,8 | 45,6 | Gl. (9.71) |
| $10 \lg \frac{l_3}{D_{i_2}} + 6$ | dB | 24,2 | 24,2 | 24,2 | 24,2 | 24,2 | 24,2 | 24,2 | $l_3$ = 4 m |
| $R_f = 42{,}2 - 20 \lg \frac{f}{f_R}$ | dB | 89,0 | 83,0 | 77,0 | 71,0 | 65,0 | 59,0 | 53,0 | $f_R \approx 27300$ Hz<br>Gl. (9.35) |
| $K_\alpha$ | dB | ≈ 0 | ≈ 0 | ≈ 0 | ≈ 0 | ≈ 0 | ≈ 0 | ≈ 0 | Bild 9.24 |
| $L_{W_{a_l}}^{②}$ | dB | 26,6 | 33,4 | 41,7 | 48,8 | 46,4 | 31,0 | 16,8 | Gl. (9.72) |
| $T_f$ | s | 1,8 | 1,6 | 1,5 | 1,5 | 1,3 | 1,2 | 1,0 | Messung |
| $10 \lg \frac{T_f}{T_0}$ | dB | 2,6 | 2,0 | 1,8 | 1,8 | 1,1 | 0,8 | 0 | |
| $14 - 10 \lg \frac{V}{V_0}$ | dB | − 4,6 | − 4,6 | − 4,6 | − 4,6 | − 4,6 | − 4,6 | − 4,6 | $V = 4 \cdot 6 \cdot 3 = 72\ m^3$ |
| $L_{PR}$ | dB | 24,6 | 30,8 | 38,9 | 46,0 | 42,9 | 27,2 | 12,2 | Gl. (9.74) |
| $\Delta L_{Okt}$ | dB | −16,1 | − 8,6 | − 3,2 | 0 | 1,2 | 1,0 | − 1,1 | Bild 5.2 |
| $L_{PR}$ (A) | dB (A) | 8,5 | 22,2 | 35,7 | 46,0 | 44,1 | 28,2 | 11,1 | |
| $L_{A_R}$ | dB (A) | 48,5 | | | | | | | Gl. (9.73) |

# Anhang

## A 1 Herleitung einiger Wellengeschwindigkeiten in festen Körpern

In der Tabelle A 1 werden für den Bereich des Körperschalls einige Wellengeschwindigkeiten bzw. Phasengeschwindigkeiten in festen Körpern hergeleitet. Dies geschieht zweckmäßigerweise an stehenden Wellen möglichst einfacher Form, die aus der Überlagerung von zwei fortschreitenden Wellenzügen entstehen, wobei sich der eine mit positiver, der andere in negativer Richtung ausbreitet. Wegen des ähnlichen Rechenganges wird die Herleitung parallel für ein Seil, einen Längsstab (Torsion) und einen Biegestab durchgeführt.

## A 2 Gruppengeschwindigkeit

Bedingt durch die Frequenzdispersion hat die Körperschallausbreitung durch Biegewellen noch eine weitere Besonderheit, die durch den Begriff der Gruppengeschwindigkeit $c_G$ erfaßt wird.

Handelt es sich bei Biegewellen nur um eine Sinuswelle, $\xi = \hat{\xi} \cdot \sin(\omega t - k \cdot x)$, so ist ihre Ausbreitungsgeschwindigkeit gleich der in der Tabelle A 1 hergeleiteten Phasengeschwindigkeit $c_B = \frac{\omega}{k}$. Handelt es sich dagegen um eine Wellenform, die gemäß einer Fourieranalyse in mehrere sinusförmige Teilwellen verschiedener Teilfrequenzen zerlegt werden kann, so wird deren Ausbreitungsgeschwindigkeit auch unterschiedlich, so daß die Ausgangswelle sich beim Fortschreiten verzerren muß.

Von praktischer Bedeutung ist hierbei der Sonderfall, bei dem die Teilwellen nur wenig unterschiedliche Frequenzen besitzen, wodurch auch die Phasengeschwindigkeiten sich nur wenig unterscheiden.

Ein weiterer Sonderfall ist der, bei dem sich nur zwei Wellen

$$\xi_1 = \hat{\xi} \cdot \sin(\omega_1 t - k_1 \cdot x), \tag{A 1}$$

$$\xi_2 = \hat{\xi} \cdot \sin(\omega_2 t - k_2 \cdot x) \tag{A 2}$$

ausbreiten. Hierbei gilt

$$\xi_2 = \xi_1 - \Delta\xi, \tag{A 3}$$

$$k_2 = k_1 - \Delta k, \tag{A 4}$$

wobei $\Delta\xi$ und $\Delta k$ kleine Größen sind. Überlagert man diese beiden Wellen, so erhält man eine Schwebung entsprechend folgender Beziehung:

$$\xi_1 + \xi_2 = 2 \cdot \hat{\xi} \cdot \underbrace{\sin\left(\frac{\omega_1 + \omega_2}{2} t - \frac{k_1 + k_2}{2} x\right)}_{\text{Trägerwelle}} \tag{A 5}$$

$$\underbrace{\cdot \cos\left(\frac{\omega_1 - \omega_2}{2} t - \frac{k_1 - k_2}{2} x\right)}_{\text{Modulationswelle}} .$$

Tabelle A 1

| *Seil* | *Längsstab* (Torsionsstab[1]) | *Biegestab* |
|---|---|---|
| 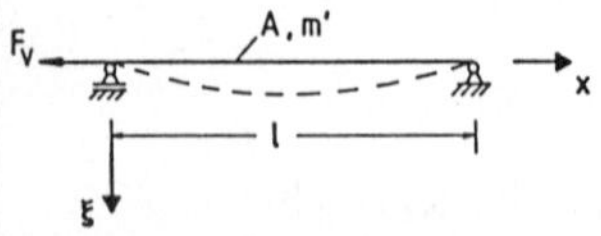 | 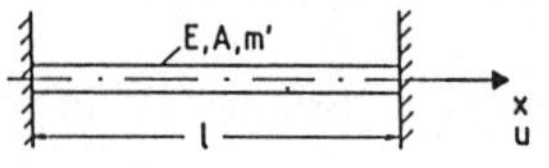 | 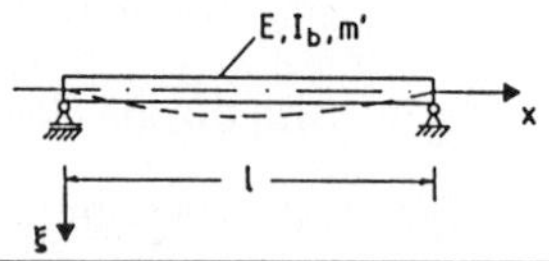 |

Partielle Differentialgleichungen für die Ermittlung der Verschiebung bzw. Auslenkung u und $\xi$ in Abhängigkeit vom Ort x und der Zeit t:

| Seil | Längsstab | Biegestab |
|---|---|---|
| $F_v \cdot \xi'' = m' \cdot \ddot{\xi}$ | $E \cdot A \cdot u'' = m' \cdot \ddot{u}$ | $E \cdot I_b \cdot \xi'''' = - m' \cdot \ddot{\xi}$ |

Der Bernoullische Lösungsansatz $u = u(x) \cdot \sin \omega t$ und $\xi = \xi(x) \cdot \sin \omega t$ für stehende Wellen führt zu gewöhnlichen Differentialgleichungen für u(x) und $\xi(x)$:

| Seil | Längsstab | Biegestab |
|---|---|---|
| $\xi''(x) + k^2 \cdot \xi(x) = 0$ | $u''(x) + k^2 \cdot u(x) = 0$ | $\xi''''(x) - k^4 \cdot \xi(x) = 0$ |
| mit | | |
| $k^2 = \dfrac{m' \cdot \omega^2}{F_v}$ | $k^2 = \dfrac{m'}{E \cdot A} \omega^2$ | $k^4 = \dfrac{m'}{E \cdot I_b} \omega^2$ |

Ihre Lösungen lauten zusammen mit den zu erfüllenden Randbedingungen:

| Seil | Längsstab | Biegestab |
|---|---|---|
| $\xi(x) = a \cdot \sin(k \cdot x) + b \cdot \cos(k \cdot x)$ | $u(x) = a \cdot \sin(k \cdot x) + b \cdot \cos(k \cdot x)$ | $\xi(x) = a \cdot \sin(k \cdot x) + b \cdot \cos(k \cdot x) + c \cdot \sinh(k \cdot x) + d \cdot \cosh(k \cdot x)$ |
| $\xi(0) = 0, \xi(l) = 0$ | $u(0) = 0, u(l) = 0$ | $\xi(0) = 0, \quad \xi(l) = 0,$<br>$\xi''(0) = 0, \quad \xi''(l) = 0.$ |

Da es sich bei den Differentialgleichungen um homogene Systeme mit homogenen Randbedingungen handelt, ergeben sich stets Eigenwertprobleme mit spezifischen Eigenwerten und Eigenfunktionen. Die Berechnung der Integrationskonstanten aus den Randbedingungen führt zur Frequenzgleichung der Eigenwerte $\omega_i$ und der zugehörigen Eigenfunktion u(x) und $\xi(x)$. Letztere lassen sich in den gewählten Beispielen unter Berücksichtigung der gegebenen Randbedingungen direkt angeben:

| Seil | Längsstab | Biegestab |
|---|---|---|
| $\xi(x) = C \cdot \sin(k \cdot x)$ | $u(x) = C \cdot \sin(k \cdot x)$ | $\xi(x) = C \cdot \sin(k \cdot x)$ |

Die Eigenfunktionen gehören zu den stehenden Wellen u(x, t) bzw. $\xi(x, t) = C \cdot \sin(k \cdot x) \cdot \sin(\omega t)$. Darin ist der Faktor k die Wellenzahl $k = \omega/c$ nach Gl. (1.27), in der c die Phasengeschwindigkeit der hin- und rücklaufenden Welle darstellt. Man erhält dann ganz allgemein die Körperschallgeschwindigkeit $c = \omega/k$:

| Seil | Längsstab | Biegestab |
|---|---|---|
| $c_S = \dfrac{\omega}{\omega} \sqrt{\dfrac{F_v}{m'}} = \sqrt{\dfrac{\sigma}{\rho}}$ | $c_{De} = \dfrac{\omega}{\omega} \sqrt{\dfrac{E \cdot A}{m'}} = \sqrt{\dfrac{E}{\rho}}$ | $c_B = \dfrac{\omega}{\sqrt{\omega}} \sqrt[4]{\dfrac{E \cdot I_b}{m'}} = \sqrt[2]{\omega} \sqrt[4]{\dfrac{E \cdot I_b}{m'}}$ |
| $\neq f(\omega)$ | $\neq f(\omega)$ | $= \sqrt[2]{\omega} \sqrt[4]{E/\rho} \sqrt[2]{i} = f(\omega)$ |
| (1.61) | (1.49) | entspricht (1.56) bis (1.59) |

Die Erfüllung der Randbedingungen $\xi(l) = 0$ bzw. $u(l) = 0$ der Eigenfunktionen liefert noch die einfache Frequenzgleichung $k \cdot l = n \cdot \pi$ und erlaubt für die gewählten Beispiele die Berechnung der Eigenwerte. Mit den o.a. Ausdrücken für k erhält man dann folgende Gleichungen für diese Eigenwerte bzw. Eigenkreisfrequenzen $\omega_n$:

| Seil | Längsstab | Biegestab |
|---|---|---|
| $\omega_n = \dfrac{n \pi}{l} \sqrt{\dfrac{F_v}{m'}}$ | $\omega_n = \dfrac{n \pi}{l} \sqrt{\dfrac{E A}{m'}}$ | $\omega_n = \dfrac{n^2 \pi^2}{l^2} \sqrt{\dfrac{E \cdot I_b}{m'}}$ |
| $\omega_n = \dfrac{n \pi}{l} \sqrt{\dfrac{\sigma}{\rho}}$ | $\omega_n = \dfrac{n \pi}{l} \sqrt{\dfrac{E}{\rho}}$ | $\omega_n = \dfrac{n^2 \pi^2}{l^2} \sqrt{\dfrac{E}{\rho}}\, i$ |
| $f_n = \dfrac{n}{2 l} \sqrt{\dfrac{\sigma}{\rho}}$ | $f_n = \dfrac{n}{2 l} \sqrt{\dfrac{E}{\rho}}$ | $f_n = \dfrac{n^2}{l^2} \dfrac{\pi}{2} \sqrt{\dfrac{E}{\rho}}\, i$ |

[1] Die Rechnung für den Torsionsstab verläuft analog.

Charakteristisch für die Ausbreitung ist nicht die Trägerwelle, sondern die Modulationswelle. Ihre Amplitude besitzt eine Fortpflanzungsgeschwindigkeit, die den wichtigen Energietransport des Ausbreitungsvorganges kennzeichnet. Diese Geschwindigkeit wird die Gruppengeschwindigkeit $c_G$ genannt. Sie hat die Größe $c_G = \frac{\omega}{k_{Mod.Welle}}$

Hierfür läßt sich auch schreiben (s. Literaturverzeichnis Kap. 1 [3])

$$c_G = \frac{\omega_1 - \omega_2}{k_1 - k_2} = \frac{\Delta\omega}{\Delta k} \approx \frac{d\omega}{dk}. \tag{A 6}$$

Mit $k_1 = \frac{\omega_1}{c_{B_1}}$ und $k_2 = \frac{\omega_2}{c_{B_2}}$ folgt zunächst

$$dk \approx \Delta k = k_1 \left(1 - \frac{\omega_2}{\omega_1}\frac{c_{B_1}}{c_{B_2}}\right). \tag{A 7}$$

Wegen der Frequenzdispersion gilt weiterhin

$$\frac{c_{B_1}}{c_{B_2}} = \sqrt{\frac{\omega_1}{\omega_2}}, \tag{A 8}$$

$$dk \approx k_1 \left(1 - \sqrt{\frac{\omega_2}{\omega_1}}\right) \approx \frac{1}{2} k_1 \frac{d\omega}{\omega_1}, \tag{A 9}$$

$$\frac{d\omega}{dk} \equiv c_G = 2\,\frac{\omega_1}{k_1} = 2\,c_{B_1}. \tag{A 10}$$

Das bedeutet, daß die Gruppengeschwindigkeit der beiden Wellen gerade doppelt so groß ist wie die Phasengeschwindigkeit.

Dieses Ergebnis läßt sich auch auf Modulationswellen mehrerer und beliebig vieler benachbarter Biegewellen übertragen.

Da es in der Technik häufig zu breitbandigen akustischen Einwirkungen kommt, wie auch bei einer Stoßanregung, so ist bei dispergierenden Wellen die Ausbreitungsgeschwindigkeit gleich der Gruppengeschwindigkeit $c_G$, also gleich 2 mal der Phasengeschwindigkeit $c_B$. Dagegen ist für wellenförmige Ausbreitung, deren Ausbreitungsgeschwindigkeit frequenzunabhängig ist, die Gruppengeschwindigkeit gleich der Phasengeschwindigkeit.

# Literaturverzeichnis


**Kap. 1:**

[1] *E. Skudrzyk:* Die Grundlagen der Akustik. Springer-Verlag, Wien 1954.

[2] VDI-3733: Geräusche bei Rohrleitungen. Entwurf 1983.

[3] *L. Cremer, M. Heckl:* Körperschall. Springer-Verlag, Berlin 1967.

[4] *G. Kurtze:* Physik und Technik der Lärmbekämpfung. Verlag G. Braun, Karlsruhe 1964.

[5] *M. Heckl, H. A. Müller:* Taschenbuch der Technischen Akustik. Springer-Verlag, Berlin 1975.

[6] *R. B. Randall:* Frequency Analysis. Application of B & K Equipment, 1977.

[7] *W. Reichard:* Grundlagen der Technischen Akustik. Akademische Verlagsgesellschaft, Leipzig 1968.

[8] *W. Kraak, H. Weißing:* Schallpegelmeßtechnik, VEB-Verlag, Berlin 1970.

[9] DIN 45635, Bl. 1: Geräuschmessung an Maschinen, 1972.

[10] DIN 45641: Mittlungspegel und Beurteilungspegel zeitlich schwankender Schallvorgänge, 1975.

[11] *A. v. Lüpke:* Zur Beurteilung von Geräuscheinwirkung mit wechselndem Pegel. Lärmbekämpfung 9, 1965.

[12] *A. v. Lüpke:* Der Bewertungsfaktor bei der Beurteilung von Geräuscheinwirkung. Lärmbekämpfung 11, 1967.

[13] *P. M. Morse, K. U. Ingard:* Theoretical Acoustics. Mc Graw-Hill, New York 1968.

[14] *H. A. Müller:* Die Konstruktion lärmarmer Maschinen und ihre Grundlagen. VDI-Bericht Nr. 389, 1981.

[15] *H. Rosenberg, H. Henn, Gh. R. Sinambari, M. Fallen, W. Mischler:* Akustische und schwingungstechnische Vorgänge bei der Gasentspannung. DVGW-Schriftenreihe, Gas Nr. 32, ZfGW-Verlag, Frankfurt, 1982.

**Kap. 2:**

[1] *S. Timoshenko:* Schwingungsprobleme der Technik. Springer-Verlag, Berlin 1932.

[2] *Lord Raleigh:* The theory of sound. New York 1945.

[3] *M. Heckl, H. A. Müller:* Taschenbuch der Technischen Akustik. Springer-Verlag, Berlin 1975.

[4] VDI-Richtlinie 3733: Geräusche bei Rohrleitungen. Entwurf 1983.

[5] *L. Cremer, M. Heckl:* Körperschall. Springer-Verlag, Berlin 1967.

[6] *Müller:* Betonkalender, Teil II 1978.

[7] *R. Hoffmann, H. Jordan, M. Weis:* Ersatzstrahler zur Ermittlung von rotierenden elektrischen Maschinen. Lärmbekämpfung, Heft 1, 1966.

[8] *E. Skudrzyk:* Die Grundlagen der Akustik. Springer-Verlag, Wien 1954.

[9] *L. Cremer:* Die wissenschaftlichen Grundlagen der Raumakustik. Bd. 3 Hirzel Verlag, Leipzig 1950.

[10] VDI-Richtlinie 3727, Bl. 1: Schallschutz durch Körperschalldämpfung. Physikalische Grundlagen und Abschätzungsverfahren. Entwurf 1981.

[11] *P. M. Morse, K. U. Ingard:* Theoretical Acoustics. Mc Graw-Hill, New York 1968.

**Kap. 3:**

[1] *L. Cremer, M. Heckl:* Körperschall. Springer-Verlag, Berlin 1967.

[2] *D. Föller:* Maschinenakustische Berechnungsgrundlagen für den Konstrukteur. VDI-Bericht Nr. 239, 1975.

[3] *M. Heckl, H. A. Müller:* Taschenbuch der Technischen Akustik. Springer-Verlag, Berlin 1975.

[4] *M. Heckl:* Strömungsgeräusche. Fortschr. Ber. VDI-Z. Reihe 7, Nr. 20. VDI-Verlag 1969.

[5] *B. Stübner:* Untersuchung aerodynamisch erzeugter Schallfelder mit Hilfe der Modellmethode. Diss. TH München 1967.

[6] *H. Henn, H. Rosenberg, Gh. R. Sinambari:* Akustische und gasdynamische Schwingungen in Gasdruck-Regelgeräten, ihre Entstehung und Fortpflanzung. gwf-gas/erdgas, H. 6, 1979.

[7] VDI-Richtlinie 3733: Geräusche bei Rohrleitungen. Entwurf 1983.

[8] *U. Radek:* Kavitationserzeugte Druckimpulse und Materialzerstörung. Acustica 26, 1972.

[9] *H. M. Fitzpatrick:* Cavitation noise. 2nd Symposium on Naval Hydrodynamics. Washington 1958.

[10] *H. Rosenberg, H. Henn, Gh. R. Sinambari, M. Fallen, W. Mischler:* Akustische und schwingungstechnische Vorgänge bei der Gasentspannung, DVGW-Schriftenreihe, Gas Nr. 32, ZfGW-Verlag, Frankfurt, 1982.

**Kap. 4:**

[1] *O. H. Gauer, K. Kramer und R. Jung:* Physiologie des Menschen. Band 12 'Hören, Stimme, Gleichgewicht' von E. Dunckler, J. Groen, R. Klinke, H. Lullies und K. P. Schaefer. Verlag Urban & Schwarzenberg, München – Berlin – Wien 1972.

[2] ISO-Empfehlung R 131 – 1959 (E): Expression of the physical and subjective magnitudes of sound or noise. (Sept. 1959).

[3] *D. W. Robinson and R. S. Dadson:* Threshold of hearing and equal loudness relations of pure tones, and the loudness functions. J. acoust. Soc. Amer. 29 (1957), S. 1284.

[4] *H. Fletcher* and *W. A. Munson:* J. acoust. Soc. Amer. 1932/33, S. 82.

[5] *L. Cremer, G. Plange* und *D. Schwarze:* Kurven gleicher Lautstärke mit oktavgefiltertem Rauschen im diffusen Schallfeld. Acustica 9 (1959), S. 65–75.

[6] *B. C. Günther, K.-H. Hansen* und *J. Veit:* Technische Akustik. Lexika-Verlag, 1978, S. 63.

**Kap. 5:**

[1] IEC-Recommendation Publication 123: Recommendations for Sound Level Meters.

[2] DIN 45 633, Blatt 1: Präzisionsschallpegelmesser; Allgemeine Anforderungen.

[3] DIN 45 633, Blatt 2: Sonderanforderungen für die Anwendung auf kurzdauernde und impulshaltige Vorgänge (Impulsschallpegelmesser).

[4] *J. T. Broch:* Acoustic Noise Measurements. Ed. Brüel & Kjaer, 2. Auflage 1971, S. 26/27.

[5] *E. Zwicker:* Ein Verfahren zur Berechnung der Lautstärke. Acustica, Vol. 10 (1960), S. 304–308.

[6] DIN 45 631: Berechnung des Lautstärkepegels aus dem Geräuschspektrum (Verfahren nach E. Zwicker).

[7] ISO-Empfehlung R 532-1966 (E): Method for calculating loudness level (Dez. 1966).

[8] *B. C. Günther, K.-H. Hansen, I. Veit:* Aktuelle Probleme der Technischen Akustik. Lexika-Verlag, 1978.

[9] *H. Schmidt:* Schalltechnisches Taschenbuch. VDI-Verlag, Düsseldorf 1976, S. 363.

[10] *E. Lübcke:* Zur Geräuschmessung. Frequenz 12 (1958), S. 209–213.

[11] *E. Lübcke:* Bewertung von Geräuschen. Frequenz 13 (1959), S. 287–289.

[12] ISO-Empfehlung R 1996 – 1971 (E): Assessment of noise with respect to community response. Mai 1971.

[13] ISO-Empfehlung R 507 – 1970 (E): Procedure for describing aircraft noise around an airport. Juni 1970.

[14] *K. D. Kryter, K. S. Pearsons:* Some Effects of Spectral Content and Duration on Perceived Noise Level. The Journal of the Acoustical Society of America, Vol. 35, Number 6, Juni 1963, S. 866–883.

[15] DIN 45 645, Teil 1 (April 1977): Einheitliche Ermittlung des Beurteilungspegels für Geräuschimmissionen. Teil 2: Geräuschimmissionen am Arbeitsplatz.

[16] Gesetz zum Schutz gegen Baulärm, 9. Sept. 1965. Bundesgesetzblatt I, S. 1214.

[17] DIN 4109, Teil 6 (Februar 1979): Schallschutz im Hochbau (Bauliche Maßnahmen zum Schutz gegen Außenlärm). Anmerkung: Ein überarbeiteter Entwurf erscheint in Kürze.

[18] DIN 18005, Teil 1 (Entwurf April 1982): Schallschutz im Städtebau (Berechnungs- und Bewertungsgrundlagen). Teil 2 (Entwurf Januar 1976): Richtlinien für die Schalltechnische Bestandsaufnahme.

[19] Gesetz zum Schutz gegen Fluglärm (30. März 1971), Bundesgesetzblatt, Jahrgang 1971, Teil I, S. 282–287.

[20] *M. Heckl, H. A. Müller:* Taschenbuch der Technischen Akustik. Springer-Verlag, Berlin 1975.

[21] VDI-Richtlinie 2058 (1973): Beurteilung von Arbeitslärm in der Nachbarschaft.

[22] Bundes-Immissionsschutz (BImSchG) vom 15. März 1974, Bundesgesetzblatt I 72.

**Kap. 6:**

[1] VDI-Richtlinie 2714: Schallausbreitung im Freien. Entwurf 1976.

[2] VDI-Richtlinie 3733: Geräusche bei Rohrleitungen. Entwurf 1983.

[3] *H. Schmidt:* Schalltechnisches Taschenbuch. VDI-Verlag 1976.

[4] ISO / DIN 3891: Procedure for describing aircraft noise heard on the ground. 1975.

[5] *G. Kurtze:* Physik und Technik der Lärmbekämpfung. Verlag G. Braun, Karlsruhe 1964.

[6] *S. W. Redfearn:* Some acoustical source observer problems. Phil. Mag. 30, 1940.

[7] *Z. Meakawa:* Noise reduction by screens. Applied acoustics 1, 1968.

[8] *F. Fleischer:* Zur Anwendung von Schallschirmen. Lärmbekämpfung 14, 1970.

[9] VDI-Richtlinie 2720, Bl. 1: Schallschutz durch Abschirmung im Freien. Entwurf 1981.

[10] *M. Heckl, H. A. Müller:* Taschenbuch der Technischen Akustik. Springer-Verlag, Berlin 1975.

[11] *S. Ullrich:* Der Einfluß von Fahrgeschwindigkeit und Straßenbelag auf den energieäquivalenten Dauerschallpegel des Lärms von Straßen. Acustica 30. 1974.

[12] DIN 18005, Teil 1: Schallschutz im Städtebau. Hinweise für die Planung, Berechnung und Bewertungsgrundlagen. 1982 (Entwurf).

**Kap. 7:**

[1] *B. C. Günther, K.-H. Hansen, I. Veit:* Technische Akustik. Lexika-Verlag. 1978.

[2] *P. M. Morse, U. Ingart:* Theoretical acoustics. Mc Graw-Hill, New York. 1968.

[3] *M. Heckl, H. A. Müller:* Taschenbuch der Technischen Akustik. Springer-Verlag, Berlin 1975.

[4] *L. Cremer:* Vorlesungen über Technische Akustik. 2. Auflage. Springer-Verlag, Berlin 1975.

[5] *L. Cremer:* Die Wissenschaftlichen Grundlagen der Raumakustik. Band II. Statistische Raumakustik. Hirzel-Verlag, Stuttgart 1961.

[6] *H. Schmidt:* Schalltechnisches Taschenbuch. VDI-Verlag, Düsseldorf, 2. Auflage 1976.

[7] *E. Skudrzyk:* Die Grundlagen der Akustik. Springer-Verlag, Wien 1954.

[8] *L. Cremer, M. Heckl:* Körperschall. Springer-Verlag, Berlin 1967.

[9] *M. Heckl:* Die Schalldämmung von homogenen Einfachwänden endlicher Größe. Acustica 20, 1968.

[10] *L. Cremer:* Theorie der Schalldämmung dünner Wände bei schrägem Einfall. Akust. Z. 7, 1942.

[11] *G. Kurtze:* Physik und Technik der Lärmbekämpfung. Verlag G. Braun, Karlsruhe 1964.

[12] *K. Gösele:* Schalldämmende Doppelwände aus biegesteifen Schalen. FBW-Blätter 1967.

[13] DIN 4109, Teil 3: Schallschutz im Hochbau. Entwurf 1979.

[14] *G. Hartmann:* Praktische Akustik. Band 2, Oldenbourg-Verlag, München 1968.

[15] *E. Meyer, E. G. Neumann:* Physikalische und Technische Akustik. Vieweg-Verlag, Braunschweig, 3. Auflage 1979.

[16] DIN 52210, Teil 4: Luft- und Trittschalldämmung, 1975.

[17] DIN 4109, Teil 2: Schallschutz im Hochbau. Entwurf 1979.

[18] DIN 52215: Bestimmung des Schallabsorptionsgrades und der Impedanz im Rohr. 1963.

[19] DIN 52212: Bauakustische Prüfungen: Bestimmung der Schallabsorption im Hallraum. 1961.

[20] VDI-Richtlinie 2571: Schallabstrahlung von Industriebauten. 1976.

[21] DIN 18041: Hörsamkeit in kleinen bis mittelgroßen Räumen. 1968.

[22] *J. Weidemann:* Beitrag zur Analyse der Beziehungen zwischen den akustischen und strömungstechnischen Parametern am Beispiel geometrisch ähnlicher Radialventilator-Laufräder. DLR-Forschungsbericht 71–12. 1971.

**Kap. 8:**

[1] DIN 45635, Teil: Geräuschmessung an Maschinen. Entwurf 1982.

[2] DIN 45635, Blatt 1: Geräuschmessung an Maschinen. 1972.

[3] *G. Hübner:* Analyse der Unsicherheiten bei der Bestimmung der Schalleistung von Maschinen unter besonderer Berücksichtigung von Umgebungseinflüssen realer Räume. VDI-Bericht Nr. 335, 1979.

[4] *M. Heckl, H. A. Müller:* Taschenbuch der Technischen Akustik. Springer-Verlag, Berlin 1975.

[5] DIN 45635, Beiblatt 2: Geräuschmessung an Maschinen. 1977.

[6] VDI-Bericht Nr. 526: Geräuschintensitätsmeßverfahren – wirtschaftlicher Einsatz in der Praxis, 1984.

**Kap. 9:**

[1] *M. Heckl:* Strömungsgeräusche. Forschungsber. VDI-Z., Reihe 7, Nr. 20. VDI-Verlag 1969.

[2] *H. Henn, H. Rosenberg, Gh. R. Sinambari:* Akustische und gasdynamische Schwingungen in Gasdruck-Regelgeräten, ihre Entstehung und Fortpflanzung. gwf-gas/erdgas, H. 6, 1979.

[3] *H. Henn, H. Rosenberg, M. Fallen, Gh. R. Sinambari:* Schwingungsuntersuchung an der Erdgasübernahmestation Ramstein. Forschungsber. Uni Kaiserslautern 1979.

[4] *Lord Rayleigh:* The theory of Sound. New York, Dover 1945.

[5] *P. M. Morse, K. U. Ingard:* Theoretical acoustics. Mc Graw-Hill, New York 1968.

[6] *Gh. R. Sinambari:* Ausströmgeräusche von Düsen und Ringdüsen in angeschlossenen Rohrleitungen, ihre Entstehung, Fortpflanzung und Abstrahlung. Diss. Uni Kaiserslautern 1981.

[7] *I. Veit:* Flüssigkeitsschall. Vogel-Verlag 1979.

[8] *H. Rosenberg, H. Henn, Gh. R. Sinambari, M. Fallen, W. Mischler:* Akustische und schwingungstechnische Vorgänge bei der Gasentspannung. DVGW-Schriftenreihe, Gas Nr. 32, ZfGW-Verlag, Frankfurt, 1982.

[9] *H. Schmidt:* Schalltechnisches Taschenbuch. VDI-Verlag, Düsseldorf, 2. Auflage 1976.

[10] *L. Cremer:* Theorie der Luftschalldämmung zylindrischer Schalen. Acustica 5, 1955.

[11] *M. Heckl:* Schallabstrahlung und Schalldämmung von Zylinderschalen. Diss. TU Berlin 1957.

[12] VDI-Richtlinie 3733: Geräusche bei Rohrleitungen. Entwurf 1983.

[13] *K. R. Fritz, B. Stübner:* Schalldämmung und Abstrahlgrad von gasgefüllten Strahlrohren. Fortschritte der Akustik. Berlin, VDE-Verlag 1980.

[14] VDI-Richtlinie 2081: Geräuscherzeugung und Lärmminderung in raumlufttechnischen Anlagen. 1983.

[15] *H. Rosenberg, Gh. R. Sinambari:* Geräuschmechanismen und Lärmminderungsmöglichkeiten bei gasdurchströmten Komponenten und Systemen, insbesondere bei der Gasentspannung. VDI-Bericht Nr. 389, 1981.

[16] *J. Weidemann:* Beitrag zur Analyse der Beziehungen zwischen den akustischen und strömungstechnischen Parametern am Beispiel geometrisch ähnlicher Radialventilator-Laufräder. DLR-Forschungsbericht 71–12. 1971.

[17] *M. Heckl, H. A. Müller:* Taschenbuch der Technischen Akustik. Springer-Verlag, Berlin 1975.

# Verzeichnis der Formelgrößen

| Symbol | Bedeutung | Einheiten und dB-Kennzeichnung |
|---|---|---|
| A | Fläche, Querschnittsfläche | $m^2$ |
| A | Amplitude | – |
| $\bar{A}$ | äquivalente Absorptionsfläche eines Raumes | $m^2$ |
| $A_K$ | Kugeloberfläche | $m^2$ |
| $A_S$ | Durchtrittsfläche, Kanalquerschnittsfläche | $m^2$ |
| $\bar{A}_{ges}$ | Gesamtabsorptionsfläche | $m^2$ |
| $A_0$ | Bezugsfläche | $m^2$ |
| a | Beschleunigung | $m/s^2$ |
| B | Hilfsgröße | – |
| B | Biegesteifigkeit | $Nm^2$ |
| $B'$ | Biegesteifigkeit einer Platte | Nm |
| $B_0$ | Konstante | $m^3/s$ |
| b | Breite | m |
| b | Steigungsmaß, relative Bandbreite | – |
| C | Konstante | |
| c | Schallgeschwindigkeit, Phasengeschwindigkeit | m/s |
| $c_B$ | Biegewellengeschwindigkeit | m/s |
| $c_{De}$ | Dehnwellengeschwindigkeit | m/s |
| $c_F$ | Federkonstante | N/m |
| $c_{Fl}$ | Schallgeschwindigkeit einer Flüssigkeit | m/s |
| $c_G$ | Gruppengeschwindigkeit | m/s |
| $D_{eS}$ | Einfügungsdämmaß | dB |
| $D_i$ | Richtmaß | dB |
| $D_i$ | Rohrinnendurchmesser | m |
| d | Durchmesser | m |
| d | Transmissionsfaktor | – |
| E | Elastizitätsmodul | $N/m^2$ |
| E | Empfindungsstärke | – |
| e | Dämmschichtdicke, Wandabstand | m |
| F | Kraft | N |
| $F_v$ | Vorspannkraft | N |
| f | Frequenz | Hz |
| $f_D$ | Durchlaßfrequenz | Hz |
| $f_{Gr}$ | untere Grenzfrequenz, ab der in einem Hallraum ausreichende Diffusität herrscht | Hz |
| $f_g$ | Koinzidenzfrequenz, Grenzfrequenz | Hz |
| $f_{g_{n,p}}$ | Grenzfrequenz in Rohrleitungen der n, p-Mode | Hz |
| $f_R$ | Ringdehnfrequenz | Hz |
| $f_n$ | Eigenfrequenzen | Hz |

| | | |
|---|---|---|
| $f_{n_B}$ | Biegewelleneigenfrequenz | Hz |
| $f_{n_D}$ | Dehneigenfrequenz | Hz |
| $f_{n_T}$ | Torsionseigenfrequenz | Hz |
| $G$ | Schub- oder Gleitmodul | $N/m^2$ |
| $G(f)$ | Fourier-Integral | |
| $\overline{g}$ | Hilfsgröße | – |
| $g_i$ | Bewertungsfaktor für Tag- und Nachtflüge | – |
| $g_i$ | Hilfsgröße | – |
| $h$ | Höhe | m |
| $I$ | Intensität | $N/(ms)$, $W/m^2$ |
| $I_b$ | Flächenträgheitsmoment | $m^4$ |
| $I_d$ | Torsionsträgheitsmoment | $m^4$ |
| $i$ | Trägheitsradius | m |
| $J_s$ | Stoß- oder Impulsstärke | – |
| $J_n$ | Besselfunktion | |
| $j = \sqrt{-1}$ | imaginäre Einheit | – |
| $K$ | Korrekturpegel | dB |
| $K_D$ | Korrekturpegel zur Berücksichtigung des Schallfeldcharakters im Rohr | dB |
| $K_{Fl}$ | Kompressionsmodul | $N/m^2$ |
| $K_I$ | Pegelzuschlag bei impulshaltigen Geräuschen | dB |
| $K_{Q_F}$ | Schallquellenform – Korrekturmaß der Flächenschallquelle | dB |
| $K_{Q_L}$ | Schallquellenform – Korrekturmaß der Linienschallquelle | dB |
| $K_T$ | Pegelzuschlag bei tonhaltigen Geräuschen | dB |
| $K_f$ | Frequenzabhängige Pegelgröße | dB |
| $K_\alpha$ | Korrekturpegel zur Berücksichtigung der nichtlinearen Schalleistungsabnahme im Rohr | dB |
| $K_\Omega$ | Richtwirkungsmaß | dB |
| $K_0$ | Korrekturpegel für Abweichung zwischen der Impedanz des Schallfeldes und der Bezugsimpedanz | dB |
| $K_{00}$ | Korrekturpegel zur Berücksichtigung des barometrischen Drucks | dB |
| $K_{01}$ | Korrekturpegel (Waterhouse-Term) | dB |
| $K_2$ | Frequenzabhängiges Korrekturglied zur Berücksichtigung der Umfeldbedingungen | dB |
| $k$ | Proportionalitätsfaktor | – |
| $k = \frac{\omega}{c} = \frac{2\pi}{\lambda}$ | Wellenzahl | $m^{-1}$ |
| $L$ | Pegel | dB |
| $L_N$ | Lautstärkepegel | phon |
| $L_S$ | Schalldruckpegel im Aufpunkt S | dB |
| $L_S$ | Meßflächenmaß der Hüllfläche | dB |

| | | |
|---|---|---|
| $L_W$ | Schalleistungspegel | dB |
| $L'_W$ | Schalleistungspegel bezogen auf die Länge | dB |
| $L_{W_a}$ | äußere Schalleistungspegel | dB |
| $L_{W_i}$ | innere Schalleistungspegel, Schalleistungspegel des i-ten Frequenzbandes | dB |
| $L_a$ | Beschleunigungspegel | dB |
| $L_p$ | Schalldruckpegel | dB |
| $L_v$ | Schnellepegel | dB |
| $L_x$ | Wegpegel | dB |
| $\Delta L_{Fr}$ | Korrekturpegel für alle Freifeldeinflüsse | dB |
| $\Delta L_K$ | Korrekturpegel | dB |
| $\Delta L_s$ | Abstandsmaß | dB |
| $\Delta L_z$ | Abschirmmaß | dB |
| $l$ | Länge | m |
| $l_{x,y,z}$ | Länge in x, y, z-Richtung | m |
| M | Molmasse | kg/kmol |
| $M_b$ | Biegemoment | Nm |
| Ma | Mach-Zahl | – |
| m | Masse | kg |
| m | Querschnittsverhältnis | – |
| $m'$ | Masse auf die Länge bezogen | kg/m |
| $m''$ | Masse auf die Fläche bezogen | $kg/m^2$ |
| N | Anzahl der Teilamplituden | – |
| N | NOYS-Zahl | Noys |
| N | Fresnel-Zahl | – |
| NR | Noise-Rating-Zahl | – |
| n | Faktor, Anzahl | – |
| $\vec{n}$ | Normalenvektor | – |
| P | mechanische Leistung, Schalleistung | W |
| $P'$ | Schalleistung bezogen auf die Länge | W/m |
| PNL | Perceived Noise-Level | PNdB |
| p | Druck, Schalldruck | bar, $N/m^2$ |
| Q | Querkraft | N |
| Q | Richtungsfaktor | – |
| q | Halbierungsparameter | dB |
| R | Radius | m |
| R | Gaskonstante | kJ/kgK |
| R | physikalische Reizgröße | – |
| R | Schalldämmaß | dB |
| R | Raumkonstante | $m^2$ |
| Re { } | Realteil von { } | |
| Re | Reynoldszahl | – |
| r | Radius, Entfernung | m |
| r | Reflexionsfaktor | – |

| | | |
|---|---|---|
| $r_H$ | Hallradius | m |
| $r_q$ | Abstand zwischen Schallquelle und höchstem Punkt einer Abschirmung | m |
| $r_s$ | Abstand zwischen Aufpunkt S und höchstem Punkt einer Abschirmung | m |
| $S_N$ | Lautheit, Lautheitsindex | sone |
| St | Strouhal-Zahl | – |
| s | Weg, Auslenkung | m |
| s | direkter Abstand zwischen Aufpunkt S und Abschirmung | m |
| $s_m$ | Entfernung zwischen Aufpunkt S und Schallquelle | m |
| $s_\perp$ | senkrechter Abstand vom Aufpunkt S und Ebene des Strahlers | m |
| T | Absolute Temperatur | K |
| T | Zeitintervall, Nachhallzeit | s |
| $T_S$ | Sabinesche Nachhallzeit eines Raumes | s |
| $T_r$ | Beurteilungszeit | s, h |
| t | Zeit | s |
| U | Umfang | m |
| $U_0$ | ungestörte Strömungsgeschwindigkeit | m/s |
| u | Auslenkung in x-Richtung | m |
| u | Schwingweg einer Masse | m |
| $u_{Rel}$ | relativer Freiheitsgrad | m |
| V | Überhöhungsfaktor | – |
| V | Volumen | $m^3$ |
| v | Schallschnelle, Geschwindigkeit | m/s |
| $v_r$ | Radialgeschwindigkeit | m/s |
| W | Schallenergie | Nm |
| $W_K$ | kinetische Energie | Nm |
| $W_P$ | potentielle Energie | Nm |
| w | Strömungsgeschwindigkeit | m/s |
| w | Energiedichte | $Nm/m^3$ |
| x, y, z | karthesische Koordination | m |
| $y_n$ | Eigenfunktion | m |
| Z | Schallkennimpedanz | $Ns/m^3$, Rayl = $10 \frac{Ns}{m^3}$ |
| $Z_e$ | Eingangsimpedanz, mechanische Impedanz | $\frac{Ns}{m}$ |
| $Z_s$ | Feldimpedanz | $Ns/m^3$, Rayl |
| $Z_T$ | Trennimpedanz einer Wand | $Ns/m^3$, Rayl |
| z | Schirmwert | m |

| | | |
|---|---|---|
| $\Theta'$ | Massenträgheitsmoment des Stabes bezogen auf die Länge | m kg |
| $\Lambda$ | Lautstärkewahrnehmung | – |
| $\phi$ | Potentialfunktion | $m^2/s$ |
| $\Omega$ | Richtungswinkel, Raumwinkel | – |
| $\alpha$ | Absorptionsgrad, Schluckgrad | – |
| $\alpha$ | Rohrdämpfung | dB/m |
| $\alpha'$ | Dämpfungszahl, Dämpfungskoeffizient | $m^{-1}$ |
| $\alpha_D$ | Dämpfungskoeffizient für Bewuchs und Bebauung | dB/m |
| $\alpha_L$ | Dämpfungskoeffizient in der Luft | $m^{-1}$ |
| $\alpha_n$ | Eigenwerte | – |
| $\beta$ | Kompressibilitätszahl | $m^2/N$ |
| $\beta = \frac{\omega}{\omega_0}$ | Frequenzverhältnis | – |
| $\beta_n$ | Anregungsfaktor | – |
| $\gamma_{n,p}$ | Eigenwerte | – |
| $\delta$ | Dissipationsgrad | – |
| $\delta$ | Volumendilatation | – |
| $\lambda$ | Wellenlänge | m |
| $\lambda_B$ | Biegewellenlänge | m |
| $\mu$ | Querkontraktionszahl | – |
| $\xi$ | Verschiebung, Auslenkung | m |
| $\rho$ | Dichte | $kg/m^3$ |
| $\rho$ | Reflexionsgrad | – |
| $\sigma$ | Spannung | $N/m^2$ |
| $\sigma$ | Abstrahlgrad | – |
| $\sigma'$ | Abstrahlmaß | dB |
| $\tau$ | Transmissionsgrad | – |
| $\kappa$ | Isentropenexponent bzw. Verhältnis der spez. Wärmekapazitäten bei konstantem Druck und konstantem Volumen | – |
| $\varphi_n$ | Eigenfunktion des Raumes | – |
| $\psi$ | Eigenfunktion, Flächenverhältnis | – |
| $\omega$ | Kreisfrequenz | rad/s |
| $\omega_R$ | Ringdehnkreisfrequenz | rad/s |
| $\omega_n$ | Eigenkreisfrequenz | rad/s |

## Indizes

| | |
|---|---|
| A, B, C, D | A-, B-, C-, D-Bewertung (DIN 45 633) |
| B | Biegewellen |
| D | Diffusfeld |
| H | Schallfeld (diffus), Hallraum |

| | |
|---|---|
| Hieb | Hiebton |
| I | Intensität, Impuls |
| L | Luft, Leitung |
| Okt | Oktav |
| Pl | Platte |
| Tz | Terz |
| abs | absorbiert |
| äq | energieäquivalent, äquivalent |
| e | einfallende Welle |
| krit | kritisch |
| m | Mitten- |
| max | maximal |
| min | minimal |
| r | reflektierte Welle |
| $\Sigma$ | Summe |

## Sonderzeichen

| | |
|---|---|
| $\hat{a}$ | Amplitude der Größe a |
| $\tilde{a}$ | Effektivwert der Größe a |
| $\check{\tilde{a}}$ | komplexe Größe a |
| $\vec{a}$ | Vektor a |

# Sachwortverzeichnis